云南省 连清样地主要乔木树种生长量（率）测算数表

云南省林业调查规划院营林分院　编著

云南出版集团

云南科技出版社

·昆明·

图书在版编目（CIP）数据

云南省连清样地主要乔木树种生长量（率）测算数表 /
云南省林业调查规划院营林分院编著 . -- 昆明 : 云南科
技出版社 , 2022.6
　　ISBN 978-7-5587-4322-1

Ⅰ . ①云… Ⅱ . ①云… Ⅲ . ①乔木 – 树种 – 生长量 –
研究 – 云南 Ⅳ . ① S757.1

中国版本图书馆 CIP 数据核字 (2022) 第 104744 号

云南省连清样地主要乔木树种生长量（率）测算数表

YUNNAN SHENG LIANQING YANGDI ZHUYAO QIAOMU SHUZHONG SHENGZHANGLIANG（Lü）CESUAN SHUBIAO

云南省林业调查规划院营林分院　编著

出 版 人：温　翔
策　　划：高　亢
责任编辑：赵　敏
封面设计：长策文化
责任校对：秦永红
责任印制：蒋丽芬

书　　号：ISBN 978-7-5587-4322-1
印　　刷：昆明瑆煜印务有限公司
开　　本：889mm × 1194mm 1/16
印　　张：18.75
字　　数：526 千字
版　　次：2022 年 6 月第 1 版
印　　次：2022 年 6 月第 1 次印刷
定　　价：68.00 元

出版发行：云南出版集团　云南科技出版社
地　　址：昆明市环城西路 609 号
电　　话：0871-64192481

编写委员会

主　　任：杨光照

副　主　任：吴兴华　赖兴会

成　　员：罗顺宏　陈鑫强　舒　蕾　何绍顺

编写组

主　　编：罗顺宏　何绍顺　吴兴华　陈鑫强

副　主　编：黎冲启　吕亚强　段瑞雄　熊　剑

课题负责人：何绍顺

成　　员：杨光照　吴兴华　赖兴会　罗顺宏　陈鑫强

　　　　　舒　蕾　黎冲启　吕亚强　段瑞雄　熊　剑

目 录

（一）研究期（2002—2017 年）森林组成乔木优势树种单株年平均生长量和生长率测算

1. 研究期（2002—2017 年）全省及各州（市）按树木生长周期及起测胸径概算树木单株胸径及材积年生长量（率）表

2. 研究期（2002—2017 年）全省及各州（市）分树种按树木起测胸径概算树木单株胸径及材积年生长量（率）表

（二）研究期（2002—2017 年）森林组成乔木优势树种单株年平均生长量和生长率测算

一、编制说明

全面贯彻党的十九大精神，以习近平新时代中国特色社会主义思想为指导，紧紧围绕统筹推进"五位一体"总体布局和协调推进"四个全面"战略布局，牢固树立绿水青山就是金山银山的绿色发展理念，全面深入贯彻落实生态文明思想，争当全国生态文明建设排头兵，实现建设中国最美丽省份的战略目标，森林数量和质量的双提升是推动生态文明建设的重要举措。

本书通过大量样木的样本数据建立云南森林树种结构组成中多达150种（已实测计算396个树种的年均生长量和年均生长率值，但因篇幅有限和一些树种的参算样木数量不足、精度不高以及存在一般不要求计算林木蓄积量的乔木经济树种、灌木乔木化树种等原因，故未在本书中一一列出）乔木树种的胸径与蓄积年均生长量、生长率，以及分林木监测研究期（5年、10年或15年）、全省分区分布范围等多项因子的单株树木年均生长量、生长率测算统计值。同时，还统计估算出云南森林主要优势树种与树种组成地类结构、起源结构、生长期结构等森林结构组成因子值等相关数表，供全省和州（市）级在森林经营规划中，对全周期目标林相经营作业法中各经营时段的林木生长量预估和作业法设计选择，提供参考。

本书通过云南省连续四次（2002年、2007年、2012年、2017年）森林资源清查的7974块固定样地、实测固定参与计算统计样木832332株（其中：2002—2007年、2007—2012年、2012—2017年5年计算期样木474691株，2002—2012年、2007—2017年10年计算期样木257046株，2002—2017年15年计算期样木100595株，所有样木均不含遥感判读样木）的样地原始调查数据处理（主要是对样地树种错测木、胸径错测木、类型错测木在计算期内统一纠正树种及重新用同一参数、同一计算方法和公式计算各树种单株材积等原始数据处理）和计算统计。同时，用2种方法分别计算清查样地内分树种实测固定样木的年均生长量及生长率，以及其与样木起源、所在样地森林树种种类及结构组成（纯林、混交林）和样木胸径间的相互影响值，为我省各地目标林相的全周期森林经营作业法及采伐限额编制规划中相应树种年均生长量、生长率的精准预估提供多树种、多因子全新的方法和数据参考。当然，书中有些不常见树种因统计样本的数量较少（单个树种相同口径的计算统计株数10株以上的才保留其计算值）、算出的年均生长量和生长率精度相对不高，故在要求高精度预测生长量（率）的有关场景中，需增加样本数量，另行推算参数值。同时，受获取调查数据限制，本书中的生长量（率）只测算了胸径和蓄积部分，树高部分因样本数据量太少，代表性差等原因未进行测算。但与传统方法相比较，本书中以数据使用为出发点提供的分树种、分区域生长量和生长率相关因子全新测算表示方法，使用方便、估算精度优势明显。本书为不同的使用者提供了树木生长量和生长率计算制表的新思路。

二、计算方法

蓄积生长量计算公式为：$\Delta nv=(V_a-V_{a-n})/n$。式中：$V_a$ 为现在的蓄积生长量，V_{a-1} 为前一年的蓄积生长量，V_{a-n} 为 n 年前的蓄积生长量。本书中，各树种的生长量值均为年平均生长量计算值。把公式中的蓄积值改用胸径值，则计算结果为年平均胸径生长量。

定期平均生长率（本书中简称生长率或平均生长率）计算常用复利式和单利式两种方法。

1. 复利公式又称莱布尼茨（Leibnitz）公式，计算公式为：

$$P_V=(\sqrt[n]{\frac{V_{a+n}}{V_a}}-1)\times100$$

式中：P_V 为生长率，单位为 %；V_a 为现在的蓄积生长量，单位为 m³；V_{a+n} 为 n 年后的蓄积生长量，单位为 m³；n 为统计周期，单位为年。

2. 单利公式有普莱斯勒（Pressler）公式，计算公式为：

$$P_V=\frac{(V_a-V_{a-n})}{(V_a+V_{a-n})}\times\frac{200}{n}$$

式中：P_V 为生长率，单位为 %；V_a 为现在的蓄积生长量，单位为 m³；V_{a-n} 为 n 年前的蓄积生长量，单位为 m³；n 为统计周期，单位为年。本书中，各树种的生长率均为单利式中的普莱斯勒（Pressler）式计算所得值。

数据使用说明：

（1）表1–1–1至表1–3–4为云南主要乔木树种分树种、分生长期按树木起测胸径估算全省及各州（市）年均生长量或生长率表，使用时分树种统计表优先使用，当分树种统计表中查不到想要的参数值时，再考虑分生长周期统计表。

（2）表2–1和表2–2为云南森林主要乔木树种分树种或分区域按起源、地类、估算林木分生长周期年均生长量或生长率统计表，使用时分树种统计表优先使用。本书因篇幅有限，分树种、分区域按起源、地类估算林木分生长周期年均生长量或生长率统计表未列出。

三、编制成果

（一）研究期（2002—2017年）全省及各州（市）按树木生长周期及起测胸径概算树木单株胸径及材积年生长量（率）

1. 研究期（2002—2017年）全省及各州（市）按树木生长周期及起测胸径概算树木单株胸径及材积年生长量（率）表

表1-1-1 研究期全省及迪庆、丽江、怒江3州（市）按树木生长周期及起测胸径概算树木单株胸径及材积年生长量（率）表

生长周期（年）	起测胸径（cm）	全省					迪庆					丽江					怒江				
		胸径年平均生长量（cm）	胸径年平均生长率（%）	材积年平均生长量（m³）	材积年平均生长率（%）	样木数量（株）	胸径年平均生长量（cm）	胸径年平均生长率（%）	材积年平均生长量（m³）	材积年平均生长率（%）	样木数量（株）	胸径年平均生长量（cm）	胸径年平均生长率（%）	材积年平均生长量（m³）	材积年平均生长率（%）	样木数量（株）	胸径年平均生长量（cm）	胸径年平均生长率（%）	材积年平均生长量（m³）	材积年平均生长率（%）	样木数量（株）
5年	6	0.35	4.7	0.0019	11.87	216916	0.2	2.96	0.0011	8.29	11202	0.29	4.09	0.0017	11.12	12046	0.39	5.24	0.0022	13.18	2562
5年	8	0.35	3.79	0.0029	9.54	184466	0.21	2.34	0.0016	6.34	10022	0.29	3.2	0.0024	8.56	12856	0.38	4.04	0.0032	10.29	2266
5年	10	0.37	3.27	0.004	8.25	129384	0.23	2.07	0.0025	5.54	6660	0.31	2.77	0.0036	7.34	9722	0.41	3.54	0.0047	9.08	1780
5年	12	0.39	2.89	0.0054	7.29	91496	0.23	1.78	0.0032	4.7	4632	0.31	2.39	0.0048	6.25	7280	0.46	3.36	0.0071	8.56	1360
5年	14	0.4	2.57	0.0069	6.47	65764	0.25	1.64	0.0044	4.28	3342	0.31	2.07	0.0059	5.38	5310	0.44	2.81	0.0082	7.13	1016
5年	16	0.41	2.32	0.0085	5.83	47330	0.25	1.49	0.0054	3.83	2252	0.32	1.85	0.0073	4.74	3976	0.39	2.21	0.0084	5.63	892
5年	18	0.41	2.08	0.01	5.2	33580	0.25	1.29	0.0063	3.32	1938	0.32	1.69	0.0089	4.3	2938	0.41	2.07	0.0105	5.27	630
5年	20	0.4	1.87	0.0114	4.67	24344	0.26	1.24	0.0077	3.16	1324	0.3	1.44	0.0097	3.65	2164	0.4	1.85	0.0121	4.68	478
5年	22	0.37	1.59	0.0119	3.94	18416	0.24	1.06	0.0083	2.67	1098	0.31	1.36	0.0114	3.42	1600	0.35	1.49	0.0117	3.73	378
5年	24	0.38	1.48	0.0135	3.64	13904	0.24	0.97	0.0094	2.43	940	0.29	1.15	0.0119	2.87	1090	0.4	1.58	0.0154	3.91	238
5年	26	0.37	1.36	0.015	3.34	10368	0.23	0.86	0.0102	2.14	750	0.3	1.09	0.0136	2.72	838	0.38	1.37	0.0158	3.38	216
5年	28	0.37	1.26	0.0163	3.07	7668	0.26	0.88	0.0125	2.19	512	0.29	0.98	0.0144	2.43	590	0.34	1.16	0.016	2.85	178
5年	30	0.39	1.22	0.0186	2.97	5938	0.24	0.77	0.0127	1.91	394	0.3	0.96	0.0162	2.36	452	0.37	1.2	0.0187	2.9	180
5年	32	0.37	1.1	0.0193	2.66	4746	0.26	0.8	0.0155	1.95	348	0.28	0.85	0.0162	2.06	302	0.32	0.94	0.0176	2.27	180
5年	34	0.36	1.02	0.02	2.44	3518	0.24	0.69	0.0154	1.69	330	0.28	0.8	0.017	1.91	210	0.38	1.07	0.0241	2.61	100
5年	36	0.34	0.9	0.0203	2.16	3114	0.21	0.57	0.0154	1.41	348	0.29	0.79	0.0183	1.85	214	0.3	0.79	0.0194	1.9	98
5年	38	0.34	0.87	0.0219	2.07	2432	0.23	0.59	0.0175	1.44	258	0.26	0.66	0.0167	1.53	176	0.3	0.76	0.0211	1.85	84
5年	40	0.36	0.86	0.0244	2.03	1914	0.22	0.54	0.0183	1.31	228	0.27	0.66	0.019	1.54	140	0.35	0.85	0.0248	1.99	58

续表 1-1-1

生长周期（年）	起测胸径（cm）	全省 胸径年平均生长量（cm）	全省 胸径年平均生长率（%）	全省 材积年平均生长量（m³）	全省 材积年平均生长率（%）	全省 样木数量（株）	迪庆 胸径年平均生长量（cm）	迪庆 胸径年平均生长率（%）	迪庆 材积年平均生长量（m³）	迪庆 材积年平均生长率（%）	迪庆 样木数量（株）	丽江 胸径年平均生长量（cm）	丽江 胸径年平均生长率（%）	丽江 材积年平均生长量（m³）	丽江 材积年平均生长率（%）	丽江 样木数量（株）	怒江 胸径年平均生长量（cm）	怒江 胸径年平均生长率（%）	怒江 材积年平均生长量（m³）	怒江 材积年平均生长率（%）	怒江 样木数量（株）
5年	42	0.33	0.77	0.0236	1.8	1536	0.24	0.57	0.0204	1.35	184	0.26	0.6	0.0191	1.38	104	0.3	0.7	0.0226	1.64	54
5年	44	0.34	0.74	0.0254	1.73	1446	0.2	0.44	0.0194	1.06	218	0.28	0.61	0.0204	1.39	56	0.3	0.67	0.0244	1.57	64
5年	46	0.3	0.63	0.0239	1.47	1162	0.18	0.38	0.0176	0.92	178	0.26	0.55	0.0215	1.26	58	0.37	0.79	0.0329	1.87	48
5年	48	0.33	0.67	0.0275	1.55	874	0.21	0.42	0.0216	1	126	0.32	0.66	0.0341	1.58	26	0.28	0.57	0.0256	1.34	36
5年	50	0.33	0.64	0.0289	1.48	664	0.2	0.4	0.0206	0.94	94	0.26	0.51	0.0264	1.18	38	0.42	0.82	0.04	1.86	30
5年	52	0.3	0.57	0.028	1.32	644	0.2	0.38	0.0251	0.92	124	0.29	0.54	0.0261	1.22	54	0.36	0.67	0.0359	1.59	24
5年	54	0.34	0.62	0.0333	1.42	500	0.22	0.4	0.0278	0.94	98	0.2	0.37	0.0205	0.85	36					
5年	56	0.29	0.51	0.0296	1.17	442	0.21	0.37	0.0288	0.88	80	0.22	0.38	0.0199	0.85	26	0.23	0.4	0.0233	0.93	20
5年	58	0.33	0.56	0.0364	1.29	354	0.24	0.41	0.0365	0.99	88	0.19	0.33	0.0164	0.72	20	0.38	0.64	0.0445	1.53	10
5年	60	0.31	0.51	0.0353	1.17	256	0.21	0.35	0.0344	0.84	48	0.36	0.58	0.0361	1.3	16	0.16	0.25	0.0185	0.6	16
5年	62	0.29	0.45	0.0335	1.04	310	0.19	0.3	0.0277	0.7	70	0.33	0.52	0.043	1.18	22	0.28	0.44	0.0323	1.01	16
5年	64	0.32	0.48	0.0397	1.09	242	0.23	0.36	0.0357	0.83	70	0.48	0.72	0.0555	1.58	16					
5年	66	0.32	0.47	0.0404	1.07	210	0.23	0.34	0.037	0.79	44	0.24	0.36	0.0333	0.81	28					
5年	68	0.29	0.42	0.0409	0.97	176	0.2	0.29	0.0367	0.68	48	0.26	0.38	0.0334	0.84	16	0.21	0.31	0.0374	0.72	12
5年	70	0.33	0.46	0.0484	1.05	142	0.17	0.24	0.0338	0.58	34	0.3	0.42	0.045	0.98	12	0.34	0.47	0.0651	1.1	12
5年	72	0.31	0.42	0.0458	0.95	144	0.29	0.4	0.0578	0.92	22	0.24	0.33	0.0413	0.77	14	0.4	0.55	0.0667	1.25	20
5年	74	0.39	0.51	0.0498	1.13	96	0.24	0.32	0.0432	0.73	14										
5年	76	0.32	0.42	0.0488	0.94	106	0.16	0.21	0.0322	0.48	22	0.25	0.32	0.0402	0.71	22	0.43	0.56	0.0689	1.25	10

续表 1-1-1

生长周期（年）	起测胸径（cm）	全省 胸径年平均生长量（cm）	全省 胸径年平均生长率（%）	全省 材积年平均生长量（m³）	全省 材积年平均生长率（%）	全省 样木数量（株）	迪庆 胸径年平均生长量（cm）	迪庆 胸径年平均生长率（%）	迪庆 材积年平均生长量（m³）	迪庆 材积年平均生长率（%）	迪庆 样木数量（株）	丽江 胸径年平均生长量（cm）	丽江 胸径年平均生长率（%）	丽江 材积年平均生长量（m³）	丽江 材积年平均生长率（%）	丽江 样木数量（株）	怒江 胸径年平均生长量（cm）	怒江 胸径年平均生长率（%）	怒江 材积年平均生长量（m³）	怒江 材积年平均生长率（%）	怒江 样木数量（株）
5 年	78	0.35	0.44	0.057	0.99	98	0.29	0.37	0.0672	0.86	16	0.33	0.42	0.0478	0.92	14					
5 年	80	0.32	0.4	0.052	0.89	56															
5 年	82	0.3	0.36	0.0516	0.82	68															
5 年	84	0.44	0.51	0.0662	1.12	24															
5 年	86	0.35	0.4	0.0629	0.9	52															
5 年	88	0.35	0.39	0.0503	0.84	46															
5 年	90	0.26	0.29	0.0441	0.64	42															
5 年	92	0.34	0.36	0.0704	0.83	48															
5 年	94	0.29	0.31	0.0486	0.65	28	0.1	0.11	0.0323	0.25	10										
5 年	96	0.28	0.29	0.0588	0.65	28						0.22	0.25	0.0499	0.55	10					
5 年	98	0.23	0.23	0.0474	0.51	28						0.24	0.26	0.0648	0.59	14					
5 年	100	0.23	0.22	0.0383	0.48	22															
5 年	102	0.26	0.25	0.0572	0.54	10															
5 年	106	0.36	0.33	0.0815	0.74	16															
5 年	108	0.17	0.16	0.0452	0.35	16															
5 年	110	0.24	0.21	0.0469	0.45	18															
5 年	116	0.22	0.18	0.0584	0.41	10															
5 年	146	0.14	0.1	0.044	0.21	10															

表1-1-2 研究期德宏、保山、大理、楚雄4州（市）按树木生长周期及起测胸径概算树木单株胸径及材积年生长量（率）表

生长周期（年）	起测胸径（cm）	德宏 胸径年平均生长量（cm）	德宏 胸径年平均生长率（%）	德宏 材积年平均生长量（m³）	德宏 材积年平均生长率（%）	德宏 样木数量（株）	保山 胸径年平均生长量（cm）	保山 胸径年平均生长率（%）	保山 材积年平均生长量（m³）	保山 材积年平均生长率（%）	保山 样木数量（株）	大理 胸径年平均生长量（cm）	大理 胸径年平均生长率（%）	大理 材积年平均生长量（m³）	大理 材积年平均生长率（%）	大理 样木数量（株）	楚雄 胸径年平均生长量（cm）	楚雄 胸径年平均生长率（%）	楚雄 材积年平均生长量（m³）	楚雄 材积年平均生长率（%）	楚雄 样木数量（株）
5年	6	0.46	5.85	0.0028	13.23	5064	0.39	5.14	0.0024	11.74	15440	0.31	4.34	0.0016	11.89	25012	0.28	4.03	0.0015	11.29	26252
5年	8	0.48	4.87	0.0041	11.47	4218	0.39	4.03	0.0033	9.56	12728	0.33	3.63	0.0025	9.64	20780	0.3	3.3	0.0023	8.87	20290
5年	10	0.49	4.13	0.0056	9.92	2766	0.39	3.37	0.0044	8.17	9038	0.35	3.16	0.0038	8.37	13856	0.31	2.84	0.0034	7.5	13712
5年	12	0.51	3.61	0.0076	8.74	1864	0.43	3.12	0.0063	7.69	6364	0.38	2.86	0.0053	7.51	9784	0.32	2.44	0.0046	6.36	9804
5年	14	0.52	3.22	0.0095	7.86	1412	0.43	2.78	0.0079	6.87	4406	0.39	2.56	0.0069	6.71	6468	0.32	2.15	0.0058	5.55	7020
5年	16	0.52	2.89	0.0113	7.12	966	0.44	2.47	0.0097	6.13	3276	0.41	2.34	0.0088	6.04	4256	0.33	1.95	0.0073	4.98	5100
5年	18	0.54	2.66	0.0137	6.53	706	0.43	2.19	0.0111	5.45	2524	0.41	2.1	0.0104	5.4	2746	0.34	1.78	0.0088	4.52	3340
5年	20	0.44	2.05	0.0127	5.08	538	0.39	1.84	0.0117	4.59	1804	0.41	1.92	0.0121	4.88	1900	0.34	1.62	0.0102	4.09	2200
5年	22	0.41	1.73	0.0133	4.32	412	0.36	1.54	0.0122	3.83	1446	0.34	1.47	0.0113	3.72	1288	0.35	1.51	0.0117	3.76	1486
5年	24	0.44	1.69	0.0162	4.17	380	0.37	1.47	0.0144	3.64	1098	0.38	1.49	0.0138	3.73	890	0.36	1.41	0.0136	3.48	1174
5年	26	0.42	1.52	0.0176	3.73	290	0.39	1.41	0.0167	3.49	748	0.38	1.37	0.0155	3.41	616	0.35	1.27	0.0145	3.14	776
5年	28	0.42	1.4	0.019	3.43	262	0.41	1.38	0.0195	3.38	612	0.4	1.36	0.0174	3.31	414	0.32	1.08	0.0143	2.66	596
5年	30	0.49	1.53	0.0242	3.74	190	0.38	1.2	0.0196	2.94	438	0.42	1.34	0.02	3.22	320	0.33	1.07	0.0157	2.57	448
5年	32	0.47	1.38	0.0251	3.38	172	0.38	1.15	0.0216	2.79	364	0.38	1.14	0.0185	2.71	224	0.33	1	0.0183	2.43	366
5年	34	0.45	1.26	0.0265	3.09	118	0.35	0.98	0.0208	2.38	246	0.43	1.21	0.0226	2.84	164	0.33	0.94	0.0195	2.26	240
5年	36	0.45	1.18	0.0288	2.85	116	0.38	1.03	0.0253	2.49	194	0.41	1.08	0.0224	2.52	150	0.32	0.86	0.0201	2.05	162
5年	38	0.3	0.77	0.02	1.88	72	0.33	0.84	0.0227	2.03	164	0.43	1.08	0.0258	2.53	120	0.34	0.88	0.0225	2.08	138
5年	40	0.39	0.95	0.0275	2.32	70	0.39	0.93	0.0284	2.24	114	0.4	0.96	0.0218	2.17	68	0.26	0.63	0.0185	1.5	104
5年	42	0.48	1.09	0.0365	2.62	36	0.35	0.81	0.0281	1.92	104	0.26	0.6	0.0153	1.37	92	0.25	0.59	0.018	1.36	84

续表 1-1-2

生长周期（年）	起测胸径（cm）	德宏					保山					大理					楚雄				
		胸径年平均生长量（cm）	胸径年平均生长率（%）	材积年平均生长量（m³）	材积年平均生长率（%）	样木数量（株）	胸径年平均生长量（cm）	胸径年平均生长率（%）	材积年平均生长量（m³）	材积年平均生长率（%）	样木数量（株）	胸径年平均生长量（cm）	胸径年平均生长率（%）	材积年平均生长量（m³）	材积年平均生长率（%）	样木数量（株）	胸径年平均生长量（cm）	胸径年平均生长率（%）	材积年平均生长量（m³）	材积年平均生长率（%）	样木数量（株）
5年	44	0.47	1.03	0.0381	2.48	44	0.46	1	0.0381	2.39	84	0.37	0.81	0.0247	1.85	56	0.31	0.68	0.0209	1.54	98
5年	46	0.33	0.7	0.0281	1.7	30	0.34	0.72	0.0294	1.7	74	0.31	0.65	0.0195	1.45	42	0.24	0.51	0.0179	1.15	66
5年	48	0.5	1	0.0443	2.38	26	0.35	0.71	0.0325	1.71	38	0.32	0.65	0.0217	1.44	24	0.33	0.67	0.0244	1.49	50
5年	50	0.37	0.71	0.0368	1.74	16	0.31	0.6	0.0287	1.42	42	0.31	0.62	0.0251	1.4	24	0.24	0.47	0.0197	1.06	30
5年	52	0.42	0.79	0.0415	1.88	20	0.45	0.85	0.0451	2.05	44	0.21	0.4	0.0153	0.89	22	0.23	0.43	0.0179	0.95	38
5年	54	0.29	0.52	0.0312	1.26	24	0.35	0.63	0.0368	1.49	34	0.32	0.58	0.0239	1.26	16	0.43	0.78	0.0343	1.69	16
5年	56	0.19	0.34	0.0223	0.82	34	0.4	0.68	0.0447	1.63	36	0.2	0.36	0.0142	0.77	10	0.35	0.61	0.0258	1.3	24
5年	58	0.43	0.73	0.0527	1.76	10	0.32	0.54	0.0364	1.27	22	0.42	0.71	0.0423	1.58	12	0.33	0.56	0.0242	1.18	10
5年	60	0.11	0.18	0.0145	0.43	12	0.53	0.86	0.0624	2.02	22						0.19	0.32	0.0144	0.67	10
5年	62						0.34	0.54	0.0412	1.26	28	0.53	0.81	0.0575	1.79	18					
5年	64	0.18	0.28	0.0228	0.67	12	0.25	0.37	0.0339	0.88	16	0.35	0.54	0.0354	1.17	12					
5年	66						0.15	0.22	0.0199	0.52	16										
5年	68						0.35	0.5	0.0495	1.18	18										
5年	70	0.34	0.47	0.052	1.11	16															
5年	72						0.33	0.45	0.0492	1.04	16										
5年	74						0.28	0.38	0.0422	0.88	12										
5年	78						0.2	0.26	0.0306	0.59	12										
5年	86						0.28	0.32	0.0487	0.73	10										
5年	146						0.14	0.1	0.044	0.21	10										

表1-1-3 研究期昆明、曲靖、昭通、玉溪4州（市）按树木生长周期及起测胸径概算树木单株胸径及材积年生长量（率）表

生长周期（年）	起测胸径（cm）	昆明					曲靖					昭通					玉溪				
		胸径年平均生长量（cm）	胸径年平均生长率（%）	材积年平均生长量（m³）	材积年平均生长率（%）	样木数量（株）	胸径年平均生长量（cm）	胸径年平均生长率（%）	材积年平均生长量（m³）	材积年平均生长率（%）	样木数量（株）	胸径年平均生长量（cm）	胸径年平均生长率（%）	材积年平均生长量（m³）	材积年平均生长率（%）	样木数量（株）	胸径年平均生长量（cm）	胸径年平均生长率（%）	材积年平均生长量（m³）	材积年平均生长率（%）	样木数量（株）
5年	8	0.36	3.89	0.0026	10.07	10284	0.36	3.92	0.0027	9.99	14476	0.36	3.86	0.0027	9.49	8448	0.34	3.73	0.0025	9.73	7570
5年	10	0.4	3.51	0.004	9	6432	0.38	3.33	0.0038	8.46	10178	0.39	3.41	0.0038	8.41	6004	0.36	3.24	0.0036	8.38	5400
5年	12	0.42	3.1	0.0055	7.9	4142	0.4	3.02	0.0051	7.67	6460	0.41	3.03	0.0052	7.53	4116	0.4	2.99	0.0052	7.69	3764
5年	14	0.42	2.73	0.0069	6.94	2940	0.42	2.72	0.0065	6.86	4160	0.41	2.69	0.0063	6.68	2630	0.38	2.48	0.006	6.31	3094
5年	16	0.44	2.51	0.0084	6.34	1982	0.45	2.56	0.0084	6.41	2688	0.47	2.66	0.0087	6.56	1766	0.39	2.25	0.0074	5.69	2290
5年	18	0.44	2.27	0.0099	5.72	1234	0.46	2.34	0.01	5.83	1788	0.49	2.52	0.0104	6.18	1062	0.37	1.91	0.0083	4.79	1696
5年	20	0.46	2.11	0.012	5.29	844	0.46	2.16	0.0116	5.34	1186	0.5	2.33	0.0123	5.71	714	0.38	1.78	0.0097	4.43	1288
5年	22	0.44	1.88	0.0135	4.7	622	0.4	1.73	0.0114	4.27	868	0.52	2.19	0.0143	5.33	510	0.37	1.61	0.0112	3.99	882
5年	24	0.43	1.68	0.0142	4.14	396	0.42	1.67	0.0132	4.1	524	0.48	1.84	0.0149	4.47	370	0.38	1.51	0.0125	3.72	610
5年	26	0.46	1.68	0.0173	4.15	272	0.44	1.58	0.0153	3.85	372	0.49	1.78	0.0172	4.32	294	0.38	1.38	0.014	3.38	530
5年	28	0.47	1.58	0.0193	3.87	206	0.43	1.48	0.0163	3.59	208	0.46	1.55	0.0176	3.72	156	0.39	1.34	0.0157	3.25	354
5年	30	0.53	1.65	0.0242	4.01	124	0.46	1.45	0.019	3.47	168	0.45	1.44	0.0188	3.5	124	0.37	1.18	0.0166	2.85	266
5年	32	0.57	1.66	0.0293	3.98	88	0.39	1.19	0.0178	2.85	102	0.51	1.53	0.0235	3.65	98	0.34	1.04	0.0163	2.51	212
5年	34	0.44	1.23	0.0236	2.98	86	0.4	1.13	0.0192	2.69	80	0.42	1.18	0.0211	2.8	54	0.38	1.08	0.0197	2.58	152
5年	36	0.48	1.27	0.0277	3.03	62	0.48	1.28	0.0265	3.06	34	0.36	0.96	0.0193	2.25	44	0.32	0.86	0.0174	2.05	122
5年	38	0.38	0.97	0.0223	2.29	40	0.55	1.4	0.0353	3.4	24	0.41	1.05	0.0227	2.44	36	0.32	0.83	0.0185	1.97	92
5年	40	0.55	1.31	0.0352	3.07	36	0.61	1.42	0.041	3.3	24	0.4	0.98	0.0231	2.24	22	0.41	0.99	0.026	2.31	72
5年	42	0.48	1.09	0.0332	2.58	24	0.38	0.86	0.0259	2.05	18	0.33	0.78	0.019	1.78	20	0.37	0.86	0.0218	1.98	46

续表1-1-3

生长周期（年）	起测胸径（cm）	昆明					曲靖					昭通					玉溪				
		胸径年平均生长量（cm）	胸径年平均生长率（%）	材积年平均生长量（m³）	材积年平均生长率（%）	样木数量（株）	胸径年平均生长量（cm）	胸径年平均生长率（%）	材积年平均生长量（m³）	材积年平均生长率（%）	样木数量（株）	胸径年平均生长量（cm）	胸径年平均生长率（%）	材积年平均生长量（m³）	材积年平均生长率（%）	样木数量（株）	胸径年平均生长量（cm）	胸径年平均生长率（%）	材积年平均生长量（m³）	材积年平均生长率（%）	样木数量（株）
5年	44	0.82	1.74	0.0555	3.96	22	0.3	0.68	0.0231	1.63	14	0.44	0.97	0.0267	2.2	12	0.35	0.77	0.0234	1.78	50
5年	46	0.37	0.79	0.0252	1.79	14						0.21	0.46	0.013	1.02	10	0.32	0.68	0.0215	1.56	52
5年	48	0.74	1.45	0.0564	3.27	24	0.46	0.92	0.0375	2.17	10	0.26	0.54	0.0178	1.22	10	0.5	0.99	0.0385	2.28	20
5年	50																0.32	0.62	0.0273	1.44	20
5年	54	0.52	0.93	0.04	2.04	14											0.3	0.53	0.0256	1.19	16
5年	56											0.06	0.12	0.0049	0.26	10					
5年	62																0.37	0.59	0.0299	1.26	10
5年	64																0.18	0.28	0.0168	0.61	14
5年	66																0.12	0.19	0.0104	0.4	10

表1-1-4 研究期文山、红河、普洱、版纳、临沧5州（市）按树木生长周期及起测胸径概算树木单株胸径及材积年生长量（率）表

生长周期（年）	起测胸径（cm）	文山					红河					普洱					版纳					临沧				
		胸径年平均生长量（cm）	胸径年平均生长率（%）	材积年平均生长量（m³）	材积年平均生长率（%）	样木数量（株）	胸径年平均生长量（cm）	胸径年平均生长率（%）	材积年平均生长量（m³）	材积年平均生长率（%）	样木数量（株）	胸径年平均生长量（cm）	胸径年平均生长率（%）	材积年平均生长量（m³）	材积年平均生长率（%）	样木数量（株）	胸径年平均生长量（cm）	胸径年平均生长率（%）	材积年平均生长量（m³）	材积年平均生长率（%）	样木数量（株）	胸径年平均生长量（cm）	胸径年平均生长率（%）	材积年平均生长量（m³）	材积年平均生长率（%）	样木数量（株）
5年	8	0.48	4.97	0.0041	12.46	7718	0.46	4.78	0.0038	11.47	7312	0.39	4.06	0.0033	9.75	28030	0.3	3.27	0.0025	8.07	8546	0.41	4.24	0.0036	9.99	8922
5年	10	0.49	4.16	0.0055	10.53	5548	0.47	4.03	0.005	9.86	5212	0.41	3.52	0.0045	8.55	20320	0.33	2.89	0.0035	7.14	6350	0.41	3.55	0.0048	8.54	6406
5年	12	0.48	3.5	0.0068	8.94	4540	0.45	3.28	0.0061	8.11	3616	0.42	3.09	0.0059	7.55	14394	0.35	2.61	0.0047	6.4	4768	0.44	3.19	0.0066	7.8	4608
5年	14	0.47	3.01	0.0082	7.71	3402	0.47	3	0.0078	7.42	2692	0.44	2.84	0.0076	6.95	10734	0.36	2.35	0.006	5.69	3766	0.44	2.83	0.0082	6.97	3372
5年	16	0.47	2.66	0.01	6.8	2536	0.48	2.72	0.0097	6.75	1900	0.45	2.52	0.0093	6.21	8022	0.39	2.19	0.0076	5.3	2874	0.44	2.51	0.0099	6.19	2554
5年	18	0.47	2.42	0.0119	6.17	1738	0.48	2.47	0.0112	6.14	1320	0.44	2.22	0.0106	5.46	5872	0.39	1.98	0.0088	4.78	2164	0.44	2.25	0.0114	5.58	1884
5年	20	0.46	2.14	0.0134	5.43	1176	0.48	2.23	0.013	5.52	1018	0.45	2.07	0.0127	5.09	4420	0.38	1.78	0.0099	4.29	1808	0.42	1.97	0.0127	4.89	1482
5年	22	0.42	1.79	0.0136	4.51	874	0.45	1.92	0.0138	4.73	732	0.4	1.68	0.0126	4.12	3546	0.37	1.55	0.0107	3.72	1546	0.37	1.56	0.0123	3.88	1128
5年	24	0.43	1.69	0.0157	4.24	610	0.43	1.7	0.0147	4.16	672	0.4	1.57	0.0144	3.85	2656	0.36	1.4	0.0117	3.33	1346	0.39	1.53	0.0148	3.79	910
5年	26	0.46	1.67	0.0188	4.15	390	0.43	1.55	0.0163	3.78	446	0.39	1.4	0.0154	3.44	2100	0.37	1.33	0.013	3.16	1086	0.38	1.39	0.016	3.44	644
5年	28	0.38	1.29	0.0167	3.18	322	0.4	1.34	0.0162	3.24	338	0.39	1.31	0.0166	3.17	1594	0.35	1.19	0.0137	2.81	786	0.43	1.44	0.0205	3.55	540
5年	30	0.45	1.43	0.0227	3.51	226	0.48	1.51	0.0224	3.66	274	0.4	1.28	0.0193	3.09	1214	0.37	1.19	0.0161	2.79	706	0.4	1.27	0.0213	3.14	414
5年	32	0.39	1.15	0.0205	2.77	180	0.44	1.3	0.0226	3.15	222	0.39	1.17	0.0205	2.82	984	0.38	1.12	0.0175	2.63	570	0.34	1.01	0.0183	2.5	334
5年	34	0.37	1.04	0.0208	2.5	108	0.35	0.99	0.0186	2.4	146	0.38	1.07	0.0205	2.57	840	0.39	1.09	0.0197	2.56	392	0.34	0.96	0.0206	2.35	252
5年	36	0.32	0.86	0.0198	2.08	104	0.34	0.92	0.0202	2.21	134	0.35	0.93	0.0202	2.22	676	0.35	0.93	0.0186	2.18	442	0.36	0.96	0.0235	2.37	214
5年	38	0.39	0.97	0.026	2.3	72	0.47	1.19	0.0294	2.83	128	0.36	0.91	0.0221	2.16	510	0.37	0.94	0.0219	2.18	354	0.34	0.85	0.0229	2.08	164
5年	40	0.38	0.92	0.0271	2.14	70	0.38	0.91	0.0253	2.19	70	0.36	0.87	0.024	2.06	414	0.44	1.04	0.0282	2.4	262	0.36	0.87	0.0265	2.12	162
5年	42	0.35	0.81	0.0277	1.95	46	0.32	0.73	0.0229	1.74	76	0.41	0.93	0.0274	2.18	318	0.35	0.81	0.023	1.87	232	0.32	0.74	0.0255	1.81	98
5年	44	0.37	0.81	0.0265	1.89	52	0.33	0.71	0.0243	1.69	106	0.33	0.73	0.0233	1.71	262	0.36	0.79	0.0253	1.81	222	0.37	0.82	0.0326	1.98	86
5年	46	0.34	0.73	0.0273	1.69	58	0.4	0.84	0.0306	1.94	38	0.29	0.62	0.0231	1.45	256	0.34	0.72	0.025	1.65	174	0.35	0.73	0.0338	1.79	58

续表1-1-4

生长周期（年）	起测胸径（cm）	文山 胸径年平均生长量（cm）	文山 胸径年平均生长率（%）	文山 材积年平均生长量（m³）	文山 材积年平均生长率（%）	文山 样木数量（株）	红河 胸径年平均生长量（cm）	红河 胸径年平均生长率（%）	红河 材积年平均生长量（m³）	红河 材积年平均生长率（%）	红河 样木数量（株）	普洱 胸径年平均生长量（cm）	普洱 胸径年平均生长率（%）	普洱 材积年平均生长量（m³）	普洱 材积年平均生长率（%）	普洱 样木数量（株）	版纳 胸径年平均生长量（cm）	版纳 胸径年平均生长率（%）	版纳 材积年平均生长量（m³）	版纳 材积年平均生长率（%）	版纳 样木数量（株）	临沧 胸径年平均生长量（cm）	临沧 胸径年平均生长率（%）	临沧 材积年平均生长量（m³）	临沧 材积年平均生长率（%）	临沧 样木数量（株）
5年	48	0.25	0.52	0.0204	1.2	58	0.26	0.52	0.0198	1.23	38	0.3	0.61	0.0246	1.41	174	0.43	0.86	0.0322	1.96	158	0.27	0.55	0.0248	1.31	56
5年	50	0.22	0.44	0.0188	1.01	32	0.3	0.59	0.0258	1.39	20	0.4	0.77	0.0335	1.76	122	0.4	0.78	0.0325	1.78	148	0.31	0.6	0.0319	1.45	32
5年	52	0.27	0.51	0.0232	1.14	14	0.26	0.49	0.0206	1.12	24	0.27	0.51	0.0243	1.17	104	0.4	0.74	0.032	1.68	118	0.29	0.54	0.0302	1.3	32
5年	54						0.38	0.7	0.0369	1.63	18	0.45	0.8	0.0408	1.84	78	0.35	0.63	0.0299	1.44	90	0.47	0.84	0.0517	2.02	40
5年	56	0.33	0.58	0.0313	1.29	14	0.63	1.09	0.0595	2.53	14	0.24	0.42	0.0233	0.99	58	0.41	0.71	0.0378	1.6	76	0.21	0.37	0.0234	0.88	30
5年	58	0.25	0.42	0.0237	0.96	14	0.32	0.54	0.0363	1.26	10	0.32	0.55	0.0363	1.29	44	0.4	0.68	0.0367	1.52	78	0.3	0.49	0.0374	1.18	20
5年	60						0.45	0.72	0.0436	1.68	12	0.44	0.72	0.0463	1.64	34	0.29	0.47	0.0306	1.06	38	0.29	0.47	0.0326	1.11	28
5年	62	0.4	0.64	0.0411	1.44	10	0.49	0.75	0.0602	1.78	20	0.24	0.37	0.0267	0.86	52	0.29	0.46	0.0277	1.03	44	0.11	0.17	0.0124	0.4	12
5年	64											0.45	0.68	0.0572	1.56	38	0.34	0.52	0.0364	1.13	26					
5年	66	0.37	0.54	0.0406	1.23	12						0.39	0.57	0.0472	1.28	34	0.49	0.72	0.055	1.6	30					
5年	68											0.35	0.51	0.0443	1.15	32	0.33	0.48	0.0393	1.06	24					
5年	70											0.45	0.64	0.0614	1.45	24	0.46	0.64	0.0547	1.42	20					
5年	72											0.37	0.51	0.0466	1.16	24	0.24	0.32	0.029	0.69	22					
5年	74											0.57	0.75	0.0723	1.67	18	0.3	0.4	0.036	0.89	16					
5年	76						0.26	0.32	0.0327	0.72	12	0.45	0.58	0.0639	1.34	10	0.78	0.98	0.0986	2.17	10					
5年	78											0.46	0.58	0.0601	1.31	14						0.41	0.52	0.0742	1.22	12
5年	80											0.23	0.27	0.0293	0.61	16	0.38	0.47	0.0496	1.01	10	0.48	0.59	0.0844	1.36	10
5年	82											0.46	0.5	0.0689	1.1	10	0.3	0.36	0.0455	0.79	10					
5年	92											0.22	0.21	0.0365	0.47	10										
5年	100																									

2. 研究期（2002—2017 年）全省及各州（市）分树种按树木起测胸径概算树木单株胸径及材积年生长量（率）表

表 1-2-1　研究期全省及迪庆、丽江、怒江、德宏 4 州（市）分树种按树木起测胸径概算树木单株胸径及材积年生长量（率）表

树种	起测胸径（cm）	全省 胸径年均生长量（cm）	全省 胸径年均生长率（%）	全省 材积年均生长量（m3）	全省 材积年均生长率（%）	迪庆 胸径年均生长量（cm）	迪庆 胸径年均生长率（%）	迪庆 材积年均生长量（m³）	迪庆 材积年均生长率（%）	丽江 胸径年均生长量（cm）	丽江 胸径年均生长率（%）	丽江 材积年均生长量（m³）	丽江 材积年均生长率（%）	怒江 胸径年均生长量（cm）	怒江 胸径年均生长率（%）	怒江 材积年均生长量（m³）	怒江 材积年均生长率（%）	德宏 胸径年均生长量（cm）	德宏 胸径年均生长率（%）	德宏 材积年均生长量（m³）	德宏 材积年均生长率（%）
圆柏	6	0.3	3.99	0.0015	9.42	0.16	2.38	0.0007	5.63												
圆柏	8	0.41	4.11	0.003	9.81	0.23	2.58	0.0016	6.25												
圆柏	10	0.46	3.85	0.0043	9.47	0.24	2.22	0.0023	5.43												
圆柏	12	0.5	3.64	0.006	9.09	0.26	2.03	0.0031	5.03												
圆柏	14	0.49	3.11	0.0071	7.79	0.24	1.63	0.0036	4.06												
圆柏	16	0.64	3.34	0.0121	8.25																
圆柏	18	0.71	3.42	0.0153	8.46																
西藏柏木	6	1.16	11.26	0.0091	22.59																
西藏柏木	8	0.74	6.56	0.0062	15.01																
西藏柏木	10	0.59	4.61	0.006	10.89																
西藏柏木	12	0.33	2.45	0.0034	6.35																
西藏柏木	14	0.36	2.17	0.0053	5.43																
西藏柏木	16	0.65	3.6	0.0114	9.11																
西藏柏木	18	0.55	2.72	0.011	6.89																
西藏柏木	20	0.4	1.86	0.0089	4.8																
西藏柏木	22	0.63	2.43	0.019	5.97																
西藏柏木	26	0.45	1.62	0.0147	4.08																
柳杉	6	0.65	7.12	0.0045	14.94													1.45	14.51	0.0108	29.21

续表1-2-1

树种	起测胸径(cm)	全省 胸径年平均生长量(cm)	全省 胸径年平均生长率(%)	全省 材积年平均生长量(m3)	全省 材积年平均生长率(%)	迪庆 胸径年平均生长量(cm)	迪庆 胸径年平均生长率(%)	迪庆 材积年平均生长量(m³)	迪庆 材积年平均生长率(%)	丽江 胸径年平均生长量(cm)	丽江 胸径年平均生长率(%)	丽江 材积年平均生长量(m³)	丽江 材积年平均生长率(%)	怒江 胸径年平均生长量(cm)	怒江 胸径年平均生长率(%)	怒江 材积年平均生长量(m³)	怒江 材积年平均生长率(%)	德宏 胸径年平均生长量(cm)	德宏 胸径年平均生长率(%)	德宏 材积年平均生长量(m³)	德宏 材积年平均生长率(%)
柳杉	8	0.8	7.14	0.0074	15.55													1.84	14.71	0.0198	29.34
柳杉	10	0.92	6.61	0.0117	14.52																
柳杉	12	0.66	4.33	0.0095	10.03																
柳杉	14	0.75	4.31	0.0132	10.19																
柳杉	16	0.8	4	0.0175	9.43																
柳杉	18	0.81	3.75	0.0194	8.97																
柳杉	20	0.99	4.06	0.0287	9.73																
柳杉	22	0.98	3.87	0.0296	9.38																
柳杉	26	1.21	3.98	0.0476	9.56																
杉木	6	0.64	7.27	0.0041	15.49													0.62	7.65	0.0036	17.31
杉木	8	0.63	5.87	0.0055	13.12													0.69	6.66	0.0056	15.41
杉木	10	0.59	4.69	0.0063	10.88													0.71	5.62	0.0081	13.27
杉木	12	0.54	3.75	0.0071	8.96													0.59	4.07	0.0079	9.89
杉木	14	0.49	3.03	0.0076	7.34													0.44	2.75	0.0069	6.64
杉木	16	0.5	2.74	0.0092	6.67													0.41	2.24	0.0076	5.5
杉木	18	0.49	2.42	0.0105	5.96													0.7	3.33	0.017	8.15
杉木	20	0.47	2.13	0.0114	5.26													0.55	2.41	0.0137	5.84
杉木	22	0.44	1.84	0.0118	4.58													0.3	1.34	0.0076	3.37
杉木	24	0.46	1.75	0.0142	4.33																

续表 1-2-1

树种	起测胸径（cm）	全省				迪庆				丽江				怒江				德宏			
		胸径年平均生长量（cm）	胸径年平均生长率（%）	材积年平均生长量（m3）	材积年平均生长率（%）	胸径年平均生长量（cm）	胸径年平均生长率（%）	材积年平均生长量（m³）	材积年平均生长率（%）	胸径年平均生长量（cm）	胸径年平均生长率（%）	材积年平均生长量（m³）	材积年平均生长率（%）	胸径年平均生长量（cm）	胸径年平均生长率（%）	材积年平均生长量（m³）	材积年平均生长率（%）	胸径年平均生长量（cm）	胸径年平均生长率（%）	材积年平均生长量（m³）	材积年平均生长率（%）
杉木	26	0.44	1.59	0.0152	3.96																
杉木	28	0.4	1.38	0.0149	3.43																
杉木	30	0.43	1.34	0.0177	3.31																
杉木	32	0.39	1.17	0.0178	2.91																
杉木	34	0.32	0.92	0.0158	2.28																
杉木	36	0.5	1.32	0.0273	3.24																
台湾杉	6	1.04	11.21	0.0073	22.95													1.39	13.18	0.012	25.16
台湾杉	8	0.86	8.14	0.007	18.03													0.77	7.3	0.0061	16.17
台湾杉	10	1.02	7.67	0.0118	17.16													1.04	7.78	0.0119	17.2
台湾杉	12	0.98	6.36	0.0142	14.8																
台湾杉	14	0.89	5.23	0.015	12.29													0.6	3.76	0.0089	9.1
台湾杉	16	0.99	5.04	0.0203	11.96																
台湾杉	18	0.98	4.42	0.0245	10.46																
台湾杉	20	0.63	2.86	0.015	7.07																
台湾杉	22	0.74	2.91	0.0221	7.09																
台湾杉	24	0.78	2.91	0.0254	7.16																
台湾杉	26	0.74	2.62	0.0263	6.44																
云南铁杉	6	0.4	5.07	0.0036	10.13	0.38	4.83	0.0034	9.67												
云南铁杉	8	0.51	4.95	0.0061	10.06	0.52	5.04	0.0062	10.21												

续表1-2-1

树种	起测胸径(cm)	全省 胸径年平均生长量(cm)	全省 胸径年平均生长率(%)	全省 材积年平均生长量(m³)	全省 材积年平均生长率(%)	迪庆 胸径年平均生长量(cm)	迪庆 胸径年平均生长率(%)	迪庆 材积年平均生长量(m³)	迪庆 材积年平均生长率(%)	丽江 胸径年平均生长量(cm)	丽江 胸径年平均生长率(%)	丽江 材积年平均生长量(m³)	丽江 材积年平均生长率(%)	怒江 胸径年平均生长量(cm)	怒江 胸径年平均生长率(%)	怒江 材积年平均生长量(m³)	怒江 材积年平均生长率(%)	德宏 胸径年平均生长量(cm)	德宏 胸径年平均生长率(%)	德宏 材积年平均生长量(m³)	德宏 材积年平均生长率(%)
云南铁杉	10	0.33	2.71	0.0051	5.7	0.33	2.71	0.0051	5.7												
云南铁杉	38	0.15	0.38	0.0104	0.9																
云南铁杉	40	0.26	0.62	0.019	1.47																
云南铁杉	46	0.44	0.93	0.0402	2.2									0.44	0.93	0.0402	2.2				
云南铁杉	56	0.24	0.42	0.0276	0.99																
丽江铁杉	6	0.24	3.28	0.0018	6.82					0.24	3.28	0.0018	6.82								
丽江铁杉	8	0.3	3.15	0.0032	6.59					0.29	3.07	0.0031	6.41								
丽江铁杉	10	0.27	2.35	0.0037	5.11					0.27	2.35	0.0037	5.11								
丽江铁杉	12	0.34	2.47	0.0056	5.4					0.34	2.47	0.0056	5.4								
丽江铁杉	14	0.33	2.05	0.0069	4.51					0.33	2.05	0.0069	4.51								
丽江铁杉	16	0.32	1.84	0.0075	4.12					0.32	1.84	0.0075	4.12								
丽江铁杉	24	0.11	0.43	0.004	1					0.11	0.43	0.004	1								
丽江铁杉	26	0.42	1.41	0.0204	3.24					0.42	1.41	0.0204	3.24								
丽江铁杉	28	0.32	1.07	0.0156	2.5					0.32	1.07	0.0156	2.5								
丽江铁杉	50	0.41	0.79	0.0424	1.86					0.41	0.79	0.0424	1.86								
云杉	6	0.52	6.56	0.004	16.29	0.52	6.56	0.004	16.29												
云杉	8	0.54	5.45	0.006	14.06	0.55	5.52	0.0061	14.21												
云杉	10	0.52	4.41	0.0072	11.55	0.52	4.47	0.0074	11.71												
云杉	12	0.58	4.06	0.0114	10.6	0.58	4.06	0.0114	10.6												

树种	起测胸径（cm）	全省 胸径年平均生长量（cm）	全省 胸径年平均生长率（%）	全省 材积年平均生长量（m3）	全省 材积年平均生长率（%）	迪庆 胸径年平均生长量（cm）	迪庆 胸径年平均生长率（%）	迪庆 材积年平均生长量（m³）	迪庆 材积年平均生长率（%）	丽江 胸径年平均生长量（cm）	丽江 胸径年平均生长率（%）	丽江 材积年平均生长量（m³）	丽江 材积年平均生长率（%）	怒江 胸径年平均生长量（cm）	怒江 胸径年平均生长率（%）	怒江 材积年平均生长量（m³）	怒江 材积年平均生长率（%）	德宏 胸径年平均生长量（cm）	德宏 胸径年平均生长率（%）	德宏 材积年平均生长量（m³）	德宏 材积年平均生长率（%）
云杉	14	0.48	3.1	0.0111	8.25	0.48	3.1	0.0111	8.25												
丽江云杉	6	0.31	3.85	0.0025	9.66	0.28	3.51	0.0023	8.81	0.35	4.3	0.0029	10.82								
丽江云杉	8	0.34	3.47	0.0036	8.91	0.36	3.6	0.004	9.2	0.32	3.38	0.0031	8.73								
丽江云杉	10	0.44	3.59	0.0069	9.16	0.41	3.39	0.0063	8.71	0.49	3.98	0.0081	10.06								
丽江云杉	12	0.43	3.13	0.0078	8.27	0.42	3.14	0.0076	8.37	0.43	3.12	0.0082	8.12								
丽江云杉	14	0.42	2.68	0.0098	7.11	0.48	3.01	0.0115	7.91	0.36	2.35	0.0078	6.32								
丽江云杉	16	0.42	2.38	0.012	6.32	0.39	2.24	0.0108	5.97	0.47	2.6	0.0139	6.84								
丽江云杉	18	0.49	2.44	0.0173	6.4	0.42	2.16	0.0143	5.7	0.61	2.96	0.0226	7.65								
丽江云杉	20	0.32	1.49	0.0129	3.95	0.34	1.54	0.0134	4.06												
丽江云杉	22	0.26	1.1	0.0112	2.91	0.21	0.9	0.0088	2.39												
丽江云杉	24	0.39	1.51	0.0202	3.96	0.33	1.28	0.0166	3.38	0.56	2.13	0.0298	5.54								
丽江云杉	26	0.36	1.28	0.0206	3.34	0.27	0.96	0.0154	2.53												
丽江云杉	28	0.37	1.23	0.024	3.2	0.24	0.8	0.0152	2.08	0.5	1.68	0.0328	4.38								
丽江云杉	30	0.17	0.53	0.0116	1.39																
丽江云杉	32	0.25	0.74	0.0187	1.91																
丽江云杉	34	0.32	0.91	0.0279	2.34					0.44	1.22	0.0373	3.15								
丽江云杉	36	0.21	0.55	0.0189	1.4	0.08	0.21	0.0067	0.54												
丽江云杉	38	0.26	0.66	0.0254	1.68	0.13	0.32	0.0111	0.81												
丽江云杉	40	0.2	0.5	0.0212	1.27	0.15	0.37	0.016	0.95												

续表 1-2-1

树种	起测胸径（cm）	全省				迪庆				丽江				怒江				德宏			
		胸径年平均生长量（cm）	胸径年平均生长率（%）	材积年平均生长量（m³）	材积年平均生长率（%）	胸径年平均生长量（cm）	胸径年平均生长率（%）	材积年平均生长量（m³）	材积年平均生长率（%）	胸径年平均生长量（cm）	胸径年平均生长率（%）	材积年平均生长量（m³）	材积年平均生长率（%）	胸径年平均生长量（cm）	胸径年平均生长率（%）	材积年平均生长量（m³）	材积年平均生长率（%）	胸径年平均生长量（cm）	胸径年平均生长率（%）	材积年平均生长量（m³）	材积年平均生长率（%）
丽江云杉	42	0.27	0.62	0.0303	1.56	0.17	0.39	0.0186	0.99												
丽江云杉	46	0.14	0.3	0.017	0.75	0.11	0.23	0.013	0.57												
丽江云杉	48	0.09	0.18	0.0115	0.45	0.09	0.18	0.0115	0.45												
冷杉	6	0.46	5.66	0.0042	13.15	0.44	5.3	0.004	12.28												
冷杉	8	0.24	2.47	0.0026	6.13	0.21	2.24	0.002	5.61												
冷杉	10	0.26	2.21	0.0038	5.52	0.25	2.1	0.0037	5.19												
冷杉	12	0.24	1.82	0.0042	4.67	0.22	1.69	0.0037	4.34												
冷杉	14	0.18	1.23	0.0039	3.17	0.18	1.23	0.0039	3.17												
冷杉	16	0.18	1.09	0.0046	2.85	0.17	1.02	0.0042	2.66												
冷杉	18	0.18	0.93	0.0053	2.4	0.18	0.93	0.0053	2.4												
冷杉	20	0.18	0.89	0.0064	2.29	0.18	0.89	0.0064	2.29												
冷杉	22	0.21	0.92	0.0092	2.34	0.2	0.86	0.0086	2.19												
冷杉	24	0.15	0.61	0.0069	1.56	0.15	0.61	0.0069	1.56												
冷杉	26	0.17	0.64	0.0089	1.62	0.17	0.64	0.0089	1.62												
冷杉	28	0.25	0.86	0.0148	2.15	0.25	0.86	0.0148	2.15												
冷杉	34	0.2	0.58	0.0164	1.46	0.2	0.58	0.0164	1.46												
冷杉	36	0.18	0.49	0.0151	1.24	0.18	0.49	0.0151	1.24												
冷杉	38	0.18	0.46	0.0174	1.17	0.18	0.46	0.0174	1.17												
冷杉	40	0.19	0.47	0.0182	1.16	0.19	0.47	0.0182	1.16												

2. 研究期（2002—2017年）全省及各州（市）分树种按树木
起测胸径概算树木单株胸径及材积年生长量（率）表

续表1-2-1

树种	起测胸径（cm）	全省				迪庆				丽江				怒江				德宏			
		胸径年平均生长量（cm）	胸径年平均生长率（%）	材积年平均生长量（m3）	材积年平均生长率（%）	胸径年平均生长量（cm）	胸径年平均生长率（%）	材积年平均生长量（m³）	材积年平均生长率（%）	胸径年平均生长量（cm）	胸径年平均生长率（%）	材积年平均生长量（m³）	材积年平均生长率（%）	胸径年平均生长量（cm）	胸径年平均生长率（%）	材积年平均生长量（m³）	材积年平均生长率（%）	胸径年平均生长量（cm）	胸径年平均生长率（%）	材积年平均生长量（m³）	材积年平均生长率（%）
冷杉	50	0.16	0.31	0.0198	0.76	0.16	0.31	0.0198	0.76												
冷杉	52	0.14	0.26	0.0191	0.64	0.14	0.26	0.0191	0.64												
冷杉	54	0.07	0.13	0.0106	0.33	0.07	0.13	0.0106	0.33												
冷杉	56	0.1	0.17	0.0144	0.41	0.1	0.17	0.0144	0.41												
冷杉	58	0.15	0.25	0.0231	0.6	0.15	0.25	0.0231	0.6												
冷杉	60	0.11	0.18	0.0182	0.42	0.11	0.18	0.0182	0.42												
冷杉	62	0.15	0.24	0.0253	0.57	0.15	0.24	0.0253	0.57												
冷杉	64	0.17	0.26	0.0301	0.62	0.17	0.26	0.0301	0.62												
长苞冷杉	6	0.28	3.75	0.0021	8.94	0.28	3.83	0.002	9.23	0.31	3.9	0.0025	9.13	0.04	0.63	0.0002	1.84				
长苞冷杉	8	0.29	3	0.0031	7.28	0.3	3.21	0.0029	7.86	0.29	2.89	0.0034	6.93	0.11	1.27	0.001	3.29				
长苞冷杉	10	0.24	2.1	0.0034	5.28	0.2	1.85	0.0026	4.73	0.28	2.37	0.0041	5.89	0.16	1.42	0.0023	3.77				
长苞冷杉	12	0.23	1.66	0.0041	4.22	0.18	1.37	0.0031	3.55	0.26	1.88	0.0049	4.69	0.2	1.51	0.0035	4				
长苞冷杉	14	0.17	1.13	0.0036	2.93	0.13	0.85	0.0026	2.21	0.19	1.25	0.004	3.21	0.29	1.92	0.0066	5.1				
长苞冷杉	16	0.21	1.2	0.0055	3.05	0.16	0.98	0.0041	2.52	0.26	1.47	0.0072	3.69	0.15	0.91	0.004	2.4				
长苞冷杉	18	0.23	1.18	0.0078	2.98	0.24	1.21	0.008	3.07	0.23	1.15	0.0075	2.9								
长苞冷杉	20	0.29	1.32	0.0119	3.33	0.3	1.33	0.0126	3.35	0.29	1.31	0.0111	3.31								
长苞冷杉	22	0.23	0.98	0.0095	2.5	0.21	0.92	0.0089	2.34	0.26	1.14	0.0109	2.89								
长苞冷杉	24	0.28	1.06	0.0136	2.68	0.22	0.86	0.0102	2.18	0.38	1.43	0.0194	3.56								
长苞冷杉	26	0.37	1.28	0.0218	3.21	0.3	1.05	0.0176	2.64	0.5	1.7	0.0293	4.22								

续表 1-2-1

树种	起测胸径(cm)	全省				迪庆				丽江				怒江				德宏			
		胸径年平均生长量(cm)	胸径年平均生长率(%)	材积年平均生长量(m3)	材积年平均生长率(%)	胸径年平均生长量(cm)	胸径年平均生长率(%)	材积年平均生长量(m³)	材积年平均生长率(%)	胸径年平均生长量(cm)	胸径年平均生长率(%)	材积年平均生长量(m³)	材积年平均生长率(%)	胸径年平均生长量(cm)	胸径年平均生长率(%)	材积年平均生长量(m³)	材积年平均生长率(%)	胸径年平均生长量(cm)	胸径年平均生长率(%)	材积年平均生长量(m³)	材积年平均生长率(%)
长苞冷杉	28	0.29	0.98	0.0183	2.45	0.25	0.84	0.015	2.11	0.47	1.51	0.0308	3.71								
长苞冷杉	30	0.21	0.66	0.0137	1.66	0.16	0.51	0.0105	1.29	0.32	1.01	0.0214	2.51								
长苞冷杉	32	0.31	0.91	0.0228	2.3	0.25	0.73	0.0185	1.86	0.51	1.5	0.0367	3.73								
长苞冷杉	34	0.21	0.58	0.0162	1.47	0.24	0.69	0.0191	1.73												
长苞冷杉	36	0.2	0.53	0.0178	1.34	0.19	0.5	0.017	1.27												
长苞冷杉	38	0.15	0.39	0.0144	0.98	0.16	0.41	0.0157	1.03	0.14	0.36	0.0124	0.89								
长苞冷杉	40	0.2	0.48	0.0201	1.18	0.17	0.42	0.0174	1.04	0.31	0.72	0.0312	1.76								
长苞冷杉	42	0.18	0.41	0.0202	1.03	0.18	0.41	0.0201	1.02												
长苞冷杉	44	0.23	0.51	0.0279	1.25	0.21	0.46	0.0255	1.15												
长苞冷杉	46	0.11	0.25	0.0138	0.61	0.11	0.25	0.0138	0.61												
长苞冷杉	48	0.23	0.47	0.029	1.14	0.14	0.29	0.0177	0.71												
长苞冷杉	50	0.15	0.29	0.0194	0.72	0.14	0.28	0.0186	0.69												
长苞冷杉	52	0.22	0.41	0.0326	1	0.25	0.46	0.0384	1.11	0.18	0.35	0.0246	0.84								
长苞冷杉	60	0.13	0.21	0.021	0.5	0.12	0.2	0.0207	0.49												
长苞冷杉	62	0.29	0.45	0.0511	1.07	0.08	0.13	0.0138	0.31												
长苞冷杉	64	0.35	0.53	0.0702	1.27																
长苞冷杉	66	0.3	0.44	0.0624	1.07					0.19	0.29	0.0352	0.68								
长苞冷杉	68	0.26	0.37	0.0575	0.9																
长苞冷杉	70	0.32	0.45	0.0757	1.09																

续表1-2-1

树种	起测胸径（cm）	全省				迪庆				丽江				怒江				德宏			
		胸径年平均生长量（cm）	胸径年平均生长率（%）	材积年平均生长量（m3）	材积年平均生长率（%）	胸径年平均生长量（cm）	胸径年平均生长率（%）	材积年平均生长量（m³）	材积年平均生长率（%）	胸径年平均生长量（cm）	胸径年平均生长率（%）	材积年平均生长量（m³）	材积年平均生长率（%）	胸径年平均生长量（cm）	胸径年平均生长率（%）	材积年平均生长量（m³）	材积年平均生长率（%）	胸径年平均生长量（cm）	胸径年平均生长率（%）	材积年平均生长量（m³）	材积年平均生长率（%）
长苞冷杉	72	0.46	0.62	0.1082	1.48																
中甸冷杉	6	0.28	3.83	0.0019	9.4	0.28	3.83	0.0019	9.4												
中甸冷杉	8	0.32	3.4	0.0031	8.41	0.32	3.4	0.0031	8.41												
中甸冷杉	10	0.33	2.9	0.0045	7.32	0.33	2.9	0.0045	7.32												
中甸冷杉	12	0.35	2.59	0.0065	6.56	0.35	2.59	0.0065	6.56												
中甸冷杉	14	0.29	1.85	0.0064	4.76	0.29	1.85	0.0064	4.76												
中甸冷杉	16	0.25	1.45	0.0066	3.76	0.25	1.45	0.0066	3.76												
中甸冷杉	18	0.32	1.64	0.0101	4.19	0.32	1.64	0.0101	4.19												
中甸冷杉	20	0.25	1.2	0.0092	3.09	0.25	1.2	0.0092	3.09												
中甸冷杉	22	0.14	0.62	0.0057	1.58	0.14	0.62	0.0057	1.58												
中甸冷杉	24	0.27	1.05	0.0132	2.67	0.27	1.05	0.0132	2.67												
中甸冷杉	26	0.26	0.95	0.0135	2.43	0.26	0.95	0.0135	2.43												
中甸冷杉	28	0.17	0.6	0.0102	1.53	0.17	0.6	0.0102	1.53												
中甸冷杉	30	0.32	1	0.0217	2.52	0.32	1	0.0217	2.52												
中甸冷杉	32	0.28	0.84	0.0205	2.09	0.28	0.84	0.0205	2.09												
中甸冷杉	34	0.28	0.79	0.0212	1.97	0.28	0.79	0.0212	1.97												
中甸冷杉	36	0.27	0.72	0.0223	1.8	0.27	0.72	0.0223	1.8												
中甸冷杉	38	0.24	0.62	0.022	1.54	0.24	0.62	0.022	1.54												
中甸冷杉	40	0.25	0.6	0.0246	1.49	0.25	0.6	0.0246	1.49												

续表 1-2-1

树种	起测胸径(cm)	全省 胸径年平均生长量(cm)	全省 胸径年平均生长率(%)	全省 材积年平均生长量(m3)	全省 材积年平均生长率(%)	迪庆 胸径年平均生长量(cm)	迪庆 胸径年平均生长率(%)	迪庆 材积年平均生长量(m³)	迪庆 材积年平均生长率(%)	丽江 胸径年平均生长量(cm)	丽江 胸径年平均生长率(%)	丽江 材积年平均生长量(m³)	丽江 材积年平均生长率(%)	怒江 胸径年平均生长量(cm)	怒江 胸径年平均生长率(%)	怒江 材积年平均生长量(m³)	怒江 材积年平均生长率(%)	德荣 胸径年平均生长量(cm)	德荣 胸径年平均生长率(%)	德荣 材积年平均生长量(m³)	德荣 材积年平均生长率(%)
中甸冷杉	42	0.26	0.59	0.0261	1.46	0.26	0.59	0.0261	1.46												
中甸冷杉	44	0.17	0.38	0.0191	0.95	0.17	0.38	0.0191	0.95												
中甸冷杉	46	0.27	0.58	0.0323	1.41	0.27	0.58	0.0323	1.41												
中甸冷杉	48	0.21	0.43	0.026	1.05	0.21	0.43	0.026	1.05												
中甸冷杉	50	0.16	0.32	0.0207	0.79	0.16	0.32	0.0207	0.79												
中甸冷杉	52	0.18	0.34	0.0243	0.82	0.18	0.34	0.0243	0.82												
中甸冷杉	54	0.29	0.52	0.0434	1.25	0.29	0.52	0.0434	1.25												
中甸冷杉	56	0.16	0.28	0.0245	0.68	0.16	0.28	0.0245	0.68												
中甸冷杉	58	0.31	0.52	0.0502	1.26	0.31	0.52	0.0502	1.26												
中甸冷杉	60	0.37	0.61	0.0609	1.46	0.37	0.61	0.0609	1.46												
中甸冷杉	62	0.2	0.32	0.035	0.78	0.2	0.32	0.035	0.78												
中甸冷杉	64	0.22	0.34	0.0389	0.81	0.22	0.34	0.0389	0.81												
中甸冷杉	66	0.22	0.32	0.0408	0.77	0.22	0.32	0.0408	0.77												
中甸冷杉	68	0.22	0.32	0.0425	0.76	0.22	0.32	0.0425	0.76												
中甸冷杉	70	0.18	0.25	0.0351	0.59	0.18	0.25	0.0351	0.59												
中甸冷杉	72	0.16	0.22	0.0326	0.51	0.16	0.22	0.0326	0.51												
中甸冷杉	74	0.15	0.21	0.0327	0.49	0.15	0.21	0.0327	0.49												
中甸冷杉	78	0.35	0.45	0.081	1.05	0.35	0.45	0.081	1.05												
云南松	6	0.33	4.22	0.0021	10.58	0.21	2.88	0.0013	7.51	0.33	4.25	0.0024	10.51	0.36	4.65	0.0023	11.64				

续表 1-2-1

树种	起测胸径（cm）	全省				迪庆				丽江				怒江				德宏			
		胸径年平均生长量（cm）	胸径年平均生长率（%）	材积年平均生长量（m3）	材积年平均生长率（%）	胸径年平均生长量（cm）	胸径年平均生长率（%）	材积年平均生长量（m³）	材积年平均生长率（%）	胸径年平均生长量（cm）	胸径年平均生长率（%）	材积年平均生长量（m³）	材积年平均生长率（%）	胸径年平均生长量（cm）	胸径年平均生长率（%）	材积年平均生长量（m³）	材积年平均生长率（%）	胸径年平均生长量（cm）	胸径年平均生长率（%）	材积年平均生长量（m³）	材积年平均生长率（%）
云南松	8	0.34	3.46	0.0032	8.8	0.24	2.55	0.0021	6.55	0.34	3.48	0.0035	8.77	0.39	3.99	0.0036	10.1				
云南松	10	0.35	3.02	0.0045	7.79	0.3	2.6	0.0037	6.87	0.34	2.94	0.0049	7.62	0.44	3.66	0.0055	9.51				
云南松	12	0.37	2.67	0.0061	6.91	0.33	2.41	0.0053	6.36	0.34	2.48	0.0063	6.41	0.44	3.13	0.0071	8.21				
云南松	14	0.38	2.38	0.0077	6.18	0.39	2.43	0.008	6.38	0.34	2.16	0.0078	5.6	0.45	2.83	0.0092	7.41	0.93	5.09	0.0271	12.2
云南松	16	0.38	2.16	0.0095	5.58	0.38	2.12	0.0092	5.6	0.35	1.97	0.0096	5.08	0.45	2.48	0.0116	6.46				
云南松	18	0.38	1.93	0.0112	4.98	0.38	1.93	0.0112	5.07	0.35	1.76	0.0112	4.55	0.41	2.09	0.012	5.5				
云南松	20	0.37	1.7	0.0126	4.38	0.39	1.79	0.0136	4.71	0.31	1.44	0.0116	3.72	0.46	2.1	0.0167	5.43				
云南松	22	0.35	1.49	0.0139	3.83	0.39	1.63	0.016	4.25	0.31	1.32	0.0133	3.41	0.39	1.61	0.016	4.18	0.62	2.49	0.029	6.18
云南松	24	0.36	1.39	0.0159	3.54	0.32	1.27	0.0143	3.32	0.3	1.18	0.0145	3.03	0.46	1.77	0.0219	4.55	0.35	1.36	0.0168	3.42
云南松	26	0.35	1.25	0.0171	3.19	0.38	1.38	0.0192	3.61	0.29	1.05	0.0153	2.68	0.44	1.54	0.0229	3.96				
云南松	28	0.36	1.2	0.0197	3.04	0.38	1.28	0.0211	3.34	0.27	0.93	0.0162	2.38	0.45	1.49	0.0258	3.82				
云南松	30	0.36	1.13	0.0216	2.85	0.38	1.21	0.023	3.15	0.3	0.97	0.0198	2.45	0.4	1.25	0.0245	3.22				
云南松	32	0.35	1.03	0.0226	2.57	0.3	0.88	0.0199	2.29	0.26	0.77	0.0182	1.94	0.35	1.06	0.0237	2.73				
云南松	34	0.34	0.95	0.0235	2.36	0.2	0.57	0.0143	1.47	0.28	0.8	0.0216	2.01	0.4	1.1	0.0294	2.85				
云南松	36	0.31	0.82	0.0236	2.02	0.24	0.63	0.0186	1.62	0.3	0.79	0.0257	1.98	0.21	0.58	0.0162	1.49				
云南松	38	0.29	0.74	0.0243	1.85	0.24	0.6	0.0198	1.56	0.27	0.67	0.0244	1.68	0.17	0.44	0.0145	1.14				
云南松	40	0.31	0.74	0.0265	1.81	0.2	0.48	0.0186	1.23	0.26	0.63	0.0252	1.55								
云南松	42	0.26	0.59	0.0255	1.47	0.31	0.7	0.0309	1.8	0.16	0.39	0.0166	0.96								
云南松	44	0.34	0.75	0.0354	1.85	0.17	0.38	0.0175	0.97												

续表1-2-1

树种	起测胸径(cm)	全省				迪庆				丽江				怒江				德宏			
		胸径年平均生长量(cm)	胸径年平均生长率(%)	材积年平均生长量(m3)	材积年平均生长率(%)	胸径年平均生长量(cm)	胸径年平均生长率(%)	材积年平均生长量(m³)	材积年平均生长率(%)	胸径年平均生长量(cm)	胸径年平均生长率(%)	材积年平均生长量(m³)	材积年平均生长率(%)	胸径年平均生长量(cm)	胸径年平均生长率(%)	材积年平均生长量(m³)	材积年平均生长率(%)	胸径年平均生长量(cm)	胸径年平均生长率(%)	材积年平均生长量(m³)	材积年平均生长率(%)
云南松	46	0.25	0.53	0.0287	1.31	0.2	0.43	0.0217	1.11												
云南松	48	0.31	0.63	0.0375	1.55	0.25	0.5	0.03	1.28												
云南松	50	0.38	0.73	0.0424	1.79																
云南松	52	0.2	0.37	0.0247	0.9																
云南松	54	0.24	0.45	0.0312	1.1																
华山松	6	0.38	4.86	0.0023	10.83	0.34	4.05	0.0036	7.69	0.42	5.19	0.0042	9.92	0.49	6.02	0.0034	12.72				
华山松	8	0.39	4.02	0.0033	9.19	0.3	3.02	0.0036	5.86	0.43	4.21	0.0055	8.15	0.6	5.46	0.0061	11.7				
华山松	10	0.42	3.51	0.0046	8.13	0.45	3.55	0.0074	7.01	0.61	4.67	0.0102	9.09	0.54	4.27	0.007	9.36				
华山松	12	0.45	3.18	0.0062	7.36	0.43	2.97	0.008	5.98	0.4	2.81	0.0072	5.69	0.58	4.05	0.0083	9.11				
华山松	14	0.45	2.8	0.0075	6.49	0.48	2.92	0.0105	5.97	0.49	3.03	0.0106	6.21	0.78	4.47	0.0152	9.71				
华山松	16	0.46	2.54	0.009	5.86	0.45	2.47	0.011	5.1	0.53	2.89	0.0131	5.94	0.55	3.03	0.0113	6.79				
华山松	18	0.48	2.4	0.0107	5.56	0.43	2.15	0.0118	4.47	0.59	2.85	0.0168	5.89	0.8	3.9	0.0185	8.81				
华山松	20	0.5	2.25	0.0124	5.15	0.36	1.63	0.0107	3.44	0.52	2.37	0.0154	4.96	0.63	2.73	0.0172	6.09				
华山松	22	0.51	2.11	0.0146	4.78	0.32	1.4	0.0103	2.96	0.66	2.69	0.0222	5.64	0.55	2.25	0.0175	4.87				
华山松	24	0.53	2.03	0.0171	4.56	0.41	1.59	0.0148	3.36	0.7	2.61	0.0261	5.47	0.68	2.51	0.0243	5.41				
华山松	26	0.51	1.79	0.0182	3.99	0.33	1.2	0.0126	2.53	0.33	1.21	0.0129	2.57	0.57	2	0.0215	4.35				
华山松	28	0.52	1.71	0.0198	3.82									0.47	1.51	0.021	3.18				
华山松	30	0.57	1.75	0.024	3.86					0.61	1.86	0.0285	3.92	0.47	1.5	0.021	3.18				
华山松	32	0.6	1.71	0.0277	3.76									0.38	1.15	0.0182	2.44				

续表 1-2-1

树种	起测胸径（cm）	全省 胸径年平均生长量（cm）	全省 胸径年平均生长率（%）	全省 材积年平均生长量（m3）	全省 材积年平均生长率（%）	迪庆 胸径年平均生长量（cm）	迪庆 胸径年平均生长率（%）	迪庆 材积年平均生长量（m³）	迪庆 材积年平均生长率（%）	丽江 胸径年平均生长量（cm）	丽江 胸径年平均生长率（%）	丽江 材积年平均生长量（m³）	丽江 材积年平均生长率（%）	怒江 胸径年平均生长量（cm）	怒江 胸径年平均生长率（%）	怒江 材积年平均生长量（m³）	怒江 材积年平均生长率（%）	德宏 胸径年平均生长量（cm）	德宏 胸径年平均生长率（%）	德宏 材积年平均生长量（m³）	德宏 材积年平均生长率（%）
华山松	34	0.5	1.38	0.0246	3.03					0.49	1.37	0.0254	2.91	0.38	1.07	0.0196	2.27				
华山松	36	0.46	1.21	0.0243	2.65									0.28	0.77	0.0154	1.64				
华山松	38	0.61	1.5	0.0334	3.31																
华山松	40	0.57	1.36	0.0336	3																
华山松	42	0.5	1.14	0.031	2.46																
华山松	44	0.34	0.74	0.0218	1.62																
华山松	46	0.49	1.04	0.0328	2.23																
华山松	48	0.37	0.73	0.0269	1.54																
高山松	6	0.2	2.82	0.0012	7.97	0.17	2.47	0.0009	7.18	0.27	3.52	0.0018	9.54								
高山松	8	0.23	2.44	0.002	6.62	0.2	2.23	0.0017	6.14	0.26	2.76	0.0025	7.31								
高山松	10	0.25	2.2	0.003	5.92	0.22	1.97	0.0026	5.36	0.29	2.51	0.0036	6.67								
高山松	12	0.23	1.77	0.0036	4.71	0.21	1.6	0.0032	4.26	0.27	2	0.0041	5.29								
高山松	14	0.25	1.67	0.0049	4.37	0.22	1.48	0.0042	3.88	0.29	1.91	0.0058	4.99								
高山松	16	0.26	1.5	0.0059	3.88	0.22	1.29	0.0049	3.34	0.32	1.82	0.0074	4.68								
高山松	18	0.25	1.31	0.0068	3.35	0.21	1.09	0.0055	2.8	0.35	1.77	0.0096	4.51								
高山松	20	0.27	1.28	0.0085	3.24	0.22	1.03	0.0067	2.61	0.36	1.68	0.0113	4.25								
高山松	22	0.26	1.1	0.0091	2.76	0.23	0.99	0.0081	2.47	0.32	1.37	0.0115	3.42								
高山松	24	0.25	0.98	0.01	2.45	0.25	0.99	0.0101	2.46	0.25	0.97	0.0099	2.42								
高山松	26	0.26	0.95	0.0115	2.34	0.25	0.92	0.0109	2.26	0.29	1.04	0.0131	2.56								

续表 1-2-1

树种	起测胸径(cm)	全省				迪庆				丽江				怒江				德宏			
		胸径年平均生长量(cm)	胸径年平均生长率(%)	材积年平均生长量(m3)	材积年平均生长率(%)	胸径年平均生长量(cm)	胸径年平均生长率(%)	材积年平均生长量(m³)	材积年平均生长率(%)	胸径年平均生长量(cm)	胸径年平均生长率(%)	材积年平均生长量(m³)	材积年平均生长率(%)	胸径年平均生长量(cm)	胸径年平均生长率(%)	材积年平均生长量(m³)	材积年平均生长率(%)	胸径年平均生长量(cm)	胸径年平均生长率(%)	材积年平均生长量(m³)	材积年平均生长率(%)
高山松	28	0.25	0.86	0.0122	2.1	0.24	0.83	0.0118	2.03	0.28	0.96	0.0137	2.35								
高山松	30	0.27	0.86	0.014	2.09	0.25	0.81	0.0133	1.98	0.32	1.01	0.0166	2.47								
高山松	32	0.23	0.69	0.013	1.67	0.23	0.7	0.0132	1.69												
高山松	34	0.19	0.54	0.0115	1.29	0.18	0.51	0.0109	1.23	0.2	0.58	0.0126	1.4								
高山松	36	0.16	0.43	0.0108	1.03	0.16	0.42	0.0106	0.99												
高山松	38	0.21	0.53	0.0147	1.25	0.15	0.38	0.0105	0.92	0.28	0.71	0.0201	1.69								
高山松	40	0.19	0.45	0.0138	1.08					0.19	0.46	0.0139	1.08								
高山松	42	0.29	0.67	0.0235	1.57	0.29	0.66	0.0232	1.56	0.29	0.67	0.0239	1.58								
高山松	44	0.16	0.37	0.0138	0.86	0.18	0.4	0.0148	0.94	0.15	0.33	0.0125	0.77								
高山松	46	0.13	0.28	0.0114	0.65	0.13	0.27	0.0112	0.63	0.13	0.29	0.0115	0.67								
高山松	50	0.15	0.29	0.0146	0.68					0.11	0.22	0.0111	0.51								
高山松	52	0.15	0.28	0.0155	0.65					0.15	0.28	0.0155	0.65								
大果红杉	6	0.2	2.96	0.001	7.58	0.2	2.96	0.001	7.58												
大果红杉	8	0.29	3.12	0.0024	8	0.29	3.12	0.0024	8												
大果红杉	10	0.25	2.31	0.0027	6.03	0.25	2.31	0.0027	6.03												
大果红杉	12	0.32	2.47	0.0045	6.48	0.32	2.47	0.0045	6.48												
大果红杉	14	0.25	1.62	0.0047	4.16	0.25	1.62	0.0047	4.16												
大果红杉	16	0.24	1.42	0.0053	3.72	0.24	1.42	0.0053	3.72												
大果红杉	18	0.3	1.55	0.008	3.97	0.3	1.55	0.008	3.97												

续表1-2-1

树种	起测胸径（cm）	全省 胸径年平均生长量（cm）	全省 胸径年平均生长率（%）	全省 材积年平均生长量（m3）	全省 材积年平均生长率（%）	迪庆 胸径年平均生长量（cm）	迪庆 胸径年平均生长率（%）	迪庆 材积年平均生长量（m³）	迪庆 材积年平均生长率（%）	丽江 胸径年平均生长量（cm）	丽江 胸径年平均生长率（%）	丽江 材积年平均生长量（m³）	丽江 材积年平均生长率（%）	怒江 胸径年平均生长量（cm）	怒江 胸径年平均生长率（%）	怒江 材积年平均生长量（m³）	怒江 材积年平均生长率（%）	德宏 胸径年平均生长量（cm）	德宏 胸径年平均生长率（%）	德宏 材积年平均生长量（m³）	德宏 材积年平均生长率（%）
大果红杉	20	0.33	1.52	0.0105	3.89	0.33	1.52	0.0105	3.89												
大果红杉	22	0.25	1.08	0.0085	2.77	0.25	1.08	0.0085	2.77												
大果红杉	24	0.26	1.03	0.0105	2.62	0.26	1.03	0.0105	2.62												
大果红杉	38	0.14	0.35	0.0104	0.86	0.14	0.35	0.0104	0.86												
思茅松	6	0.54	6.12	0.0042	13.28																
思茅松	8	0.53	5.04	0.0052	11.43																
思茅松	10	0.52	4.13	0.0067	9.73																
思茅松	12	0.51	3.53	0.0082	8.53													0.25	1.79	0.0039	4.55
思茅松	14	0.52	3.17	0.0103	7.77																
思茅松	16	0.48	2.63	0.0115	6.55													0.2	1.15	0.0045	2.91
思茅松	18	0.46	2.25	0.0127	5.63																
思茅松	20	0.43	1.96	0.0138	4.95													0.58	2.49	0.0207	6.12
思茅松	22	0.41	1.71	0.0149	4.28																
思茅松	24	0.42	1.61	0.0171	4.04																
思茅松	26	0.39	1.41	0.0182	3.55																
思茅松	28	0.36	1.2	0.0181	3.02																
思茅松	30	0.39	1.22	0.0218	3.05																
思茅松	32	0.42	1.22	0.026	3.04													0.52	1.54	0.0317	3.84
思茅松	34	0.39	1.08	0.0259	2.71																

续表 1-2-1

树种	起测胸径(cm)	全省				迪庆				丽江				怒江				德宏			
		胸径年平均生长量(cm)	胸径年平均生长率(%)	材积年平均生长量(m3)	材积年平均生长率(%)	胸径年平均生长量(cm)	胸径年平均生长率(%)	材积年平均生长量(m³)	材积年平均生长率(%)	胸径年平均生长量(cm)	胸径年平均生长率(%)	材积年平均生长量(m³)	材积年平均生长率(%)	胸径年平均生长量(cm)	胸径年平均生长率(%)	材积年平均生长量(m³)	材积年平均生长率(%)	胸径年平均生长量(cm)	胸径年平均生长率(%)	材积年平均生长量(m³)	材积年平均生长率(%)
思茅松	36	0.38	0.98	0.0279	2.45																
思茅松	38	0.34	0.86	0.0264	2.15																
思茅松	40	0.35	0.86	0.029	2.13																
思茅松	42	0.39	0.9	0.0351	2.23																
思茅松	44	0.29	0.65	0.0273	1.61																
思茅松	46	0.36	0.75	0.0364	1.85																
思茅松	48	0.26	0.54	0.0276	1.32																
云南油杉	6	0.29	3.88	0.0015	9.13					0.36	4.45	0.0023	9.88								
云南油杉	8	0.29	3.07	0.002	7.48					0.31	3.3	0.0025	7.85								
云南油杉	10	0.31	2.72	0.003	6.69					0.32	2.73	0.0032	6.63								
云南油杉	12	0.32	2.38	0.0039	5.93					0.41	2.96	0.0054	7.17								
云南油杉	14	0.34	2.19	0.0051	5.49					0.34	2.24	0.0054	5.49								
云南油杉	16	0.35	1.98	0.0061	4.98					0.32	1.87	0.0057	4.61								
云南油杉	18	0.36	1.86	0.0074	4.67					0.32	1.61	0.0073	3.94								
云南油杉	20	0.4	1.83	0.0095	4.6																
云南油杉	22	0.36	1.5	0.0098	3.74																
云南油杉	24	0.37	1.44	0.0116	3.59																
云南油杉	26	0.37	1.34	0.0125	3.33																
云南油杉	28	0.33	1.11	0.0123	2.75																

续表 1-2-1

树种	起测胸径（cm）	全省				迪庆				丽江				怒江				德宏			
		胸径年平均生长量（cm）	胸径年平均生长率（%）	材积年平均生长量（m3）	材积年平均生长率（%）	胸径年平均生长量（cm）	胸径年平均生长率（%）	材积年平均生长量（m³）	材积年平均生长率（%）	胸径年平均生长量（cm）	胸径年平均生长率（%）	材积年平均生长量（m³）	材积年平均生长率（%）	胸径年平均生长量（cm）	胸径年平均生长率（%）	材积年平均生长量（m³）	材积年平均生长率（%）	胸径年平均生长量（cm）	胸径年平均生长率（%）	材积年平均生长量（m³）	材积年平均生长率（%）
云南油杉	30	0.34	1.08	0.0138	2.67																
云南油杉	32	0.42	1.22	0.0195	2.97																
云南油杉	34	0.36	1.02	0.0181	2.48																
云南油杉	38	0.42	1.02	0.0247	2.47																
云南油杉	42	0.38	0.86	0.0252	2.04																
云南油杉	44	0.28	0.61	0.019	1.46																
云南油杉	46	0.16	0.35	0.0114	0.82																
黄杉	6	0.33	4.3	0.0015	10.47																
黄杉	8	0.47	4.67	0.0033	11.33																
黄杉	10	0.55	4.44	0.0053	11.02																
黄杉	12	0.5	3.63	0.0057	9.22																
黄杉	20	0.33	1.52	0.0077	3.89																
黄杉	22	0.21	0.9	0.0052	2.31																
黄杉	26	0.36	1.31	0.0114	3.31																
黄杉	34	0.39	1.09	0.0189	2.71																
八角	6	0.52	6.59	0.0038	17.14																
八角	8	0.43	4.49	0.0043	11.97																
八角	10	0.4	3.4	0.0056	8.87																
八角	12	0.27	2.01	0.0044	5.16																

续表 1-2-1

树种	起测胸径(cm)	全省 胸径年平均生长量(cm)	全省 胸径年平均生长率(%)	全省 材积年平均生长量(m3)	全省 材积年平均生长率(%)	迪庆 胸径年平均生长量(cm)	迪庆 胸径年平均生长率(%)	迪庆 材积年平均生长量(m³)	迪庆 材积年平均生长率(%)	丽江 胸径年平均生长量(cm)	丽江 胸径年平均生长率(%)	丽江 材积年平均生长量(m³)	丽江 材积年平均生长率(%)	怒江 胸径年平均生长量(cm)	怒江 胸径年平均生长率(%)	怒江 材积年平均生长量(m³)	怒江 材积年平均生长率(%)	德宏 胸径年平均生长量(cm)	德宏 胸径年平均生长率(%)	德宏 材积年平均生长量(m³)	德宏 材积年平均生长率(%)
八角	14	0.42	2.75	0.0087	7.03																
八角	16	0.49	2.76	0.0114	6.92																
野八角	6	0.14	2.07	0.0007	5.96					0.16	2.12	0.0008	6.76	0.11	1.64	0.0005	3.69				
野八角	8	0.17	1.83	0.0012	4.96					0.34	3.46	0.0028	9.27	0.11	1.29	0.0007	3.19				
野八角	10	0.18	1.69	0.0017	4.42					0.3	2.72	0.0029	7.34								
野八角	12	0.23	1.72	0.0028	4.33					0.27	2.08	0.0033	5.41								
野八角	14	0.23	1.53	0.0033	3.83																
野八角	16	0.19	1.06	0.0038	2.58																
野八角	18	0.69	3.27	0.0179	7.78																
野八角	20	0.19	0.89	0.0046	2.18																
野八角	22	0.22	0.94	0.0063	2.3									0.3	1.27	0.0087	3.08				
野八角	24	0.26	1.03	0.0083	2.54																
野八角	28	0.34	1.11	0.0146	2.68																
银柴	6	0.22	3.1	0.0013	8.85																
银柴	8	0.2	2.13	0.0017	5.88																
银柴	10	0.16	1.46	0.0018	3.96																
银柴	12	0.25	1.81	0.0039	4.59																
银柴	14	0.23	1.54	0.0042	3.91																
银柴	16	0.2	1.15	0.0041	2.89																

续表1-2-1

树种	起测胸径（cm）	全省				迪庆					丽江					怒江					德宏			
		胸径年平均生长量（cm）	胸径年平均生长率（%）	材积年平均生长量（m3）	材积年平均生长率（%）	胸径年平均生长量（cm）	胸径年平均生长率（%）	材积年平均生长量（m³）	材积年平均生长率（%）		胸径年平均生长量（cm）	胸径年平均生长率（%）	材积年平均生长量（m³）	材积年平均生长率（%）		胸径年平均生长量（cm）	胸径年平均生长率（%）	材积年平均生长量（m³）	材积年平均生长率（%）		胸径年平均生长量（cm）	胸径年平均生长率（%）	材积年平均生长量（m³）	材积年平均生长率（%）
银柴	18	0.31	1.52	0.0088	3.63																			
银柴	22	0.35	1.49	0.0115	3.62																			
银柴	36	0.28	0.74	0.0167	1.75																			
中平树	6	0.75	7.87	0.0074	17.98																			
中平树	8	0.62	5.99	0.0064	14.85																			
中平树	10	0.47	4	0.006	10.48																			
中平树	12	0.51	3.67	0.008	9.22																			
中平树	14	0.5	3.13	0.0096	7.8																			
中平树	16	0.18	1.07	0.0035	2.67																			
乌桕	6	0.3	3.95	0.0017	9.75																			
乌桕	8	0.28	2.95	0.0024	7.53																			
乌桕	10	0.27	2.34	0.0032	5.94																			
乌桕	12	0.27	2.07	0.0037	5.35																			
乌桕	14	0.25	1.65	0.004	4.18																			
乌桕	16	0.31	1.77	0.0061	4.42																			
乌桕	18	0.32	1.64	0.0071	4.06																			
钝叶黄檀	6	0.35	4.87	0.0019	10.99																			
钝叶黄檀	8	0.33	3.53	0.0025	8.2																			
钝叶黄檀	10	0.29	2.61	0.0029	6.11																			

续表1-2-1

树种	起测胸径（cm）	全省 胸径年平均生长量（cm）	全省 胸径年平均生长率（%）	全省 材积年平均生长量（m3）	全省 材积年平均生长率（%）	迪庆 胸径年平均生长量（cm）	迪庆 胸径年平均生长率（%）	迪庆 材积年平均生长量（m³）	迪庆 材积年平均生长率（%）	丽江 胸径年平均生长量（cm）	丽江 胸径年平均生长率（%）	丽江 材积年平均生长量（m³）	丽江 材积年平均生长率（%）	怒江 胸径年平均生长量（cm）	怒江 胸径年平均生长率（%）	怒江 材积年平均生长量（m³）	怒江 材积年平均生长率（%）	德宏 胸径年平均生长量（cm）	德宏 胸径年平均生长率（%）	德宏 材积年平均生长量（m³）	德宏 材积年平均生长率（%）
钝叶黄檀	12	0.35	2.47	0.0048	5.7																
钝叶黄檀	16	0.42	2.4	0.0075	5.64																
钝叶黄檀	24	0.35	1.33	0.0103	3.09																
黑黄檀	6	0.23	3.28	0.0012	8.05																
黑黄檀	8	0.25	2.73	0.0018	6.38																
黑黄檀	10	0.28	2.38	0.0033	5.95																
黑黄檀	12	0.28	2.16	0.0034	5.17																
黑黄檀	14	0.44	2.72	0.0084	6.71																
白花羊蹄甲	6	0.38	4.88	0.0025	11.71													0.32	4.6	0.0018	10.48
白花羊蹄甲	8	0.29	3.1	0.0025	7.6													0.36	3.83	0.0031	8.68
白花羊蹄甲	10	0.29	2.48	0.0034	6.15													0.23	2.08	0.0023	5
白花羊蹄甲	12	0.32	2.26	0.0051	5.43													0.46	2.58	0.011	5.32
白花羊蹄甲	14	0.35	2.15	0.0072	5.25																
白花羊蹄甲	16	0.32	1.82	0.0069	4.43																
白花羊蹄甲	18	0.38	1.82	0.0108	4.31																
白花羊蹄甲	20	0.22	1.06	0.0062	2.61																
白花羊蹄甲	22	0.33	1.31	0.0122	3.09																
白花羊蹄甲	24	0.38	1.44	0.0143	3.5																
白花羊蹄甲	26	0.18	0.68	0.007	1.63																

2. 研究期（2002—2017年）全省及各州（市）分树种按树木
起测胸径概算树木单株胸径及材积年生长量（率）表

续表1-2-1

树种	起测胸径（cm）	全省				迪庆				丽江				怒江				德宏			
		胸径年平均生长量（cm）	胸径年平均生长率（%）	材积年平均生长量（m3）	材积年平均生长率（%）	胸径年平均生长量（cm）	胸径年平均生长率（%）	材积年平均生长量（m³）	材积年平均生长率（%）	胸径年平均生长量（cm）	胸径年平均生长率（%）	材积年平均生长量（m³）	材积年平均生长率（%）	胸径年平均生长量（cm）	胸径年平均生长率（%）	材积年平均生长量（m³）	材积年平均生长率（%）	胸径年平均生长量（cm）	胸径年平均生长率（%）	材积年平均生长量（m³）	材积年平均生长率（%）
白花羊蹄甲	28	0.17	0.58	0.0075	1.41																
白花羊蹄甲	30	0.28	0.84	0.0145	2.04																
白花羊蹄甲	32	0.39	1.14	0.022	2.75																
白花羊蹄甲	34	0.27	0.76	0.0148	1.81																
白花羊蹄甲	36	0.23	0.63	0.0137	1.47																
大果冬青	6	0.35	4.49	0.0021	11.05																
大果冬青	8	0.42	3.98	0.0046	9.36																
大果冬青	10	0.39	3.34	0.0043	8.12																
大果冬青	12	0.47	3.23	0.0072	7.72																
大果冬青	14	0.28	1.75	0.0056	4.39																
杜英	6	0.25	3.31	0.0015	7.14																
杜英	8	0.23	2.46	0.0018	5.46																
杜英	10	0.39	3.22	0.0042	7.28																
杜英	12	0.41	2.8	0.0058	6.39																
杜英	14	0.36	2.26	0.0053	5.27																
杜英	16	0.48	2.61	0.0092	6																
杜英	18	0.45	2.16	0.0097	5																
杜英	20	0.27	1.22	0.0064	2.88																
黑荆树	6	0.63	7.46	0.0045	17.67					1.13	11.11	0.0106	22.37								

续表1-2-1

树种	起测胸径(cm)	全省				迪庆				丽江				怒江				德宏			
		胸径年平均生长量(cm)	胸径年平均生长率(%)	材积年平均生长量(m3)	材积年平均生长率(%)	胸径年平均生长量(cm)	胸径年平均生长率(%)	材积年平均生长量(m³)	材积年平均生长率(%)	胸径年平均生长量(cm)	胸径年平均生长率(%)	材积年平均生长量(m³)	材积年平均生长率(%)	胸径年平均生长量(cm)	胸径年平均生长率(%)	材积年平均生长量(m³)	材积年平均生长率(%)	胸径年平均生长量(cm)	胸径年平均生长率(%)	材积年平均生长量(m³)	材积年平均生长率(%)
黑荆树	8	0.69	6.64	0.0067	16.01																
黑荆树	10	0.63	5.16	0.0075	12.45					0.8	6.55	0.0099	15.78								
黑荆树	12	0.76	5.18	0.0121	12.31																
黑荆树	14	0.69	4.26	0.0125	10.27																
黑荆树	16	0.7	3.84	0.0146	9.05																
银荆树	6	0.71	8.5	0.005	18.89																
银荆树	8	0.65	6.24	0.0059	15.03																
银荆树	10	0.75	5.77	0.0097	13.63																
银荆树	12	0.9	5.46	0.018	12.61																
银荆树	14	0.71	4.13	0.0141	9.67																
云南黄杞	6	0.29	3.85	0.0019	9.41													0.27	3.7	0.0017	8.31
云南黄杞	8	0.32	3.13	0.0032	7.51													0.5	4.44	0.0062	9.75
云南黄杞	10	0.31	2.67	0.0037	6.46													0.34	2.9	0.004	6.73
云南黄杞	12	0.34	2.41	0.0053	5.83													0.43	2.94	0.0072	6.85
云南黄杞	14	0.43	2.57	0.0087	6.17													0.61	3.57	0.013	8.3
云南黄杞	16	0.42	2.32	0.0096	5.62													0.6	3.17	0.0145	7.52
云南黄杞	18	0.4	2.02	0.0103	4.91													0.57	2.78	0.015	6.7
云南黄杞	20	0.62	2.7	0.0199	6.45													0.69	2.98	0.0228	7.08
云南黄杞	22	0.38	1.61	0.0123	3.93													0.44	1.84	0.0143	4.52

续表 1-2-1

树种	起测胸径(cm)	全省 胸径年平均生长量(cm)	全省 胸径年平均生长率(%)	全省 材积年平均生长量(m3)	全省 材积年平均生长率(%)	迪庆 胸径年平均生长量(cm)	迪庆 胸径年平均生长率(%)	迪庆 材积年平均生长量(m³)	迪庆 材积年平均生长率(%)	丽江 胸径年平均生长量(cm)	丽江 胸径年平均生长率(%)	丽江 材积年平均生长量(m³)	丽江 材积年平均生长率(%)	怒江 胸径年平均生长量(cm)	怒江 胸径年平均生长率(%)	怒江 材积年平均生长量(m³)	怒江 材积年平均生长率(%)	德宏 胸径年平均生长量(cm)	德宏 胸径年平均生长率(%)	德宏 材积年平均生长量(m³)	德宏 材积年平均生长率(%)
云南黄杞	24	0.27	1.09	0.0093	2.65																
云南黄杞	26	0.37	1.34	0.0148	3.31																
云南黄杞	28	0.49	1.54	0.0243	3.69																
毛叶黄杞	6	0.27	3.7	0.0015	9.74																
毛叶黄杞	8	0.25	2.68	0.0021	7.1																
毛叶黄杞	10	0.33	2.82	0.0043	7.16																
毛叶黄杞	12	0.32	2.37	0.0051	6.1																
毛叶黄杞	14	0.3	1.88	0.006	4.67																
毛叶黄杞	16	0.28	1.6	0.0063	3.98																
毛叶黄杞	18	0.37	1.79	0.0104	4.33																
毛叶黄杞	20	0.31	1.45	0.0093	3.54																
毛叶黄杞	22	0.18	0.8	0.0055	1.94																
毛叶黄杞	26	0.36	1.31	0.015	3.11																
毛叶黄杞	28	0.31	1.01	0.0144	2.34																
毛叶黄杞	30	0.31	0.96	0.0155	2.22																
尼泊尔桤木	6	0.77	8.01	0.0069	17.73	0.63	7.22	0.0046	17.16	0.48	5.72	0.0033	13.79	0.82	8.53	0.0074	18.75	1.07	10.82	0.0096	22.92
尼泊尔桤木	8	0.74	6.43	0.0087	15.01	0.51	4.91	0.0049	12.14	0.56	5.14	0.0059	12.56	0.76	6.7	0.0085	15.75	0.81	7.51	0.0082	18.17
尼泊尔桤木	10	0.73	5.41	0.0109	13.09	0.34	3.04	0.0036	8.07	0.55	4.24	0.0076	10.64	0.86	6.37	0.0128	15.31	0.91	6.75	0.0136	16.35
尼泊尔桤木	12	0.66	4.32	0.012	10.7	0.31	2.29	0.0045	6.08	0.61	4.09	0.0104	10.34	1	6.22	0.0197	14.9	0.76	5.11	0.0128	12.93

续表1-2-1

树种	起测胸径(cm)	全省				迪庆				丽江				怒江				德宏			
		胸径年平均生长量(cm)	胸径年平均生长率(%)	材积年平均生长量(m3)	材积年平均生长率(%)	胸径年平均生长量(cm)	胸径年平均生长率(%)	材积年平均生长量(m³)	材积年平均生长率(%)	胸径年平均生长量(cm)	胸径年平均生长率(%)	材积年平均生长量(m³)	材积年平均生长率(%)	胸径年平均生长量(cm)	胸径年平均生长率(%)	材积年平均生长量(m³)	材积年平均生长率(%)	胸径年平均生长量(cm)	胸径年平均生长率(%)	材积年平均生长量(m³)	材积年平均生长率(%)
尼泊尔桤木	14	0.63	3.7	0.0133	9.37	0.38	2.33	0.0072	6.05	0.51	3.12	0.0099	8.14	0.85	4.93	0.0183	12.39	0.46	2.9	0.0087	7.66
尼泊尔桤木	16	0.59	3.16	0.0147	8.11	0.42	2.35	0.0096	6.18	0.53	2.86	0.0129	7.31	0.65	3.48	0.0162	8.88	0.54	3	0.0121	7.78
尼泊尔桤木	18	0.6	2.88	0.0173	7.39	0.21	1.12	0.0052	3	0.59	2.97	0.0159	7.76	0.85	3.88	0.0278	9.65	0.65	2.99	0.02	7.5
尼泊尔桤木	20	0.58	2.57	0.0195	6.59	0.4	1.84	0.012	4.83	0.31	1.47	0.0093	3.9	0.71	3.03	0.0257	7.6	0.48	2.09	0.0159	5.39
尼泊尔桤木	22	0.55	2.24	0.0206	5.77					0.45	1.82	0.0169	4.66	0.6	2.48	0.0223	6.41	0.43	1.85	0.015	4.85
尼泊尔桤木	24	0.56	2.1	0.0237	5.38					0.47	1.82	0.0192	4.71	0.78	2.82	0.0366	7.07				
尼泊尔桤木	26	0.54	1.91	0.0258	4.89					0.33	1.18	0.0148	3.08	0.58	2.04	0.0271	5.22				
尼泊尔桤木	28	0.49	1.63	0.0256	4.16					0.53	1.77	0.0264	4.55	0.31	1.04	0.0153	2.7				
尼泊尔桤木	30	0.61	1.85	0.0361	4.69																
尼泊尔桤木	32	0.52	1.51	0.0325	3.82																
尼泊尔桤木	34	0.48	1.32	0.0325	3.36																
尼泊尔桤木	36	0.47	1.23	0.0348	3.11																
尼泊尔桤木	38	0.48	1.2	0.0378	3.01																
尼泊尔桤木	40	0.49	1.16	0.0416	2.9																
尼泊尔桤木	42	0.48	1.06	0.0444	2.63																
尼泊尔桤木	44	0.44	0.95	0.0425	2.37																
尼泊尔桤木	46	0.38	0.78	0.0384	1.94									0.36	0.75	0.037	1.86				
尼泊尔桤木	48	0.45	0.89	0.0477	2.19																
尼泊尔桤木	50	0.42	0.8	0.0477	1.98																

续表 1-2-1

树种	起测胸径(cm)	全省 胸径年平均生长量(cm)	全省 胸径年平均生长率(%)	全省 材积年平均生长量(m3)	全省 材积年平均生长率(%)	迪庆 胸径年平均生长量(cm)	迪庆 胸径年平均生长率(%)	迪庆 材积年平均生长量(m³)	迪庆 材积年平均生长率(%)	丽江 胸径年平均生长量(cm)	丽江 胸径年平均生长率(%)	丽江 材积年平均生长量(m³)	丽江 材积年平均生长率(%)	怒江 胸径年平均生长量(cm)	怒江 胸径年平均生长率(%)	怒江 材积年平均生长量(m³)	怒江 材积年平均生长率(%)	德宏 胸径年平均生长量(cm)	德宏 胸径年平均生长率(%)	德宏 材积年平均生长量(m³)	德宏 材积年平均生长率(%)
尼泊尔桤木	52	0.24	0.46	0.0283	1.13																
尼泊尔桤木	54	0.5	0.89	0.0627	2.18																
尼泊尔桤木	56	0.29	0.5	0.0373	1.23													0.19	0.33	0.0237	0.8
尼泊尔桤木	58	0.56	0.94	0.0771	2.29																
尼泊尔桤木	60	0.24	0.4	0.034	0.97																
水冬瓜	6	0.69	8.05	0.0049	18.45																
水冬瓜	8	0.67	5.99	0.0075	13.94																
水冬瓜	10	0.45	3.66	0.0056	9.27																
水冬瓜	12	0.58	3.76	0.0105	9.29																
水冬瓜	14	0.7	4.03	0.0155	10.02																
水冬瓜	16	0.6	3.24	0.0143	8.37																
水冬瓜	18	0.54	2.64	0.0154	6.79																
水冬瓜	20	0.67	2.92	0.0223	7.5																
水冬瓜	24	0.56	2.17	0.0224	5.63																
红桦	6	0.2	2.65	0.0011	6.96	0.11	1.41	0.0006	3.89					0.09	1.04	0.0005	2.84				
红桦	8	0.13	1.5	0.0009	4.15	0.1	1.24	0.0006	3.56	0.19	1.69	0.0019	4.66	0.1	0.94	0.001	2.55				
红桦	10	0.19	1.68	0.0019	4.56	0.17	1.49	0.0017	4.04	0.15	1.21	0.002	3.29								
红桦	12	0.2	1.43	0.003	3.8	0.11	0.86	0.0014	2.4					0.46	2.97	0.0086	7.47				
红桦	14	0.28	1.75	0.0053	4.53	0.23	1.39	0.0046	3.52					0.3	1.76	0.0063	4.48				

续表1-2-1

树种	起测胸径(cm)	全省				迪庆				丽江				怒江				德宏			
		胸径年平均生长量(cm)	胸径年平均生长率(%)	材积年平均生长量(m³)	材积年平均生长率(%)	胸径年平均生长量(cm)	胸径年平均生长率(%)	材积年平均生长量(m³)	材积年平均生长率(%)	胸径年平均生长量(cm)	胸径年平均生长率(%)	材积年平均生长量(m³)	材积年平均生长率(%)	胸径年平均生长量(cm)	胸径年平均生长率(%)	材积年平均生长量(m³)	材积年平均生长率(%)	胸径年平均生长量(cm)	胸径年平均生长率(%)	材积年平均生长量(m³)	材积年平均生长率(%)
红桦	16	0.21	1.22	0.0044	3.26	0.11	0.69	0.0022	1.85					0.13	0.8	0.0026	2.17				
红桦	18	0.2	1.06	0.0052	2.81	0.09	0.5	0.0022	1.35	0.22	1.19	0.0054	3.18	0.06	0.3	0.0013	0.81				
红桦	20	0.16	0.75	0.0049	1.99					0.12	0.59	0.0035	1.58								
红桦	22	0.26	1.13	0.0089	2.98					0.21	0.89	0.007	2.37	0.17	0.68	0.0064	1.79				
红桦	24	0.22	0.87	0.0085	2.29																
红桦	26	0.45	1.46	0.0238	3.6	0.12	0.47	0.0052	1.22												
红桦	28	0.19	0.64	0.0089	1.67																
红桦	30	0.14	0.47	0.0074	1.23																
红桦	32	0.12	0.38	0.007	0.98																
红桦	34	0.31	0.86	0.02	2.2																
红桦	40	0.49	1.08	0.0456	2.66	0.34	0.63	0.04	1.54												
红桦	52	0.3	0.56	0.0356	1.38																
白桦	6	0.14	1.93	0.0007	5.25	0.12	1.78	0.0006	4.8	0.12	1.75	0.0006	5.05								
白桦	8	0.13	1.42	0.0009	3.82	0.14	1.48	0.001	3.93	0.11	1.28	0.0007	3.52								
白桦	10	0.18	1.58	0.0018	4.26	0.19	1.69	0.002	4.55	0.16	1.39	0.0016	3.74								
白桦	12	0.17	1.29	0.0023	3.49	0.16	1.23	0.0022	3.33	0.15	1.2	0.002	3.27								
白桦	14	0.17	1.16	0.0029	3.13	0.16	1.06	0.0026	2.89	0.16	1.08	0.0025	2.93								
白桦	16	0.18	1.08	0.0038	2.91	0.19	1.1	0.0038	2.95	0.15	0.91	0.003	2.44								
白桦	18	0.18	0.93	0.0044	2.49	0.18	0.93	0.0044	2.51												

树种	起测胸径(cm)	全省				迪庆				丽江				怒江				德宏			
		胸径年平均生长量(cm)	胸径年平均生长率(%)	材积年平均生长量(m3)	材积年平均生长率(%)	胸径年平均生长量(cm)	胸径年平均生长率(%)	材积年平均生长量(m³)	材积年平均生长率(%)	胸径年平均生长量(cm)	胸径年平均生长率(%)	材积年平均生长量(m³)	材积年平均生长率(%)	胸径年平均生长量(cm)	胸径年平均生长率(%)	材积年平均生长量(m³)	材积年平均生长率(%)	胸径年平均生长量(cm)	胸径年平均生长率(%)	材积年平均生长量(m³)	材积年平均生长率(%)
白桦	20	0.2	0.97	0.0057	2.56	0.19	0.92	0.0054	2.44												
白桦	22	0.18	0.8	0.006	2.12	0.18	0.8	0.006	2.12												
白桦	24	0.2	0.8	0.0081	2.11	0.2	0.8	0.0081	2.11												
白桦	28	0.17	0.61	0.0082	1.58	0.17	0.61	0.0082	1.58												
白桦	32	0.22	0.67	0.013	1.72	0.22	0.67	0.013	1.72												
白桦	34	0.23	0.66	0.0148	1.68	0.23	0.66	0.0148	1.68												
白桦	36	0.19	0.5	0.0128	1.29	0.19	0.5	0.0128	1.29												
白桦	38	0.15	0.39	0.011	1	0.15	0.39	0.011	1												
白桦	42	0.1	0.25	0.0088	0.62	0.1	0.25	0.0088	0.62												
西桦	6	0.72	7.94	0.0058	18.16	0.27	3.84	0.0013	10.46					0.67	6.93	0.0059	15.72				
西桦	8	0.69	6.25	0.0074	15.03	0.25	2.94	0.0016	8.14					0.49	4.86	0.0044	12.06	0.75	8.17	0.0064	18.43
西桦	10	0.71	5.46	0.01	13.45	0.06	0.51	0.0006	1.39					0.62	5.06	0.0076	13.06	0.75	6.81	0.0081	16.42
西桦	12	0.76	4.97	0.0137	12.23	0.09	0.73	0.001	2									0.89	6.74	0.0128	16.35
西桦	14	0.72	4.28	0.0149	10.84													0.94	6.15	0.0169	15.06
西桦	16	0.74	3.86	0.0195	9.73													0.87	5.12	0.0182	12.93
西桦	18	0.71	3.39	0.0212	8.65													0.82	4.49	0.0191	11.7
西桦	20	0.67	2.95	0.0221	7.54													0.85	4.15	0.024	10.78
西桦	22	0.8	3.06	0.034	7.62													0.66	2.86	0.0225	7.37
西桦	24	0.7	2.54	0.0314	6.42													0.64	2.64	0.0238	6.8

续表 1-2-1

树种	起测胸径（cm）	全省				迪庆				丽江				怒江				德宏			
		胸径年平均生长量（cm）	胸径年平均生长率（%）	材积年平均生长量（m³）	材积年平均生长率（%）	胸径年平均生长量（cm）	胸径年平均生长率（%）	材积年平均生长量（m³）	材积年平均生长率（%）	胸径年平均生长量（cm）	胸径年平均生长率（%）	材积年平均生长量（m³）	材积年平均生长率（%）	胸径年平均生长量（cm）	胸径年平均生长率（%）	材积年平均生长量（m³）	材积年平均生长率（%）	胸径年平均生长量（cm）	胸径年平均生长率（%）	材积年平均生长量（m³）	材积年平均生长率（%）
西桦	26	0.8	2.72	0.0401	6.84																
西桦	28	0.71	2.28	0.0386	5.78																
西桦	30	0.7	2.08	0.0418	5.26																
西桦	32	0.72	2.02	0.0468	5.08																
西桦	34	0.84	2.22	0.0594	5.54																
西桦	36	0.39	0.98	0.0305	2.43									0.09	0.26	0.0062	0.66				
西桦	38	0.62	1.5	0.0506	3.77																
西桦	40	0.67	1.6	0.0554	4.03																
西桦	42	0.49	1.12	0.0384	2.67									0.41	0.93	0.0258	2.11				
西桦	44	0.54	1.13	0.0516	2.75																
西桦	46	0.33	0.67	0.0324	1.64									0.21	0.44	0.0185	1.07				
西桦	62	0.52	0.79	0.0807	1.92																
枫香树	6	0.57	6.64	0.0052	17.47																
枫香树	8	0.57	5.5	0.007	14.35																
枫香树	10	0.58	4.48	0.01	11.02																
枫香树	12	0.65	4.39	0.0127	10.99																
枫香树	14	0.74	4.24	0.0189	10.33																
枫香树	16	0.63	3.43	0.0178	8.43																
枫香树	18	0.46	2.37	0.0124	5.86																

续表 1-2-1

树种	起测胸径（cm）	全省 胸径年平均生长量（cm）	全省 胸径年平均生长率（%）	全省 材积年平均生长量（m3）	全省 材积年平均生长率（%）	迪庆 胸径年平均生长量（cm）	迪庆 胸径年平均生长率（%）	迪庆 材积年平均生长量（m³）	迪庆 材积年平均生长率（%）	丽江 胸径年平均生长量（cm）	丽江 胸径年平均生长率（%）	丽江 材积年平均生长量（m³）	丽江 材积年平均生长率（%）	怒江 胸径年平均生长量（cm）	怒江 胸径年平均生长率（%）	怒江 材积年平均生长量（m³）	怒江 材积年平均生长率（%）	德宏 胸径年平均生长量（cm）	德宏 胸径年平均生长率（%）	德宏 材积年平均生长量（m³）	德宏 材积年平均生长率（%）
枫香树	20	0.5	2.23	0.0173	5.44																
枫香树	22	0.51	2.09	0.0198	4.96																
枫香树	24	0.36	1.37	0.0154	3.25																
喜树	6	0.74	7.64	0.0079	17.43																
喜树	8	0.7	6.56	0.0074	15.77																
喜树	10	0.78	6.11	0.0107	14.76																
喜树	12	0.76	5.07	0.0137	12.12																
喜树	14	0.82	4.73	0.0171	11.18																
喜树	16	0.88	4.61	0.0208	10.88																
喜树	18	1.09	4.92	0.0322	11.35																
臭椿	6	0.58	7.18	0.0038	16.56																
臭椿	8	0.36	3.67	0.0031	8.95																
臭椿	10	0.22	2.05	0.0021	5.19																
臭椿	12	0.32	2.38	0.0044	5.86																
红椿	6	0.74	7.93	0.0063	16.7																
红椿	8	0.82	7.19	0.0089	15.6																
红椿	10	0.53	4.52	0.0056	10.94																
红椿	12	0.82	5.23	0.013	11.96																
红椿	14	0.87	4.8	0.0165	10.83																

续表 1-2-1

树种	起测胸径（cm）	全省				迪庆				丽江				怒江				德宏			
		胸径年平均生长量（cm）	胸径年平均生长率（%）	材积年平均生长量（m3）	材积年平均生长率（%）	胸径年平均生长量（cm）	胸径年平均生长率（%）	材积年平均生长量（m³）	材积年平均生长率（%）	胸径年平均生长量（cm）	胸径年平均生长率（%）	材积年平均生长量（m³）	材积年平均生长率（%）	胸径年平均生长量（cm）	胸径年平均生长率（%）	材积年平均生长量（m³）	材积年平均生长率（%）	胸径年平均生长量（cm）	胸径年平均生长率（%）	材积年平均生长量（m³）	材积年平均生长率（%）
红椿	16	1.05	5.03	0.0262	11.09																
红椿	18	0.63	3	0.0145	7.06																
红椿	20	1.13	4.38	0.0331	9.69																
红椿	22	1.45	4.91	0.0508	10.48																
红椿	26	0.86	2.89	0.0315	6.65																
红椿	28	1.06	3.26	0.047	7.58																
红椿	32	0.67	1.87	0.0298	4.28																
红椿	36	0.86	2.19	0.0437	5.03																
香椿	6	0.86	8.86	0.007	18.75																
香椿	8	0.63	5.66	0.0062	13.16																
香椿	10	0.96	6.69	0.0135	15.03																
香椿	12	0.79	5.06	0.0126	11.7																
香椿	14	0.71	4.23	0.0118	10.1																
香椿	16	0.68	3.62	0.0136	8.64																
香椿	18	0.81	3.95	0.018	9.39																
楝	6	0.34	4.62	0.0021	12.78																
楝	8	0.77	7.16	0.0085	17.15																
楝	10	0.64	5.18	0.0084	12.49																
楝	12	0.35	2.43	0.0052	5.72																

续表 1-2-1

树种	起测胸径（cm）	全省 胸径年平均生长量（cm）	全省 胸径年平均生长率（%）	全省 材积年平均生长量（m3）	全省 材积年平均生长率（%）	迪庆 胸径年平均生长量（cm）	迪庆 胸径年平均生长率（%）	迪庆 材积年平均生长量（m³）	迪庆 材积年平均生长率（%）	丽江 胸径年平均生长量（cm）	丽江 胸径年平均生长率（%）	丽江 材积年平均生长量（m³）	丽江 材积年平均生长率（%）	怒江 胸径年平均生长量（cm）	怒江 胸径年平均生长率（%）	怒江 材积年平均生长量（m³）	怒江 材积年平均生长率（%）	德宏 胸径年平均生长量（cm）	德宏 胸径年平均生长率（%）	德宏 材积年平均生长量（m³）	德宏 材积年平均生长率（%）
楝	14	0.64	3.79	0.0122	9.07																
楝	16	0.5	2.73	0.0119	6.7																
楝	20	0.6	2.62	0.0196	6.35																
红花木莲	6	0.25	3.2	0.0017	6.91																
红花木莲	8	0.25	2.56	0.0022	5.84																
红花木莲	10	0.22	1.8	0.0027	4.22																
红花木莲	12	0.19	1.3	0.0027	2.96																
红花木莲	16	0.36	2.02	0.0073	4.83																
红花木莲	20	0.17	0.79	0.0044	1.92																
红花木莲	28	0.19	0.64	0.0074	1.54																
红花木莲	30	0.12	0.41	0.0045	0.97																
合果木	6	0.35	4.54	0.0022	9.92													0.53	6.42	0.0037	13.69
合果木	8	0.31	3.22	0.0025	7.48													0.39	4.06	0.0034	9.37
合果木	10	0.5	3.87	0.0062	8.76													0.47	3.78	0.0056	8.78
合果木	12	0.33	2.36	0.0049	5.48													0.37	2.58	0.0056	5.98
合果木	14	0.57	3.29	0.0111	7.68													0.68	3.91	0.0132	9.11
合果木	16	0.48	2.69	0.0097	6.48													0.4	2.33	0.0076	5.64
合果木	18	0.46	2.25	0.0102	5.31																
木棉	6	0.42	5.43	0.0027	12.97																

续表 1-2-1

树种	起测胸径（cm）	全省				迪庆				丽江				怒江				德宏			
		胸径年平均生长量（cm）	胸径年平均生长率（%）	材积年平均生长量（m3）	材积年平均生长率（%）	胸径年平均生长量（cm）	胸径年平均生长率（%）	材积年平均生长量（m³）	材积年平均生长率（%）	胸径年平均生长量（cm）	胸径年平均生长率（%）	材积年平均生长量（m³）	材积年平均生长率（%）	胸径年平均生长量（cm）	胸径年平均生长率（%）	材积年平均生长量（m³）	材积年平均生长率（%）	胸径年平均生长量（cm）	胸径年平均生长率（%）	材积年平均生长量（m³）	材积年平均生长率（%）
木棉	8	0.43	4.24	0.0042	10.15																
木棉	10	0.28	2.32	0.0038	5.74																
木棉	12	0.5	3.41	0.0086	8.07																
木棉	16	0.63	3.32	0.016	7.9																
木棉	22	0.45	1.83	0.0156	4.39																
黄连木	6	0.24	3.24	0.0012	8.43																
黄连木	8	0.26	2.7	0.0022	6.6	0.38	4.55	0.0026	11.55												
黄连木	10	0.29	2.45	0.003	5.97																
黄连木	12	0.27	2.07	0.0035	5.26																
黄连木	14	0.29	1.86	0.0045	4.54																
南酸枣	6	0.43	4.97	0.0032	10.98																
南酸枣	8	0.55	5.27	0.0051	11.9																
南酸枣	10	0.51	4.22	0.0054	10.03																
南酸枣	12	0.53	3.54	0.0077	8.21																
南酸枣	14	0.43	2.69	0.0071	6.37																
南酸枣	16	0.54	2.98	0.0108	7.11																
南酸枣	18	0.86	3.88	0.021	8.76																
南酸枣	20	1.18	4.72	0.0334	10.44																
南酸枣	22	0.27	1.18	0.0079	2.86																

续表 1-2-1

树种	起测胸径（cm）	全省 胸径年平均生长量（cm）	全省 胸径年平均生长率（%）	全省 材积年平均生长量（m3）	全省 材积年平均生长率（%）	迪庆 胸径年平均生长量（cm）	迪庆 胸径年平均生长率（%）	迪庆 材积年平均生长量（m³）	迪庆 材积年平均生长率（%）	丽江 胸径年平均生长量（cm）	丽江 胸径年平均生长率（%）	丽江 材积年平均生长量（m³）	丽江 材积年平均生长率（%）	怒江 胸径年平均生长量（cm）	怒江 胸径年平均生长率（%）	怒江 材积年平均生长量（m³）	怒江 材积年平均生长率（%）	德宏 胸径年平均生长量（cm）	德宏 胸径年平均生长率（%）	德宏 材积年平均生长量（m³）	德宏 材积年平均生长率（%）
青榨槭	6	0.35	4.48	0.0023	11.17	0.11	1.77	0.0004	4.97												
青榨槭	8	0.35	3.58	0.003	9.02	0.13	1.51	0.001	4.12	0.14	1.62	0.001	4.18								
青榨槭	10	0.38	3.18	0.0048	7.95	0.32	2.31	0.0046	5.34	0.17	1.64	0.0017	4.33								
青榨槭	12	0.34	2.39	0.0051	5.89					0.21	1.63	0.0028	4.07								
青榨槭	14	0.27	1.74	0.0046	4.29	0.25	1.55	0.0043	3.76	0.13	0.91	0.0019	2.27								
青榨槭	16	0.24	1.36	0.0047	3.31	0.23	1.26	0.0045	3.01	0.19	1.14	0.0036	2.81								
青榨槭	18	0.25	1.25	0.0057	3.03					0.16	0.83	0.0034	2								
青榨槭	20	0.28	1.31	0.007	3.15	0.31	1.44	0.0076	3.42	0.24	1.12	0.0059	2.65								
青榨槭	24	0.15	0.61	0.0046	1.46	0.12	0.47	0.004	1.08												
青榨槭	26	0.14	0.51	0.0046	1.19	0.09	0.33	0.0034	0.76												
青榨槭	28	0.15	0.51	0.0055	1.2																
青榨槭	30	0.4	1.23	0.0191	2.88																
青榨槭	32	0.24	0.69	0.0108	1.53	0.24	0.69	0.0108	1.53												
青榨槭	34	0.41	1.12	0.0198	2.53	0.37	1.02	0.0168	2.27												
青榨槭	36	0.47	1.23	0.0278	2.86																
青榨槭	40	0.45	1.05	0.0255	2.3	0.45	1.03	0.0253	2.24												
青榨槭	42	0.27	0.63	0.0162	1.43	0.24	0.56	0.0132	1.24												
星果槭	6	0.15	2.15	0.0008	5.74									0.16	2.2	0.0008	5.89				
星果槭	8	0.1	1.08	0.0007	2.94									0.1	1.14	0.0007	3.13				

续表1-2-1

树种	起测胸径（cm）	全省				迪庆				丽江				怒江				德宏			
		胸径年平均生长量（cm）	胸径年平均生长率（%）	材积年平均生长量（m3）	材积年平均生长率（%）	胸径年平均生长量（cm）	胸径年平均生长率（%）	材积年平均生长量（m³）	材积年平均生长率（%）	胸径年平均生长量（cm）	胸径年平均生长率（%）	材积年平均生长量（m³）	材积年平均生长率（%）	胸径年平均生长量（cm）	胸径年平均生长率（%）	材积年平均生长量（m³）	材积年平均生长率（%）	胸径年平均生长量（cm）	胸径年平均生长率（%）	材积年平均生长量（m³）	材积年平均生长率（%）
星果械	10	0.17	1.48	0.0019	3.73									0.17	1.45	0.0018	3.63				
星果械	12	0.16	1.23	0.0021	3.11	0.13	0.96	0.0017	2.49					0.18	1.34	0.0023	3.37				
星果械	14	0.16	1.1	0.0026	2.72	0.17	1.14	0.0026	2.9					0.16	1.09	0.0026	2.69				
星果械	16	0.19	1.11	0.0035	2.72									0.19	1.11	0.0035	2.72				
星果械	18	0.23	1.18	0.0049	2.83									0.23	1.18	0.0049	2.83				
星果械	20	0.2	0.98	0.0049	2.32									0.21	1.03	0.0051	2.44				
星果械	22	0.16	0.72	0.0043	1.69	0.12	0.55	0.0032	1.29					0.2	0.89	0.0053	2.1				
星果械	26	0.03	0.1	0.0007	0.22	0.03	0.1	0.0007	0.22												
石楠	6	0.28	3.72	0.0017	9.43													0.62	7.16	0.005	14.99
石楠	8	0.36	3.77	0.0031	9.39													0.61	5.75	0.0065	12.63
石楠	10	0.27	2.37	0.0032	6.02																
石楠	12	0.3	2.22	0.0042	5.58																
石楠	14	0.36	2.31	0.0063	5.74																
石楠	16	0.58	2.99	0.0146	7.09																
石楠	24	0.4	1.57	0.014	3.82																
尖叶桂樱	6	0.14	1.99	0.0007	5.21																
尖叶桂樱	8	0.22	2.36	0.0019	6.04																
尖叶桂樱	10	0.25	2.24	0.0028	5.61																
尖叶桂樱	12	0.14	1.07	0.0018	2.71																

续表 1-2-1

树种	起测胸径(cm)	全省 胸径年平均生长量(cm)	全省 胸径年平均生长率(%)	全省 材积年平均生长量(m3)	全省 材积年平均生长率(%)	迪庆 胸径年平均生长量(cm)	迪庆 胸径年平均生长率(%)	迪庆 材积年平均生长量(m³)	迪庆 材积年平均生长率(%)	丽江 胸径年平均生长量(cm)	丽江 胸径年平均生长率(%)	丽江 材积年平均生长量(m³)	丽江 材积年平均生长率(%)	怒江 胸径年平均生长量(cm)	怒江 胸径年平均生长率(%)	怒江 材积年平均生长量(m³)	怒江 材积年平均生长率(%)	德宏 胸径年平均生长量(cm)	德宏 胸径年平均生长率(%)	德宏 材积年平均生长量(m³)	德宏 材积年平均生长率(%)
尖叶桂樱	16	0.03	0.18	0.0006	0.47																
尖叶桂樱	18	0.08	0.41	0.0017	1.03																
尖叶桂樱	28	0.23	0.78	0.01	1.89																
腺叶桂樱	6	0.41	5.38	0.0025	13.44																
腺叶桂樱	8	0.35	3.62	0.0032	8.97																
腺叶桂樱	10	0.21	1.87	0.0022	4.79																
腺叶桂樱	12	0.27	2.1	0.0036	5.32																
腺叶桂樱	14	0.21	1.4	0.0035	3.46																
腺叶桂樱	16	0.2	1.21	0.0039	3.01																
腺叶桂樱	18	0.12	0.66	0.0026	1.63																
腺叶桂樱	22	0.16	0.66	0.005	1.65																
樱桃	6	0.39	5.02	0.0023	11.78	0.18	2.47	0.0008	7.04					0.36	4.89	0.002	11.25				
樱桃	8	0.36	3.68	0.0029	8.96	0.32	3.2	0.0026	8.41					0.18	2.03	0.0013	5.14				
樱桃	10	0.44	3.72	0.0049	8.95	0.25	2.25	0.0025	6.07					0.34	2.86	0.0037	7.21				
樱桃	12	0.37	2.69	0.0049	6.62																
樱桃	14	0.39	2.51	0.0062	6.08																
樱桃	16	0.29	1.67	0.0051	4.1	0.23	1.39	0.0039	3.5												
樱桃	18	0.25	1.3	0.0053	3.18																
樱桃	20	0.3	1.37	0.0073	3.25																

续表1-2-1

树种	起测胸径(cm)	全省				迪庆				丽江				怒江				德宏			
		胸径年平均生长量(cm)	胸径年平均生长率(%)	材积年平均生长量(m3)	材积年平均生长率(%)	胸径年平均生长量(cm)	胸径年平均生长率(%)	材积年平均生长量(m³)	材积年平均生长率(%)	胸径年平均生长量(cm)	胸径年平均生长率(%)	材积年平均生长量(m³)	材积年平均生长率(%)	胸径年平均生长量(cm)	胸径年平均生长率(%)	材积年平均生长量(m³)	材积年平均生长率(%)	胸径年平均生长量(cm)	胸径年平均生长率(%)	材积年平均生长量(m³)	材积年平均生长率(%)
樱桃	22	0.47	1.97	0.0137	4.67																
樱桃	24	0.3	1.19	0.0097	2.83																
西南花楸	6	0.22	3.15	0.0011	8.59																
西南花楸	8	0.15	1.65	0.0011	4.44					0.2	3.1	0.0009	8.52								
西南花楸	10	0.13	1.18	0.0012	3.07	0.13	1.45	0.001	3.98	0.07	0.85	0.0004	2.33	0.12	1.16	0.0011	3				
西南花楸	12	0.3	2.21	0.0043	5.36	0.14	1.21	0.0014	3.18					0.12	1.02	0.0014	2.54				
西南花楸	14	0.24	1.58	0.0038	3.91									0.26	1.73	0.0043	4.24				
西南花楸	16	0.24	1.36	0.0045	3.31									0.3	1.73	0.0059	4.19				
西南花楸	18	0.2	1.03	0.0042	2.52	0.1	0.56	0.0022	1.38												
西南花楸	20	0.16	0.75	0.0038	1.79									0.16	0.77	0.0039	1.84				
西南花楸	22	0.21	0.92	0.0056	2.18									0.22	0.97	0.006	2.3				
云南泡花树	6	0.24	3.31	0.0014	8.21													0.38	4.89	0.0024	10.87
云南泡花树	8	0.29	3.02	0.0025	7.26													0.34	3.6	0.0029	8.25
云南泡花树	10	0.29	2.46	0.0033	5.96													0.27	2.35	0.0031	5.63
云南泡花树	12	0.31	2.26	0.0048	5.37													0.11	0.87	0.0013	2.12
云南泡花树	14	0.28	1.83	0.0048	4.4													0.26	1.71	0.0044	4.15
云南泡花树	16	0.2	1.14	0.004	2.81																
云南泡花树	18	0.33	1.51	0.0092	3.5																
云南泡花树	20	0.23	1.01	0.0075	2.43																

续表 1-2-1

树种	起测胸径（cm）	全省 胸径年平均生长量（cm）	全省 胸径年平均生长率（%）	全省 材积年平均生长量（m3）	全省 材积年平均生长率（%）	迪庆 胸径年平均生长量（cm）	迪庆 胸径年平均生长率（%）	迪庆 材积年平均生长量（m³）	迪庆 材积年平均生长率（%）	丽江 胸径年平均生长量（cm）	丽江 胸径年平均生长率（%）	丽江 材积年平均生长量（m³）	丽江 材积年平均生长率（%）	怒江 胸径年平均生长量（cm）	怒江 胸径年平均生长率（%）	怒江 材积年平均生长量（m³）	怒江 材积年平均生长率（%）	德宏 胸径年平均生长量（cm）	德宏 胸径年平均生长率（%）	德宏 材积年平均生长量（m³）	德宏 材积年平均生长率（%）
云南泡花树	22	0.19	0.81	0.0057	2																
云南泡花树	24	0.21	0.82	0.008	2.02																
滇南风吹楠	6	0.27	3.72	0.0015	9.79																
滇南风吹楠	8	0.29	3.1	0.0025	8.19																
滇南风吹楠	10	0.23	2.09	0.0028	5.63																
滇南风吹楠	12	0.3	2.27	0.0044	5.72																
滇南风吹楠	14	0.36	2.27	0.0069	5.73																
滇南风吹楠	18	0.37	1.84	0.0099	4.52																
滇南风吹楠	20	0.41	1.8	0.013	4.34																
高格	6	0.28	3.86	0.0016	8.97																
高格	8	0.38	3.54	0.0044	7.73													0.25	2.77	0.002	6.52
高格	10	0.24	1.98	0.0031	4.75													0.2	1.59	0.0025	3.65
高格	12	0.27	1.97	0.004	4.72													0.31	2.22	0.0048	5.31
高格	14	0.43	2.59	0.0092	6.22													0.43	2.61	0.0085	6.13
高格	18	0.38	1.96	0.0095	4.79																
榕树	6	0.35	4.67	0.0021	11.85																
榕树	8	0.32	3.28	0.0028	8.2																
榕树	10	0.25	2.18	0.003	5.72																
榕树	12	0.59	3.62	0.0123	8.29																

续表 1-2-1

树种	起测胸径(cm)	全省 胸径年平均生长量(cm)	全省 胸径年平均生长率(%)	全省 材积年平均生长量(m3)	全省 材积年平均生长率(%)	迪庆				丽江				怒江				德宏			
榕树	14	0.46	2.86	0.0091	7.01																
榕树	16	0.23	1.34	0.0047	3.32																
榕树	18	0.29	1.51	0.0073	3.74																
瑞丽山龙眼	6	0.23	2.95	0.0015	7.83																
瑞丽山龙眼	8	0.22	2.47	0.0018	6.55																
瑞丽山龙眼	10	0.29	2.44	0.0038	6.12																
瑞丽山龙眼	12	0.2	1.57	0.0029	4.06																
瑞丽山龙眼	14	0.3	1.9	0.0055	4.78																
瑞丽山龙眼	16	0.48	2.65	0.0111	6.4																
瑞丽山龙眼	20	0.45	1.96	0.0145	4.72																
灯台树	6	0.56	6.59	0.0046	15.71																
灯台树	8	0.75	6.69	0.0087	15.37																
灯台树	10	0.51	4.22	0.006	10.34																
灯台树	12	0.5	3.45	0.0082	8.36																
灯台树	14	0.68	3.91	0.0147	9.39																
灯台树	16	0.97	5.02	0.0223	11.88																
灯台树	20	0.35	1.64	0.0095	3.98																
灯台树	22	0.39	1.64	0.0115	3.98																
灯台树	24	0.58	2.13	0.0204	5.01																

续表1-2-1

树种	起测胸径（cm）	全省 胸径年平均生长量（cm）	全省 胸径年平均生长率（%）	全省 材积年平均生长量（m3）	全省 材积年平均生长率（%）	迪庆 胸径年平均生长量（cm）	迪庆 胸径年平均生长率（%）	迪庆 材积年平均生长量（m³）	迪庆 材积年平均生长率（%）	丽江 胸径年平均生长量（cm）	丽江 胸径年平均生长率（%）	丽江 材积年平均生长量（m³）	丽江 材积年平均生长率（%）	怒江 胸径年平均生长量（cm）	怒江 胸径年平均生长率（%）	怒江 材积年平均生长量（m³）	怒江 材积年平均生长率（%）	德宏 胸径年平均生长量（cm）	德宏 胸径年平均生长率（%）	德宏 材积年平均生长量（m³）	德宏 材积年平均生长率（%）
头状四照花	6	0.42	5.32	0.0025	13									0.55	7.24	0.0033	17.46				
头状四照花	8	0.45	4.56	0.0039	11.24					0.67	6.66	0.0061	16.18								
头状四照花	10	0.41	3.52	0.0047	8.81																
头状四照花	12	0.43	3.15	0.0063	7.88																
头状四照花	14	0.45	2.9	0.0078	7.23																
头状四照花	16	0.43	2.42	0.0093	5.98																
头状四照花	18	0.51	2.6	0.0119	6.42																
头状四照花	20	0.56	2.5	0.0172	6.01																
毛叶柿	6	0.19	2.54	0.0011	7.35	0.12	1.88	0.0005	6.03												
毛叶柿	8	0.14	1.53	0.0009	4.31	0.07	0.9	0.0004	2.61												
毛叶柿	10	0.2	1.84	0.002	4.61																
毛叶柿	12	0.24	1.8	0.0031	4.56																
毛叶柿	14	0.16	1.06	0.0022	2.74																
毛叶柿	16	0.16	0.95	0.0028	2.36																
毛叶柿	18	0.19	0.92	0.0042	2.22																
水青树	6	0.33	4.15	0.002	9.61																
水青树	8	0.47	4.65	0.0038	10.04																
水青树	10	0.52	4.19	0.0059	9.21																
水青树	12	0.54	3.63	0.0081	8.48																

续表1-2-1

树种	起测胸径(cm)	全省				迪庆				丽江				怒江				德宏			
		胸径年平均生长量(cm)	胸径年平均生长率(%)	材积年平均生长量(m3)	材积年平均生长率(%)	胸径年平均生长量(cm)	胸径年平均生长率(%)	材积年平均生长量(m³)	材积年平均生长率(%)	胸径年平均生长量(cm)	胸径年平均生长率(%)	材积年平均生长量(m³)	材积年平均生长率(%)	胸径年平均生长量(cm)	胸径年平均生长率(%)	材积年平均生长量(m³)	材积年平均生长率(%)	胸径年平均生长量(cm)	胸径年平均生长率(%)	材积年平均生长量(m³)	材积年平均生长率(%)
水青树	14	0.33	2.02	0.0058	4.7																
水青树	16	0.27	1.55	0.0047	3.77																
槭树	6	0.51	5.96	0.004	13.14									0.61	7.09	0.0047	15.46	0.51	5.66	0.0042	11.86
槭树	8	0.45	4.25	0.005	9.58									0.44	4.39	0.0041	10.02	0.49	4.53	0.0058	9.69
槭树	10	0.43	3.53	0.0057	8.51									0.46	4.06	0.005	9.84	0.33	2.82	0.0038	6.7
槭树	12	0.43	2.97	0.007	7.1													0.52	3.4	0.0092	7.78
槭树	14	0.32	1.99	0.0065	4.93																
槭树	16	0.52	2.81	0.0137	6.82																
槭树	18	0.44	2.24	0.0118	5.43																
槭树	22	0.27	1.15	0.01	2.81																
槭树	24	0.22	0.9	0.0072	2.16																
槭树	26	0.31	1.07	0.0134	2.57																
直杆蓝桉	6	0.85	8.49	0.009	18.56																
直杆蓝桉	8	0.91	7.59	0.0124	17																
直杆蓝桉	10	0.89	6.42	0.0145	14.7																
直杆蓝桉	12	0.78	5.14	0.014	12.28																
直杆蓝桉	14	0.67	4.11	0.0131	10.07																
直杆蓝桉	16	0.65	3.6	0.0142	8.79																
直杆蓝桉	18	0.72	3.48	0.0191	8.36																

续表1-2-1

树种	起测胸径(cm)	全省 胸径年平均生长量(cm)	全省 胸径年平均生长率(%)	全省 材积年平均生长量(m3)	全省 材积年平均生长率(%)	迪庆 胸径量(cm)	迪庆 胸径率(%)	迪庆 材积量(m³)	迪庆 材积率(%)	丽江 胸径量(cm)	丽江 胸径率(%)	丽江 材积量(m³)	丽江 材积率(%)	怒江 胸径量(cm)	怒江 胸径率(%)	怒江 材积量(m³)	怒江 材积率(%)	德宏 胸径量(cm)	德宏 胸径率(%)	德宏 材积量(m³)	德宏 材积率(%)
直杆蓝桉	20	0.77	3.44	0.0234	8.25																
直杆蓝桉	22	0.71	2.98	0.0232	7.12																
直杆蓝桉	24	0.78	2.86	0.0289	6.6																
直杆蓝桉	26	0.97	3.38	0.0392	7.85																
蓝桉	6	0.72	7.91	0.0065	18.14					0.36	4.42	0.0027	11.01								
蓝桉	8	0.84	7.23	0.0105	16.44																
蓝桉	10	0.84	6.13	0.0127	13.92																
蓝桉	12	0.82	5.28	0.0139	12.26																
蓝桉	14	0.71	4.26	0.0131	10.16																
蓝桉	16	0.93	4.7	0.0221	10.83																
蓝桉	18	0.74	3.42	0.0194	7.97																
蓝桉	20	1.04	4	0.0369	8.84																
蓝桉	22	1.15	4.26	0.0411	9.57																
蓝桉	24	0.97	3.44	0.0363	7.85																
蓝桉	26	0.76	2.56	0.0315	5.94																
赤桉	6	0.58	6.59	0.0047	15.46																
赤桉	8	0.47	4.54	0.0045	11.2																
赤桉	10	0.42	3.54	0.0047	8.73																
赤桉	12	0.67	4.23	0.0122	9.68																

续表1-2-1

树种	起测胸径(cm)	全省				迪庆				丽江				怒江				德宏			
		胸径年平均生长量(cm)	胸径年平均生长率(%)	材积年平均生长量(m3)	材积年平均生长率(%)	胸径年平均生长量(cm)	胸径年平均生长率(%)	材积年平均生长量(m³)	材积年平均生长率(%)	胸径年平均生长量(cm)	胸径年平均生长率(%)	材积年平均生长量(m³)	材积年平均生长率(%)	胸径年平均生长量(cm)	胸径年平均生长率(%)	材积年平均生长量(m³)	材积年平均生长率(%)	胸径年平均生长量(cm)	胸径年平均生长率(%)	材积年平均生长量(m³)	材积年平均生长率(%)
赤桉	14	0.59	3.48	0.0113	8.11																
四角蒲桃	6	0.27	3.5	0.0016	7.29																
四角蒲桃	8	0.29	3.02	0.0022	6.7																
四角蒲桃	10	0.29	2.53	0.0028	5.67																
四角蒲桃	12	0.26	1.99	0.003	4.61																
四角蒲桃	14	0.43	2.71	0.0064	6.24																
四角蒲桃	16	0.52	2.77	0.0098	6.3																
四角蒲桃	18	0.3	1.51	0.0063	3.49																
四角蒲桃	20	0.22	1.04	0.0049	2.46																
四角蒲桃	22	0.34	1.48	0.0084	3.5																
四角蒲桃	24	0.11	0.45	0.0029	1.05																
泡桐	6	0.66	7.54	0.0053	17.52																
泡桐	8	0.89	7.26	0.0123	16.13																
泡桐	10	0.52	4.18	0.0071	10.28																
泡桐	12	0.65	4.21	0.0121	10.05																
泡桐	14	0.58	3.41	0.0121	8.3																
泡桐	16	0.61	3.2	0.0153	7.74																
泡桐	18	0.55	2.69	0.0145	6.54																
泡桐	20	0.57	2.56	0.0176	6.17																

续表 1-2-1

树种	起测胸径（cm）	全省				迪庆				丽江				怒江				德宏			
		胸径年平均生长量（cm）	胸径年平均生长率（%）	材积年平均生长量（m3）	材积年平均生长率（%）	胸径年平均生长量（cm）	胸径年平均生长率（%）	材积年平均生长量（m³）	材积年平均生长率（%）	胸径年平均生长量（cm）	胸径年平均生长率（%）	材积年平均生长量（m³）	材积年平均生长率（%）	胸径年平均生长量（cm）	胸径年平均生长率（%）	材积年平均生长量（m³）	材积年平均生长率（%）	胸径年平均生长量（cm）	胸径年平均生长率（%）	材积年平均生长量（m³）	材积年平均生长率（%）
泡桐	22	0.68	2.73	0.0228	6.52																
泡桐	24	0.64	2.42	0.0251	5.69																
泡桐	26	1.22	3.7	0.0578	8.13																
泡桐	32	0.24	0.74	0.0119	1.75																
柳树	6	0.29	3.99	0.0016	10.43					0.19	2.78	0.001	7.96	0.23	3.35	0.0013	7.97				
柳树	8	0.28	3.06	0.0023	7.81					0.17	2	0.0013	5.37	0.33	3.36	0.0031	7.66				
柳树	10	0.32	2.67	0.004	6.53					0.13	1.21	0.0012	3.15	0.45	3.76	0.0053	8.84				
柳树	12	0.3	2.11	0.0044	5.23					0.11	0.87	0.0014	2.24	0.59	4	0.0096	9.47				
柳树	14	0.28	1.84	0.0049	4.55					0.19	1.27	0.0028	3.1	0.35	2.29	0.0061	5.53				
柳树	16	0.36	1.9	0.0082	4.51					0.23	1.32	0.0046	3.18	0.35	2.04	0.007	5.01				
柳树	18	0.6	2.76	0.0163	6.44					0.2	1.04	0.0042	2.51								
柳树	20	0.45	2.01	0.0121	4.75																
柳树	22	0.47	1.85	0.0152	4.25																
柳树	24	0.34	1.21	0.0141	2.81																
柳树	26	0.57	1.89	0.0254	4.31																
柳树	28	0.44	1.48	0.0171	3.45																
柳树	32	0.35	1.06	0.0162	2.44																
滇杨	6	0.38	4.8	0.0025	11.65	0.14	2.04	0.0007	5.55	0.3	3.85	0.0018	9.98	0.35	4.77	0.0021	11.47				
滇杨	8	0.42	4.16	0.0039	10.14	0.25	2.69	0.0021	7.07	0.32	3.53	0.0026	9.23	0.38	3.96	0.0032	9.7				

树种	起测胸径(cm)	全省 胸径年平均生长量(cm)	全省 胸径年平均生长率(%)	全省 材积年平均生长量(m3)	全省 材积年平均生长率(%)	迪庆 胸径年平均生长量(cm)	迪庆 胸径年平均生长率(%)	迪庆 材积年平均生长量(m³)	迪庆 材积年平均生长率(%)	丽江 胸径年平均生长量(cm)	丽江 胸径年平均生长率(%)	丽江 材积年平均生长量(m³)	丽江 材积年平均生长率(%)	怒江 胸径年平均生长量(cm)	怒江 胸径年平均生长率(%)	怒江 材积年平均生长量(m³)	怒江 材积年平均生长率(%)	德宏 胸径年平均生长量(cm)	德宏 胸径年平均生长率(%)	德宏 材积年平均生长量(m³)	德宏 材积年平均生长率(%)
滇杨	10	0.48	3.6	0.0074	8.42	0.41	3.62	0.0043	9.16	0.23	2.19	0.0023	5.63	0.36	3.13	0.0041	7.55				
滇杨	12	0.45	3.1	0.007	7.54									0.41	2.95	0.0059	7.15				
滇杨	14	0.41	2.49	0.0076	6.02									0.18	1.18	0.0031	2.97				
滇杨	16	0.36	2.05	0.0071	4.99									0.28	1.65	0.0051	4.03				
滇杨	18	0.5	2.4	0.013	5.68																
滇杨	20	0.64	2.69	0.0193	6.23									0.27	1.22	0.0076	2.95				
滇杨	22	0.57	2.25	0.0184	5.26																
榆树	6	0.21	2.97	0.0012	7.45																
榆树	8	0.32	3.35	0.0031	8.6																
榆树	10	0.38	3.3	0.0047	8.18																
榆树	12	0.36	2.6	0.0062	6.42																
榆树	14	0.36	2.3	0.0067	5.71																
榆树	16	0.39	2.15	0.0098	5.26																
榆树	18	0.24	1.22	0.006	3.05																
榆树	20	0.28	1.32	0.0081	3.23																
云南厚壳桂	6	0.46	5.24	0.0036	10.68																
云南厚壳桂	8	0.58	5.37	0.0059	11.48																
云南厚壳桂	10	0.59	4.65	0.0073	10.4																
云南厚壳桂	12	0.55	3.82	0.0081	8.84																

续表 1-2-1

树种	起测胸径（cm）	全省 胸径年平均生长量（cm）	全省 胸径年平均生长率（%）	全省 材积年平均生长量（m3）	全省 材积年平均生长率（%）	迪庆 胸径量（cm）	迪庆 胸径率（%）	迪庆 材积量（m³）	迪庆 材积率（%）	丽江 胸径量（cm）	丽江 胸径率（%）	丽江 材积量（m³）	丽江 材积率（%）	怒江 胸径量（cm）	怒江 胸径率（%）	怒江 材积量（m³）	怒江 材积率（%）	德宏 胸径量（cm）	德宏 胸径率（%）	德宏 材积量（m³）	德宏 材积率（%）
云南厚壳桂	14	0.48	3.01	0.0081	7.03																
云南厚壳桂	16	0.68	3.66	0.014	8.61																
云南厚壳桂	18	0.47	2.36	0.0103	5.68																
柴桂	6	0.36	4.68	0.0022	10.41									0.28	3.69	0.0016	8.2				
柴桂	8	0.41	3.99	0.0038	9.06									0.25	2.92	0.0018	6.97				
柴桂	10	0.25	2.24	0.0024	5.33																
柴桂	12	0.3	2.31	0.0039	5.57																
柴桂	14	0.5	3.09	0.0085	7.33																
柴桂	16	0.52	2.77	0.0106	6.52																
柴桂	18	0.09	0.48	0.002	1.19																
柴桂	20	0.33	1.48	0.008	3.44																
云南樟	6	0.51	6.09	0.0039	13.92													0.6	7.46	0.0041	16.05
云南樟	8	0.46	4.54	0.0046	10.39													0.61	5.9	0.0063	13.08
云南樟	10	0.37	3.07	0.0047	7.2													0.24	2.07	0.0028	4.79
云南樟	12	0.48	3.23	0.008	7.53													0.57	3.83	0.0097	8.79
云南樟	14	0.51	3.2	0.0095	7.64													0.43	2.69	0.0077	6.42
云南樟	16	0.55	2.81	0.0134	6.57													0.54	2.8	0.0132	6.7
云南樟	18	0.56	2.73	0.0145	6.59													0.6	2.88	0.0163	6.94
云南樟	20	0.32	1.51	0.0092	3.7													0.29	1.38	0.0083	3.4

续表 1-2-1

树种	起测胸径(cm)	全省 胸径年平均生长量(cm)	全省 胸径年平均生长率(%)	全省 材积年平均生长量(m3)	全省 材积年平均生长率(%)	迪庆 胸径年平均生长量(cm)	迪庆 胸径年平均生长率(%)	迪庆 材积年平均生长量(m3)	迪庆 材积年平均生长率(%)	丽江 胸径年平均生长量(cm)	丽江 胸径年平均生长率(%)	丽江 材积年平均生长量(m3)	丽江 材积年平均生长率(%)	怒江 胸径年平均生长量(cm)	怒江 胸径年平均生长率(%)	怒江 材积年平均生长量(m3)	怒江 材积年平均生长率(%)	德宏 胸径年平均生长量(cm)	德宏 胸径年平均生长率(%)	德宏 材积年平均生长量(m3)	德宏 材积年平均生长率(%)
云南樟	22	0.33	1.4	0.0105	3.45																
云南樟	24	0.27	1.07	0.0099	2.6													0.21	0.84	0.0071	2.08
云南樟	26	0.21	0.79	0.0084	1.93																
云南樟	28	0.38	1.28	0.017	3.08																
云南樟	32	0.3	0.88	0.0164	2.15									0.19	0.57	0.0096	1.41				
红硬润楠	6	0.28	3.7	0.0019	9.77													0.39	4.38	0.003	9.32
红硬润楠	8	0.47	4.36	0.0053	10.57																
红硬润楠	10	0.42	3.51	0.0055	8.89																
红硬润楠	12	0.35	2.57	0.0053	6.55																
红硬润楠	14	0.39	2.47	0.0073	6.29																
红硬润楠	16	0.45	2.52	0.0101	6.22																
红硬润楠	18	0.52	2.47	0.0154	5.87																
粗壮琼楠	6	0.12	1.88	0.0006	4.62									0.12	1.86	0.0006	4.66				
粗壮琼楠	8	0.27	2.8	0.0025	6.41									0.27	2.94	0.0021	6.78				
粗壮琼楠	10	0.25	2.02	0.0033	4.63									0.17	1.57	0.0018	3.75				
粗壮琼楠	12	0.37	2.56	0.0063	5.94									0.19	1.51	0.0024	3.68				
粗壮琼楠	14	0.36	2.2	0.0067	5.29									0.22	1.44	0.0037	3.56				
粗壮琼楠	16	0.51	2.69	0.0125	6.34																
粗壮琼楠	20	0.28	1.27	0.0084	3.11																

树种	起测胸径(cm)	全省 胸径年平均生长量(cm)	全省 胸径年平均生长率(%)	全省 材积年平均生长量(m3)	全省 材积年平均生长率(%)	迪庆 胸径年平均生长量(cm)	迪庆 胸径年平均生长率(%)	迪庆 材积年平均生长量(m³)	迪庆 材积年平均生长率(%)	丽江 胸径年平均生长量(cm)	丽江 胸径年平均生长率(%)	丽江 材积年平均生长量(m³)	丽江 材积年平均生长率(%)	怒江 胸径年平均生长量(cm)	怒江 胸径年平均生长率(%)	怒江 材积年平均生长量(m³)	怒江 材积年平均生长率(%)	德宏 胸径年平均生长量(cm)	德宏 胸径年平均生长率(%)	德宏 材积年平均生长量(m³)	德宏 材积年平均生长率(%)
滇润楠	6	0.34	4.47	0.0022	10.13													0.25	3.35	0.0015	7.5
滇润楠	8	0.29	3.01	0.0025	7.08									0.28	2.91	0.0023	6.92	0.23	2.55	0.0019	6.01
滇润楠	10	0.31	2.67	0.0036	6.32									0.24	2.21	0.0025	5.21	0.36	2.82	0.005	6.39
滇润楠	12	0.42	2.89	0.0067	6.77									0.18	1.38	0.0026	3.34				
滇润楠	14	0.44	2.76	0.0078	6.63																
滇润楠	16	0.34	1.87	0.0071	4.49									0.13	0.78	0.0026	1.94				
滇润楠	18	0.42	2.11	0.0104	5.13																
滇润楠	20	0.33	1.54	0.0093	3.77																
滇润楠	22	0.45	1.81	0.016	4.34																
滇润楠	24	0.41	1.55	0.016	3.72																
滇润楠	26	0.36	1.22	0.0167	2.92																
滇润楠	28	0.33	1.07	0.0151	2.54																
滇润楠	32	0.44	1.26	0.0256	3.01																
滇润楠	38	0.39	0.98	0.0271	2.38																
滇润楠	40	0.36	0.86	0.0261	2.06																
普文楠	6	0.29	3.61	0.002	8.34													0.26	3.45	0.0015	7.74
普文楠	8	0.3	2.99	0.003	6.85													0.32	3.42	0.0028	7.92
普文楠	10	0.33	2.73	0.0041	6.41													0.42	3.69	0.0046	8.63
普文楠	12	0.29	2.08	0.0043	4.96													0.56	3.88	0.009	9.13

树种	起测胸径(cm)	全省 胸径年平均生长量(cm)	全省 胸径年平均生长率(%)	全省 材积年平均生长量(m3)	全省 材积年平均生长率(%)	迪庆 胸径年平均生长量(cm)	迪庆 胸径年平均生长率(%)	迪庆 材积年平均生长量(m³)	迪庆 材积年平均生长率(%)	丽江 胸径年平均生长量(cm)	丽江 胸径年平均生长率(%)	丽江 材积年平均生长量(m³)	丽江 材积年平均生长率(%)	怒江 胸径年平均生长量(cm)	怒江 胸径年平均生长率(%)	怒江 材积年平均生长量(m³)	怒江 材积年平均生长率(%)	德宏 胸径年平均生长量(cm)	德宏 胸径年平均生长率(%)	德宏 材积年平均生长量(m³)	德宏 材积年平均生长率(%)
普文楠	14	0.27	1.75	0.0047	4.26																
普文楠	16	0.28	1.59	0.0059	3.91																
普文楠	18	0.38	1.93	0.0096	4.73																
普文楠	20	0.62	2.63	0.0196	6.24																
普文楠	22	0.44	1.78	0.0152	4.31																
普文楠	24	0.55	2.07	0.0219	5																
普文楠	26	0.41	1.46	0.0176	3.61																
普文楠	28	0.57	1.9	0.0245	4.58																
大果楠	6	0.32	4.25	0.002	9.82																
大果楠	8	0.37	3.71	0.0036	8.64													0.6	8.08	0.0036	18.12
大果楠	10	0.35	2.83	0.0048	6.8																
大果楠	12	0.22	1.65	0.003	4.11																
大果楠	14	0.31	1.95	0.0057	4.76																
大果楠	16	0.4	2.18	0.009	5.24																
大果楠	18	0.57	2.7	0.016	6.5																
大果楠	20	0.42	1.94	0.0119	4.66																
大果楠	22	0.37	1.53	0.0124	3.72																
大果楠	24	0.41	1.56	0.015	3.68																
大果楠	28	0.36	1.22	0.0169	2.91																

续表 1-2-1

树种	起测胸径（cm）	全省				迪庆				丽江				怒江				德宏			
		胸径年平均生长量（cm）	胸径年平均生长率（%）	材积年平均生长量（m3）	材积年平均生长率（%）	胸径年平均生长量（cm）	胸径年平均生长率（%）	材积年平均生长量（m³）	材积年平均生长率（%）	胸径年平均生长量（cm）	胸径年平均生长率（%）	材积年平均生长量（m³）	材积年平均生长率（%）	胸径年平均生长量（cm）	胸径年平均生长率（%）	材积年平均生长量（m³）	材积年平均生长率（%）	胸径年平均生长量（cm）	胸径年平均生长率（%）	材积年平均生长量（m³）	材积年平均生长率（%）
大果楠	30	0.3	0.94	0.0161	2.22																
大果楠	34	0.15	0.43	0.0086	1																
长梗润楠	6	0.11	1.62	0.0006	4.21																
长梗润楠	8	0.18	1.98	0.0015	5.03																
长梗润楠	10	0.14	1.29	0.0015	3.2																
长梗润楠	12	0.13	1.05	0.0018	2.61																
长梗润楠	20	0.42	1.9	0.0128	4.6																
思茅黄肉楠	6	0.32	3.86	0.0024	8.69																
思茅黄肉楠	8	0.24	2.58	0.002	6.42																
思茅黄肉楠	10	0.19	1.73	0.0021	4.43																
思茅黄肉楠	12	0.23	1.75	0.0033	4.23																
思茅黄肉楠	16	0.19	1.16	0.0036	2.88																
思茅黄肉楠	18	0.32	1.6	0.0084	3.85																
思茅黄肉楠	20	0.39	1.83	0.0114	4.45																
思茅黄肉楠	22	0.26	1.11	0.0083	2.72																
思茅黄肉楠	26	0.17	0.64	0.0066	1.6																
思茅黄肉楠	28	0.36	1.21	0.0165	2.94																
黄丹木姜子	6	0.32	4.33	0.0017	10.48																
黄丹木姜子	8	0.33	3.42	0.0027	8.39																

续表 1-2-1

树种	起测胸径（cm）	全省 胸径年平均生长量（cm）	全省 胸径年平均生长率（%）	全省 材积年平均生长量（m3）	全省 材积年平均生长率（%）	迪庆 胸径年平均生长量（cm）	迪庆 胸径年平均生长率（%）	迪庆 材积年平均生长量（m³）	迪庆 材积年平均生长率（%）	丽江 胸径年平均生长量（cm）	丽江 胸径年平均生长率（%）	丽江 材积年平均生长量（m³）	丽江 材积年平均生长率（%）	怒江 胸径年平均生长量（cm）	怒江 胸径年平均生长率（%）	怒江 材积年平均生长量（m³）	怒江 材积年平均生长率（%）	德宏 胸径年平均生长量（cm）	德宏 胸径年平均生长率（%）	德宏 材积年平均生长量（m³）	德宏 材积年平均生长率（%）
黄丹木姜子	10	0.26	2.36	0.0025	5.98																
黄丹木姜子	12	0.32	2.34	0.0043	5.7																
黄丹木姜子	14	0.25	1.64	0.0038	4.03																
黄丹木姜子	18	0.23	1.19	0.0046	2.92																
黄丹木姜子	24	0.3	1.16	0.0092	2.79																
毛叶木姜子	6	0.33	3.99	0.0022	9.54																
毛叶木姜子	8	0.32	3.26	0.0026	8.08																
毛叶木姜子	10	0.35	3.02	0.0034	7.5																
毛叶木姜子	12	0.43	3.18	0.0054	7.77																
毛叶木姜子	14	0.43	2.65	0.0067	6.31																
毛叶木姜子	16	0.52	2.5	0.0123	5.64																
毛叶木姜子	18	0.5	2.52	0.0104	6.04																
山鸡椒	6	0.33	4.52	0.0017	11.9																
山鸡椒	8	0.36	3.87	0.0028	9.79																
山鸡椒	10	0.38	3.19	0.0045	7.73																
山鸡椒	12	0.53	3.87	0.007	9.44																
山鸡椒	16	0.39	2.2	0.0085	5.38																
黄心树	6	0.23	3.06	0.0013	6.9																
黄心树	8	0.27	2.76	0.0022	6.36																

续表 1-2-1

树种	起测胸径(cm)	全省 胸径年平均生长量(cm)	全省 胸径年平均生长率(%)	全省 材积年平均生长量(m3)	全省 材积年平均生长率(%)	迪庆 胸径年平均生长量(cm)	迪庆 胸径年平均生长率(%)	迪庆 材积年平均生长量(m³)	迪庆 材积年平均生长率(%)	丽江 胸径年平均生长量(cm)	丽江 胸径年平均生长率(%)	丽江 材积年平均生长量(m³)	丽江 材积年平均生长率(%)	怒江 胸径年平均生长量(cm)	怒江 胸径年平均生长率(%)	怒江 材积年平均生长量(m³)	怒江 材积年平均生长率(%)	德宏 胸径年平均生长量(cm)	德宏 胸径年平均生长率(%)	德宏 材积年平均生长量(m³)	德宏 材积年平均生长率(%)
黄心树	10	0.28	2.31	0.0031	5.36																
黄心树	12	0.23	1.75	0.0029	4.17																
黄心树	14	0.41	2.48	0.0067	5.61																
黄心树	16	0.31	1.79	0.0056	4.28																
黄心树	18	0.29	1.46	0.0062	3.44																
黄心树	20	0.52	2.34	0.0134	5.56																
黄心树	22	0.48	1.9	0.0143	4.46																
黄心树	28	0.53	1.78	0.0223	4.3																
檫木	6	1.2	11.68	0.0113	23.17																
檫木	8	1	8.3	0.0116	18.3																
檫木	12	1.02	6.39	0.0178	14.82																
檫木	14	0.96	5.54	0.0194	13.11																
檫木	16	0.68	3.4	0.0162	8.12																
檫木	18	1.02	4.38	0.0299	9.96																
檫木	24	0.61	2.26	0.0223	5.35																
毛叶油丹	6	0.34	4.02	0.0029	9.99																
毛叶油丹	8	0.35	3.47	0.0037	8.91																
毛叶油丹	10	0.27	2.33	0.0033	6.16																
毛叶油丹	12	0.49	3.26	0.009	8.04																

树种	起测胸径(cm)	全省 胸径年平均生长量(cm)	全省 胸径年平均生长率(%)	全省 材积年平均生长量(m3)	全省 材积年平均生长率(%)	迪庆 胸径年平均生长量(cm)	迪庆 胸径年平均生长率(%)	迪庆 材积年平均生长量(m³)	迪庆 材积年平均生长率(%)	丽江 胸径年平均生长量(cm)	丽江 胸径年平均生长率(%)	丽江 材积年平均生长量(m³)	丽江 材积年平均生长率(%)	怒江 胸径年平均生长量(cm)	怒江 胸径年平均生长率(%)	怒江 材积年平均生长量(m³)	怒江 材积年平均生长率(%)	德宏 胸径年平均生长量(cm)	德宏 胸径年平均生长率(%)	德宏 材积年平均生长量(m³)	德宏 材积年平均生长率(%)
毛叶油丹	14	0.44	2.6	0.0093	6.38																
毛叶油丹	16	0.48	2.58	0.0122	6.25																
毛叶油丹	18	0.55	2.43	0.0178	5.62																
毛叶油丹	20	0.38	1.75	0.0112	4.27																
毛叶油丹	24	0.77	2.75	0.0316	6.38																
香面叶	6	0.28	3.65	0.0016	7.94													0.5	6.84	0.0029	15.32
香面叶	8	0.38	3.83	0.0033	8.44													0.6	6.14	0.0051	14.01
香面叶	10	0.4	3.36	0.0043	7.55																
香面叶	12	0.29	2.14	0.0038	4.97																
香面叶	14	0.34	2.13	0.0055	4.94																
香面叶	16	0.41	2.2	0.0081	5.11																
香面叶	18	0.28	1.45	0.0059	3.44																
香面叶	20	0.36	1.63	0.0086	3.79																
香面叶	22	0.36	1.5	0.0101	3.51																
香面叶	24	0.27	1.03	0.0082	2.41																
香面叶	26	0.38	1.38	0.0124	3.27																
香面叶	28	0.27	0.91	0.0093	2.13																
香面叶	30	0.34	1.08	0.0131	2.54																
香面叶	32	0.26	0.78	0.0104	1.84																

续表 1-2-1

树种	起测胸径（cm）	全省				迪庆				丽江				怒江				德宏			
		胸径年平均生长量（cm）	胸径年平均生长率（%）	材积年平均生长量（m3）	材积年平均生长率（%）	胸径年平均生长量（cm）	胸径年平均生长率（%）	材积年平均生长量（m³）	材积年平均生长率（%）	胸径年平均生长量（cm）	胸径年平均生长率（%）	材积年平均生长量（m³）	材积年平均生长率（%）	胸径年平均生长量（cm）	胸径年平均生长率（%）	材积年平均生长量（m³）	材积年平均生长率（%）	胸径年平均生长量（cm）	胸径年平均生长率（%）	材积年平均生长量（m³）	材积年平均生长率（%）
香面叶	34	0.4	1.1	0.0184	2.57																
香面叶	36	0.3	0.81	0.0146	1.89																
香面叶	38	0.32	0.81	0.0174	1.91																
香面叶	44	0.17	0.37	0.0101	0.87																
香叶树	6	0.41	5.1	0.0025	11.63													0.26	3.36	0.0016	7.51
香叶树	8	0.39	3.92	0.0034	8.94													0.13	1.56	0.0009	3.67
香叶树	10	0.45	3.64	0.0052	8.35													0.42	3.28	0.0053	7.49
香叶树	12	0.54	3.59	0.0082	8.16																
香叶树	14	0.46	2.83	0.0078	6.58																
香叶树	16	0.5	2.64	0.0104	6.13																
香叶树	18	0.45	2.26	0.0097	5.35																
香叶树	20	0.61	2.63	0.0162	6.09																
香叶树	22	0.45	1.87	0.012	4.37																
香叶树	26	0.57	1.98	0.0217	4.69																
香叶树	28	0.38	1.23	0.0144	2.89																
密花树	6	0.22	3.08	0.0012	8.59																
密花树	8	0.23	2.59	0.002	6.93																
密花树	10	0.23	2.08	0.0025	5.44																
密花树	12	0.29	2.23	0.0043	5.84																

树种	起测胸径(cm)	全省				迪庆				丽江				怒江				德宏			
		胸径年平均生长量(cm)	胸径年平均生长率(%)	材积年平均生长量(m3)	材积年平均生长率(%)	胸径年平均生长量(cm)	胸径年平均生长率(%)	材积年平均生长量(m³)	材积年平均生长率(%)	胸径年平均生长量(cm)	胸径年平均生长率(%)	材积年平均生长量(m³)	材积年平均生长率(%)	胸径年平均生长量(cm)	胸径年平均生长率(%)	材积年平均生长量(m³)	材积年平均生长率(%)	胸径年平均生长量(cm)	胸径年平均生长率(%)	材积年平均生长量(m³)	材积年平均生长率(%)
密花树	14	0.36	2.41	0.007	6.17																
密花树	16	0.72	3.76	0.0181	8.93																
密花树	20	0.14	0.71	0.0039	1.75																
灰楸	6	0.14	1.98	0.0008	5.22	0.08	1.24	0.0004	3.61												
灰楸	8	0.19	2.11	0.0014	5.34	0.07	0.91	0.0005	2.6												
灰楸	10	0.23	2.07	0.0024	5.25	0.07	0.64	0.0006	1.76												
灰楸	12	0.18	1.41	0.0022	3.54	0.13	1.01	0.0017	2.59												
灰楸	14	0.06	0.42	0.0011	1.05	0.04	0.25	0.0005	0.65												

表1-2-2　研究期保山、大理、楚雄、昆明、曲靖5州（市）分树种按树木起测胸径概算树木单株胸径及材积年生长量（率）表

树种	起测胸径（cm）	保山				大理				楚雄				昆明				曲靖			
		胸径年平均生长量（cm）	胸径年平均生长率（%）	材积年平均生长量（m³）	材积年平均生长率（%）	胸径年平均生长量（cm）	胸径年平均生长率（%）	材积年平均生长量（m³）	材积年平均生长率（%）	胸径年平均生长量（cm）	胸径年平均生长率（%）	材积年平均生长量（m³）	材积年平均生长率（%）	胸径年平均生长量（cm）	胸径年平均生长率（%）	材积年平均生长量（m³）	材积年平均生长率（%）	胸径年平均生长量（cm）	胸径年平均生长率（%）	材积年平均生长量（m³）	材积年平均生长率（%）
圆柏	6													0.54	6.72	0.0026	16.01	0.48	6.28	0.0021	15.33
圆柏	8													0.46	4.6	0.0033	11.04	0.65	6.2	0.005	14.83
圆柏	10													0.41	3.43	0.0037	8.49	0.76	6.18	0.0072	15.18
圆柏	12													0.4	2.87	0.0047	7.23	0.86	6.05	0.0102	15.13
圆柏	14													0.44	2.82	0.0059	7.2	0.9	5.5	0.0132	13.69
圆柏	16													0.6	3.17	0.0116	7.85	0.76	3.9	0.0146	9.61
西藏柏木	6													0.85	8.53	0.0067	17.47	1.3	12.43	0.0101	24.8
西藏柏木	8													0.64	5.63	0.0056	12.89	1.05	9.72	0.0083	22.22
西藏柏木	10													0.58	4.54	0.006	10.7				
西藏柏木	12													0.27	2.06	0.0028	5.38				
西藏柏木	14													0.33	2.02	0.0051	5.05				
西藏柏木	16													0.51	2.84	0.0087	7.22				
西藏柏木	20													0.4	1.86	0.0089	4.8				
西藏柏木	22													0.63	2.43	0.019	5.97				
西藏柏木	26													0.45	1.62	0.0147	4.08				
柳杉	6													0.54	5.08	0.0045	11.66	0.98	11.6	0.0058	24.97
柳杉	8													0.28	2.1	0.0031	5.16				
柳杉	12																				

续表1-2-2

树种	起测胸径(cm)	保山 胸径年平均生长量(cm)	保山 胸径年平均生长率(%)	保山 材积年平均生长量(m³)	保山 材积年平均生长率(%)	大理 胸径年平均生长量(cm)	大理 胸径年平均生长率(%)	大理 材积年平均生长量(m³)	大理 材积年平均生长率(%)	楚雄 胸径年平均生长量(cm)	楚雄 胸径年平均生长率(%)	楚雄 材积年平均生长量(m³)	楚雄 材积年平均生长率(%)	昆明 胸径年平均生长量(cm)	昆明 胸径年平均生长率(%)	昆明 材积年平均生长量(m³)	昆明 材积年平均生长率(%)	曲靖 胸径年平均生长量(cm)	曲靖 胸径年平均生长率(%)	曲靖 材积年平均生长量(m³)	曲靖 材积年平均生长率(%)
柳杉	14													0.53	3.18	0.0087	7.66				
杉木	6	0.76	8.45	0.0051	17.75													0.66	7.3	0.0046	15.25
杉木	8	0.8	7.06	0.008	15.43													0.61	5.59	0.0055	12.43
杉木	10	0.74	5.85	0.008	13.51													0.54	4.26	0.006	9.81
杉木	12	0.71	4.89	0.0093	11.64													0.54	3.63	0.0072	8.61
杉木	14	0.64	3.88	0.01	9.34													0.47	2.85	0.0074	6.87
杉木	16	0.62	3.32	0.0116	8.04													0.52	2.78	0.0097	6.74
杉木	18	0.53	2.65	0.0113	6.52													0.47	2.3	0.0099	5.64
杉木	20	0.42	1.99	0.0097	4.95													0.44	2.03	0.0106	5.04
杉木	22	0.47	1.99	0.0124	4.97													0.4	1.72	0.0107	4.3
杉木	24	0.48	1.85	0.0149	4.62													0.43	1.64	0.0133	4.09
杉木	26	0.54	1.93	0.019	4.75													0.45	1.63	0.0148	4.06
杉木	28																	0.54	1.83	0.02	4.55
杉木	30																	0.21	0.7	0.0085	1.74
台湾杉	6	1.01	11.06	0.007	22.78																
台湾杉	8	0.89	8.4	0.0073	18.61																
台湾杉	10	1.02	7.68	0.0118	17.23																
台湾杉	12	1.01	6.75	0.0138	15.85																

续表 1-2-2

树种	起测胸径（cm）	保山 胸径年平均生长量（cm）	保山 胸径年平均生长率（%）	保山 材积年平均生长量（m³）	保山 材积年平均生长率（%）	大理 胸径年平均生长量（cm）	大理 胸径年平均生长率（%）	大理 材积年平均生长量（m³）	大理 材积年平均生长率（%）	楚雄 胸径年平均生长量（cm）	楚雄 胸径年平均生长率（%）	楚雄 材积年平均生长量（m³）	楚雄 材积年平均生长率（%）	昆明 胸径年平均生长量（cm）	昆明 胸径年平均生长率（%）	昆明 材积年平均生长量（m³）	昆明 材积年平均生长率（%）	曲靖 胸径年平均生长量（cm）	曲靖 胸径年平均生长率（%）	曲靖 材积年平均生长量（m³）	曲靖 材积年平均生长率（%）
台湾杉	14	0.95	5.72	0.015	13.68																
台湾杉	16	1.04	5.63	0.019	13.7																
台湾杉	18	0.86	4.23	0.0184	10.39																
台湾杉	20	0.57	2.66	0.0134	6.62																
云南松	6	0.49	5.68	0.0045	13.16	0.33	4.29	0.002	10.89	0.29	3.88	0.0021	9.68	0.31	4.11	0.0017	10.59	0.29	3.84	0.0016	9.85
云南松	8	0.44	4.22	0.0053	10.34	0.35	3.66	0.0031	9.34	0.3	3.14	0.0031	7.98	0.33	3.42	0.0027	8.83	0.29	3.05	0.0023	7.95
云南松	10	0.42	3.48	0.0064	8.69	0.37	3.15	0.0044	8.26	0.31	2.66	0.0043	6.96	0.35	2.98	0.0039	7.63	0.31	2.69	0.0034	6.95
云南松	12	0.45	3.18	0.0089	7.99	0.39	2.81	0.0061	7.41	0.31	2.29	0.0055	5.94	0.35	2.59	0.0051	6.61	0.32	2.39	0.0045	6.17
云南松	14	0.43	2.7	0.0101	6.87	0.41	2.57	0.008	6.78	0.3	1.95	0.0066	5.1	0.34	2.18	0.006	5.56	0.35	2.28	0.0061	5.82
云南松	16	0.45	2.48	0.0126	6.31	0.41	2.31	0.0099	6.12	0.31	1.77	0.008	4.61	0.36	2.04	0.0075	5.17	0.37	2.09	0.0076	5.31
云南松	18	0.42	2.11	0.014	5.34	0.42	2.13	0.0122	5.64	0.3	1.56	0.0094	4.07	0.37	1.87	0.0091	4.7	0.36	1.86	0.0088	4.66
云南松	20	0.4	1.83	0.0149	4.66	0.38	1.75	0.0127	4.63	0.31	1.44	0.0109	3.74	0.38	1.77	0.0106	4.41	0.37	1.74	0.0102	4.34
云南松	22	0.42	1.74	0.0184	4.37	0.33	1.39	0.0123	3.69	0.32	1.39	0.0134	3.57	0.35	1.48	0.011	3.66	0.29	1.27	0.009	3.16
云南松	24	0.43	1.64	0.0215	4.09	0.37	1.45	0.0161	3.82	0.3	1.19	0.0145	3.06	0.37	1.45	0.0132	3.55	0.39	1.54	0.0137	3.8
云南松	26	0.41	1.48	0.022	3.7	0.36	1.28	0.0174	3.37	0.29	1.06	0.0154	2.72	0.4	1.44	0.0154	3.52	0.33	1.19	0.0126	2.92
云南松	28	0.4	1.35	0.0242	3.35	0.35	1.19	0.0196	3.12	0.37	1.24	0.0219	3.15	0.49	1.64	0.0215	3.96	0.34	1.17	0.0145	2.83
云南松	30	0.44	1.37	0.0281	3.42	0.34	1.07	0.0206	2.8	0.29	0.93	0.0191	2.36	0.45	1.42	0.0209	3.42	0.42	1.3	0.0195	3.11
云南松	32	0.46	1.36	0.0334	3.34	0.31	0.91	0.0209	2.36	0.33	0.97	0.0236	2.45					0.42	1.25	0.0205	3.01

云南省连清样地主要乔木树种生长量（率）测算数表

续表 1-2-2

树种	起测胸径(cm)	保山				大理				楚雄				昆明				曲靖			
		胸径年平均生长量(cm)	胸径年平均生长率(%)	材积年平均生长量(m³)	材积年平均生长率(%)	胸径年平均生长量(cm)	胸径年平均生长率(%)	材积年平均生长量(m³)	材积年平均生长率(%)	胸径年平均生长量(cm)	胸径年平均生长率(%)	材积年平均生长量(m³)	材积年平均生长率(%)	胸径年平均生长量(cm)	胸径年平均生长率(%)	材积年平均生长量(m³)	材积年平均生长率(%)	胸径年平均生长量(cm)	胸径年平均生长率(%)	材积年平均生长量(m³)	材积年平均生长率(%)
云南松	34	0.42	1.18	0.0315	2.89	0.35	1	0.0248	2.6	0.36	1	0.0282	2.5								
云南松	36	0.5	1.29	0.0422	3.13	0.33	0.89	0.0253	2.32	0.3	0.8	0.0253	1.99								
云南松	38	0.42	1.06	0.0364	2.6	0.34	0.85	0.0304	2.17	0.29	0.74	0.0262	1.84								
云南松	40	0.45	1.08	0.0432	2.6						0.7	0.0283	1.74								
云南松	42					0.17	0.41	0.0167	1.04	0.27	0.61	0.029	1.5								
华山松	6	0.62	7.22	0.0048	14.69	0.38	4.8	0.0034	9.6	0.43	5.54	0.0041	10.37	0.4	5.25	0.0023	12.17	0.35	4.52	0.002	10.45
华山松	8	0.55	5.47	0.0052	11.87	0.41	4.18	0.0046	8.53	0.54	5.17	0.0072	9.92	0.47	4.75	0.0037	11.15	0.38	3.86	0.003	9.06
华山松	10	0.56	4.63	0.007	10.24	0.46	3.77	0.0067	7.86	0.51	4.19	0.008	8.31	0.52	4.36	0.0053	10.51	0.37	3.14	0.0038	7.52
华山松	12	0.63	4.34	0.01	9.41	0.53	3.59	0.0098	7.41	0.38	2.77	0.0065	5.66	0.52	3.63	0.007	8.71	0.41	2.96	0.0053	7.1
华山松	14	0.72	4.34	0.0138	9.45	0.5	3.02	0.0104	6.42	0.37	2.36	0.0075	4.91	0.52	3.25	0.008	7.8	0.4	2.55	0.0062	6.12
华山松	16	0.76	4.03	0.0174	8.62	0.42	2.28	0.0095	4.96	0.41	2.23	0.0098	4.6	0.46	2.55	0.0081	6.12	0.44	2.47	0.008	5.89
华山松	18	0.77	3.68	0.0191	8.1	0.45	2.16	0.0115	4.7	0.45	2.26	0.012	4.73	0.44	2.22	0.0091	5.29	0.47	2.33	0.0097	5.52
华山松	20	0.87	3.65	0.0278	7.67	0.49	2.2	0.0132	4.85	0.38	1.75	0.0109	3.68	0.37	1.71	0.0086	4.04	0.5	2.26	0.0115	5.3
华山松	22	0.84	3.22	0.03	6.75	0.46	1.88	0.0139	4.18	0.4	1.72	0.0129	3.63	0.44	1.82	0.0112	4.27	0.48	2	0.0125	4.68
华山松	24	0.62	2.31	0.0217	5.01	0.55	2.05	0.0187	4.56	0.52	1.96	0.0196	4.1	0.39	1.52	0.0112	3.53	0.49	1.91	0.014	4.44
华山松	26	0.93	3.04	0.0404	6.32	0.55	1.92	0.0197	4.31					0.34	1.19	0.0108	2.76	0.55	1.99	0.0169	4.6
华山松	28	0.58	1.91	0.0242	4.12	0.59	1.93	0.0222	4.4	0.33	1.13	0.0138	2.4	0.37	1.27	0.0127	2.93	0.63	2.11	0.0216	4.84
华山松	30	0.76	2.28	0.036	4.81	0.68	2.08	0.0293	4.65					0.49	1.56	0.0185	3.6	0.46	1.43	0.0164	3.26

续表 1-2-2

树种	起测胸径(cm)	保山 胸径年平均生长量(cm)	保山 胸径年平均生长率(%)	保山 材积年平均生长量(m³)	保山 材积年平均生长率(%)	大理 胸径年平均生长量(cm)	大理 胸径年平均生长率(%)	大理 材积年平均生长量(m³)	大理 材积年平均生长率(%)	楚雄 胸径年平均生长量(cm)	楚雄 胸径年平均生长率(%)	楚雄 材积年平均生长量(m³)	楚雄 材积年平均生长率(%)	昆明 胸径年平均生长量(cm)	昆明 胸径年平均生长率(%)	昆明 材积年平均生长量(m³)	昆明 材积年平均生长率(%)	曲靖 胸径年平均生长量(cm)	曲靖 胸径年平均生长率(%)	曲靖 材积年平均生长量(m³)	曲靖 材积年平均生长率(%)
华山松	32					0.74	2.06	0.0333	4.68												
华山松	34	0.85	2.25	0.0453	4.82	0.58	1.58	0.0275	3.58									0.41	1.14	0.0165	2.57
华山松	36	0.68	1.75	0.0392	3.68	0.53	1.4	0.0265	3.16												
华山松	38					0.63	1.57	0.0335	3.55													
华山松	40					0.58	1.39	0.0318	3.18													
华山松	42					0.52	1.19	0.0301	2.72													
云南油杉	6					0.41	5.48	0.0022	12.44	0.29	3.85	0.0015	8.85	0.31	4.08	0.0013	9.89	0.31	4	0.0014	9.85
云南油杉	8					0.31	3.34	0.0024	8.03	0.28	3.01	0.0021	7.24	0.27	2.87	0.0016	7.17	0.3	3.16	0.0018	7.91
云南油杉	10					0.65	4.79	0.0086	10.79	0.3	2.62	0.0031	6.33	0.32	2.75	0.0026	6.98	0.32	2.77	0.0027	6.98
云南油杉	12									0.31	2.29	0.004	5.61	0.27	2.02	0.003	5.19	0.36	2.63	0.0039	6.71
云南油杉	14									0.33	2.14	0.0053	5.23	0.33	2.11	0.0047	5.36	0.35	2.27	0.0047	5.81
云南油杉	16									0.34	1.94	0.0063	4.75	0.32	1.82	0.0053	4.65	0.39	2.24	0.0065	5.72
云南油杉	18									0.29	1.52	0.0063	3.75	0.46	2.32	0.0092	5.88	0.44	2.26	0.0086	5.23
云南油杉	20									0.36	1.67	0.0091	4.1	0.35	1.64	0.008	4.2	0.45	2.06	0.0105	4.09
云南油杉	22									0.32	1.36	0.0095	3.32	0.36	1.57	0.0092	4.04	0.38	1.61	0.01	4.01
云南油杉	24									0.36	1.41	0.012	3.44	0.46	1.8	0.0136	4.55	0.41	1.58	0.0121	3.02
云南油杉	26									0.33	1.21	0.0117	2.94					0.33	1.18	0.0107	3.14
云南油杉	28									0.29	0.97	0.0115	2.36					0.36	1.24	0.0124	

续表1-2-2

树种	起测胸径（cm）	保山				大理				楚雄				昆明				曲靖			
		胸径年平均生长量（cm）	胸径年平均生长率（%）	材积年平均生长量（m³）	材积年平均生长率（%）	胸径年平均生长量（cm）	胸径年平均生长率（%）	材积年平均生长量（m³）	材积年平均生长率（%）	胸径年平均生长量（cm）	胸径年平均生长率（%）	材积年平均生长量（m³）	材积年平均生长率（%）	胸径年平均生长量（cm）	胸径年平均生长率（%）	材积年平均生长量（m³）	材积年平均生长率（%）	胸径年平均生长量（cm）	胸径年平均生长率（%）	材积年平均生长量（m³）	材积年平均生长率（%）
云南油杉	30									0.32	1.04	0.0136	2.52								
云南油杉	32									0.46	1.35	0.0229	3.22								
云南油杉	34									0.46	1.29	0.0238	3.08								
云南油杉	42									0.38	0.86	0.0252	2.04								
云南油杉	44									0.22	0.48	0.015	1.12								
云南油杉	46									0.15	0.32	0.0105	0.75								
黄杉	6																	0.33	4.3	0.0015	10.47
黄杉	8																	0.47	4.67	0.0033	11.33
黄杉	10																	0.55	4.44	0.0053	11.02
黄杉	12																	0.5	3.63	0.0057	9.22
黄杉	20																	0.33	1.52	0.0077	3.89
黄杉	22																	0.21	0.9	0.0052	2.31
黄杉	26																	0.36	1.31	0.0114	3.31
黄杉	34																	0.39	1.09	0.0189	2.71
野八角	6					0.19	2.57	0.0009	7.34	0.12	1.79	0.0005	5.93	0.13	2.04	0.0004	5.62				
野八角	8					0.08	0.98	0.0005	2.87	0.11	1.3	0.0007	3.75								
野八角	10									0.09	0.84	0.0009	2.18								
野八角	12	0.26	1.97	0.0035	4.8																

续表 1-2-2

树种	起测胸径（cm）	保山				大理				楚雄				昆明				曲靖			
		胸径年平均生长量（cm）	胸径年平均生长率（%）	材积年平均生长量（m³）	材积年平均生长率（%）	胸径年平均生长量（cm）	胸径年平均生长率（%）	材积年平均生长量（m³）	材积年平均生长率（%）	胸径年平均生长量（cm）	胸径年平均生长率（%）	材积年平均生长量（m³）	材积年平均生长率（%）	胸径年平均生长量（cm）	胸径年平均生长率（%）	材积年平均生长量（m³）	材积年平均生长率（%）	胸径年平均生长量（cm）	胸径年平均生长率（%）	材积年平均生长量（m³）	材积年平均生长率（%）
野八角	16	0.51	2.72	0.0112	6.51																
野八角	18	0.71	3.33	0.0184	7.9																
白花羊蹄甲	6	0.76	8.03	0.0067	16.51					0.46	5.67	0.0031	13.93								
白花羊蹄甲	8									0.4	4.14	0.0034	10.51								
大果冬青	6									0.33	4.29	0.002	11.28								
大果冬青	8									0.21	2.39	0.0016	6.27								
杜英	6					0.68	8.96	0.004	21.96	0.58	6.97	0.0041	16.7					0.1	1.45	0.0005	4.44
杜英	10					0.89	8.1	0.0093	18.6	0.65	6.28	0.0063	15.19					0.24	2.2	0.0021	5.61
杜英	12									0.59	4.86	0.0072	11.7					0.11	0.91	0.0012	2.36
黑荆树	6									0.69	4.79	0.0107	11.43								
黑荆树	8									0.71	4.34	0.013	10.31								
黑荆树	10																				
黑荆树	12																				
黑荆树	14																				
银荆树	6													0.72	8.07	0.0054	17.25				
银荆树	8													0.63	6	0.0059	14.4				
银荆树	10													0.69	5.35	0.009	12.61				
银荆树	12													0.93	5.52	0.0194	12.6				

树种	起测胸径(cm)	保山				大理				楚雄				昆明				曲靖			
		胸径年平均生长量(cm)	胸径年平均生长率(%)	材积年平均生长量(m³)	材积年平均生长率(%)	胸径年平均生长量(cm)	胸径年平均生长率(%)	材积年平均生长量(m³)	材积年平均生长率(%)	胸径年平均生长量(cm)	胸径年平均生长率(%)	材积年平均生长量(m³)	材积年平均生长率(%)	胸径年平均生长量(cm)	胸径年平均生长率(%)	材积年平均生长量(m³)	材积年平均生长率(%)	胸径年平均生长量(cm)	胸径年平均生长率(%)	材积年平均生长量(m³)	材积年平均生长率(%)
银荆树	14													0.65	3.65	0.0135	8.36				
云南黄杞	6	0.16	2.36	0.0008	5.39					0.22	3.07	0.0012	8.19								
云南黄杞	8	0.08	0.95	0.0005	2.28					0.36	3.62	0.0032	8.83								
云南黄杞	10									0.26	2.28	0.0027	5.62								
云南黄杞	16									0.29	1.68	0.0056	4.08								
尼泊尔桤木	6	0.99	9.52	0.0102	19.83	0.64	6.91	0.0055	15.66	0.84	8.91	0.0073	19.9	0.79	8.09	0.0074	17.65	0.67	7.14	0.0058	16.01
尼泊尔桤木	8	1	7.99	0.0133	17.45	0.66	5.88	0.0073	13.99	0.79	6.81	0.0094	15.81	0.75	6.44	0.009	14.81	0.59	5.51	0.0062	13.21
尼泊尔桤木	10	0.83	5.86	0.0143	13.7	0.7	5.2	0.0106	12.54	0.7	5.34	0.0101	13.08	0.75	5.58	0.0113	13.41	0.62	4.83	0.0086	11.91
尼泊尔桤木	12	0.71	4.67	0.0125	11.76	0.63	4.1	0.0115	10.13	0.67	4.43	0.012	11.01	0.8	5.1	0.0155	12.44	0.44	3.08	0.0072	7.94
尼泊尔桤木	14	0.59	3.48	0.0129	8.74	0.61	3.58	0.0132	9.05	0.68	3.98	0.0149	10.04	0.69	4.06	0.0148	10.25	0.44	2.69	0.0085	6.97
尼泊尔桤木	16	0.71	3.78	0.0173	9.69	0.53	2.85	0.0127	7.38	0.66	3.43	0.0169	8.72	0.65	3.53	0.0156	9.12	0.44	2.43	0.0102	6.35
尼泊尔桤木	18	0.84	3.85	0.0265	9.61	0.56	2.71	0.0157	7.01	0.64	3.06	0.0189	7.81	0.59	2.91	0.0166	7.55	0.46	2.26	0.0127	5.9
尼泊尔桤木	20	0.49	2.26	0.015	5.92	0.62	2.73	0.021	6.99	0.71	3.09	0.0243	7.86	0.59	2.66	0.0191	6.92	0.42	1.91	0.0129	4.98
尼泊尔桤木	22	0.36	1.58	0.0122	4.17	0.55	2.25	0.0206	5.77	0.66	2.69	0.0252	6.9	0.56	2.29	0.0205	5.91	0.43	1.81	0.0154	4.71
尼泊尔桤木	24	0.91	3.25	0.0422	8.15	0.47	1.8	0.0195	4.65	0.6	2.25	0.0254	5.74	0.51	1.94	0.0214	5	0.48	1.85	0.0191	4.81
尼泊尔桤木	26					0.53	1.87	0.0248	4.8	0.61	2.12	0.0291	5.41	0.52	1.85	0.0244	4.76	0.45	1.62	0.0207	4.18
尼泊尔桤木	28					0.58	1.96	0.0293	5.04	0.48	1.59	0.0249	4.08	0.45	1.49	0.023	3.82	0.45	1.51	0.0226	3.9
尼泊尔桤木	30					0.59	1.85	0.0326	4.75	0.51	1.56	0.0291	3.97	0.47	1.45	0.0261	3.73	0.57	1.75	0.0333	4.46

续表 1-2-2

树种	起测胸径（cm）	保山 胸径年平均生长量（cm）	保山 胸径年平均生长率（%）	保山 材积年平均生长量（m³）	保山 材积年平均生长率（%）	大理 胸径年平均生长量（cm）	大理 胸径年平均生长率（%）	大理 材积年平均生长量（m³）	大理 材积年平均生长率（%）	楚雄 胸径年平均生长量（cm）	楚雄 胸径年平均生长率（%）	楚雄 材积年平均生长量（m³）	楚雄 材积年平均生长率（%）	昆明 胸径年平均生长量（cm）	昆明 胸径年平均生长率（%）	昆明 材积年平均生长量（m³）	昆明 材积年平均生长率（%）	曲靖 胸径年平均生长量（cm）	曲靖 胸径年平均生长率（%）	曲靖 材积年平均生长量（m³）	曲靖 材积年平均生长率（%）
尼泊尔桤木	32									0.47	1.37	0.0295	3.48	0.58	1.68	0.0357	4.26				
尼泊尔桤木	34									0.63	1.7	0.0435	4.28	0.43	1.2	0.028	3.05				
尼泊尔桤木	36									0.67	1.74	0.0494	4.39	0.5	1.3	0.0363	3.29				
尼泊尔桤木	38									0.63	1.54	0.0498	3.85								
红桦	6					0.47	5.83	0.0028	14.39												
红桦	10					0.31	2.7	0.0032	7.23												
红桦	12					0.29	2.08	0.0043	5.48												
红桦	14					0.31	2.05	0.0055	5.4												
红桦	16					0.39	2.19	0.0085	5.78												
西桦	6	0.99	11.07	0.0073	25.12																
西桦	8	0.79	7.09	0.0084	17.04																
西桦	10	0.62	4.96	0.0081	12.27																
西桦	12	1.03	6.82	0.0177	16.68																
喜树	6	1.48	12.1	0.0203	20.58	1.71	12.37	0.0264	21.76												
喜树	14	0.97	5.41	0.0214	12.63																
香椿	6													0.93	9.78	0.0076	20.74	0.84	8.41	0.0073	17.6
香椿	10																	1.28	8.1	0.0198	17.07
香椿	12																	0.84	5.26	0.0134	11.9

续表1-2-2

树种	起测胸径(cm)	保山 胸径年平均生长量(cm)	保山 胸径年平均生长率(%)	保山 材积年平均生长量(m³)	保山 材积年平均生长率(%)	大理 胸径年平均生长量(cm)	大理 胸径年平均生长率(%)	大理 材积年平均生长量(m³)	大理 材积年平均生长率(%)	楚雄 胸径年平均生长量(cm)	楚雄 胸径年平均生长率(%)	楚雄 材积年平均生长量(m³)	楚雄 材积年平均生长率(%)	昆明 胸径年平均生长量(cm)	昆明 胸径年平均生长率(%)	昆明 材积年平均生长量(m³)	昆明 材积年平均生长率(%)	曲靖 胸径年平均生长量(cm)	曲靖 胸径年平均生长率(%)	曲靖 材积年平均生长量(m³)	曲靖 材积年平均生长率(%)
香椿	18																	0.95	4.55	0.0212	10.68
红花木莲	6	0.3	3.65	0.0021	7.76																
红花木莲	8	0.36	3.62	0.0033	8.27																
红花木莲	10	0.23	1.86	0.0028	4.32																
木棉	6	0.43	5.42	0.0028	11.47																
木棉	8	0.28	2.89	0.0026	6.66																
木棉	12	0.23	1.76	0.0031	4.25																
黄连木	6					0.13	1.9	0.0006	6.12	0.35	5.09	0.0016	16.03								
黄连木	8					0.13	1.48	0.0008	4.27	0.24	2.68	0.0016	7.71								
黄连木	10					0.13	1.26	0.0011	3.61												
黄连木	12					0.1	0.79	0.0012	2.15												
黄连木	14					0.2	1.38	0.003	3.56												
南酸枣	6													0.08	1.25	0.0003	3.28				
南酸枣	10													0.35	2.91	0.0036	7.31				
青榨槭	10													0.54	4.79	0.0054	12.26				
石楠	6									0.1	1.57	0.0004	4.58					0.29	4.11	0.0014	10.86
石楠	8									0.15	1.78	0.0011	4.93					0.36	3.98	0.0026	10.32
石楠	10									0.21	1.92	0.002	5.15								

续表 1-2-2

树种	起测胸径（cm）	保山 胸径年平均生长量（cm）	保山 胸径年平均生长率（%）	保山 材积年平均生长量（m³）	保山 材积年平均生长率（%）	大理 胸径年平均生长量（cm）	大理 胸径年平均生长率（%）	大理 材积年平均生长量（m³）	大理 材积年平均生长率（%）	楚雄 胸径年平均生长量（cm）	楚雄 胸径年平均生长率（%）	楚雄 材积年平均生长量（m³）	楚雄 材积年平均生长率（%）	昆明 胸径年平均生长量（cm）	昆明 胸径年平均生长率（%）	昆明 材积年平均生长量（m³）	昆明 材积年平均生长率（%）	曲靖 胸径年平均生长量（cm）	曲靖 胸径年平均生长率（%）	曲靖 材积年平均生长量（m³）	曲靖 材积年平均生长率（%）
石楠	12									0.17	1.36	0.0021	3.58								
石楠	14									0.2	1.36	0.0031	3.44								
尖叶桂樱	6	0.05	0.86	0.0002	1.96																
尖叶桂樱	8	0.1	1.2	0.0007	2.87																
尖叶桂樱	16	0.03	0.19	0.0006	0.5																
尖叶桂樱	18	0.08	0.41	0.0017	1.03																
腺叶桂樱	8	0.19	2.14	0.0015	5.23																
腺叶桂樱	10	0.16	1.43	0.0016	3.47																
腺叶桂樱	12	0.21	1.62	0.0028	3.98																
腺叶桂樱	14	0.2	1.29	0.0033	3.14																
腺叶桂樱	16	0.2	1.18	0.0038	2.9																
腺叶桂樱	18	0.12	0.66	0.0026	1.63																
樱桃	6	0.73	8.79	0.0051	18.88	0.26	3.1	0.0016	7.92												
樱桃	8	0.67	6.3	0.0066	13.5	0.1	1.1	0.0007	3.28					0.52	5.3	0.0039	13.56	0.54	5.67	0.0039	14.11
樱桃	10	0.61	5.07	0.0072	11.79	0.18	1.62	0.0017	4.39					0.79	5.7	0.0107	12.96				
樱桃	12					0.14	1.15	0.0016	2.98												
樱桃	18					0.13	0.68	0.0025	1.64												
樱桃	20					0.14	0.67	0.003	1.66												

续表 1-2-2

树种	起测胸径(cm)	保山				大理				楚雄				昆明				曲靖			
		胸径年平均生长量(cm)	胸径年平均生长率(%)	材积年平均生长量(m³)	材积年平均生长率(%)	胸径年平均生长量(cm)	胸径年平均生长率(%)	材积年平均生长量(m³)	材积年平均生长率(%)	胸径年平均生长量(cm)	胸径年平均生长率(%)	材积年平均生长量(m³)	材积年平均生长率(%)	胸径年平均生长量(cm)	胸径年平均生长率(%)	材积年平均生长量(m³)	材积年平均生长率(%)	胸径年平均生长量(cm)	胸径年平均生长率(%)	材积年平均生长量(m³)	材积年平均生长率(%)
云南泡花树	6									0.2	2.94	0.0009	7.84					0.16	2.5	0.0006	6.73
云南泡花树	8	0.17	1.89	0.0013	4.43					0.17	1.92	0.0013	5.27								
云南泡花树	10	0.09	0.85	0.0009	2.1					0.17	1.68	0.0016	4.46								
云南泡花树	12	0.11	0.75	0.0017	1.8					0.27	2.06	0.0035	5.09								
云南泡花树	14	0.11	0.71	0.0023	1.76																
云南泡花树	16	0.12	0.45	0.0018	1.12																
云南泡花树	18	0.08	0.54	0.003	1.34																
云南泡花树	20	0.11	0.69	0.0048	1.71																
云南泡花树	22	0.16	0.87	0.0088	2.13																
云南泡花树	24	0.23																			
高榕	8	0.22	2.52	0.0017	5.99																
头状四照花	6													0.4	5.14	0.0023	12.61	0.36	4.75	0.0021	11.65
头状四照花	8													0.4	4.04	0.0034	10.03	0.57	5.53	0.0053	13.14
头状四照花	10													0.41	3.47	0.0045	8.64				
头状四照花	12													0.39	2.87	0.0053	7.26				
头状四照花	14													0.56	3.53	0.0095	8.74				
毛叶柿	6									0.18	2.38	0.001	7.17								
毛叶柿	8									0.11	1.26	0.0007	3.72								

续表 1-2-2

树种	起测胸径（cm）	保山				大理				楚雄				昆明				曲靖			
		胸径年平均生长量（cm）	胸径年平均生长率（%）	材积年平均生长量（m³）	材积年平均生长率（%）	胸径年平均生长量（cm）	胸径年平均生长率（%）	材积年平均生长量（m³）	材积年平均生长率（%）	胸径年平均生长量（cm）	胸径年平均生长率（%）	材积年平均生长量（m³）	材积年平均生长率（%）	胸径年平均生长量（cm）	胸径年平均生长率（%）	材积年平均生长量（m³）	材积年平均生长率（%）	胸径年平均生长量（cm）	胸径年平均生长率（%）	材积年平均生长量（m³）	材积年平均生长率（%）
毛叶柿	10									0.14	1.26	0.0012	3.4								
毛叶柿	12									0.22	1.62	0.0029	4.2								
毛叶柿	14									0.16	1.1	0.0023	2.83								
毛叶柿	16									0.12	0.74	0.0021	1.84								
毛叶柿	18									0.19	0.92	0.0042	2.22								
水青树	6									0.1	1.72	0.0004	6.14								
直杆蓝桉	6									0.32	4.22	0.0019	10.96	0.93	9.43	0.0088	20				
直杆蓝桉	8									0.51	5.03	0.0048	12.32	0.8	7.17	0.0086	16.67				
直杆蓝桉	10									0.69	5.34	0.0091	12.38	0.89	6.58	0.0124	15.44				
直杆蓝桉	12									0.67	4.36	0.0114	10.15	0.82	5.66	0.0123	13.88				
直杆蓝桉	14									0.47	2.93	0.0081	7.04	1.21	6.98	0.0233	16.46				
直杆蓝桉	16									0.43	2.46	0.0085	5.93	0.98	5.24	0.021	12.61				
直杆蓝桉	18									0.64	2.91	0.017	6.57								
直杆蓝桉	24									0.58	2.11	0.02	4.75								
蓝桉	6					0.53	6.16	0.0042	14.75	0.74	8.41	0.0061	19.26	1.05	10.21	0.0117	21.24	0.51	6.87	0.0028	16.36
蓝桉	8					0.77	6.83	0.0085	15.54	0.67	6.15	0.007	14.47	0.82	7.65	0.0083	17.89				
蓝桉	10					0.77	5.58	0.0116	12.69	0.85	6.19	0.0124	13.94	0.82	6.02	0.0113	13.78				
蓝桉	12					0.8	5.24	0.0131	12.18	0.71	4.59	0.0121	10.67	1.02	6.54	0.0173	15.13				

续表1-2-2

树种	起测胸径(cm)	保山 胸径年平均生长量(cm)	保山 胸径年平均生长率(%)	保山 材积年平均生长量(m³)	保山 材积年平均生长率(%)	大理 胸径年平均生长量(cm)	大理 胸径年平均生长率(%)	大理 材积年平均生长量(m³)	大理 材积年平均生长率(%)	楚雄 胸径年平均生长量(cm)	楚雄 胸径年平均生长率(%)	楚雄 材积年平均生长量(m³)	楚雄 材积年平均生长率(%)	昆明 胸径年平均生长量(cm)	昆明 胸径年平均生长率(%)	昆明 材积年平均生长量(m³)	昆明 材积年平均生长率(%)	曲靖 胸径年平均生长量(cm)	曲靖 胸径年平均生长率(%)	曲靖 材积年平均生长量(m³)	曲靖 材积年平均生长率(%)
蓝桉	14									0.89	5.14	0.0171	11.89	0.67	4.12	0.0117	10.11				
蓝桉	16					0.96	4.93	0.0216	11.38	0.98	4.82	0.0232	10.87	1.22	5.92	0.0311	13.57				
蓝桉	18									0.77	3.63	0.0191	8.39	0.67	2.92	0.0196	6.7				
蓝桉	20													1.22	4.26	0.0486	9.11				
赤桉	6									0.45	5.56	0.003	13.69	1.09	10.48	0.0109	22.18				
赤桉	8									0.35	3.7	0.003	9.46								
赤桉	10									0.36	3.07	0.004	7.63								
赤桉	12									0.6	3.74	0.0111	8.5								
泡桐	6																	1.1	11.08	0.0099	23.16
泡桐	8																	1.52	10.73	0.023	21.31
柳树	6					0.45	5.63	0.0029	13.7												
柳树	8					0.45	4.66	0.0038	11.91												
柳树	10					0.48	4.01	0.0056	9.98												
柳树	12					0.49	3.41	0.0076	8.4												
滇杨	6					0.23	3.06	0.0013	8.5	0.25	3.56	0.0013	9.85	0.24	3.3	0.0014	8.16	0.56	6.59	0.004	15.38
滇杨	8					0.23	2.46	0.0017	6.72					0.21	2.21	0.0016	5.79	0.61	5.7	0.0062	13.27
滇杨	10					0.21	1.91	0.0022	5.03					0.2	1.82	0.002	4.7	0.89	5.8	0.0162	12.72
滇杨	12					0.31	2.23	0.0044	5.49	0.2	1.55	0.0025	3.92	0.24	1.79	0.0031	4.59	0.74	4.78	0.0125	11.37

续表 1-2-2

树种	起测胸径（cm）	保山				大理				楚雄				昆明				曲靖			
		胸径年平均生长量（cm）	胸径年平均生长率（%）	材积年平均生长量（m³）	材积年平均生长率（%）	胸径年平均生长量（cm）	胸径年平均生长率（%）	材积年平均生长量（m³）	材积年平均生长率（%）	胸径年平均生长量（cm）	胸径年平均生长率（%）	材积年平均生长量（m³）	材积年平均生长率（%）	胸径年平均生长量（cm）	胸径年平均生长率（%）	材积年平均生长量（m³）	材积年平均生长率（%）	胸径年平均生长量（cm）	胸径年平均生长率（%）	材积年平均生长量（m³）	材积年平均生长率（%）
滇杨	14					0.42	2.51	0.0076	5.95	0.28	1.88	0.0043	4.75	0.27	1.74	0.0045	4.34	0.72	4.12	0.0143	9.73
滇杨	16									0.31	1.81	0.0061	4.42	0.32	1.84	0.0062	4.56	0.81	4.35	0.0176	10.49
滇杨	18													0.37	1.86	0.0086	4.63	1.1	4.88	0.0311	11.27
滇杨	20																	1.25	5.06	0.0402	11.5
榆树	6	0.18	2.64	0.001	6.08																
榆树	8	0.24	2.75	0.0019	6.55																
榆树	10	0.34	2.91	0.004	6.82																
榆树	12	0.26	1.98	0.0034	4.8																
榆树	14	0.37	2.35	0.0065	5.67																
榆树	16	0.25	1.45	0.0051	3.59																
柴桂	6	0.35	4.8	0.002	11.17																
柴桂	8	0.41	4.45	0.0031	10.46																
云南樟	6	1.02	9.93	0.0104	18.51	0.89	7.72	0.0114	15.57												
云南樟	8	0.22	2.07	0.0024	4.61																
云南樟	10	0.43	3.47	0.0055	7.74													0.53	7.4	0.0027	18.88
粗壮琼楠	8	0.29	2.69	0.0031	6.03																
粗壮琼楠	10	0.42	3.06	0.0064	6.66																
粗壮琼楠	12	0.63	4.02	0.0118	9.08																

续表 1-2-2

树种	起测胸径(cm)	保山 胸径年平均生长量(cm)	保山 胸径年平均生长率(%)	保山 材积年平均生长量(m³)	保山 材积年平均生长率(%)	大理 胸径年平均生长量(cm)	大理 胸径年平均生长率(%)	大理 材积年平均生长量(m³)	大理 材积年平均生长率(%)	楚雄 胸径年平均生长量(cm)	楚雄 胸径年平均生长率(%)	楚雄 材积年平均生长量(m³)	楚雄 材积年平均生长率(%)	昆明 胸径年平均生长量(cm)	昆明 胸径年平均生长率(%)	昆明 材积年平均生长量(m³)	昆明 材积年平均生长率(%)	曲靖 胸径年平均生长量(cm)	曲靖 胸径年平均生长率(%)	曲靖 材积年平均生长量(m³)	曲靖 材积年平均生长率(%)
滇润楠	8									0.12	1.35	0.0008	3.76								
长梗润楠	6	0.07	1.08	0.0003	2.51																
长梗润楠	8	0.09	1.12	0.0006	2.72																
长梗润楠	10	0.14	1.29	0.0014	3.14																
长梗润楠	12	0.1	0.84	0.0012	2.04																
楠木	6	0.22	3.12	0.0012	7.08	0.46	6.13	0.0028	15.33												
楠木	8	0.23	2.51	0.0018	5.88	0.44	4.82	0.0035	12.36												
楠木	10	0.25	2.2	0.0028	5.21	0.38	3.24	0.0043	8.11												
楠木	12	0.3	2.2	0.0045	5.2																
楠木	14	0.23	1.53	0.004	3.7																
楠木	16	0.26	1.47	0.0053	3.59																
楠木	18	0.34	1.71	0.0086	4.17																
楠木	20	0.2	0.93	0.0055	2.29																
楠木	22	0.25	1.05	0.0084	2.57																
楠木	24	0.23	0.92	0.0077	2.27																
楠木	26	0.36	1.29	0.015	3.18																
楠木	28	0.21	0.74	0.0094	1.82																
楠木	32	0.22	0.64	0.0116	1.58																

续表1-2-2

树种	起测胸径(cm)	保山 胸径年平均生长量(cm)	保山 胸径年平均生长率(%)	保山 材积年平均生长量(m³)	保山 材积年平均生长率(%)	大理 胸径年平均生长量(cm)	大理 胸径年平均生长率(%)	大理 材积年平均生长量(m³)	大理 材积年平均生长率(%)	楚雄 胸径年平均生长量(cm)	楚雄 胸径年平均生长率(%)	楚雄 材积年平均生长量(m³)	楚雄 材积年平均生长率(%)	昆明 胸径年平均生长量(cm)	昆明 胸径年平均生长率(%)	昆明 材积年平均生长量(m³)	昆明 材积年平均生长率(%)	曲靖 胸径年平均生长量(cm)	曲靖 胸径年平均生长率(%)	曲靖 材积年平均生长量(m³)	曲靖 材积年平均生长率(%)
楠木	34	0.12	0.34	0.0064	0.82																
毛叶木姜子	6																	0.46	5.49	0.0031	13.07
毛叶木姜子	8																	0.34	3.58	0.0026	9.05
毛叶木姜子	10																	0.4	3.36	0.004	8.37
毛叶木姜子	12																	0.45	3.24	0.0057	7.99
毛叶木姜子	14																	0.5	3	0.0081	7.15
毛叶木姜子	16																	0.3	1.79	0.0049	4.44
毛叶木姜子	18																	0.47	2.36	0.0098	5.7
山鸡椒	6	0.34	4.7	0.0018	10.63					0.22	3.28	0.001	10.34								
山鸡椒	8									0.16	1.85	0.0011	5.47								
香叶树	6	0.35	4.62	0.0021	10.29	0.57	6.7	0.0039	16.49												
香叶树	8	0.27	2.77	0.0022	6.38																
香叶树	16					0.81	3.9	0.0187	8.79									0.49	6.26	0.0026	15.47
香叶树	18					0.42	2.17	0.009	5.22												
灰楸	6					0.29	3.65	0.0018	9.33												
灰楸	8					0.27	2.88	0.0023	7.4												
灰楸	10					0.32	2.86	0.0035	7.31												

表1-2-3 研究期昭通、玉溪、文山、红河、普洱5州（市）分树种按树木起测胸径概算树木单株胸径及材积年生长量（率）表

树种	起测胸径(cm)	昭通				玉溪				文山				红河				普洱			
		胸径年平均生长量(cm)	胸径年平均生长率(%)	材积年平均生长量(m^3)	材积年平均生长率(%)	胸径年平均生长量(cm)	胸径年平均生长率(%)	材积年平均生长量(m^3)	材积年平均生长率(%)	胸径年平均生长量(cm)	胸径年平均生长率(%)	材积年平均生长量(m^3)	材积年平均生长率(%)	胸径年平均生长量(cm)	胸径年平均生长率(%)	材积年平均生长量(m^3)	材积年平均生长率(%)	胸径年平均生长量(cm)	胸径年平均生长率(%)	材积年平均生长量(m^3)	材积年平均生长率(%)
圆柏	6													0.95	10.87	0.0053	24.64				
圆柏	8													1.01	9.22	0.0082	20.89				
柳杉	6	0.51	5.86	0.0033	12.54																
柳杉	8	0.69	6.32	0.0061	14.09																
柳杉	10	0.95	6.8	0.0123	14.85																
柳杉	12	0.75	4.83	0.0109	11.13																
柳杉	14	0.77	4.41	0.0135	10.35																
柳杉	16	0.88	4.37	0.0196	10.25																
柳杉	18	0.85	3.92	0.0203	9.35																
柳杉	22	0.98	3.87	0.0296	9.38																
柳杉	26	1.21	3.98	0.0476	9.56																
杉木	6	0.44	5.32	0.0026	11.65					0.61	7.14	0.0039	15.26	0.72	7.98	0.0049	16.57	0.56	6.41	0.0036	13.87
杉木	8	0.49	4.79	0.0039	10.94					0.6	5.7	0.0051	12.8	0.67	6.11	0.0059	13.42	0.56	5.39	0.0045	12.24
杉木	10	0.53	4.25	0.0055	9.89					0.54	4.38	0.0057	10.18	0.64	5.05	0.007	11.63	0.5	4.19	0.0048	9.82
杉木	12	0.47	3.25	0.0061	7.79					0.5	3.48	0.0065	8.34	0.64	4.35	0.0086	10.32	0.42	3.08	0.005	7.53
杉木	14	0.45	2.78	0.007	6.73					0.42	2.68	0.0063	6.54	0.7	4.18	0.0115	9.98	0.41	2.66	0.0059	6.57
杉木	16	0.49	2.68	0.0089	6.55					0.43	2.37	0.0077	5.82	0.67	3.64	0.0123	8.86	0.38	2.21	0.0063	5.48
杉木	18	0.52	2.53	0.0113	6.19					0.43	2.16	0.009	5.32	0.65	3.16	0.014	7.76	0.29	1.5	0.0057	3.73
杉木	20	0.44	2.02	0.0105	5.01					0.45	2.08	0.0109	5.14	0.69	3.05	0.0179	7.43				

续表 1-2-3

树种	起测胸径（cm）	昭通 胸径年平均生长量（cm）	昭通 胸径年平均生长率（%）	昭通 材积年平均生长量（m³）	昭通 材积年平均生长率（%）	玉溪 胸径年平均生长量（cm）	玉溪 胸径年平均生长率（%）	玉溪 材积年平均生长量（m³）	玉溪 材积年平均生长率（%）	文山 胸径年平均生长量（cm）	文山 胸径年平均生长率（%）	文山 材积年平均生长量（m³）	文山 材积年平均生长率（%）	红河 胸径年平均生长量（cm）	红河 胸径年平均生长率（%）	红河 材积年平均生长量（m³）	红河 材积年平均生长率（%）	普洱 胸径年平均生长量（cm）	普洱 胸径年平均生长率（%）	普洱 材积年平均生长量（m³）	普洱 材积年平均生长率（%）
杉木	22	0.49	2.02	0.0137	4.99					0.38	1.64	0.0101	4.11	0.49	2.11	0.013	5.25				
杉木	24	0.43	1.64	0.0136	4.05					0.45	1.76	0.014	4.36	0.65	2.46	0.0205	6.06				
杉木	26	0.38	1.39	0.013	3.47					0.48	1.71	0.017	4.24								
杉木	28	0.45	1.52	0.0164	3.79					0.31	1.06	0.0112	2.65								
杉木	30	0.37	1.2	0.0152	2.97					0.44	1.39	0.0181	3.46								
杉木	32									0.37	1.09	0.0166	2.71								
杉木	34									0.43	1.2	0.021	2.97								
台湾杉	14									1.02	5.55	0.019	12.56								
台湾杉	16									0.96	4.79	0.0206	11.18								
台湾杉	18									1.04	4.51	0.0273	10.5								
台湾杉	20									0.67	3.04	0.0165	7.5								
台湾杉	22									0.87	3.41	0.0262	8.33								
台湾杉	24									0.82	3.03	0.0267	7.44								
云南松	6	0.21	2.83	0.0012	7.34	0.4	5.04	0.0025	12.5	0.56	6.46	0.0045	15.73	0.4	5.02	0.0024	11.93				
云南松	8	0.2	2.22	0.0016	5.89	0.4	4.06	0.0036	10.32	0.51	4.84	0.0055	12.49	0.39	3.97	0.0034	9.69				
云南松	10	0.21	1.88	0.0022	4.93	0.43	3.59	0.0051	9.08	0.51	4.11	0.0072	10.7	0.42	3.55	0.0048	8.85				
云南松	12	0.24	1.83	0.0033	4.78	0.45	3.18	0.0066	8.05	0.49	3.42	0.0084	9.08	0.41	2.92	0.0059	7.42				
云南松	14	0.29	1.94	0.005	5	0.42	2.65	0.0076	6.72	0.48	2.95	0.0102	7.83	0.4	2.55	0.0072	6.54				
云南松	16	0.36	2.04	0.0075	5.18	0.41	2.33	0.0087	5.9	0.46	2.54	0.0117	6.72	0.44	2.42	0.0095	6.16				

续表1-2-3

树种	起测胸径(cm)	昭通 胸径年平均生长量(cm)	昭通 胸径年平均生长率(%)	昭通 材积年平均生长量(m³)	昭通 材积年平均生长率(%)	玉溪 胸径年平均生长量(cm)	玉溪 胸径年平均生长率(%)	玉溪 材积年平均生长量(m³)	玉溪 材积年平均生长率(%)	文山 胸径年平均生长量(cm)	文山 胸径年平均生长率(%)	文山 材积年平均生长量(m³)	文山 材积年平均生长率(%)	红河 胸径年平均生长量(cm)	红河 胸径年平均生长率(%)	红河 材积年平均生长量(m³)	红河 材积年平均生长率(%)	普洱 胸径年平均生长量(cm)	普洱 胸径年平均生长率(%)	普洱 材积年平均生长量(m³)	普洱 材积年平均生长率(%)
云南松	18	0.36	1.85	0.0087	4.66	0.39	1.97	0.0095	4.94	0.47	2.37	0.0142	6.24	0.46	2.3	0.0115	5.88				
云南松	20	0.35	1.66	0.0097	4.16	0.36	1.68	0.0102	4.2	0.47	2.12	0.0162	5.56	0.48	2.16	0.0144	5.48				
云南松	22	0.46	1.9	0.0159	4.76	0.36	1.51	0.0113	3.74	0.4	1.65	0.0156	4.33	0.44	1.84	0.0148	4.68				
云南松	24					0.35	1.37	0.0124	3.36	0.44	1.71	0.0196	4.45	0.43	1.65	0.016	4.21				
云南松	26					0.36	1.28	0.0141	3.14	0.37	1.35	0.0177	3.51	0.49	1.74	0.0211	4.39				
云南松	28					0.36	1.2	0.0153	2.92	0.31	1.06	0.0162	2.73	0.44	1.49	0.0209	3.75				
云南松	30					0.38	1.18	0.0178	2.84	0.36	1.13	0.0216	2.9	0.38	1.21	0.019	3.06				
云南松	32					0.39	1.15	0.0194	2.76					0.34	1	0.0187	2.5				
云南松	34					0.4	1.11	0.0222	2.66												
云南松	36					0.33	0.88	0.0193	2.08												
云南松	38					0.31	0.79	0.0189	1.87					0.25	0.64	0.0177	1.6				
云南松	40					0.37	0.9	0.0248	2.14												
华山松	6	0.35	4.62	0.002	10.18	0.45	5.56	0.0028	12.52					0.61	7.01	0.004	16.27				
华山松	8	0.35	3.66	0.0028	8.39	0.47	4.74	0.0037	10.9					0.6	5.56	0.0054	13.19				
华山松	10	0.4	3.43	0.0042	8	0.47	3.87	0.0052	9.01					0.53	4.33	0.0056	10.46				
华山松	12	0.41	2.96	0.0053	6.95	0.61	4.23	0.0083	9.93					0.49	3.53	0.0061	8.7				
华山松	14	0.4	2.53	0.0061	6.03	0.59	3.49	0.0101	8.09					0.6	3.77	0.0091	9.11				
华山松	16	0.42	2.34	0.0075	5.57	0.59	3.2	0.0109	7.54					0.83	4.34	0.016	10.19				
华山松	18	0.47	2.36	0.0096	5.61	0.59	2.81	0.0129	6.57					0.52	2.62	0.0105	6.28				

续表 1-2-3

树种	起测胸径（cm）	昭通 胸径年平均生长量（cm）	昭通 胸径年平均生长率（%）	昭通 材积年平均生长量（m³）	昭通 材积年平均生长率（%）	玉溪 胸径年平均生长量（cm）	玉溪 胸径年平均生长率（%）	玉溪 材积年平均生长量（m³）	玉溪 材积年平均生长率（%）	文山 胸径年平均生长量（cm）	文山 胸径年平均生长率（%）	文山 材积年平均生长量（m³）	文山 材积年平均生长率（%）	红河 胸径年平均生长量（cm）	红河 胸径年平均生长率（%）	红河 材积年平均生长量（m³）	红河 材积年平均生长率（%）	普洱 胸径年平均生长量（cm）	普洱 胸径年平均生长率（%）	普洱 材积年平均生长量（m³）	普洱 材积年平均生长率（%）
华山松	20	0.55	2.5	0.0128	5.88	0.48	2.21	0.011	5.21					0.33	1.55	0.0071	3.72				
华山松	22	0.6	2.48	0.0159	5.77	0.56	2.33	0.0146	5.44					0.39	1.63	0.0096	3.85				
华山松	24	0.64	2.47	0.0187	5.73	0.56	2.15	0.016	4.97												
华山松	26	0.69	2.43	0.0223	5.61																
思茅松	6					0.46	5.34	0.0041	11.92					0.73	8.41	0.0058	18.41	0.53	6.09	0.0041	13.19
思茅松	8					0.51	4.97	0.0053	11.8					0.66	6.52	0.0066	15.46	0.53	5.01	0.0051	11.35
思茅松	10					0.56	4.46	0.0079	10.82					0.66	5.57	0.0083	13.55	0.51	4.1	0.0066	9.65
思茅松	12					0.68	4.52	0.0126	10.88					0.97	6.45	0.0176	15.51	0.5	3.49	0.0081	8.44
思茅松	14					0.42	2.57	0.0084	6.44					0.9	5.68	0.0177	14.13	0.52	3.16	0.0102	7.76
思茅松	16					0.57	3.1	0.0143	7.75									0.48	2.6	0.0114	6.49
思茅松	18					0.49	2.44	0.0141	6.14									0.45	2.21	0.0124	5.53
思茅松	20					0.47	2.16	0.0154	5.47									0.43	1.94	0.0136	4.9
思茅松	22					0.4	1.69	0.0146	4.29									0.4	1.65	0.0144	4.14
思茅松	24					0.45	1.77	0.0183	4.48					0.47	1.84	0.0193	4.68	0.41	1.59	0.017	3.99
思茅松	26					0.48	1.77	0.0218	4.5									0.38	1.37	0.0177	3.46
思茅松	28																	0.34	1.15	0.0175	2.91
思茅松	30																	0.38	1.2	0.0216	3
思茅松	32																	0.41	1.2	0.0255	2.99
思茅松	34																	0.39	1.09	0.026	2.72

云南省连清样地主要乔木树种生长量（率）测算数表

续表1-2-3

树种	起测胸径(cm)	昭通 胸径年平均生长量(cm)	昭通 胸径年平均生长率(%)	昭通 材积年平均生长量(m³)	昭通 材积年平均生长率(%)	玉溪 胸径年平均生长量(cm)	玉溪 胸径年平均生长率(%)	玉溪 材积年平均生长量(m³)	玉溪 材积年平均生长率(%)	文山 胸径年平均生长量(cm)	文山 胸径年平均生长率(%)	文山 材积年平均生长量(m³)	文山 材积年平均生长率(%)	红河 胸径年平均生长量(cm)	红河 胸径年平均生长率(%)	红河 材积年平均生长量(m³)	红河 材积年平均生长率(%)	普洱 胸径年平均生长量(cm)	普洱 胸径年平均生长率(%)	普洱 材积年平均生长量(m³)	普洱 材积年平均生长率(%)
思茅松	36																	0.35	0.92	0.0257	2.3
思茅松	38																	0.32	0.8	0.0244	2
思茅松	40																	0.34	0.83	0.0281	2.07
思茅松	42																	0.41	0.94	0.0368	2.32
思茅松	44																	0.27	0.59	0.0246	1.47
思茅松	46																	0.36	0.75	0.0364	1.83
思茅松	48																	0.28	0.56	0.0295	1.39
云南油杉	6					0.27	3.58	0.0011	8.76	0.54	6.72	0.0026	16.08	0.26	3.47	0.0012	8.51	0.3	3.99	0.0013	9.64
云南油杉	8					0.25	2.78	0.0015	6.95	0.76	6.74	0.0063	15.55	0.31	3.23	0.0021	8.01	0.24	2.73	0.0014	6.99
云南油杉	10					0.25	2.2	0.0021	5.64	0.65	5.21	0.0063	12.62	0.37	3.09	0.0033	7.69	0.31	2.63	0.0027	6.52
云南油杉	12					0.54	3.59	0.0071	8.76					0.28	2.06	0.0031	5.3				
云南油杉	14					0.27	1.77	0.0037	4.53	0.54	3.23	0.0087	7.94	0.37	2.31	0.0052	5.85				
云南油杉	16					0.25	1.44	0.0041	3.75					0.35	1.98	0.0057	5.09				
云南油杉	18					0.29	1.45	0.0057	3.71	0.43	2.19	0.0082	5.6	0.41	2.09	0.0081	5.33				
云南油杉	20													0.45	2.06	0.0103	5.3				
云南油杉	22													0.36	1.54	0.0092	3.95				
云南油杉	26									0.54	1.88	0.0185	4.7								
八角	6									0.51	6.49	0.0037	17.01	0.65	6.58	0.0061	16.85	0.06	0.75	0.0004	1.96
八角	8									0.52	5.39	0.0054	14.6								

续表 1-2-3

树种	起测胸径(cm)	昭通 胸径年平均生长量(cm)	昭通 胸径年平均生长率(%)	昭通 材积年平均生长量(m³)	昭通 材积年平均生长率(%)	玉溪 胸径年平均生长量(cm)	玉溪 胸径年平均生长率(%)	玉溪 材积年平均生长量(m³)	玉溪 材积年平均生长率(%)	文山 胸径年平均生长量(cm)	文山 胸径年平均生长率(%)	文山 材积年平均生长量(m³)	文山 材积年平均生长率(%)	红河 胸径年平均生长量(cm)	红河 胸径年平均生长率(%)	红河 材积年平均生长量(m³)	红河 材积年平均生长率(%)	普洱 胸径年平均生长量(cm)	普洱 胸径年平均生长率(%)	普洱 材积年平均生长量(m³)	普洱 材积年平均生长率(%)
八角	10									0.53	4.51	0.0076	11.83					0.06	0.53	0.0005	1.29
八角	12									0.45	3.25	0.0076	8.35					0.06	0.52	0.0008	1.33
八角	14									0.49	3.17	0.0101	8.12								
八角	16									0.51	2.88	0.0122	7.28								
野八角	6																	0.05	0.86	0.0002	2.99
野八角	8	0.23	2.46	0.0016	6.22													0.09	1.09	0.0006	2.99
野八角	10	0.18	1.68	0.0015	4.27																
野八角	12	0.22	1.71	0.0026	4.35																
野八角	14	0.29	1.92	0.004	4.78																
野八角	16																	0.09	0.54	0.0019	1.38
银柴	6									0.31	4.22	0.002	12.58					0.22	2.99	0.0012	8.51
银柴	8									0.22	2.45	0.002	7.14					0.19	2.02	0.0016	5.54
银柴	10																	0.15	1.37	0.0017	3.8
银柴	12																	0.25	1.77	0.0041	4.52
银柴	14																	0.27	1.76	0.0051	4.51
银柴	16																	0.19	1.09	0.004	2.76
银柴	18																	0.49	2.32	0.0145	5.47
中平树	6									0.73	8.57	0.0058	20.59					1.09	9.11	0.0146	19.19
中平树	8									0.5	5.22	0.0048	13.84					0.66	6.21	0.007	15.18

续表1-2-3

树种	起测胸径(cm)	昭通 胸径年平均生长量(cm)	昭通 胸径年平均生长率(%)	昭通 材积年平均生长量(m³)	昭通 材积年平均生长率(%)	玉溪 胸径年平均生长量(cm)	玉溪 胸径年平均生长率(%)	玉溪 材积年平均生长量(m³)	玉溪 材积年平均生长率(%)	文山 胸径年平均生长量(cm)	文山 胸径年平均生长率(%)	文山 材积年平均生长量(m³)	文山 材积年平均生长率(%)	红河 胸径年平均生长量(cm)	红河 胸径年平均生长率(%)	红河 材积年平均生长量(m³)	红河 材积年平均生长率(%)	普洱 胸径年平均生长量(cm)	普洱 胸径年平均生长率(%)	普洱 材积年平均生长量(m³)	普洱 材积年平均生长率(%)
中平树	10									0.49	4.27	0.0064	11.45					0.41	3.4	0.0052	8.85
中平树	12																	0.52	3.67	0.0084	9.22
中平树	14																	0.53	3.28	0.0106	8.23
乌桕	6	0.3	3.95	0.0017	9.73																
乌桕	8	0.25	2.71	0.0018	7																
乌桕	10	0.25	2.16	0.0026	5.52																
乌桕	12	0.26	1.98	0.0034	5.11																
乌桕	14	0.25	1.64	0.0039	4.14																
乌桕	16	0.3	1.72	0.0058	4.29																
乌桕	18	0.32	1.63	0.0071	4.04																
钝叶黄檀	6																	0.4	5.4	0.0022	11.52
钝叶黄檀	8																	0.36	3.75	0.0029	8.37
钝叶黄檀	10																	0.28	2.47	0.0027	5.74
钝叶黄檀	16																	0.37	2.09	0.0064	4.85
黑黄檀	6																	0.37	4.89	0.0022	11
黑黄檀	8																	0.29	3.19	0.0021	7.28
白花羊蹄甲	6													0.31	4.3	0.0018	11.88				
白花羊蹄甲	8													0.24	2.6	0.0021	6.98				
白花羊蹄甲	10													0.24	2.17	0.0028	5.83	0.52	4.14	0.007	9.93

续表 1-2-3

树种	起测胸径（cm）	昭通 胸径年平均生长量（cm）	胸径年平均生长率（%）	材积年平均生长量（m³）	材积年平均生长率（%）	玉溪 胸径年平均生长量（cm）	胸径年平均生长率（%）	材积年平均生长量（m³）	材积年平均生长率（%）	文山 胸径年平均生长量（cm）	胸径年平均生长率（%）	材积年平均生长量（m³）	材积年平均生长率（%）	红河 胸径年平均生长量（cm）	胸径年平均生长率（%）	材积年平均生长量（m³）	材积年平均生长率（%）	普洱 胸径年平均生长量（cm）	胸径年平均生长率（%）	材积年平均生长量（m³）	材积年平均生长率（%）
白花羊蹄甲	12													0.21	1.62	0.0029	4.26				
白花羊蹄甲	14													0.21	1.38	0.0038	3.6				
白花羊蹄甲	16													0.35	1.96	0.0082	4.84				
白花羊蹄甲	18													0.3	1.49	0.0079	3.64				
白花羊蹄甲	26													0.17	0.66	0.0067	1.57				
白花羊蹄甲	34																	0.19	0.55	0.0099	1.27
杜英	6									0.43	5.55	0.0026	12.91					0.24	3.17	0.0014	6.62
杜英	8									0.27	2.76	0.0023	6.53					0.22	2.34	0.0016	5.11
杜英	10									0.33	2.9	0.0034	7					0.44	3.51	0.0049	7.62
杜英	12									0.28	2.02	0.0036	4.92					0.53	3.47	0.0077	7.68
杜英	14																	0.33	2.11	0.0049	4.8
杜英	16																	0.5	2.71	0.0094	6.14
杜英	18																	0.45	2.16	0.0099	4.97
杜英	20																	0.26	1.15	0.0061	2.68
云南黄杞	6									0.41	5.38	0.0028	15.63					0.25	3.27	0.0016	8.98
云南黄杞	8									0.41	4.02	0.0039	10.03					0.24	2.55	0.0021	6.79
云南黄杞	10																	0.24	2.13	0.0027	5.7
云南黄杞	12																	0.29	2.1	0.0045	5.27
云南黄杞	14																	0.35	2.17	0.0073	5.45

续表1-2-3

树种	起测胸径（cm）	昭通 胸径年平均生长量（cm）	昭通 胸径年平均生长率（%）	昭通 材积年平均生长量（m³）	昭通 材积年平均生长率（%）	玉溪 胸径年平均生长量（cm）	玉溪 胸径年平均生长率（%）	玉溪 材积年平均生长量（m³）	玉溪 材积年平均生长率（%）	文山 胸径年平均生长量（cm）	文山 胸径年平均生长率（%）	文山 材积年平均生长量（m³）	文山 材积年平均生长率（%）	红河 胸径年平均生长量（cm）	红河 胸径年平均生长率（%）	红河 材积年平均生长量（m³）	红河 材积年平均生长率（%）	普洱 胸径年平均生长量（cm）	普洱 胸径年平均生长率（%）	普洱 材积年平均生长量（m³）	普洱 材积年平均生长率（%）
云南黄杞	16																	0.33	1.9	0.0074	4.72
云南黄杞	18																	0.26	1.36	0.0066	3.4
云南黄杞	20																	0.54	2.35	0.0164	5.64
云南黄杞	22																	0.33	1.41	0.011	3.39
毛叶黄杞	6																	0.28	3.83	0.0016	10.55
毛叶黄杞	8																	0.26	2.77	0.0022	7.38
毛叶黄杞	10																	0.33	2.87	0.0041	7.49
毛叶黄杞	12										0.35	2.54	0.0063	6.72					0.32	2.34	0.0048	6.02
毛叶黄杞	14																	0.26	1.69	0.005	4.32
毛叶黄杞	16																	0.34	1.9	0.0077	4.72
毛叶黄杞	18																	0.41	1.94	0.0118	4.68
毛叶黄杞	20																	0.26	1.22	0.0076	2.99
毛叶黄杞	22																	0.18	0.8	0.0055	1.94
毛叶黄杞	28																	0.31	1.01	0.0144	2.34
毛叶黄杞	30																	0.31	0.96	0.0155	2.22
尼泊尔桤木	6	0.43	4.91	0.0033	11.9	0.74	8.21	0.0057	18.82	0.89	9.47	0.0076	21.08	1.32	12.53	0.0136	25.9	0.76	7.55	0.0076	16.12
尼泊尔桤木	8	0.45	4.28	0.0043	10.73	1.08	8.38	0.0152	18.52	0.93	7.77	0.0119	17.88	1.27	10.11	0.0172	22.11	0.72	6.43	0.0081	15.13
尼泊尔桤木	10	0.59	4.41	0.0088	10.88	0.92	6.64	0.0147	15.51	0.74	5.53	0.0109	13.51	1.1	7.73	0.0185	17.87	0.78	5.61	0.0122	13.34
尼泊尔桤木	12	0.48	3.41	0.0073	8.85	0.68	4.55	0.0115	11.26	0.88	5.66	0.0164	13.9	0.74	4.84	0.013	12.04	0.6	3.95	0.0109	9.69

续表1-2-3

树种	起测胸径（cm）	昭通 胸径年平均生长量（cm）	昭通 胸径年平均生长率（%）	昭通 材积年平均生长量（m³）	昭通 材积年平均生长率（%）	玉溪 胸径年平均生长量（cm）	玉溪 胸径年平均生长率（%）	玉溪 材积年平均生长量（m³）	玉溪 材积年平均生长率（%）	文山 胸径年平均生长量（cm）	文山 胸径年平均生长率（%）	文山 材积年平均生长量（m³）	文山 材积年平均生长率（%）	红河 胸径年平均生长量（cm）	红河 胸径年平均生长率（%）	红河 材积年平均生长量（m³）	红河 材积年平均生长率（%）	普洱 胸径年平均生长量（cm）	普洱 胸径年平均生长率（%）	普洱 材积年平均生长量（m³）	普洱 材积年平均生长率（%）
尼泊尔桤木	14	0.54	3.29	0.0104	8.48	0.56	3.32	0.0115	8.47	0.82	4.78	0.0178	11.94	0.81	4.58	0.0183	11.33	0.73	4.29	0.0156	10.8
尼泊尔桤木	16	0.61	3.35	0.014	8.75	0.42	2.23	0.0105	5.74	0.79	4.12	0.0198	10.53	0.76	3.98	0.0194	10.09	0.76	3.88	0.02	9.68
尼泊尔桤木	18	0.49	2.47	0.0128	6.52	0.38	1.89	0.0102	4.95	0.82	3.93	0.0239	10.04	0.66	3.2	0.0191	8.23	0.8	3.76	0.0237	9.48
尼泊尔桤木	20	0.74	3.33	0.0239	8.57	0.61	2.64	0.0205	6.71	0.58	2.57	0.0189	6.66	0.71	3.01	0.0255	7.58	0.68	2.89	0.0238	7.26
尼泊尔桤木	22					0.68	2.62	0.0277	6.59	0.6	2.41	0.023	6.17	0.63	2.54	0.0239	6.48	0.62	2.49	0.0232	6.38
尼泊尔桤木	24					0.47	1.79	0.0192	4.63	0.49	1.9	0.0192	4.97	0.73	2.66	0.0324	6.72	0.52	1.95	0.0218	4.99
尼泊尔桤木	26	0.73	2.54	0.0355	6.45	0.81	2.73	0.04	6.88	0.62	2.15	0.0296	5.51	0.58	2.03	0.0281	5.15	0.51	1.82	0.0239	4.67
尼泊尔桤木	28					0.68	2.24	0.0359	5.71	0.6	1.98	0.0305	5.03	0.48	1.61	0.0245	4.14	0.48	1.57	0.0253	4.01
尼泊尔桤木	30					0.83	2.46	0.05	6.21	0.7	2.12	0.0407	5.41	0.62	1.88	0.0371	4.76	0.74	2.23	0.0445	5.63
尼泊尔桤木	32					0.31	0.92	0.0184	2.36					0.52	1.51	0.0322	3.85	0.54	1.59	0.0341	4.02
尼泊尔桤木	34													0.43	1.17	0.0293	2.95	0.61	1.67	0.0424	4.22
尼泊尔桤木	36													0.34	0.89	0.0247	2.25	0.49	1.28	0.0367	3.22
尼泊尔桤木	38													0.46	1.15	0.0355	2.9	0.65	1.58	0.0524	3.95
尼泊尔桤木	40													0.45	1.07	0.0379	2.69	0.6	1.44	0.0503	3.62
尼泊尔桤木	42													0.36	0.83	0.0323	2.08				
尼泊尔桤木	44													0.44	0.96	0.0426	2.38				
尼泊尔桤木	52																	0.24	0.44	0.0279	1.09
水冬瓜	10	0.45	3.75	0.0055	9.56																
水冬瓜	12	0.58	3.97	0.0095	10.24																

续表1-2-3

树种	起测胸径(cm)	昭通 胸径年平均生长量(cm)	昭通 胸径年平均生长率(%)	昭通 材积年平均生长量(m³)	昭通 材积年平均生长率(%)	玉溪 胸径年平均生长量(cm)	玉溪 胸径年平均生长率(%)	玉溪 材积年平均生长量(m³)	玉溪 材积年平均生长率(%)	文山 胸径年平均生长量(cm)	文山 胸径年平均生长率(%)	文山 材积年平均生长量(m³)	文山 材积年平均生长率(%)	红河 胸径年平均生长量(cm)	红河 胸径年平均生长率(%)	红河 材积年平均生长量(m³)	红河 材积年平均生长率(%)	普洱 胸径年平均生长量(cm)	普洱 胸径年平均生长率(%)	普洱 材积年平均生长量(m³)	普洱 材积年平均生长率(%)
水冬瓜	14	0.47	2.98	0.009	7.8																
水冬瓜	16	0.48	2.62	0.0116	6.87																
水冬瓜	18	0.27	1.41	0.0069	3.78																
西桦	6	0.47	5.61	0.0031	13.66					0.57	6.75	0.0038	16.25	0.72	7.75	0.006	17.72	0.73	8.04	0.0057	18.37
西桦	8	0.38	3.69	0.0035	9.41					0.67	6.49	0.0063	16.13	0.51	4.91	0.005	12.19	0.76	6.73	0.0085	15.89
西桦	10	0.32	2.75	0.0036	7.35					0.5	4.21	0.0059	11.15	0.81	6.06	0.0119	14.62	0.68	5.24	0.0094	13.07
西桦	12	0.42	3.01	0.0066	7.81					0.48	3.42	0.0071	8.94	0.79	5.14	0.0145	12.6	0.83	5.4	0.0151	13.3
西桦	14	0.49	3.09	0.0093	8.04					0.32	2.09	0.0058	5.57	0.93	5.3	0.0211	12.99	0.76	4.5	0.016	11.3
西桦	16	0.48	2.68	0.011	7.03					0.32	1.77	0.0077	4.59	0.83	4.02	0.0251	9.75	0.88	4.45	0.0235	11.04
西桦	18	0.41	2.1	0.0107	5.53									0.47	2.38	0.0127	6.2	0.89	4.16	0.0271	10.51
西桦	20	0.47	2.2	0.0137	5.8									0.78	3.44	0.0257	8.85	0.76	3.3	0.0255	8.32
西桦	22																	0.82	3.05	0.0358	7.5
西桦	24																	0.8	2.87	0.0363	7.23
西桦	26																	0.81	2.77	0.0399	7.02
西桦	28																	0.6	1.96	0.0301	5
西桦	30																	0.61	1.86	0.0364	4.72
西桦	32																	0.84	2.37	0.0552	5.95
西桦	62									0.57	17.47	0.0052	17	0.52	0.79	0.0807	1.92				
枫香树	6																				

续表 1-2-3

树种	起测胸径(cm)	昭通 胸径年平均生长量(cm)	胸径年平均生长率(%)	材积年平均生长量(m³)	材积年平均生长率(%)	玉溪 胸径年平均生长量(cm)	胸径年平均生长率(%)	材积年平均生长量(m³)	材积年平均生长率(%)	文山 胸径年平均生长量(cm)	胸径年平均生长率(%)	材积年平均生长量(m³)	材积年平均生长率(%)	红河 胸径年平均生长量(cm)	胸径年平均生长率(%)	材积年平均生长量(m³)	材积年平均生长率(%)	普洱 胸径年平均生长量(cm)	胸径年平均生长率(%)	材积年平均生长量(m³)	材积年平均生长率(%)
枫香树	8									0.57	14.35	0.007	46								
枫香树	10									0.58	11.02	0.01	39								
枫香树	12									0.58	10.4	0.0113	29								
枫香树	14									0.74	10.33	0.0189	23								
枫香树	16									0.63	8.43	0.0178	23								
枫香树	18									0.38	5.03	0.011	8								
枫香树	20									0.54	5.84	0.0193	12	0.33	3.86	0.0092	3				
枫香树	22									0.63	6.01	0.0254	14	0.18	1.97	0.0056	3				
枫香树	24									0.36	3.27	0.0157	22								
喜树	6	0.53	6.82	0.003	17.05									0.46	5.91	0.003	15.56				
喜树	8	0.55	5.47	0.0048	13.06									0.72	6.88	0.0077	17.07				
喜树	10	0.53	4.12	0.0068	9.94									0.74	6.23	0.0094	15.84				
喜树	14	0.5	3.13	0.0085	7.68																
臭椿	8	0.16	1.84	0.001	4.89																
红椿	6																				
香椿	6	0.83	8.5	0.0068	18.25													0.65	7.42	0.0044	14.91
香椿	8	0.66	5.78	0.0067	13.24																
香椿	12	1.02	6.44	0.0159	14.75																
楝	6									0.29	3.96	0.0018	11.58								

续表 1-2-3

树种	起测胸径(cm)	昭通				玉溪				文山				红河				普洱			
		胸径年平均生长量(cm)	胸径年平均生长率(%)	材积年平均生长量(m³)	材积年平均生长率(%)	胸径年平均生长量(cm)	胸径年平均生长率(%)	材积年平均生长量(m³)	材积年平均生长率(%)	胸径年平均生长量(cm)	胸径年平均生长率(%)	材积年平均生长量(m³)	材积年平均生长率(%)	胸径年平均生长量(cm)	胸径年平均生长率(%)	材积年平均生长量(m³)	材积年平均生长率(%)	胸径年平均生长量(cm)	胸径年平均生长率(%)	材积年平均生长量(m³)	材积年平均生长率(%)
楝	12									0.09	0.71	0.0015	1.9					0.1	0.36	0.0034	0.85
红花木莲	28																				
合果木	6																	0.16	2.54	0.0007	5.54
南酸枣	6	0.61	7.01	0.0039	16.4									0.36	4.53	0.0022	9.42				
南酸枣	8	0.8	6.84	0.0087	15.16									0.5	5.14	0.004	11.33				
南酸枣	10	0.76	4.77	0.0122	10.81									0.7	5.66	0.0078	12.6				
南酸枣	12																	0.26	1.96	0.0034	4.73
南酸枣	14																	0.33	2.15	0.0053	5.06
青榨械	6	0.32	4.05	0.002	9.83									0.4	5.13	0.0027	13.41				
青榨械	8	0.42	4.25	0.0036	10.35									0.41	4.3	0.0038	11.52				
青榨械	10	0.54	3.78	0.0083	9.29									0.53	4.29	0.0076	10.92				
青榨械	12	0.45	2.89	0.0076	7.12																
青榨械	14																				
石楠	6									0.05	0.83	0.0003	3.02	0.43	5.76	0.0026	15.49				
石楠	8													0.47	4.87	0.0043	12.95				
尖叶桂樱	6													0.27	3.91	0.0015	11.03				
尖叶桂樱	8													0.39	4.01	0.0036	10.9				
腺叶桂樱	6																	0.63	7.99	0.0041	19.96
腺叶桂樱	8																	0.61	5.71	0.0068	13.64

续表 1-2-3

树种	起测胸径（cm）	昭通 胸径年平均生长量（cm）	昭通 胸径年平均生长率（%）	昭通 材积年平均生长量（m³）	昭通 材积年平均生长率（%）	玉溪 胸径年平均生长量（cm）	玉溪 胸径年平均生长率（%）	玉溪 材积年平均生长量（m³）	玉溪 材积年平均生长率（%）	文山 胸径年平均生长量（cm）	文山 胸径年平均生长率（%）	文山 材积年平均生长量（m³）	文山 材积年平均生长率（%）	红河 胸径年平均生长量（cm）	红河 胸径年平均生长率（%）	红河 材积年平均生长量（m³）	红河 材积年平均生长率（%）	普洱 胸径年平均生长量（cm）	普洱 胸径年平均生长率（%）	普洱 材积年平均生长量（m³）	普洱 材积年平均生长率（%）
樱桃	6	0.33	4.38	0.0017	11.53					0.34	4.33	0.002	9.23	0.37	4.98	0.0021	10.99	0.52	6.35	0.0038	14.95
樱桃	8	0.34	3.67	0.0024	9.45					0.37	3.75	0.003	8.5					0.44	4.21	0.0041	9.66
樱桃	10																	0.48	4.02	0.005	9.16
滇南风吹楠	6													0.27	3.78	0.0016	10.24				
滇南风吹楠	8													0.26	2.79	0.0022	7.62				
滇南风吹楠	10													0.25	2.26	0.003	6.1				
滇南风吹楠	12													0.35	2.61	0.0054	6.68				
滇南风吹楠	14													0.39	2.49	0.0077	6.3				
滇南风吹楠	18													0.41	2.05	0.0112	5.03				
榕树	6													0.31	4.35	0.0017	12.3	0.36	4.71	0.0023	12.13
榕树	8													0.2	2.25	0.0016	6.33	0.31	3.14	0.0029	7.67
榕树	10																	0.39	3.33	0.005	8.68
榕树	12																	0.47	3.3	0.0068	8.02
榕树	16													0.19	1.12	0.0038	2.86	0.35	1.94	0.0074	4.7
瑞丽山龙眼	6																	0.22	2.86	0.0014	7.88
瑞丽山龙眼	8																	0.23	2.59	0.0019	7.02
瑞丽山龙眼	10																	0.2	1.77	0.0023	4.9
瑞丽山龙眼	12																	0.21	1.61	0.003	4.24
瑞丽山龙眼	14																	0.28	1.8	0.0055	4.56

续表 1-2-3

树种	起测胸径 (cm)	昭通 胸径年平均生长量 (cm)	昭通 胸径年平均生长率 (%)	昭通 材积年平均生长量 (m³)	昭通 材积年平均生长率 (%)	玉溪 胸径年平均生长量 (cm)	玉溪 胸径年平均生长率 (%)	玉溪 材积年平均生长量 (m³)	玉溪 材积年平均生长率 (%)	文山 胸径年平均生长量 (cm)	文山 胸径年平均生长率 (%)	文山 材积年平均生长量 (m³)	文山 材积年平均生长率 (%)	红河 胸径年平均生长量 (cm)	红河 胸径年平均生长率 (%)	红河 材积年平均生长量 (m³)	红河 材积年平均生长率 (%)	普洱 胸径年平均生长量 (cm)	普洱 胸径年平均生长率 (%)	普洱 材积年平均生长量 (m³)	普洱 材积年平均生长率 (%)
瑞丽山龙眼	20																	0.32	1.51	0.0091	3.68
灯台树	6	0.53	6.43	0.0039	15.63																
灯台树	8	0.79	6.98	0.0086	15.7					0.82	7.14	0.0119	16.9								
灯台树	10	0.59	4.73	0.0069	11.43																
灯台树	12	0.42	2.96	0.006	7.34																
灯台树	14	0.66	3.8	0.0134	9																
灯台树	16	0.92	4.86	0.0204	11.54																
头状四照花	6	0.4	5.24	0.0022	12.89																
头状四照花	8	0.45	4.67	0.0036	11.66																
头状四照花	10	0.41	3.59	0.0042	9.14													0.54	4.31	0.0075	10.73
头状四照花	12	0.44	3.32	0.0059	8.55													0.37	2.66	0.006	6.72
头状四照花	14																	0.37	2.41	0.0071	6.1
水青树	6									0.4	5.26	0.0029	14.73	0.51	5.92	0.0034	11.91				
水青树	8													0.51	5.04	0.0041	10.71				
水青树	10													0.44	3.75	0.0043	8.32				
直杆蓝桉	6					1.07	10.76	0.0095	22.51					0.73	8.1	0.0064	18.66	1.31	11.18	0.018	22.5
直杆蓝桉	8					1.04	9.2	0.0111	20.23					0.64	5.99	0.0073	14.7	1.45	10.59	0.024	21.67
直杆蓝桉	10													0.54	4.54	0.0071	11.59	1.4	8.95	0.0278	18.85
直杆蓝桉	12													0.58	4.07	0.0097	10.28	1.04	6.32	0.0222	14.19

续表 1-2-3

树种	起测胸径(cm)	昭通 胸径年平均生长量(cm)	昭通 胸径年平均生长率(%)	昭通 材积年平均生长量(m³)	昭通 材积年平均生长率(%)	玉溪 胸径年平均生长量(cm)	玉溪 胸径年平均生长率(%)	玉溪 材积年平均生长量(m³)	玉溪 材积年平均生长率(%)	文山 胸径年平均生长量(cm)	文山 胸径年平均生长率(%)	文山 材积年平均生长量(m³)	文山 材积年平均生长率(%)	红河 胸径年平均生长量(cm)	红河 胸径年平均生长率(%)	红河 材积年平均生长量(m³)	红河 材积年平均生长率(%)	普洱 胸径年平均生长量(cm)	普洱 胸径年平均生长率(%)	普洱 材积年平均生长量(m³)	普洱 材积年平均生长率(%)
直杆蓝桉	14													0.65	4.01	0.0131	10.02	0.45	2.84	0.0088	7.23
直杆蓝桉	16													0.69	3.82	0.0162	9.37	0.54	3.05	0.0121	7.61
直杆蓝桉	18																	0.74	3.67	0.0199	9.03
直杆蓝桉	20																	0.84	3.76	0.026	9.08
直杆蓝桉	22																	0.78	3.28	0.0263	7.89
蓝桉	6													0.85	9.13	0.0086	21.47				
蓝桉	8													1.57	11.28	0.0278	23.32	1.25	9.86	0.019	21.52
蓝桉	10													1.37	9.28	0.0256	20.89				
四角蒲桃	6													0.33	3.92	0.0021	7.99	0.26	3.48	0.0015	7.26
四角蒲桃	8																	0.28	2.97	0.0021	6.6
四角蒲桃	10																	0.31	2.62	0.003	5.87
四角蒲桃	12																	0.25	1.94	0.0028	4.51
四角蒲桃	14																	0.43	2.7	0.0064	6.19
四角蒲桃	18																	0.3	1.51	0.0063	3.49
四角蒲桃	20																	0.19	0.89	0.0042	2.1
四角蒲桃	24																	0.12	0.49	0.0032	1.15
十齿花	6	0.37	4.74	0.0022	11.54																
十齿花	8	0.2	2.13	0.0015	5.51																
十齿花	10	0.23	2.02	0.0023	5.23																

续表1-2-3

树种	起测胸径(cm)	昭通 胸径年平均生长量(cm)	昭通 胸径年平均生长率(%)	昭通 材积年平均生长量(m³)	昭通 材积年平均生长率(%)	玉溪 胸径年平均生长量(cm)	玉溪 胸径年平均生长率(%)	玉溪 材积年平均生长量(m³)	玉溪 材积年平均生长率(%)	文山 胸径年平均生长量(cm)	文山 胸径年平均生长率(%)	文山 材积年平均生长量(m³)	文山 材积年平均生长率(%)	红河 胸径年平均生长量(cm)	红河 胸径年平均生长率(%)	红河 材积年平均生长量(m³)	红河 材积年平均生长率(%)	普洱 胸径年平均生长量(cm)	普洱 胸径年平均生长率(%)	普洱 材积年平均生长量(m³)	普洱 材积年平均生长率(%)
十齿花	12	0.27	2	0.0038	5.01																
十齿花	14	0.27	1.78	0.0044	4.5																
十齿花	16	0.42	2.39	0.0084	5.9																
十齿花	18	0.4	2.02	0.0091	5.02																
十齿花	20	0.26	1.25	0.0067	3.08																
泡桐	6	0.68	7.93	0.0046	18.63					0.63	7.73	0.0046	18.68								
泡桐	8	0.77	6.71	0.0084	15.28					0.93	7.51	0.0152	17.2								
泡桐	10	0.67	5.2	0.0085	12.14					0.49	3.96	0.0076	10.08								
泡桐	12	0.74	4.91	0.0119	11.8					0.66	4.23	0.0145	10.27								
泡桐	14	0.59	3.63	0.0104	8.87																
泡桐	16									0.65	3.46	0.0186	8.52								
柳树	6													0.39	5.6	0.0021	15.37				
柳树	8													0.39	4.13	0.0035	11.15				
柳树	10													0.24	2.25	0.0026	6.18				
柳树	12													0.18	1.45	0.0024	3.81				
柳树	14													0.2	1.35	0.0033	3.5				
滇杨	6	0.54	6.49	0.0037	15.53																
滇杨	8	0.81	7.42	0.008	16.84																
榆树	6									0.25	3.52	0.0015	10.51								

续表 1-2-3

树种	起测胸径（cm）	昭通 胸径年平均生长量（cm）	昭通 胸径年平均生长率（%）	昭通 材积年平均生长量（m³）	昭通 材积年平均生长率（%）	玉溪 胸径年平均生长量（cm）	玉溪 胸径年平均生长率（%）	玉溪 材积年平均生长量（m³）	玉溪 材积年平均生长率（%）	文山 胸径年平均生长量（cm）	文山 胸径年平均生长率（%）	文山 材积年平均生长量（m³）	文山 材积年平均生长率（%）	红河 胸径年平均生长量（cm）	红河 胸径年平均生长率（%）	红河 材积年平均生长量（m³）	红河 材积年平均生长率（%）	普洱 胸径年平均生长量（cm）	普洱 胸径年平均生长率（%）	普洱 材积年平均生长量（m³）	普洱 材积年平均生长率（%）
榆树	8									0.41	4.08	0.0048	10.89								
榆树	10									0.41	3.7	0.0055	10.13					0.51	4.3	0.0067	10.92
榆树	12									0.51	3.38	0.0108	8.43					0.45	3.17	0.0074	7.91
榆树	14																	0.39	2.5	0.0077	6.34
榆树	16																	0.29	1.63	0.0064	4.05
榆树	18																	0.24	1.23	0.0062	3.09
云南厚壳桂	6																	0.17	2.43	0.0009	5.15
云南厚壳桂	8																	0.33	3.37	0.0027	7.05
云南厚壳桂	10																	0.41	3.21	0.0048	6.81
云南厚壳桂	12																	0.27	2.12	0.003	4.87
云南厚壳桂	14																	0.42	2.52	0.0066	5.64
云南厚壳桂	16																	0.59	3.22	0.0107	7.37
柴桂	6									0.41	4.93	0.0027	11	0.36	4.63	0.0021	9.6				
柴桂	8									0.39	3.75	0.0038	8.84	0.73	5.87	0.0086	11.7				
柴桂	10									0.17	1.56	0.0017	3.78								
柴桂	12									0.27	2.03	0.0038	4.95								
柴桂	14									0.38	2.4	0.0063	5.82								
云南樟	6													0.14	2.04	0.0007	6.25				
云南樟	8													0.36	3.74	0.0036	9.54				

续表 1-2-3

树种	起测胸径(cm)	昭通 胸径年平均生长量(cm)	昭通 胸径年平均生长率(%)	昭通 材积年平均生长量(m³)	昭通 材积年平均生长率(%)	玉溪 胸径年平均生长量(cm)	玉溪 胸径年平均生长率(%)	玉溪 材积年平均生长量(m³)	玉溪 材积年平均生长率(%)	文山 胸径年平均生长量(cm)	文山 胸径年平均生长率(%)	文山 材积年平均生长量(m³)	文山 材积年平均生长率(%)	红河 胸径年平均生长量(cm)	红河 胸径年平均生长率(%)	红河 材积年平均生长量(m³)	红河 材积年平均生长率(%)	普洱 胸径年平均生长量(cm)	普洱 胸径年平均生长率(%)	普洱 材积年平均生长量(m³)	普洱 材积年平均生长率(%)
云南樟	12													0.38	2.41	0.0073	5.87				
云南樟	24													0.28	1.08	0.0102	2.6				
红梗润楠	6													0.29	3.79	0.0019	10.39	0.24	3.27	0.0014	9.49
红梗润楠	8													0.56	5.06	0.0068	12.17				
红梗润楠	10													0.43	3.53	0.0059	9				
红梗润楠	12													0.32	2.33	0.0051	6.01				
红梗润楠	14													0.35	2.25	0.0066	5.8				
红梗润楠	16													0.54	3.01	0.0125	7.4				
滇润楠	6													0.4	5.55	0.0024	15.13				
普文楠	6																	0.28	4.01	0.0014	11.39
大果楠	20													0.57	2.58	0.0162	6.1				
大果楠	22													0.35	1.5	0.0116	3.61				
大果楠	24													0.45	1.69	0.0163	4				
长梗润楠	6																	0.17	2.32	0.0009	6.48
长梗润楠	8																	0.44	4.39	0.0042	11.63
楠木	6	0.31	4.2	0.0016	10.41	0.19	2.6	0.001	6.96	0.28	3.88	0.0017	11.57	0.34	4.56	0.0021	12.36	0.32	4.03	0.0023	10.71
楠木	8	0.28	3.04	0.0022	7.8	0.28	2.92	0.0023	7.4	0.26	2.92	0.0024	8.44	0.29	3.04	0.0027	7.97	0.32	3.3	0.0029	8.69
楠木	10					0.2	1.81	0.002	4.62	0.28	2.53	0.0036	7.1	0.38	3.05	0.0051	7.71	0.37	3.02	0.0049	7.66
楠木	12	0.18	1.35	0.0022	3.51	0.15	1.22	0.0018	3.21	0.28	2.18	0.0045	5.98	0.51	3.54	0.0089	8.75	0.42	2.89	0.0071	7.25

续表 1-2-3

树种	起测胸径(cm)	昭通 胸径年平均生长量(cm)	昭通 胸径年平均生长率(%)	昭通 材积年平均生长量(m³)	昭通 材积年平均生长率(%)	玉溪 胸径年平均生长量(cm)	玉溪 胸径年平均生长率(%)	玉溪 材积年平均生长量(m³)	玉溪 材积年平均生长率(%)	文山 胸径年平均生长量(cm)	文山 胸径年平均生长率(%)	文山 材积年平均生长量(m³)	文山 材积年平均生长率(%)	红河 胸径年平均生长量(cm)	红河 胸径年平均生长率(%)	红河 材积年平均生长量(m³)	红河 材积年平均生长率(%)	普洱 胸径年平均生长量(cm)	普洱 胸径年平均生长率(%)	普洱 材积年平均生长量(m³)	普洱 材积年平均生长率(%)
楠木	14	0.3	1.96	0.0049	4.89	0.13	0.88	0.0019	2.27	0.36	2.28	0.008	5.84	0.58	3.6	0.0115	8.97	0.33	2.14	0.0064	5.44
楠木	16					0.2	1.14	0.0037	2.85					0.54	2.99	0.0119	7.3	0.48	2.58	0.0116	6.28
楠木	18	0.39	1.78	0.0104	4.32	0.4	2.01	0.0095	4.94					0.65	3.18	0.0184	7.64	0.25	1.3	0.0066	3.23
楠木	20													0.5	2.32	0.0148	5.65	0.34	1.51	0.0107	3.65
楠木	22													0.63	2.58	0.0219	6.12	0.24	1.01	0.0078	2.46
楠木	24																	0.26	1.02	0.0092	2.45
楠木	26					0.16	0.62	0.0056	1.5									0.22	0.78	0.0089	1.85
楠木	28																	0.34	1.13	0.0153	2.63
楠木	30					0.11	0.36	0.0047	0.86									0.23	0.75	0.0111	1.75
楠木	32	0.34	1	0.0159	2.36													0.31	0.93	0.0154	2.15
楠木	34																	0.21	0.61	0.0114	1.41
黄丹木姜子	6	0.3	4.04	0.0016	10.33					0.34	4.56	0.0019	10.28								
黄丹木姜子	8	0.27	2.86	0.002	7.41					0.33	3.59	0.0024	8.58								
黄丹木姜子	10	0.25	2.22	0.0023	5.81					0.24	2.26	0.0023	5.63								
黄丹木姜子	12	0.25	1.88	0.0029	4.76					0.31	2.32	0.004	5.6								
黄丹木姜子	18									0.18	0.97	0.0038	2.38								
毛叶木姜子	6	0.17	2.26	0.0008	5.89																
毛叶木姜子	8	0.22	2.42	0.0015	6.37																
毛叶木姜子	10	0.21	1.96	0.0019	5.1																

续表1-2-3

树种	起测胸径(cm)	昭通				玉溪				文山				红河				普洱			
		胸径年平均生长量(cm)	胸径年平均生长率(%)	材积年平均生长量(m³)	材积年平均生长率(%)	胸径年平均生长量(cm)	胸径年平均生长率(%)	材积年平均生长量(m³)	材积年平均生长率(%)	胸径年平均生长量(cm)	胸径年平均生长率(%)	材积年平均生长量(m³)	材积年平均生长率(%)	胸径年平均生长量(cm)	胸径年平均生长率(%)	材积年平均生长量(m³)	材积年平均生长率(%)	胸径年平均生长量(cm)	胸径年平均生长率(%)	材积年平均生长量(m³)	材积年平均生长率(%)
毛叶木姜子	16																	0.73	3.12	0.02	6.55
山鸡椒	6	0.42	5.62	0.0022	14.38					0.37	5.28	0.0021	14.9	0.23	3.64	0.001	7.84				
山鸡椒	8	0.43	4.6	0.0031	11.93																
山鸡椒	10	0.49	4.33	0.0046	10.99																
黄心树	6													0.31	4.63	0.0015	9.64	0.31	3.94	0.0018	8.96
黄心树	8													0.31	3.22	0.0024	7.09	0.4	3.97	0.0033	9.02
黄心树	10																	0.37	3.05	0.004	6.74
黄心树	12																	0.23	1.71	0.0027	3.94
黄心树	14																	0.56	3.32	0.0093	7.34
黄心树	16																	0.26	1.5	0.0044	3.52
黄心树	18																	0.3	1.5	0.0059	3.49
檫木	6	1.2	11.68	0.0113	23.17																
檫木	8	1.06	8.76	0.0125	19.14																
檫木	12	1.02	6.39	0.0178	14.82																
檫木	14	0.97	5.47	0.0196	12.79																
檫木	16	0.68	3.40	0.0162	8.12																
檫木	18	1.02	4.38	0.0299	9.96																
毛叶油丹	6													0.43	4.83	0.004	11.75				
毛叶油丹	8													0.37	3.47	0.0041	8.81				

续表 1-2-3

树种	起测胸径(cm)	昭通 胸径年平均生长量(cm)	昭通 胸径年平均生长率(%)	昭通 材积年平均生长量(m³)	昭通 材积年平均生长率(%)	玉溪 胸径年平均生长量(cm)	玉溪 胸径年平均生长率(%)	玉溪 材积年平均生长量(m³)	玉溪 材积年平均生长率(%)	文山 胸径年平均生长量(cm)	文山 胸径年平均生长率(%)	文山 材积年平均生长量(m³)	文山 材积年平均生长率(%)	红河 胸径年平均生长量(cm)	红河 胸径年平均生长率(%)	红河 材积年平均生长量(m³)	红河 材积年平均生长率(%)	普洱 胸径年平均生长量(cm)	普洱 胸径年平均生长率(%)	普洱 材积年平均生长量(m³)	普洱 材积年平均生长率(%)
毛叶油丹	10													0.26	2.27	0.0032	6				
毛叶油丹	12													0.5	3.36	0.0093	8.24				
毛叶油丹	14													0.43	2.55	0.0092	6.25				
毛叶油丹	16													0.52	2.74	0.013	6.64				
毛叶油丹	20													0.38	1.75	0.0112	4.27				
毛叶油丹	24													0.77	2.75	0.0323	6.34				
香面叶	6													0.22	2.91	0.0012	6.14	0.43	5.5	0.0025	12.14
香面叶	8													0.32	3.24	0.0026	7	0.63	5.81	0.0059	12.67
香面叶	10													0.39	3.23	0.0041	7.05	0.32	2.81	0.0033	6.67
香面叶	12													0.25	1.84	0.0029	4.23				
香面叶	14													0.3	1.85	0.0047	4.2				
香面叶	16													0.36	1.96	0.0066	4.5				
香面叶	18													0.23	1.17	0.0044	2.73				
香面叶	20													0.35	1.57	0.0081	3.64				
香面叶	22													0.34	1.41	0.0092	3.29				
香面叶	24													0.27	1.03	0.0082	2.4				
香面叶	26													0.34	1.24	0.0107	2.91				
香面叶	28													0.29	0.99	0.0102	2.33				
香面叶	30													0.35	1.12	0.0136	2.64				

续表 1-2-3

树种	起测胸径(cm)	昭通				玉溪				文山				红河				普洱			
		胸径年平均生长量(cm)	胸径年平均生长率(%)	材积年平均生长量(m³)	材积年平均生长率(%)	胸径年平均生长量(cm)	胸径年平均生长率(%)	材积年平均生长量(m³)	材积年平均生长率(%)	胸径年平均生长量(cm)	胸径年平均生长率(%)	材积年平均生长量(m³)	材积年平均生长率(%)	胸径年平均生长量(cm)	胸径年平均生长率(%)	材积年平均生长量(m³)	材积年平均生长率(%)	胸径年平均生长量(cm)	胸径年平均生长率(%)	材积年平均生长量(m³)	材积年平均生长率(%)
香面叶	32													0.26	0.78	0.0104	1.84				
香面叶	34													0.4	1.1	0.0184	2.57				
香面叶	36													0.3	0.81	0.0146	1.89				
香面叶	44													0.17	0.37	0.0101	0.87				
香叶树	6													0.65	7.32	0.0046	14.59	0.26	3.99	0.0012	9.33
香叶树	8													0.53	5.36	0.0042	11.59	0.27	3.26	0.0017	7.16
香叶树	10					0.24	2.17	0.0023	5.62					0.62	4.94	0.0068	10.79				
香叶树	12													0.67	4.34	0.0098	9.59				
香叶树	14													0.41	2.57	0.0062	5.85				
香叶树	18													0.55	2.76	0.0114	6.37				
香叶树	20													0.8	3.37	0.0214	7.6				
香叶树	22													0.5	2.07	0.0133	4.83				
密花树	6									0.36	5.09	0.0022	15.43					0.21	3.02	0.0012	8.56
密花树	8									0.42	4.26	0.0046	11.7					0.21	2.4	0.0017	6.56
密花树	10																	0.22	2.01	0.0024	5.45
密花树	12																	0.28	2.15	0.0042	5.66
密花树	20																	0.13	0.64	0.0036	1.58

表1-2-4　研究期西双版纳、临沧2州（市）分树种按树木起测胸径概算树木单株胸径及材积年生长量（率）表

树种	起测胸径（cm）	西双版纳				临沧			
		胸径年平均生长量（cm）	胸径年平均生长率（%）	材积年平均生长量（m³）	材积年平均生长率（%）	胸径年平均生长量（cm）	胸径年平均生长率（%）	材积年平均生长量（m³）	材积年平均生长率（%）
杉木	6					1.38	12.36	0.013	22.67
杉木	8					1.31	10.41	0.0144	21.63
杉木	10					1.14	8.58	0.0131	18.79
杉木	12					0.77	5.33	0.0101	12.61
杉木	14					0.96	5.63	0.0156	13.41
杉木	16					0.81	4.46	0.0146	10.83
杉木	18					0.62	3.08	0.0131	7.55
云南松	6					0.49	5.84	0.0044	13.76
云南松	8					0.51	4.86	0.0063	11.83
云南松	10					0.49	3.92	0.008	9.74
云南松	12					0.48	3.39	0.0098	8.54
云南松	14					0.47	2.91	0.0117	7.35
云南松	16					0.44	2.43	0.0128	6.18
云南松	18					0.44	2.2	0.0146	5.57
云南松	20					0.46	2.08	0.0182	5.22
云南松	22					0.42	1.74	0.0184	4.38
云南松	24					0.45	1.71	0.022	4.29
云南松	26					0.36	1.33	0.0193	3.33
云南松	28					0.44	1.45	0.0264	3.6
云南松	30					0.44	1.39	0.0288	3.44
云南松	32					0.38	1.14	0.0268	2.83

续表1-2-4

树种	起测胸径（cm）	西双版纳				临沧			
		胸径年平均生长量（cm）	胸径年平均生长率（%）	材积年平均生长量（m³）	材积年平均生长率（%）	胸径年平均生长量（cm）	胸径年平均生长率（%）	材积年平均生长量（m³）	材积年平均生长率（%）
云南松	34					0.3	0.84	0.0227	2.07
云南松	38					0.41	1.02	0.0369	2.46
云南松	40					0.3	0.72	0.0276	1.75
云南松	42					0.43	0.99	0.0427	2.39
华山松	6					0.68	7.87	0.005	16.23
华山松	8					0.61	5.93	0.0056	12.89
华山松	10					0.6	5.11	0.0068	11.4
华山松	12					0.83	5.66	0.0128	12.45
华山松	14					0.84	5.16	0.0146	11.59
华山松	16					0.87	4.65	0.0189	10.18
华山松	18					0.58	2.96	0.0123	6.86
思茅松	6					0.77	8.54	0.0063	18.56
思茅松	8	1.12	8.95	0.0161	18.38	0.86	7.23	0.0111	15.9
思茅松	10	0.93	6.54	0.0144	14.42	0.68	5.29	0.0097	12.61
思茅松	12	0.82	5.07	0.0167	11.6	0.56	4.02	0.0088	10.01
思茅松	14	0.64	3.79	0.0113	8.75	0.73	4.07	0.0173	9.82
思茅松	16	0.59	3.16	0.0141	7.71	0.58	3.11	0.015	7.7
思茅松	18	0.63	3.03	0.0149	7.1	0.71	3.39	0.0213	8.38
思茅松	20	0.47	2.06	0.0141	5.01	0.53	2.42	0.0169	6.11
思茅松	22	0.62	2.52	0.018	5.89	0.6	2.43	0.0231	6.12
思茅松	24	0.44	1.69	0.0116	3.88	0.44	1.72	0.0183	4.34

续表 1-2-4

树种	起测胸径（cm）	西双版纳				临沧			
		胸径年平均生长量（cm）	胸径年平均生长率（%）	材积年平均生长量（m³）	材积年平均生长率（%）	胸径年平均生长量（cm）	胸径年平均生长率（%）	材积年平均生长量（m³）	材积年平均生长率（%）
思茅松	26	0.39	1.4	0.0154	3.44				
思茅松	28	0.38	1.26	0.0167	3.02				
思茅松	30	0.45	1.42	0.0213	3.42				
思茅松	32	0.39	1.13	0.0241	2.82				
思茅松	34	0.38	1.05	0.0259	2.63				
银柴	6	0.14	1.86	0.0009	5.45				
银柴	8					0.2	2.1	0.0017	4.93
银柴	10					0.18	1.55	0.002	3.66
银柴	12					0.26	1.98	0.0036	4.79
银柴	14					0.21	1.45	0.0034	3.56
钝叶黄檀	6	0.17	2.57	0.0008	6.52	0.39	5.44	0.0021	12.34
钝叶黄檀	8					0.29	3.32	0.0021	7.77
黑黄檀	6	0.2	2.91	0.001	7.86	0.21	3.11	0.001	7.24
黑黄檀	8					0.24	2.65	0.0018	6.23
黑黄檀	10	0.28	2.31	0.0037	5.76				
黑黄檀	14	0.41	2.54	0.0083	6.38				
白花羊蹄甲	6	0.16	2.05	0.001	5.85	0.4	5.09	0.0027	11.01
白花羊蹄甲	8					0.24	2.64	0.0019	6.17
白花羊蹄甲	10	0.26	2.33	0.0031	6.27	0.26	2.23	0.0031	5.21
白花羊蹄甲	12					0.27	2.07	0.0038	4.97
白花羊蹄甲	14					0.35	2.22	0.0065	5.32

续表1-2-4

树种	起测胸径(cm)	西双版纳				临沧			
		胸径年平均生长量(cm)	胸径年平均生长率(%)	材积年平均生长量(m³)	材积年平均生长率(%)	胸径年平均生长量(cm)	胸径年平均生长率(%)	材积年平均生长量(m³)	材积年平均生长率(%)
白花羊蹄甲	16					0.33	1.86	0.007	4.52
白花羊蹄甲	18					0.21	1.11	0.0051	2.73
白花羊蹄甲	20					0.26	1.23	0.0073	3.04
白花羊蹄甲	22					0.11	0.5	0.0036	1.24
白花羊蹄甲	24					0.41	1.54	0.0156	3.77
白花羊蹄甲	28					0.2	0.69	0.0092	1.7
云南黄杞	6					0.4	4.9	0.0028	10.7
云南黄杞	8					0.32	3.36	0.0028	7.66
云南黄杞	10					0.38	3.18	0.0046	7.3
云南黄杞	12					0.28	2.09	0.0041	5
云南黄杞	14					0.38	2.37	0.0071	5.64
云南黄杞	16					0.37	2.13	0.0078	5.25
云南黄杞	20					0.66	2.82	0.0213	6.75
毛叶黄杞	6					0.24	3.24	0.0014	7.18
毛叶黄杞	8	0.13	1.56	0.001	4.49	0.17	1.95	0.0013	4.67
毛叶黄杞	10	0.32	2.67	0.0035	6.32	0.4	2.78	0.0068	6.06
毛叶黄杞	14	0.21	1.36	0.0031	3.21				
泡核桃	6					1.13	11.96	0.0102	23.76
泡核桃	8					0.98	9.02	0.0104	19.47
泡核桃	10					0.81	6.33	0.0111	14.12
泡核桃	12					0.91	6.05	0.0153	13.95

续表 1-2-4

树种	起测胸径（cm）	西双版纳				临沧			
		胸径年平均生长量（cm）	胸径年平均生长率（%）	材积年平均生长量（m³）	材积年平均生长率（%）	胸径年平均生长量（cm）	胸径年平均生长率（%）	材积年平均生长量（m³）	材积年平均生长率（%）
尼泊尔桤木	6					0.64	6.82	0.0054	15.74
尼泊尔桤木	8					0.72	6.14	0.0093	14.15
尼泊尔桤木	10					0.67	4.97	0.0103	12.1
尼泊尔桤木	12					0.72	4.52	0.0143	10.92
尼泊尔桤木	14					0.72	4.17	0.0158	10.48
尼泊尔桤木	16					0.69	3.45	0.0192	8.55
尼泊尔桤木	18					0.64	3.06	0.0188	7.79
尼泊尔桤木	20					0.52	2.31	0.0173	5.97
尼泊尔桤木	22					0.35	1.45	0.0131	3.78
尼泊尔桤木	24					0.52	1.97	0.0221	5.07
尼泊尔桤木	26					0.39	1.38	0.0183	3.55
尼泊尔桤木	28					0.5	1.6	0.0275	4.06
尼泊尔桤木	30					0.71	2.08	0.0443	5.21
尼泊尔桤木	32					0.47	1.39	0.0291	3.56
尼泊尔桤木	34					0.32	0.9	0.0208	2.3
尼泊尔桤木	36					0.5	1.29	0.0377	3.23
尼泊尔桤木	40					0.65	1.52	0.0562	3.79
尼泊尔桤木	44					0.38	0.84	0.0362	2.08
水冬瓜	6					0.56	7	0.0034	16.58
水冬瓜	8					0.52	4.98	0.0051	12.14
水冬瓜	10					0.38	3.12	0.0048	7.95

续表1-2-4

树种	起测胸径（cm）	西双版纳				临沧			
		胸径年平均生长量（cm）	胸径年平均生长率（%）	材积年平均生长量（m³）	材积年平均生长率（%）	胸径年平均生长量（cm）	胸径年平均生长率（%）	材积年平均生长量（m³）	材积年平均生长率（%）
水冬瓜	12					0.58	3.63	0.0117	8.47
水冬瓜	18					0.71	3.3	0.0215	8.42
水冬瓜	20					0.7	3.07	0.0237	7.89
西桦	6	0.49	5.98	0.0032	15.19	1	9.9	0.0103	20.91
西桦	8	0.74	6.2	0.0094	14.05	0.88	7.61	0.0101	17.65
西桦	10	0.75	5.63	0.0111	13.7	0.92	6.66	0.0144	15.75
西桦	12	0.9	5.26	0.0198	12.4	1.07	6.59	0.0217	15.45
西桦	14					0.82	4.83	0.0169	12.17
西桦	16					1.16	5.63	0.0343	13.7
西桦	18					0.95	4.33	0.03	10.87
西桦	24					0.95	3.33	0.0455	8.23
西桦	26					1.03	3.36	0.0545	8.29
西桦	28					0.73	2.29	0.0414	5.73
西桦	34					0.84	2.27	0.0578	5.66
西桦	36					0.91	2.2	0.075	5.37
合果木	6					0.27	3.64	0.0015	8.26
合果木	8					0.24	2.63	0.0017	6.24
合果木	10					0.43	3.33	0.0056	7.6
黄连木	6					0.13	2.01	0.0006	4.69
黄连木	8					0.16	1.82	0.0011	4.41
黄连木	10					0.23	2	0.0026	4.49

树种	起测胸径（cm）	西双版纳				临沧			
		胸径年平均生长量（cm）	胸径年平均生长率（%）	材积年平均生长量（m³）	材积年平均生长率（%）	胸径年平均生长量（cm）	胸径年平均生长率（%）	材积年平均生长量（m³）	材积年平均生长率（%）
云南泡花树	6					0.39	4.78	0.0029	10.48
云南泡花树	8					0.47	4.63	0.0046	10.37
云南泡花树	10					0.54	4.45	0.0067	10.34
云南泡花树	12					0.63	4.27	0.0106	9.93
云南泡花树	14					0.54	3.39	0.0097	8.1
榕树	6					0.2	2.98	0.001	6.83
毛叶柿	6					0.29	3.52	0.0019	7.78
毛叶柿	10					0.25	2.3	0.0024	5.46
毛叶柿	12					0.23	1.77	0.0028	4.39
水青树	12					0.63	4.03	0.0106	9.24
楹树	8					0.18	2	0.0014	4.7
楹树	26	0.18	0.67	0.0069	1.59				
蓝桉	8					0.22	2.49	0.0017	5.92
十齿花	6					0.26	3.42	0.0016	7.62
十齿花	8					0.28	3.01	0.0024	6.84
十齿花	10					0.46	3.71	0.0059	8.6
十齿花	12					0.6	4.04	0.0101	9.35
十齿花	14					0.25	1.7	0.0043	4.18
十齿花	16					0.41	2.25	0.0093	5.43
十齿花	20					0.45	2.06	0.0127	5
泡桐	12	0.48	3.13	0.009	7.68				

续表 1-2-4

树种	起测胸径（cm）	西双版纳				临沧			
		胸径年平均生长量（cm）	胸径年平均生长率（%）	材积年平均生长量（m³）	材积年平均生长率（%）	胸径年平均生长量（cm）	胸径年平均生长率（%）	材积年平均生长量（m³）	材积年平均生长率（%）
云南厚壳桂	6					0.7	7.56	0.006	15.21
云南厚壳桂	8					0.74	6.65	0.0079	14.33
云南厚壳桂	10					0.7	5.44	0.0087	12.3
云南厚壳桂	12					0.69	4.7	0.0107	10.89
云南厚壳桂	14					0.59	3.67	0.0103	8.72
云南厚壳桂	16					0.73	3.92	0.016	9.34
柴桂	6					0.4	5.28	0.0022	11.52
柴桂	8					0.21	2.37	0.0014	5.65
云南樟	6					0.34	4.15	0.0026	9.07
云南樟	8					0.57	5.37	0.0059	11.61
云南樟	10					0.41	3.25	0.0054	7.42
云南樟	12					0.38	2.7	0.0059	6.34
云南樟	14					0.63	3.81	0.0122	8.96
云南樟	16					0.43	2.16	0.011	4.96
云南樟	18					0.47	2.37	0.012	5.81
云南樟	24					0.36	1.38	0.0133	3.31
红梗润楠	8	0.41	4.11	0.0038	10.27				
红梗润楠	12	0.29	2.3	0.0038	5.82				
滇润楠	6					0.32	4.32	0.002	9.62
滇润楠	8	0.16	1.88	0.0011	4.54	0.33	3.34	0.003	7.61
滇润楠	10					0.26	2.35	0.0029	5.66

续表1-2-4

树种	起测胸径（cm）	西双版纳				临沧			
		胸径年平均生长量（cm）	胸径年平均生长率（%）	材积年平均生长量（m³）	材积年平均生长率（%）	胸径年平均生长量（cm）	胸径年平均生长率（%）	材积年平均生长量（m³）	材积年平均生长率（%）
滇润楠	12					0.37	2.68	0.0054	6.37
滇润楠	14					0.46	2.84	0.0087	6.81
滇润楠	16					0.41	2.2	0.0093	5.29
滇润楠	18					0.41	2.07	0.0106	5.06
滇润楠	20					0.32	1.51	0.0091	3.71
滇润楠	22					0.39	1.59	0.0136	3.86
滇润楠	38					0.39	0.98	0.0271	2.38
普文楠	6	0.46	5.07	0.004	13.22	0.28	3.45	0.0019	7.62
普文楠	8					0.26	2.66	0.0025	6.02
普文楠	10					0.31	2.52	0.0039	5.8
普文楠	12					0.26	1.87	0.0037	4.47
普文楠	14					0.26	1.66	0.0044	4.02
普文楠	16					0.27	1.54	0.0058	3.78
普文楠	18					0.38	1.9	0.0095	4.65
普文楠	20					0.54	2.38	0.0172	5.7
普文楠	22					0.49	1.98	0.0171	4.8
普文楠	24					0.55	2.07	0.0219	5
普文楠	26					0.44	1.57	0.0189	3.86
大果楠	6					0.22	2.76	0.0017	6.2
大果楠	8					0.36	3.32	0.0038	7.2
大果楠	10					0.3	2.65	0.0033	6.26

续表1-2-4

树种	起测胸径（cm）	西双版纳				临沧			
		胸径年平均生长量（cm）	胸径年平均生长率（%）	材积年平均生长量（m³）	材积年平均生长率（%）	胸径年平均生长量（cm）	胸径年平均生长率（%）	材积年平均生长量（m³）	材积年平均生长率（%）
大果楠	12					0.17	1.3	0.0022	3.21
大果楠	14					0.34	2.12	0.0064	5.15
大果楠	16					0.24	1.37	0.0052	3.33
大果楠	18					0.35	1.8	0.0085	4.42
大果楠	20					0.3	1.42	0.0081	3.48
思茅黄肉楠	6					0.4	4.64	0.0032	9.89
思茅黄肉楠	8	0.27	2.88	0.0024	7.52	0.21	2.33	0.0016	5.41
思茅黄肉楠	10					0.15	1.36	0.0016	3.31
思茅黄肉楠	12					0.21	1.56	0.0029	3.75
思茅黄肉楠	18					0.24	1.27	0.0057	3.1
思茅黄肉楠	20					0.36	1.7	0.0104	4.14
思茅黄肉楠	22					0.24	1.03	0.0076	2.53
思茅黄肉楠	26					0.17	0.64	0.0066	1.6
山鸡椒	8					0.43	4.31	0.0038	9.4
黄心树	6					0.14	1.94	0.0007	4.45
黄心树	8	0.16	1.78	0.0012	4.37	0.22	2.27	0.0018	5.35
黄心树	10					0.18	1.54	0.0021	3.67
黄心树	12					0.24	1.77	0.0031	4.28
黄心树	14					0.17	1.1	0.0027	2.71
黄心树	16					0.29	1.68	0.0056	4.04
黄心树	18					0.22	1.08	0.0055	2.64

续表 1-2-4

树种	起测胸径（cm）	西双版纳				临沧			
		胸径年平均生长量（cm）	胸径年平均生长率（%）	材积年平均生长量（m³）	材积年平均生长率（%）	胸径年平均生长量（cm）	胸径年平均生长率（%）	材积年平均生长量（m³）	材积年平均生长率（%）
黄心树	22					0.31	1.3	0.0092	3.18
香面叶	6					0.36	4.71	0.0022	10.61
香面叶	8					0.47	4.63	0.0043	10.53
香面叶	10					0.41	3.52	0.0043	8.3
香面叶	12					0.47	3.23	0.0072	7.62
香面叶	14					0.48	3.08	0.008	7.39
香面叶	18					0.52	2.62	0.0122	6.36
香叶树	6					0.26	3.42	0.0015	7.57
香叶树	8					0.33	3.58	0.0025	8.39
香叶树	10					0.32	2.72	0.0035	6.35
香叶树	12					0.41	2.69	0.0067	6.16
香叶树	14					0.47	2.86	0.0084	6.72
香叶树	16					0.25	1.46	0.0044	3.56
密花树	6					0.14	1.99	0.0008	4.67
密花树	8					0.2	2.29	0.0015	5.37
密花树	10					0.26	2.42	0.0027	5.77

3. 研究期（2002—2017年）全省及各州（市）分生长周期及树种按树木起测胸径概算单株胸径及材积年生长量（率）表

表1-3-1　研究期全省及迪庆、丽江、怒江、德宏4州（市）分生长期及树种按树木起测胸径概算单株胸径及材积年生长量（率）表

生长周期（年）	树种	起测胸径（cm）	全省					迪庆				丽江				怒江				德宏			
			胸径年平均生长量（cm）	胸径年平均生长率（%）	材积年平均生长量（m³）	材积年平均生长率（%）	样木数量（株）	胸径年平均生长量（cm）	胸径年平均生长率（%）	材积年平均生长量（m³）	材积年平均生长率（%）	胸径年平均生长量（cm）	胸径年平均生长率（%）	材积年平均生长量（m³）	材积年平均生长率（%）	胸径年平均生长量（cm）	胸径年平均生长率（%）	材积年平均生长量（m³）	材积年平均生长率（%）	胸径年平均生长量（cm）	胸径年平均生长率（%）	材积年平均生长量（m³）	材积年平均生长率（%）
5	八角	6	0.55	7.08	0.004	18.65	74													0.37	5.31	0.0021	12.04
5	八角	8	0.52	5.37	0.0051	14.35	65																
5	八角	10	0.46	3.99	0.0061	10.57	48																
5	八角	12	0.34	2.56	0.0055	6.61	48																
5	八角	14	0.46	2.97	0.0093	7.61	22																
5	八角	16	0.55	3.15	0.0126	7.98	11																
10	八角	6	0.42	5.15	0.0033	12.68	25																
10	八角	8	0.26	2.71	0.0027	7.06	21																
10	八角	10	0.34	2.63	0.0056	6.43	17																
10	八角	12	0.22	1.55	0.0036	3.9	29																
5	白花羊蹄甲	6	0.39	5.35	0.0024	13.23	123																
5	白花羊蹄甲	8	0.32	3.54	0.0026	8.81	119																
5	白花羊蹄甲	10	0.31	2.82	0.0034	7.14	101																
5	白花羊蹄甲	12	0.31	2.36	0.0042	5.86	63																
5	白花羊蹄甲	14	0.37	2.31	0.0071	5.69	42																
5	白花羊蹄甲	16	0.34	1.98	0.0069	4.87	28																
5	白花羊蹄甲	18	0.47	2.24	0.0133	5.3	20																

续表 1-3-1

生长周期（年）	树种	起测胸径（cm）	全省 胸径年平均生长量（cm）	全省 胸径年平均生长率（%）	全省 材积年平均生长量（m³）	全省 材积年平均生长率（%）	样木数量（株）	迪庆 胸径年平均生长量（cm）	迪庆 胸径年平均生长率（%）	迪庆 材积年平均生长量（m³）	迪庆 材积年平均生长率（%）	丽江 胸径年平均生长量（cm）	丽江 胸径年平均生长率（%）	丽江 材积年平均生长量（m³）	丽江 材积年平均生长率（%）	怒江 胸径年平均生长量（cm）	怒江 胸径年平均生长率（%）	怒江 材积年平均生长量（m³）	怒江 材积年平均生长率（%）	德宏 胸径年平均生长量（cm）	德宏 胸径年平均生长率（%）	德宏 材积年平均生长量（m³）	德宏 材积年平均生长率（%）
5	白花羊蹄甲	20	0.25	1.21	0.0069	2.99	22																
5	白花羊蹄甲	22	0.34	1.44	0.0114	3.5	14																
5	白花羊蹄甲	24	0.36	1.43	0.0133	3.5	11																
5	白花羊蹄甲	28	0.2	0.68	0.0087	1.68	10																
10	白花羊蹄甲	6	0.35	4.16	0.0026	9.37	51																
10	白花羊蹄甲	8	0.26	2.6	0.0024	6.22	59																
10	白花羊蹄甲	10	0.25	2.11	0.0032	5.1	59																
10	白花羊蹄甲	12	0.33	2.2	0.006	5.08	34																
10	白花羊蹄甲	14	0.34	1.97	0.0072	4.74	27																
10	白花羊蹄甲	16	0.31	1.66	0.0069	4.01	15																
10	白花羊蹄甲	18	0.35	1.62	0.0102	3.82	15																
10	白花羊蹄甲	20	0.2	0.93	0.0056	2.3	16																
15	白花羊蹄甲	6	0.35	3.71	0.0032	7.98	18																
15	白花羊蹄甲	8	0.23	2.25	0.0023	5.29	27																
15	白花羊蹄甲	10	0.25	1.96	0.0038	4.58	24																
15	白花羊蹄甲	12	0.32	2	0.0068	4.48	16																
5	白桦	6	0.15	2.15	0.0007	6.02	97	0.13	2.02	0.0005	5.63	0.12	1.84	0.0005	5.4								
5	白桦	8	0.14	1.59	0.001	4.32	138	0.15	1.67	0.0011	4.51	0.12	1.41	0.0008	3.9								

续表 1-3-1

生长周期(年)	树种	起测胸径(cm)	全省 胸径年平均生长量(cm)	全省 胸径年平均生长率(%)	全省 材积年平均生长量(m³)	全省 材积年平均生长率(%)	样木数量(株)	迪庆 胸径年平均生长量(cm)	迪庆 胸径年平均生长率(%)	迪庆 材积年平均生长量(m³)	迪庆 材积年平均生长率(%)	丽江 胸径年平均生长量(cm)	丽江 胸径年平均生长率(%)	丽江 材积年平均生长量(m³)	丽江 材积年平均生长率(%)	怒江 胸径年平均生长量(cm)	怒江 胸径年平均生长率(%)	怒江 材积年平均生长量(m³)	怒江 材积年平均生长率(%)	德宏 胸径年平均生长量(cm)	德宏 胸径年平均生长率(%)	德宏 材积年平均生长量(m³)	德宏 材积年平均生长率(%)
5	白桦	10	0.2	1.78	0.002	4.81	116	0.21	1.88	0.0021	5.07	0.17	1.56	0.0017	4.23								
5	白桦	12	0.19	1.46	0.0025	3.97	87	0.18	1.37	0.0023	3.72	0.16	1.3	0.002	3.56								
5	白桦	14	0.17	1.19	0.0028	3.24	101	0.15	1.07	0.0025	2.93	0.16	1.11	0.0026	3.04								
5	白桦	16	0.19	1.14	0.0038	3.07	72	0.19	1.15	0.0038	3.11												
5	白桦	18	0.18	0.95	0.0043	2.57	76	0.18	0.96	0.0044	2.6												
5	白桦	20	0.23	1.13	0.0066	3	35	0.22	1.06	0.0061	2.8												
5	白桦	22	0.22	0.99	0.0074	2.62	14	0.22	0.99	0.0074	2.62												
5	白桦	24	0.22	0.86	0.0086	2.26	11	0.22	0.86	0.0086	2.26												
10	白桦	6	0.14	1.82	0.0008	4.77	67	0.12	1.61	0.0006	4.2	0.12	1.67	0.0005	4.76								
10	白桦	8	0.12	1.34	0.001	3.59	110	0.13	1.38	0.001	3.62	0.11	1.24	0.0007	3.4								
10	白桦	10	0.15	1.35	0.0016	3.64	80	0.16	1.44	0.0016	3.91	0.14	1.21	0.0015	3.27								
10	白桦	12	0.16	1.19	0.0022	3.2	61	0.15	1.15	0.0021	3.09	0.15	1.16	0.0021	3.15								
10	白桦	14	0.17	1.14	0.003	3.04	63	0.16	1.03	0.0026	2.8												
10	白桦	16	0.17	0.99	0.0035	2.66	50	0.17	1	0.0035	2.7												
10	白桦	18	0.17	0.9	0.0043	2.41	48	0.17	0.9	0.0043	2.41												
10	白桦	20	0.17	0.8	0.0049	2.12	21	0.17	0.8	0.0049	2.12												
15	白桦	6	0.11	1.47	0.0007	3.8	29	0.11	1.37	0.0007	3.41	0.09	1.02	0.0007	2.78								
15	白桦	8	0.11	1.16	0.0009	3.08	59	0.12	1.24	0.001	3.23												

续表 1-3-1

| 生长周期（年） | 树种 | 起测胸径（cm） | 全省 | | | | | 迪庆 | | | | 丽江 | | | | 怒江 | | | | 德宏 | | | |
			胸径年平均生长量（cm）	胸径年平均生长率（%）	材积年平均生长量（m³）	材积年平均生长率（%）	样木数量（株）	胸径年平均生长量（cm）	胸径年平均生长率（%）	材积年平均生长量（m³）	材积年平均生长率（%）	胸径年平均生长量（cm）	胸径年平均生长率（%）	材积年平均生长量（m³）	材积年平均生长率（%）	胸径年平均生长量（cm）	胸径年平均生长率（%）	材积年平均生长量（m³）	材积年平均生长率（%）	胸径年平均生长量（cm）	胸径年平均生长率（%）	材积年平均生长量（m³）	材积年平均生长率（%）
15	白桦	10	0.18	1.47	0.0021	3.8	35	0.2	1.62	0.0023	4.18	0.15	1.29	0.0018	3.35								
15	白桦	12	0.13	0.99	0.0019	2.67	28	0.14	1.02	0.002	2.73												
15	白桦	14	0.17	1.09	0.003	2.93	29	0.17	1.11	0.0031	2.96												
15	白桦	16	0.19	1.1	0.0043	2.9	25	0.2	1.13	0.0044	2.98												
15	白桦	18	0.18	0.92	0.0048	2.44	21	0.18	0.92	0.0048	2.44												
5	檫木	6	1.25	12.67	0.0111	26.06	20																
5	檫木	8	0.99	8.46	0.0111	18.92	10																
5	檫木	24	0.76	2.82	0.0275	6.69	11																
5	柴桂	6	0.36	4.96	0.002	11.27	81																
5	柴桂	8	0.41	4.34	0.0032	10.19	51																
5	柴桂	10	0.29	2.69	0.0027	6.42	29									0.29	3.91	0.0016	8.81				
5	柴桂	12	0.34	2.62	0.0042	6.37	20																
5	柴桂	14	0.51	3.23	0.0085	7.73	16																
10	柴桂	6	0.38	4.39	0.0028	9.19	27																
10	柴桂	8	0.4	3.52	0.0043	7.6	23																
10	柴桂	10	0.18	1.62	0.0018	3.86	16																
5	赤桉	6	0.68	8.07	0.0049	19.18	42																
5	赤桉	8	0.51	5.09	0.0046	12.93	23																

续表1-3-1

生长周期(年)	树种	起测胸径(cm)	全省					迪庆				丽江				怒江				德宏			
			胸径年平均生长量(cm)	胸径年平均生长率(%)	材积年平均生长量(m³)	材积年平均生长率(%)	样木数量(株)	胸径年平均生长量(cm)	胸径年平均生长率(%)	材积年平均生长量(m³)	材积年平均生长率(%)	胸径年平均生长量(cm)	胸径年平均生长率(%)	材积年平均生长量(m³)	材积年平均生长率(%)	胸径年平均生长量(cm)	胸径年平均生长率(%)	材积年平均生长量(m³)	材积年平均生长率(%)	胸径年平均生长量(cm)	胸径年平均生长率(%)	材积年平均生长量(m³)	材积年平均生长率(%)
5	赤桉	10	0.47	4.02	0.0052	10.03	16																
5	赤桉	12	0.66	4.48	0.0102	10.57	14																
10	赤桉	6	0.52	5.1	0.0056	11.35	21																
10	赤桉	8	0.45	4.14	0.0047	9.76	13																
5	臭椿	6	0.57	7.6	0.0031	18.39	14																
5	臭椿	8	0.34	3.7	0.0025	9.33	12																
5	臭椿	10	0.29	2.62	0.0027	6.64	13																
5	臭椿	12	0.33	2.46	0.0044	6.11	10																
5	楝	8	0.72	7.06	0.0073	17.48	10																
5	粗壮琼楠	6	0.13	2.15	0.0006	5.4	11									0.13	2.09	0.0006	5.37				
5	粗壮琼楠	8	0.32	3.35	0.0028	7.66	15																
5	粗壮琼楠	10	0.24	2.08	0.0027	4.91	26									0.19	1.74	0.0019	4.2				
5	粗壮琼楠	12	0.36	2.64	0.0055	6.29	15									0.2	1.63	0.0025	4.01				
5	粗壮琼楠	14	0.4	2.53	0.0074	6.11	12																
5	粗壮琼楠	16	0.54	2.82	0.0129	6.67	11																
10	粗壮琼楠	8	0.27	2.6	0.0026	5.92	11																
10	粗壮琼楠	10	0.25	1.95	0.0036	4.37	20									0.17	1.5	0.0018	3.57				
10	粗壮琼楠	12	0.37	2.44	0.0066	5.61	11																

续表 1-3-1

生长周期（年）	树种	起测胸径（cm）	全省				样木数量（株）	迪庆				丽江				怒江				德宏			
			胸径年平均生长量（cm）	胸径年平均生长率（%）	材积年平均生长量（m³）	材积年平均生长率（%）		胸径年平均生长量（cm）	胸径年平均生长率（%）	材积年平均生长量（m³）	材积年平均生长率（%）	胸径年平均生长量（cm）	胸径年平均生长率（%）	材积年平均生长量（m³）	材积年平均生长率（%）	胸径年平均生长量（cm）	胸径年平均生长率（%）	材积年平均生长量（m³）	材积年平均生长率（%）	胸径年平均生长量（cm）	胸径年平均生长率（%）	材积年平均生长量（m³）	材积年平均生长率（%）
5	大果冬青	6	0.35	4.79	0.002	12.08	31																
5	大果冬青	8	0.44	4.48	0.0042	10.88	18																
5	大果冬青	12	0.49	3.5	0.0072	8.52	10																
10	大果冬青	6	0.35	4.16	0.0024	9.71	12																
10	大果冬青	8	0.38	3.41	0.0045	7.7	11																
5	大果红杉	6	0.2	3.11	0.0009	8.15	50	0.2	3.11	0.0009	8.15												
5	大果红杉	8	0.28	3.26	0.0021	8.59	40	0.28	3.26	0.0021	8.59												
5	大果红杉	10	0.26	2.51	0.0027	6.62	27	0.26	2.51	0.0027	6.62												
5	大果红杉	12	0.34	2.69	0.0047	7.15	15	0.34	2.69	0.0047	7.15												
5	大果红杉	14	0.24	1.64	0.0042	4.26	18	0.24	1.64	0.0042	4.26												
5	大果红杉	16	0.26	1.55	0.0055	4.08	14	0.26	1.55	0.0055	4.08												
5	大果红杉	18	0.3	1.6	0.0078	4.11	16	0.3	1.6	0.0078	4.11												
5	大果红杉	20	0.33	1.56	0.0099	4	10	0.33	1.56	0.0099	4												
5	大果红杉	24	0.25	1	0.0096	2.56	10	0.25	1	0.0096	2.56												
10	大果红杉	6	0.2	2.81	0.001	7.02	30	0.2	2.81	0.001	7.02												
10	大果红杉	8	0.3	3.08	0.0026	7.71	25	0.3	3.08	0.0026	7.71												
10	大果红杉	10	0.24	2.1	0.0027	5.43	14	0.24	2.1	0.0027	5.43												
10	大果红杉	14	0.24	1.54	0.0046	3.94	12	0.24	1.54	0.0046	3.94												

续表 1-3-1

生长周期（年）	树种	起测胸径（cm）	全省 胸径年平均生长量（cm）	全省 胸径年平均生长率（%）	全省 材积年平均生长量（m³）	全省 材积年平均生长率（%）	样木数量（株）	迪庆 胸径年平均生长量（cm）	迪庆 胸径年平均生长率（%）	迪庆 材积年平均生长量（m³）	迪庆 材积年平均生长率（%）	丽江 胸径年平均生长量（cm）	丽江 胸径年平均生长率（%）	丽江 材积年平均生长量（m³）	丽江 材积年平均生长率（%）	怒江 胸径年平均生长量（cm）	怒江 胸径年平均生长率（%）	怒江 材积年平均生长量（m³）	怒江 材积年平均生长率（%）	德宏 胸径年平均生长量（cm）	德宏 胸径年平均生长率（%）	德宏 材积年平均生长量（m³）	德宏 材积年平均生长率（%）
10	大果红杉	16	0.24	1.38	0.0053	3.59	11	0.24	1.38	0.0053	3.59												
10	大果红杉	18	0.3	1.5	0.0081	3.82	10	0.3	1.5	0.0081	3.82												
15	大果红杉	8	0.28	2.74	0.0028	6.52	11	0.28	2.74	0.0028	6.52												
5	大果楠	6	0.36	5.04	0.002	11.75	29													0.6	8.08	0.0036	18.12
5	大果楠	8	0.42	4.29	0.0038	9.98	14																
5	大果楠	10	0.39	3.24	0.0051	7.89	14																
5	大果楠	12	0.27	2.1	0.0037	5.27	17																
5	大果楠	14	0.28	1.88	0.0048	4.69	11																
5	大果楠	16	0.38	2.18	0.008	5.33	12																
5	大果楠	20	0.49	2.32	0.0135	5.65	20																
5	大果楠	22	0.39	1.66	0.0129	4.04	14																
10	大果楠	12	0.17	1.28	0.0023	3.15	11																
10	大果楠	20	0.35	1.58	0.0101	3.77	14																
10	大果楠	22	0.34	1.41	0.0117	3.4	10																
5	灯台树	6	0.53	6.9	0.0033	17.25	45																
5	灯台树	8	0.74	7.24	0.0071	17.6	37																
5	灯台树	10	0.55	4.61	0.0062	11.4	26																
5	灯台树	12	0.45	3.32	0.0061	8.36	18																

续表 1-3-1

生长周期（年）	树种	起测胸径(cm)	全省				样木数量（株）	迪庆				丽江				怒江				德宏			
			胸径年平均生长量(cm)	胸径年平均生长率(%)	材积年平均生长量(m³)	材积年平均生长率(%)		胸径年平均生长量(cm)	胸径年平均生长率(%)	材积年平均生长量(m³)	材积年平均生长率(%)	胸径年平均生长量(cm)	胸径年平均生长率(%)	材积年平均生长量(m³)	材积年平均生长率(%)	胸径年平均生长量(cm)	胸径年平均生长率(%)	材积年平均生长量(m³)	材积年平均生长率(%)	胸径年平均生长量(cm)	胸径年平均生长率(%)	材积年平均生长量(m³)	材积年平均生长率(%)
5	灯台树	14	0.62	3.8	0.0118	9.46	15																
5	灯台树	16	1.08	5.75	0.0236	13.85	12																
10	灯台树	6	0.58	5.76	0.0059	12.47	15																
10	灯台树	8	0.78	6.35	0.0101	13.67	22																
10	灯台树	10	0.49	3.85	0.0061	9.16	13																
5	滇南风吹楠	6	0.31	4.55	0.0016	12.17	17																
5	滇南风吹楠	8	0.3	3.3	0.0025	8.86	23																
5	滇南风吹楠	10	0.22	2.13	0.0024	5.98	12																
5	滇南风吹楠	12	0.27	2.1	0.0037	5.41	16																
5	滇南风吹楠	14	0.43	2.8	0.008	7.16	14																
10	滇南风吹楠	6	0.22	2.95	0.0013	7.79	13																
10	滇南风吹楠	8	0.28	2.93	0.0024	7.7	15																
10	滇南风吹楠	12	0.33	2.47	0.005	6.16	10																
10	滇南风吹楠	14	0.29	1.8	0.0058	4.5	10																
5	灰楸	6	0.17	2.37	0.0009	6.08	43	0.09	1.33	0.0004	3.9												
5	灰楸	8	0.22	2.52	0.0015	6.28	46	0.08	1.03	0.0005	2.98												
5	灰楸	10	0.28	2.48	0.0028	6.24	27	0.08	0.8	0.0008	2.17												
5	灰楸	12	0.2	1.56	0.0024	3.9	12																

续表1-3-1

生长周期（年）	树种	起测胸径(cm)	全省 胸径年平均生长量(cm)	全省 胸径年平均生长率(%)	全省 材积年平均生长量(m³)	全省 材积年平均生长率(%)	样木数量(株)	迪庆 胸径年平均生长量(cm)	迪庆 胸径年平均生长率(%)	迪庆 材积年平均生长量(m³)	迪庆 材积年平均生长率(%)	丽江 胸径年平均生长量(cm)	丽江 胸径年平均生长率(%)	丽江 材积年平均生长量(m³)	丽江 材积年平均生长率(%)	怒江 胸径年平均生长量(cm)	怒江 胸径年平均生长率(%)	怒江 材积年平均生长量(m³)	怒江 材积年平均生长率(%)	德宏 胸径年平均生长量(cm)	德宏 胸径年平均生长率(%)	德宏 材积年平均生长量(m³)	德宏 材积年平均生长率(%)
5	灰楸	14	0.06	0.4	0.0009	1.01	14	0.04	0.31	0.0006	0.78												
10	灰楸	6	0.12	1.7	0.0007	4.68	28	0.08	1.23	0.0004	3.57												
10	灰楸	8	0.14	1.58	0.0011	4.19	28	0.07	0.81	0.0005	2.3												
10	灰楸	10	0.17	1.53	0.0018	3.92	14																
10	灰楸	14	0.06	0.4	0.001	1.01	12	0.03	0.22	0.0005	0.59												
15	灰楸	6	0.1	1.37	0.0006	3.66	14	0.07	0.98	0.0003	2.77												
15	灰楸	8	0.19	1.85	0.0017	4.59	14																
5	滇润楠	6	0.36	4.95	0.0021	11.56	182													0.28	3.88	0.0016	8.8
5	滇润楠	8	0.31	3.39	0.0026	8.11	133													0.29	3.21	0.0022	7.67
5	滇润楠	10	0.33	2.93	0.0035	7.09	70									0.25	2.35	0.0025	5.57	0.35	2.92	0.0041	6.83
5	滇润楠	12	0.45	3.22	0.0068	7.62	54																
5	滇润楠	14	0.45	2.93	0.0074	7.16	29																
5	滇润楠	16	0.36	2.07	0.0072	5.01	25																
5	滇润楠	18	0.45	2.34	0.0108	5.72	24																
5	滇润楠	20	0.33	1.57	0.009	3.86	16																
5	滇润楠	22	0.47	1.95	0.0155	4.74	20																
5	滇润楠	24	0.3	1.21	0.0102	2.96	11																
10	滇润楠	6	0.33	3.94	0.0025	8.44	98													0.2	2.62	0.0013	5.75

续表 1-3-1

生长周期（年）	树种	起测胸径(cm)	全省 胸径年平均生长量(cm)	全省 胸径年平均生长率(%)	全省 材积年平均生长量(m³)	全省 材积年平均生长率(%)	全省 样木数量(株)	迪庆 胸径年平均生长量(cm)	迪庆 胸径年平均生长率(%)	迪庆 材积年平均生长量(m³)	迪庆 材积年平均生长率(%)	丽江 胸径年平均生长量(cm)	丽江 胸径年平均生长率(%)	丽江 材积年平均生长量(m³)	丽江 材积年平均生长率(%)	怒江 胸径年平均生长量(cm)	怒江 胸径年平均生长率(%)	怒江 材积年平均生长量(m³)	怒江 材积年平均生长率(%)	德宏 胸径年平均生长量(cm)	德宏 胸径年平均生长率(%)	德宏 材积年平均生长量(m³)	德宏 材积年平均生长率(%)
10	滇润楠	8	0.26	2.57	0.0025	5.84	66													0.17	1.85	0.0014	4.29
10	滇润楠	10	0.28	2.29	0.0035	5.23	31																
10	滇润楠	12	0.39	2.55	0.0067	5.86	28																
10	滇润楠	14	0.46	2.77	0.009	6.51	16																
10	滇润楠	16	0.31	1.68	0.0068	3.98	16																
10	滇润楠	18	0.38	1.88	0.0098	4.51	15																
10	滇润楠	22	0.42	1.66	0.0154	3.95	16																
15	滇润楠	6	0.23	2.54	0.0023	5.23	19																
15	滇润楠	8	0.21	2.05	0.0021	4.66	23																
15	滇润楠	10	0.28	2.17	0.0039	4.77	13																
15	滇润楠	12	0.36	2.26	0.0065	5.08	12																
5	滇杨	6	0.38	5.16	0.0021	12.98	275	0.14	2.23	0.0006	6.25	0.29	3.94	0.0016	10.56	0.39	5.48	0.0022	13.29				
5	滇杨	8	0.44	4.64	0.0036	11.68	193	0.24	2.73	0.0018	7.56	0.39	4.21	0.003	11.03	0.4	4.37	0.0032	10.96				
5	滇杨	10	0.48	3.86	0.0061	9.38	149					0.25	2.35	0.0023	6.17	0.37	3.25	0.004	7.95				
5	滇杨	12	0.47	3.4	0.0065	8.48	90									0.42	3.11	0.0057	7.64				
5	滇杨	14	0.42	2.68	0.0071	6.64	64																
5	滇杨	16	0.38	2.16	0.0073	5.29	56									0.16	1.08	0.0027	2.78				
5	滇杨	18	0.54	2.59	0.0135	6.21	28									0.28	1.66	0.005	4.08				

续表1-3-1

生长周期(年)	树种	起测胸径(cm)	全省 胸径年平均生长量(cm)	全省 胸径年平均生长率(%)	全省 材积年平均生长量(m³)	全省 材积年平均生长率(%)	样木数量(株)	迪庆 胸径年平均生长量(cm)	迪庆 胸径年平均生长率(%)	迪庆 材积年平均生长量(m³)	迪庆 材积年平均生长率(%)	丽江 胸径年平均生长量(cm)	丽江 胸径年平均生长率(%)	丽江 材积年平均生长量(m³)	丽江 材积年平均生长率(%)	怒江 胸径年平均生长量(cm)	怒江 胸径年平均生长率(%)	怒江 材积年平均生长量(m³)	怒江 材积年平均生长率(%)	德宏 胸径年平均生长量(cm)	德宏 胸径年平均生长率(%)	德宏 材积年平均生长量(m³)	德宏 材积年平均生长率(%)
5	滇杨	20	0.63	2.8	0.0178	6.64	24																
5	滇杨	22	0.6	2.41	0.0189	5.68	14																
10	滇杨	6	0.38	4.36	0.0029	9.93	120	0.13	1.88	0.0007	4.96					0.29	3.68	0.0019	8.74				
10	滇杨	8	0.41	3.79	0.0042	8.81	109	0.26	2.72	0.0022	6.94	0.23	2.51	0.0018	6.58	0.34	3.46	0.003	8.22				
10	滇杨	10	0.47	3.26	0.0081	7.31	81					0.21	1.94	0.0021	4.92	0.34	2.88	0.0041	6.8				
10	滇杨	12	0.43	2.75	0.0074	6.44	46																
10	滇杨	14	0.4	2.33	0.0077	5.52	42									0.19	1.21	0.0032	3.02				
10	滇杨	16	0.34	1.9	0.0071	4.54	24																
10	滇杨	18	0.49	2.26	0.0135	5.24	14																
10	滇杨	20	0.66	2.64	0.0218	5.93	12																
15	滇杨	6	0.38	3.82	0.0035	8.16	46									0.27	3.27	0.0019	7.43				
15	滇杨	8	0.37	3.14	0.0043	7.01	49																
15	滇杨	10	0.56	3.27	0.0124	6.67	30																
15	滇杨	12	0.42	2.54	0.0082	5.7	18																
15	滇杨	14	0.41	2.2	0.0088	4.98	18																
5	杜英	6	0.3	4.01	0.0016	8.8	110																
5	杜英	8	0.26	2.82	0.0019	6.38	99																
5	杜英	10	0.4	3.48	0.004	8	53																

续表1-3-1

生长周期（年）	树种	起测胸径(cm)	全省 胸径年平均生长量(cm)	全省 胸径年平均生长率(%)	全省 材积年平均生长量(m³)	全省 材积年平均生长率(%)	样木数量(株)	迪庆 胸径年平均生长量(cm)	迪庆 胸径年平均生长率(%)	迪庆 材积年平均生长量(m³)	迪庆 材积年平均生长率(%)	丽江 胸径年平均生长量(cm)	丽江 胸径年平均生长率(%)	丽江 材积年平均生长量(m³)	丽江 材积年平均生长率(%)	怒江 胸径年平均生长量(cm)	怒江 胸径年平均生长率(%)	怒江 材积年平均生长量(m³)	怒江 材积年平均生长率(%)	德宏 胸径年平均生长量(cm)	德宏 胸径年平均生长率(%)	德宏 材积年平均生长量(m³)	德宏 材积年平均生长率(%)
5	杜英	12	0.43	3.1	0.0056	7.21	38																
5	杜英	14	0.38	2.52	0.0054	5.95	28																
5	杜英	16	0.5	2.78	0.0091	6.44	15																
5	杜英	18	0.44	2.24	0.0089	5.24	17																
5	杜英	20	0.3	1.4	0.0071	3.33	15																
10	杜英	6	0.22	2.75	0.0014	5.76	68																
10	杜英	8	0.2	2.01	0.0016	4.37	53																
10	杜英	10	0.37	2.96	0.0042	6.59	35																
10	杜英	12	0.41	2.65	0.0062	5.93	25																
10	杜英	14	0.31	1.91	0.0048	4.4	16																
10	杜英	18	0.47	2.2	0.0108	5.03	11																
15	杜英	6	0.17	1.91	0.0011	3.97	28																
15	杜英	8	0.21	1.92	0.0019	4.04	23																
15	杜英	10	0.39	2.95	0.0047	6.43	17																
5	钝叶黄檀	6	0.39	5.53	0.002	12.59	44																
5	钝叶黄檀	8	0.39	4.26	0.0028	9.89	42																
5	钝叶黄檀	10	0.3	2.82	0.0027	6.68	19																
5	钝叶黄檀	12	0.31	2.32	0.004	5.51	14																

续表 1-3-1

生长周期（年）	树种	起测胸径(cm)	全省 胸径年平均生长量(cm)	胸径年平均生长率(%)	材积年平均生长量(m³)	材积年平均生长率(%)	样木数量(株)	迪庆 胸径年平均生长量(cm)	胸径年平均生长率(%)	材积年平均生长量(m³)	材积年平均生长率(%)	丽江 胸径年平均生长量(cm)	胸径年平均生长率(%)	材积年平均生长量(m³)	材积年平均生长率(%)	怒江 胸径年平均生长量(cm)	胸径年平均生长率(%)	材积年平均生长量(m³)	材积年平均生长率(%)	德宏 胸径年平均生长量(cm)	胸径年平均生长率(%)	材积年平均生长量(m³)	材积年平均生长率(%)
10	钝叶黄檀	6	0.27	3.51	0.0016	7.66	14																
10	钝叶黄檀	8	0.25	2.55	0.0022	5.86	19																
5	枫香树	6	0.54	6.94	0.0039	19.33	12																
5	枫香树	8	0.62	6.31	0.0068	17.07	28																
5	枫香树	10	0.6	4.94	0.0092	12.77	20																
5	枫香树	12	0.7	4.92	0.0126	12.7	15																
5	枫香树	14	0.72	4.35	0.0171	10.93	14																
5	枫香树	16	0.67	3.74	0.0175	9.41	14																
5	枫香树	22	0.51	2.17	0.019	5.22	12																
5	枫香树	24	0.32	1.29	0.0131	3.12	11																
10	枫香树	8	0.54	4.75	0.0077	11.37	12																
10	枫香树	10	0.56	4.09	0.0103	9.59	13																
10	枫香树	12	0.64	4.14	0.0135	9.94	13																
5	高榕	6	0.29	4.24	0.0016	9.97	13																
5	高榕	8	0.37	3.64	0.0039	8.08	19																
5	高榕	10	0.2	1.85	0.0023	4.54	14																
5	高榕	12	0.3	2.2	0.0043	5.3	12																
5	高榕	14	0.42	2.65	0.0085	6.52	13																

续表 1-3-1

生长周期（年）	树种	起测胸径（cm）	全省 胸径年平均生长量（cm）	全省 胸径年平均生长率（%）	全省 材积年平均生长量（m³）	全省 材积年平均生长率（%）	样木数量（株）	迪庆 胸径年平均生长量（cm）	迪庆 胸径年平均生长率（%）	迪庆 材积年平均生长量（m³）	迪庆 材积年平均生长率（%）	丽江 胸径年平均生长量（cm）	丽江 胸径年平均生长率（%）	丽江 材积年平均生长量（m³）	丽江 材积年平均生长率（%）	怒江 胸径年平均生长量（cm）	怒江 胸径年平均生长率（%）	怒江 材积年平均生长量（m³）	怒江 材积年平均生长率（%）	德宏 胸径年平均生长量（cm）	德宏 胸径年平均生长率（%）	德宏 材积年平均生长量（m³）	德宏 材积年平均生长率（%）
5	高山松	6	0.21	3.06	0.0011	9.06	1830	0.18	2.68	0.0009	8.12	0.27	3.83	0.0015	10.96								
5	高山松	8	0.23	2.62	0.0018	7.3	1885	0.2	2.37	0.0016	6.69	0.27	2.99	0.0023	8.22								
5	高山松	10	0.26	2.36	0.0029	6.48	1391	0.23	2.11	0.0025	5.86	0.29	2.68	0.0034	7.31								
5	高山松	12	0.24	1.91	0.0036	5.13	982	0.22	1.7	0.0031	4.59	0.28	2.17	0.0042	5.84								
5	高山松	14	0.26	1.74	0.0047	4.62	726	0.23	1.55	0.0041	4.13	0.29	1.96	0.0054	5.18								
5	高山松	16	0.27	1.62	0.0061	4.23	452	0.24	1.42	0.0052	3.71	0.32	1.91	0.0073	4.97								
5	高山松	18	0.27	1.41	0.007	3.64	354	0.22	1.19	0.0058	3.08	0.35	1.83	0.0092	4.7								
5	高山松	20	0.29	1.37	0.0087	3.5	237	0.22	1.06	0.0066	2.72	0.39	1.86	0.0121	4.73								
5	高山松	22	0.27	1.16	0.0092	2.94	199	0.24	1.04	0.0081	2.62	0.32	1.41	0.0113	3.56								
5	高山松	24	0.25	1	0.0097	2.51	142	0.25	1	0.0097	2.5	0.25	1	0.0099	2.52								
5	高山松	26	0.27	0.99	0.0115	2.46	81	0.25	0.95	0.0109	2.36	0.3	1.11	0.0133	2.74								
5	高山松	28	0.26	0.92	0.0125	2.25	74	0.26	0.89	0.0121	2.17	0.29	1.02	0.014	2.5								
5	高山松	30	0.28	0.91	0.0147	2.23	43	0.26	0.84	0.0134	2.06												
5	高山松	32	0.23	0.71	0.013	1.71	29	0.24	0.72	0.0133	1.75												
5	高山松	34	0.21	0.6	0.0127	1.44	34	0.22	0.62	0.0133	1.51	0.19	0.54	0.0114	1.31								
5	高山松	36	0.17	0.45	0.011	1.08	24	0.16	0.42	0.0104	1.01												
5	高山松	38	0.22	0.55	0.0152	1.32	13																
5	高山松	40	0.18	0.45	0.0135	1.07	11																

续表 1-3-1

生长周期(年)	树种	起测胸径(cm)	全省					迪庆				丽江				怒江				德宏			
			胸径年平均生长量(cm)	胸径年平均生长率(%)	材积年平均生长量(m³)	材积年平均生长率(%)	样木数量(株)	胸径年平均生长量(cm)	胸径年平均生长率(%)	材积年平均生长量(m³)	材积年平均生长率(%)	胸径年平均生长量(cm)	胸径年平均生长率(%)	材积年平均生长量(m³)	材积年平均生长率(%)	胸径年平均生长量(cm)	胸径年平均生长率(%)	材积年平均生长量(m³)	材积年平均生长率(%)	胸径年平均生长量(cm)	胸径年平均生长率(%)	材积年平均生长量(m³)	材积年平均生长率(%)
5	高山松	44	0.19	0.43	0.0161	1.01	11																
5	高山松	46	0.15	0.32	0.013	0.75	13																
10	高山松	6	0.2	2.69	0.0013	7.31	1295	0.17	2.33	0.0009	6.58	0.27	3.4	0.0019	8.79								
10	高山松	8	0.22	2.33	0.0021	6.18	1268	0.2	2.14	0.0017	5.8	0.26	2.6	0.0026	6.72								
10	高山松	10	0.24	2.08	0.0031	5.49	890	0.21	1.85	0.0026	4.96	0.28	2.39	0.0038	6.2								
10	高山松	12	0.23	1.68	0.0036	4.41	629	0.2	1.52	0.0032	4	0.26	1.89	0.0042	4.94								
10	高山松	14	0.25	1.63	0.0051	4.21	428	0.22	1.43	0.0043	3.72	0.3	1.9	0.0062	4.87								
10	高山松	16	0.24	1.39	0.0058	3.57	250	0.21	1.2	0.0048	3.09	0.3	1.7	0.0074	4.34								
10	高山松	18	0.24	1.24	0.0068	3.16	238	0.2	1.02	0.0053	2.62	0.35	1.75	0.0101	4.41								
10	高山松	20	0.26	1.18	0.0082	2.98	135	0.21	0.99	0.0067	2.51	0.33	1.5	0.0106	3.79								
10	高山松	22	0.25	1.06	0.0091	2.65	129	0.22	0.95	0.008	2.37	0.32	1.35	0.012	3.36								
10	高山松	24	0.25	0.96	0.0101	2.39	84	0.25	0.98	0.0102	2.42	0.24	0.94	0.01	2.32								
10	高山松	26	0.26	0.94	0.0118	2.3	50	0.25	0.91	0.0113	2.25	0.28	1	0.0132	2.46								
10	高山松	28	0.24	0.82	0.0121	2.01	46	0.24	0.8	0.0117	1.96	0.27	0.9	0.0133	2.2								
10	高山松	30	0.24	0.77	0.0128	1.88	22	0.24	0.75	0.0124	1.83												
10	高山松	32	0.24	0.71	0.0138	1.71	18	0.24	0.71	0.0138	1.71												
10	高山松	34	0.17	0.49	0.0106	1.18	20	0.14	0.39	0.0082	0.94												
10	高山松	36	0.15	0.41	0.0104	0.98	16	0.15	0.4	0.0101	0.94												

续表 1-3-1

生长周期（年）	树种	起测胸径（cm）	全省 胸径年平均生长量（cm）	全省 胸径年平均生长率（%）	全省 材积年平均生长量（m³）	全省 材积年平均生长率（%）	全省 样木数量（株）	迪庆 胸径年平均生长量（cm）	迪庆 胸径年平均生长率（%）	迪庆 材积年平均生长量（m³）	迪庆 材积年平均生长率（%）	丽江 胸径年平均生长量（cm）	丽江 胸径年平均生长率（%）	丽江 材积年平均生长量（m³）	丽江 材积年平均生长率（%）	怒江 胸径年平均生长量（cm）	怒江 胸径年平均生长率（%）	怒江 材积年平均生长量（m³）	怒江 材积年平均生长率（%）	德宏 胸径年平均生长量（cm）	德宏 胸径年平均生长率（%）	德宏 材积年平均生长量（m³）	德宏 材积年平均生长率（%）
10	高山松	38	0.21	0.52	0.0147	1.24	12																
15	高山松	6	0.2	2.41	0.0015	6.17	644	0.17	2.15	0.0011	5.71	0.26	2.92	0.0022	7.09								
15	高山松	8	0.22	2.13	0.0023	5.4	596	0.19	1.96	0.0019	5.1	0.25	2.37	0.003	5.81								
15	高山松	10	0.24	1.93	0.0034	4.89	394	0.21	1.74	0.0029	4.51	0.28	2.18	0.0041	5.42								
15	高山松	12	0.21	1.49	0.0036	3.81	263	0.2	1.43	0.0035	3.65	0.22	1.57	0.0038	4.03								
15	高山松	14	0.24	1.48	0.0051	3.74	177	0.21	1.32	0.0044	3.35	0.29	1.73	0.0062	4.34								
15	高山松	16	0.22	1.22	0.0054	3.08	106	0.17	0.99	0.0041	2.53	0.31	1.65	0.0079	4.09								
15	高山松	18	0.23	1.13	0.0066	2.83	116	0.18	0.93	0.0051	2.35	0.34	1.63	0.0102	4.04								
15	高山松	20	0.25	1.12	0.0084	2.8	60	0.22	0.99	0.0073	2.45	0.3	1.35	0.0101	3.35								
15	高山松	22	0.24	0.98	0.0091	2.41	63	0.22	0.92	0.0083	2.27	0.3	1.19	0.0117	2.9								
15	高山松	24	0.26	0.96	0.011	2.36	33	0.26	0.99	0.0112	2.42												
15	高山松	26	0.23	0.82	0.0108	2.01	24	0.22	0.8	0.0102	1.95												
15	高山松	28	0.23	0.75	0.0114	1.81	21	0.22	0.72	0.0111	1.73												
15	高山松	34	0.15	0.43	0.0096	1.04	12																
5	尼泊尔桤木	6	0.83	9.32	0.0062	21.6	1027									0.8	9.04	0.0058	21.05	1.09	11.49	0.009	25.07
5	尼泊尔桤木	8	0.79	7.37	0.0079	17.93	1144									0.74	6.9	0.0074	16.9	0.85	7.9	0.0085	19.22
5	尼泊尔桤木	10	0.77	6.1	0.0101	15.33	1077									0.86	6.73	0.0117	16.69	0.97	7.43	0.0133	18.39
5	尼泊尔桤木	12	0.7	4.82	0.0115	12.31	1057									1.04	6.77	0.0189	16.7	0.81	5.46	0.0134	13.84

续表 1-3-1

生长周期（年）	树种	起测胸径（cm）	全省 胸径年平均生长量（cm）	全省 胸径年平均生长率（%）	全省 材积年平均生长量（m³）	全省 材积年平均生长率（%）	全省 样木数量（株）	迪庆 胸径年平均生长量（cm）	迪庆 胸径年平均生长率（%）	迪庆 材积年平均生长量（m³）	迪庆 材积年平均生长率（%）	丽江 胸径年平均生长量（cm）	丽江 胸径年平均生长率（%）	丽江 材积年平均生长量（m³）	丽江 材积年平均生长率（%）	怒江 胸径年平均生长量（cm）	怒江 胸径年平均生长率（%）	怒江 材积年平均生长量（m³）	怒江 材积年平均生长率（%）	德宏 胸径年平均生长量（cm）	德宏 胸径年平均生长率（%）	德宏 材积年平均生长量（m³）	德宏 材积年平均生长率（%）
5	尼泊尔桤木	14	0.67	4.1	0.0132	10.62	941	0.4	2.56	0.0072	6.74	0.59	3.66	0.0113	9.58	0.86	5.11	0.0175	13.07	0.59	3.7	0.0113	9.76
5	尼泊尔桤木	16	0.62	3.44	0.0145	8.97	821	0.44	2.52	0.0096	6.69	0.54	3	0.0124	7.83	0.69	3.76	0.0161	9.75	0.58	3.29	0.0127	8.6
5	尼泊尔桤木	18	0.62	3.09	0.017	8.05	620	0.22	1.19	0.0053	3.2	0.62	3.19	0.0159	8.42	0.82	3.97	0.0239	10.18				
5	尼泊尔桤木	20	0.59	2.69	0.0186	7	533					0.36	1.69	0.0105	4.49	0.66	2.91	0.0226	7.44				
5	尼泊尔桤木	22	0.54	2.28	0.0193	5.96	421					0.44	1.84	0.0155	4.8								
5	尼泊尔桤木	24	0.55	2.14	0.0222	5.55	321									0.65	2.53	0.0264	6.58				
5	尼泊尔桤木	26	0.55	1.96	0.0247	5.07	262																
5	尼泊尔桤木	28	0.49	1.66	0.0245	4.29	203																
5	尼泊尔桤木	30	0.61	1.9	0.0348	4.86	167																
5	尼泊尔桤木	32	0.51	1.52	0.0309	3.89	121																
5	尼泊尔桤木	34	0.46	1.28	0.0297	3.28	89																
5	尼泊尔桤木	36	0.48	1.27	0.0339	3.22	89																
5	尼泊尔桤木	38	0.48	1.22	0.037	3.08	56																
5	尼泊尔桤木	40	0.48	1.16	0.0397	2.92	47																
5	尼泊尔桤木	42	0.47	1.07	0.0424	2.66	35																
5	尼泊尔桤木	44	0.44	0.96	0.0412	2.39	33																
5	尼泊尔桤木	46	0.38	0.8	0.0376	1.99	31																
5	尼泊尔桤木	48	0.46	0.93	0.0484	2.31	21																

续表 1-3-1

生长周期（年）	树种	起测胸径（cm）	全省 胸径年平均生长量（cm）	全省 胸径年平均生长率（%）	全省 材积年平均生长量（m³）	全省 材积年平均生长率（%）	样木数量（株）	迪庆 胸径年平均生长量（cm）	迪庆 胸径年平均生长率（%）	迪庆 材积年平均生长量（m³）	迪庆 材积年平均生长率（%）	丽江 胸径年平均生长量（cm）	丽江 胸径年平均生长率（%）	丽江 材积年平均生长量（m³）	丽江 材积年平均生长率（%）	怒江 胸径年平均生长量（cm）	怒江 胸径年平均生长率（%）	怒江 材积年平均生长量（m³）	怒江 材积年平均生长率（%）	德宏 胸径年平均生长量（cm）	德宏 胸径年平均生长率（%）	德宏 材积年平均生长量（m³）	德宏 材积年平均生长率（%）
5	尼泊尔桤木	50	0.41	0.78	0.0456	1.93	15																
5	尼泊尔桤木	52	0.25	0.47	0.0285	1.16	14																
5	尼泊尔桤木	56	0.3	0.53	0.039	1.31	15																
5	尼泊尔桤木	60	0.3	0.5	0.0427	1.22	10																
10	尼泊尔桤木	6	0.73	6.85	0.0077	14.1	569	0.54	5.74	0.0045	12.98	0.56	5.87	0.0048	12.98	0.89	7.97	0.0099	15.65	1	8.99	0.0111	17.15
10	尼泊尔桤木	8	0.68	5.49	0.0091	12.13	652	0.38	3.48	0.004	8.46	0.54	4.64	0.0062	10.89	0.79	6.36	0.0103	13.83				
10	尼泊尔桤木	10	0.69	4.79	0.0116	11.04	607	0.21	1.92	0.0022	5.13	0.61	4.38	0.0096	10.38	0.83	5.64	0.0142	12.68	0.87	5.65	0.0156	12.72
10	尼泊尔桤木	12	0.62	3.86	0.0125	9.22	597	0.28	1.98	0.0043	5.18	0.59	3.8	0.011	9.31	0.96	5.5	0.0214	12.38				
10	尼泊尔桤木	14	0.59	3.3	0.0134	8.11	531	0.35	2.11	0.0068	5.45	0.41	2.46	0.0084	6.31	0.85	4.5	0.0211	10.68				
10	尼泊尔桤木	16	0.56	2.88	0.0149	7.2	430					0.5	2.56	0.0132	6.34								
10	尼泊尔桤木	18	0.57	2.66	0.0176	6.69	329																
10	尼泊尔桤木	20	0.58	2.47	0.0208	6.21	254																
10	尼泊尔桤木	22	0.57	2.23	0.0224	5.63	202																
10	尼泊尔桤木	24	0.58	2.12	0.0261	5.36	151																
10	尼泊尔桤木	26	0.55	1.87	0.0271	4.73	132																
10	尼泊尔桤木	28	0.5	1.6	0.0267	4.06	101																
10	尼泊尔桤木	30	0.62	1.83	0.038	4.59	85																
10	尼泊尔桤木	32	0.52	1.49	0.0337	3.74	63																

续表1-3-1

生长周期(年)	树种	起测胸径(cm)	全省					迪庆				丽江				怒江				德宏			
			胸径年平均生长量(cm)	胸径年平均生长率(%)	材积年平均生长量(m³)	材积年平均生长率(%)	样木数量(株)	胸径年平均生长量(cm)	胸径年平均生长率(%)	材积年平均生长量(m³)	材积年平均生长率(%)	胸径年平均生长量(cm)	胸径年平均生长率(%)	材积年平均生长量(m³)	材积年平均生长率(%)	胸径年平均生长量(cm)	胸径年平均生长率(%)	材积年平均生长量(m³)	材积年平均生长率(%)	胸径年平均生长量(cm)	胸径年平均生长率(%)	材积年平均生长量(m³)	材积年平均生长率(%)
10	尼泊尔桤木	34	0.51	1.38	0.0355	3.46	41																
10	尼泊尔桤木	36	0.48	1.22	0.0362	3.07	50																
10	尼泊尔桤木	38	0.49	1.19	0.0391	3	31																
10	尼泊尔桤木	40	0.5	1.15	0.0433	2.86	24																
10	尼泊尔桤木	42	0.47	1.03	0.0451	2.53	16																
10	尼泊尔桤木	44	0.46	0.98	0.0446	2.42	20																
10	尼泊尔桤木	46	0.38	0.78	0.0395	1.92	16																
10	尼泊尔桤木	48	0.43	0.85	0.0468	2.1	13																
10	尼泊尔桤木	52	0.24	0.44	0.0276	1.08	11																
15	尼泊尔桤木	6	0.62	5.35	0.0079	10.33	257	0.43	4.22	0.0041	8.91												
15	尼泊尔桤木	8	0.66	4.76	0.0107	9.7	273					0.51	3.44	0.0089	7.92								
15	尼泊尔桤木	10	0.65	4.11	0.0127	8.89	281																
15	尼泊尔桤木	12	0.57	3.27	0.0129	7.42	251																
15	尼泊尔桤木	14	0.54	2.83	0.0137	6.69	188																
15	尼泊尔桤木	16	0.5	2.43	0.0146	5.89	143																
15	尼泊尔桤木	18	0.53	2.32	0.0176	5.64	104																
15	尼泊尔桤木	20	0.54	2.17	0.0208	5.29	91																
15	尼泊尔桤木	22	0.55	2.06	0.0236	5.07	69																

续表1-3-1

生长周期（年）	树种	起测胸径（cm）	全省 胸径年平均生长量（cm）	全省 胸径年平均生长率（%）	全省 材积年平均生长量（m³）	全省 材积年平均生长率（%）	样木数量（株）	迪庆 胸径年平均生长量（cm）	迪庆 胸径年平均生长率（%）	迪庆 材积年平均生长量（m³）	迪庆 材积年平均生长率（%）	丽江 胸径年平均生长量（cm）	丽江 胸径年平均生长率（%）	丽江 材积年平均生长量（m³）	丽江 材积年平均生长率（%）	怒江 胸径年平均生长量（cm）	怒江 胸径年平均生长率（%）	怒江 材积年平均生长量（m³）	怒江 材积年平均生长率（%）	德宏 胸径年平均生长量（cm）	德宏 胸径年平均生长率（%）	德宏 材积年平均生长量（m³）	德宏 材积年平均生长率（%）
15	尼泊尔桤木	24	0.53	1.84	0.0253	4.56	61																
15	尼泊尔桤木	26	0.53	1.73	0.028	4.3	48																
15	尼泊尔桤木	28	0.5	1.53	0.0284	3.81	41																
15	尼泊尔桤木	30	0.58	1.65	0.0379	4.06	29																
15	尼泊尔桤木	32	0.54	1.49	0.037	3.69	25																
15	尼泊尔桤木	34	0.56	1.45	0.0422	3.58	12																
15	尼泊尔桤木	36	0.44	1.11	0.035	2.74	21																
15	尼泊尔桤木	38	0.46	1.08	0.038	2.69	10																
5	合果木	6	0.34	4.71	0.0019	10.59	76													0.49	6.48	0.0028	14.41
5	合果木	8	0.31	3.45	0.0023	8.19	71													0.39	4.22	0.0031	9.9
5	合果木	10	0.49	4.06	0.0056	9.43	28													0.5	4.21	0.0055	9.9
5	合果木	12	0.39	2.76	0.0055	6.44	14																
10	合果木	6	0.34	4.05	0.0023	8.59	40													0.58	6.22	0.0049	12.37
10	合果木	8	0.3	2.93	0.0028	6.54	30																
10	合果木	10	0.56	4.02	0.0077	8.74	12																
5	黑黄檀	6	0.24	3.5	0.0011	8.83	44																
5	黑黄檀	8	0.26	2.94	0.0018	6.93	28																
5	黑黄檀	10	0.29	2.55	0.0031	6.49	13																

续表1-3-1

生长周期（年）	树种	起测胸径（cm）	全省 胸径年平均生长量（cm）	全省 胸径年平均生长率（%）	全省 材积年平均生长量（m³）	全省 材积年平均生长率（%）	全省 样木数量（株）	迪庆 胸径年平均生长量（cm）	迪庆 胸径年平均生长率（%）	迪庆 材积年平均生长量（m³）	迪庆 材积年平均生长率（%）	丽江 胸径年平均生长量（cm）	丽江 胸径年平均生长率（%）	丽江 材积年平均生长量（m³）	丽江 材积年平均生长率（%）	怒江 胸径年平均生长量（cm）	怒江 胸径年平均生长率（%）	怒江 材积年平均生长量（m³）	怒江 材积年平均生长率（%）	德宏 胸径年平均生长量（cm）	德宏 胸径年平均生长率（%）	德宏 材积年平均生长量（m³）	德宏 材积年平均生长率（%）
10	黑黄檀	6	0.23	3.15	0.0012	7.54	32																
10	黑黄檀	8	0.23	2.45	0.0018	5.63	14																
15	黑黄檀	6	0.21	2.88	0.0013	6.63	13																
5	黑荆树	6	0.64	8.04	0.0041	19.77	131																
5	黑荆树	8	0.69	6.97	0.0063	17.32	77																
5	黑荆树	10	0.6	5.14	0.0067	12.7	58																
5	黑荆树	12	0.74	5.16	0.0113	12.47	42																
5	黑荆树	14	0.67	4.24	0.0119	10.36	21																
5	黑荆树	16	0.67	3.7	0.0135	8.83	11																
10	黑荆树	6	0.62	6.48	0.0054	13.84	59																
10	黑荆树	8	0.69	5.9	0.0079	12.93	30																
10	黑荆树	10	0.77	5.39	0.0114	11.63	11																
5	红椿	6	0.76	9.07	0.0051	20.12	23																
5	红椿	8	0.81	7.74	0.0076	17.58	14																
5	红椿	10	0.55	4.76	0.0057	11.62	18																
5	红椿	12	0.84	5.55	0.0126	12.98	20																
5	红椿	14	0.78	4.71	0.0129	11.11	13																
5	红椿	18	0.67	3.21	0.0151	7.6	11																

续表 1-3-1

生长周期（年）	树种	起测胸径(cm)	全省 胸径年平均生长量(cm)	胸径年平均生长率(%)	材积年平均生长量(m³)	材积年平均生长率(%)	样木数量(株)	迪庆 胸径年平均生长量(cm)	胸径年平均生长率(%)	材积年平均生长量(m³)	材积年平均生长率(%)	丽江 胸径年平均生长量(cm)	胸径年平均生长率(%)	材积年平均生长量(m³)	材积年平均生长率(%)	怒江 胸径年平均生长量(cm)	胸径年平均生长率(%)	材积年平均生长量(m³)	材积年平均生长率(%)	德宏 胸径年平均生长量(cm)	胸径年平均生长率(%)	材积年平均生长量(m³)	材积年平均生长率(%)
10	红椿	6	0.72	6.92	0.0071	13.7	17																
10	红椿	12	0.84	5.03	0.0142	11.08	10																
5	红梗润楠	6	0.27	3.9	0.0015	10.87	52																
5	红梗润楠	8	0.45	4.59	0.0043	11.82	46																
5	红梗润楠	10	0.42	3.69	0.0049	9.66	29																
5	红梗润楠	12	0.35	2.66	0.0049	6.87	33																
5	红梗润楠	14	0.4	2.61	0.0073	6.72	18																
5	红梗润楠	16	0.46	2.65	0.0101	6.58	14																
10	红梗润楠	6	0.28	3.49	0.002	8.82	33																
10	红梗润楠	8	0.48	4.3	0.0059	10.04	32																
10	红梗润楠	10	0.43	3.42	0.0061	8.36	20																
10	红梗润楠	12	0.36	2.55	0.0057	6.39	19																
15	红梗润楠	6	0.33	3.46	0.0031	7.91	14																
15	红梗润楠	8	0.49	3.99	0.0067	8.66	21																
5	红花木莲	6	0.28	3.79	0.0016	8.47	17																
5	红花木莲	8	0.28	2.93	0.0023	6.79	19																
5	红花木莲	10	0.25	2.12	0.003	5.06	11																
10	红花木莲	6	0.24	2.81	0.0018	5.9	12																

续表1-3-1

生长周期（年）	树种	起测胸径（cm）	全省				样木数量（株）	迪庆				丽江				怒江				德宏			
			胸径年平均生长量（cm）	胸径年平均生长率（%）	材积年平均生长量（m³）	材积年平均生长率（%）		胸径年平均生长量（cm）	胸径年平均生长率（%）	材积年平均生长量（m³）	材积年平均生长率（%）	胸径年平均生长量（cm）	胸径年平均生长率（%）	材积年平均生长量（m³）	材积年平均生长率（%）	胸径年平均生长量（cm）	胸径年平均生长率（%）	材积年平均生长量（m³）	材积年平均生长率（%）	胸径年平均生长量（cm）	胸径年平均生长率（%）	材积年平均生长量（m³）	材积年平均生长率（%）
10	红花木莲	8	0.24	2.32	0.0023	5.15	11																
5	红桦	6	0.24	3.27	0.0012	8.83	33	0.13	1.7	0.0007	4.64												
5	红桦	8	0.16	1.86	0.001	5.2	42	0.12	1.5	0.0008	4.36					0.11	1.29	0.0007	3.56				
5	红桦	10	0.19	1.77	0.0019	4.85	57	0.18	1.62	0.0018	4.39	0.19	1.74	0.0019	4.81	0.09	0.84	0.0007	2.35				
5	红桦	12	0.18	1.39	0.0023	3.82	51	0.13	1.05	0.0017	2.92												
5	红桦	14	0.3	1.92	0.0056	5.02	56	0.28	1.7	0.0055	4.3					0.37	2.22	0.0079	5.66				
5	红桦	16	0.22	1.28	0.0045	3.44	27	0.11	0.7	0.0022	1.87												
5	红桦	18	0.23	1.2	0.0056	3.22	25																
5	红桦	20	0.18	0.84	0.0052	2.24	20																
5	红桦	22	0.25	1.11	0.0085	2.96	17																
5	红桦	24	0.23	0.92	0.0086	2.43	20	0.1	1.27	0.0006	3.6					0.18	0.73	0.0066	1.91				
5	红桦	26	0.43	1.48	0.0205	3.75	14	0.09	1	0.0006	2.83												
5	红桦	28	0.2	0.71	0.0096	1.85	10																
10	红桦	6	0.19	2.36	0.0012	5.94	22																
10	红桦	8	0.1	1.14	0.0007	3.12	28																
10	红桦	10	0.18	1.59	0.0018	4.27	35	0.09	0.71	0.0011	1.96					0.1	0.95	0.001	2.56				
10	红桦	12	0.21	1.46	0.0034	3.81	37																
10	红桦	14	0.26	1.59	0.0051	4.1	36	0.18	1.08	0.0036	2.76					0.27	1.54	0.0059	3.89				

续表 1-3-1

生长周期（年）	树种	起测胸径(cm)	全省					迪庆				丽江				怒江				德宏			
			胸径年平均生长量(cm)	胸径年平均生长率(%)	材积年平均生长量(m³)	材积年平均生长率(%)	样木数量(株)	胸径年平均生长量(cm)	胸径年平均生长率(%)	材积年平均生长量(m³)	材积年平均生长率(%)	胸径年平均生长量(cm)	胸径年平均生长率(%)	材积年平均生长量(m³)	材积年平均生长率(%)	胸径年平均生长量(cm)	胸径年平均生长率(%)	材积年平均生长量(m³)	材积年平均生长率(%)	胸径年平均生长量(cm)	胸径年平均生长率(%)	材积年平均生长量(m³)	材积年平均生长率(%)
10	红桦	16	0.22	1.23	0.0047	3.26	17																
10	红桦	18	0.19	0.96	0.005	2.53	17																
10	红桦	20	0.15	0.69	0.0047	1.81	13																
10	红桦	22	0.27	1.16	0.0095	3.05	13																
10	红桦	24	0.19	0.75	0.0074	1.96	10																
15	红桦	6	0.13	1.58	0.0008	3.95	13	0.08	1.07	0.0005	2.89												
15	红桦	8	0.1	1.1	0.0007	2.96	13																
15	红桦	10	0.18	1.57	0.0021	4.11	15																
15	红桦	12	0.22	1.47	0.0041	3.69	18	0.09	0.68	0.0012	1.84												
15	红桦	14	0.24	1.47	0.0049	3.7	14																
5	华山松	6	0.38	5.3	0.0021	12.24	6068	0.33	4.42	0.0031	8.62	0.4	5.37	0.0036	10.5	0.54	7.09	0.0033	15.32				
5	华山松	8	0.4	4.34	0.0031	10.15	4644	0.33	3.46	0.0037	6.78	0.45	4.71	0.0054	9.25	0.59	5.81	0.0054	12.84				
5	华山松	10	0.43	3.8	0.0044	9	3163	0.47	3.93	0.007	7.92	0.62	5.16	0.0096	10.25	0.5	4.21	0.0057	9.55				
5	华山松	12	0.47	3.45	0.0061	8.14	2066	0.47	3.43	0.0082	7.02	0.41	3.05	0.007	6.27	0.59	4.24	0.0079	9.7				
5	华山松	14	0.47	3.03	0.0074	7.15	1399	0.52	3.28	0.0105	6.78	0.49	3.15	0.0097	6.54	0.83	4.93	0.0149	10.96				
5	华山松	16	0.48	2.75	0.009	6.4	1015	0.48	2.72	0.0112	5.65	0.53	3.01	0.0123	6.24	0.53	2.98	0.0103	6.81				
5	华山松	18	0.5	2.54	0.0105	5.95	715	0.45	2.3	0.0118	4.84	0.6	3	0.016	6.27	0.79	3.91	0.0176	8.95				
5	华山松	20	0.51	2.36	0.0122	5.47	443	0.39	1.82	0.0115	3.84	0.52	2.43	0.0152	5.11	0.68	3.03	0.0178	6.83				

续表 1-3-1

生长周期（年）	树种	起测胸径（cm）	全省 胸径年平均生长量（cm）	全省 胸径年平均生长率（%）	全省 材积年平均生长量（m³）	全省 材积年平均生长率（%）	全省 样木数量（株）	迪庆 胸径年平均生长量（cm）	迪庆 胸径年平均生长率（%）	迪庆 材积年平均生长量（m³）	迪庆 材积年平均生长率（%）	丽江 胸径年平均生长量（cm）	丽江 胸径年平均生长率（%）	丽江 材积年平均生长量（m³）	丽江 材积年平均生长率（%）	怒江 胸径年平均生长量（cm）	怒江 胸径年平均生长率（%）	怒江 材积年平均生长量（m³）	怒江 材积年平均生长率（%）	德宏 胸径年平均生长量（cm）	德宏 胸径年平均生长率（%）	德宏 材积年平均生长量（m³）	德宏 材积年平均生长率（%）
5	华山松	22	0.52	2.21	0.0142	5.07	319	0.36	1.57	0.0115	3.32	0.73	3.03	0.0238	6.39	0.56	2.41	0.0168	5.33				
5	华山松	24	0.55	2.16	0.0171	4.9	210									0.71	2.71	0.0235	5.98				
5	华山松	26	0.52	1.89	0.0179	4.24	149	0.32	1.2	0.0122	2.54	0.35	1.29	0.0132	2.73								
5	华山松	28	0.54	1.81	0.0199	4.08	97																
5	华山松	30	0.59	1.86	0.0242	4.12	80									0.52	1.68	0.0226	3.6				
5	华山松	32	0.59	1.74	0.026	3.84	49									0.4	1.19	0.0186	2.55				
5	华山松	34	0.54	1.52	0.0259	3.33	50																
5	华山松	36	0.46	1.23	0.0235	2.7	44																
5	华山松	38	0.59	1.49	0.0317	3.3	28																
5	华山松	40	0.61	1.46	0.035	3.24	15																
5	华山松	42	0.53	1.22	0.0323	2.66	20																
5	华山松	44	0.4	0.87	0.0253	1.91	14																
10	华山松	6	0.37	4.43	0.0025	9.51	3679	0.32	3.48	0.0038	6.46	0.45	4.96	0.0051	9.06	0.42	4.88	0.0031	10.24				
10	华山松	8	0.39	3.71	0.0036	8.21	2472	0.26	2.46	0.0033	4.71	0.43	3.79	0.0062	7.14	0.58	4.95	0.0066	10.22				
10	华山松	10	0.4	3.18	0.0048	7.18	1591	0.44	3.25	0.0077	6.29	0.59	4.27	0.0107	8.14	0.61	4.43	0.0088	9.34				
10	华山松	12	0.43	2.9	0.0064	6.59	1082	0.39	2.62	0.0075	5.23	0.4	2.69	0.0076	5.39	0.6	3.93	0.0092	8.61				
10	华山松	14	0.43	2.56	0.0075	5.84	759	0.47	2.77	0.0105	5.6	0.49	2.89	0.0107	5.86	0.77	4.15	0.016	8.77				
10	华山松	16	0.44	2.32	0.0089	5.29	540	0.42	2.24	0.0106	4.6	0.53	2.75	0.0137	5.58								

续表 1-3-1

生长周期(年)	树种	起测胸径(cm)	全省 胸径年平均生长量(cm)	全省 胸径年平均生长率(%)	全省 材积年平均生长量(m³)	全省 材积年平均生长率(%)	样木数量(株)	迪庆 胸径年平均生长量(cm)	迪庆 胸径年平均生长率(%)	迪庆 材积年平均生长量(m³)	迪庆 材积年平均生长率(%)	丽江 胸径年平均生长量(cm)	丽江 胸径年平均生长率(%)	丽江 材积年平均生长量(m³)	丽江 材积年平均生长率(%)	怒江 胸径年平均生长量(cm)	怒江 胸径年平均生长率(%)	怒江 材积年平均生长量(m³)	怒江 材积年平均生长率(%)	德宏 胸径年平均生长量(cm)	德宏 胸径年平均生长率(%)	德宏 材积年平均生长量(m³)	德宏 材积年平均生长率(%)
10	华山松	18	0.47	2.27	0.011	5.19	369	0.46	2.19	0.0132	4.49	0.58	2.72	0.0171	5.57								
10	华山松	20	0.49	2.13	0.0127	4.82	206					0.53	2.34	0.0166	4.85								
10	华山松	22	0.51	2.01	0.0152	4.5	156																
10	华山松	24	0.51	1.89	0.017	4.22	110																
10	华山松	26	0.5	1.69	0.0185	3.7	68																
10	华山松	28	0.48	1.56	0.019	3.46	50																
10	华山松	30	0.54	1.64	0.024	3.6	40																
10	华山松	32	0.6	1.68	0.0283	3.66	27																
10	华山松	34	0.47	1.28	0.0236	2.81	34																
10	华山松	36	0.46	1.18	0.0247	2.55	22																
10	华山松	38	0.63	1.54	0.0354	3.39	15																
10	华山松	42	0.47	1.05	0.03	2.27	11																
15	华山松	6	0.38	4.12	0.0031	8.26	1450					0.46	4.34	0.0064	7.58								
15	华山松	8	0.36	3.15	0.0039	6.67	824					0.33	2.75	0.005	5.13								
15	华山松	10	0.39	2.84	0.0053	6.17	619					0.58	3.79	0.0119	6.95								
15	华山松	12	0.4	2.57	0.0066	5.65	445	0.4	2.53	0.0082	4.91	0.36	2.34	0.0071	4.58								
15	华山松	14	0.41	2.31	0.0079	5.11	315	0.42	2.35	0.0102	4.67	0.54	2.91	0.0132	5.73								
15	华山松	16	0.41	2.07	0.009	4.64	194																

续表 1-3-1

生长周期（年）	树种	起测胸径(cm)	全省					迪庆				丽江				怒江				德宏			
			胸径年平均生长量(cm)	胸径年平均生长率(%)	材积年平均生长量(m³)	材积年平均生长率(%)	样木数量(株)	胸径年平均生长量(cm)	胸径年平均生长率(%)	材积年平均生长量(m³)	材积年平均生长率(%)	胸径年平均生长量(cm)	胸径年平均生长率(%)	材积年平均生长量(m³)	材积年平均生长率(%)	胸径年平均生长量(cm)	胸径年平均生长率(%)	材积年平均生长量(m³)	材积年平均生长率(%)	胸径年平均生长量(cm)	胸径年平均生长率(%)	材积年平均生长量(m³)	材积年平均生长率(%)
15	华山松	18	0.45	2.05	0.0112	4.59	145																
15	华山松	20	0.45	1.89	0.0125	4.21	77																
15	华山松	22	0.46	1.78	0.0148	3.89	58																
15	华山松	24	0.49	1.74	0.0173	3.79	43																
15	华山松	26	0.47	1.55	0.019	3.34	27																
15	华山松	28	0.5	1.54	0.0212	3.37	17																
15	华山松	30	0.52	1.52	0.0233	3.32	18																
15	华山松	32	0.64	1.7	0.0328	3.63	13																
15	华山松	34	0.45	1.17	0.023	2.54	15																
5	黄丹木姜子	6	0.32	4.61	0.0015	11.45	45																
5	黄丹木姜子	8	0.35	3.76	0.0025	9.41	40																
5	黄丹木姜子	10	0.26	2.39	0.0024	6.14	21																
5	黄丹木姜子	12	0.33	2.51	0.0041	6.2	21																
5	黄丹木姜子	14	0.24	1.64	0.0037	4.06	10																
5	黄丹木姜子	18	0.26	1.39	0.0054	3.4	10																
10	黄丹木姜子	6	0.32	4.17	0.0019	9.89	29																
10	黄丹木姜子	8	0.32	3.12	0.0028	7.47	21																
10	黄丹木姜子	10	0.27	2.3	0.0027	5.73	14																

续表 1-3-1

生长周期（年）	树种	起测胸径（cm）	全省					迪庆					丽江					怒江					德宏				
			胸径年平均生长量（cm）	胸径年平均生长率（%）	材积年平均生长量（m³）	材积年平均生长率（%）	样木数量（株）	胸径年平均生长量（cm）	胸径年平均生长率（%）	材积年平均生长量（m³）	材积年平均生长率（%）		胸径年平均生长量（cm）	胸径年平均生长率（%）	材积年平均生长量（m³）	材积年平均生长率（%）		胸径年平均生长量（cm）	胸径年平均生长率（%）	材积年平均生长量（m³）	材积年平均生长率（%）		胸径年平均生长量（cm）	胸径年平均生长率（%）	材积年平均生长量（m³）	材积年平均生长率（%）
10	黄丹木姜子	12	0.32	2.24	0.0047	5.34	10																			
15	黄丹木姜子	6	0.31	3.7	0.0019	8.43	13																			
15	黄丹木姜子	8	0.31	2.72	0.0033	6.22	10																			
5	黄连木	6	0.25	3.67	0.0012	10.11	64																			
5	黄连木	8	0.28	3.02	0.0021	7.61	73																			
5	黄连木	10	0.27	2.45	0.0027	6.13	38																			
5	黄连木	12	0.29	2.22	0.0035	5.72	22																			
5	黄连木	14	0.31	2.06	0.0046	5.08	13																			
10	黄连木	6	0.21	2.74	0.0012	6.6	38																			
10	黄连木	8	0.25	2.44	0.0022	5.82	51																			
10	黄连木	10	0.29	2.29	0.0033	5.38	16																			
10	黄连木	12	0.26	1.85	0.0036	4.54	11																			
15	黄连木	6	0.22	2.73	0.0014	6.07	16																			
15	黄连木	8	0.24	2.16	0.0025	4.74	18																			
5	黄杉	6	0.33	4.63	0.0014	11.73	35																			
5	黄杉	8	0.47	4.99	0.0028	12.59	26																			
5	黄杉	10	0.54	4.54	0.0046	11.52	15																			
5	黄杉	22	0.24	1.04	0.006	2.67	14																			

续表 1-3-1

生长周期（年）	树种	起测胸径（cm）	全省 胸径年平均生长量（cm）	全省 胸径年平均生长率（%）	全省 材积年平均生长量（m³）	全省 材积年平均生长率（%）	样木数量（株）	迪庆 胸径年平均生长量（cm）	迪庆 胸径年平均生长率（%）	迪庆 材积年平均生长量（m³）	迪庆 材积年平均生长率（%）	丽江 胸径年平均生长量（cm）	丽江 胸径年平均生长率（%）	丽江 材积年平均生长量（m³）	丽江 材积年平均生长率（%）	怒江 胸径年平均生长量（cm）	怒江 胸径年平均生长率（%）	怒江 材积年平均生长量（m³）	怒江 材积年平均生长率（%）	德宏 胸径年平均生长量（cm）	德宏 胸径年平均生长率（%）	德宏 材积年平均生长量（m³）	德宏 材积年平均生长率（%）
10	黄杉	6	0.31	3.97	0.0014	9.64	26																
10	黄杉	8	0.44	4.25	0.0031	10.18	17																
15	黄杉	6	0.37	4.1	0.0021	8.99	15																
5	黄心树	6	0.27	3.71	0.0014	8.42	73																
5	黄心树	8	0.31	3.34	0.0023	7.88	50																
5	黄心树	10	0.3	2.57	0.003	6.11	54																
5	黄心树	12	0.26	2.05	0.0032	4.92	34																
5	黄心树	14	0.39	2.47	0.0058	5.76	25																
5	黄心树	16	0.37	2.17	0.0064	5.23	16																
5	黄心树	18	0.34	1.74	0.0069	4.11	22																
5	黄心树	20	0.55	2.54	0.0134	6.08	10																
5	黄心树	22	0.54	2.2	0.0157	5.18	11																
10	黄心树	6	0.21	2.62	0.0013	5.85	47																
10	黄心树	8	0.23	2.26	0.002	5.12	36																
10	黄心树	10	0.28	2.19	0.0034	4.93	33																
10	黄心树	12	0.2	1.48	0.0027	3.5	25																
10	黄心树	14	0.43	2.5	0.0075	5.55	14																
10	黄心树	18	0.28	1.38	0.0061	3.22	19																

续表 1-3-1

生长周期（年）	树种	起测胸径（cm）	全省 胸径年平均生长量（cm）	全省 胸径年平均生长率（%）	全省 材积年平均生长量（m³）	全省 材积年平均生长率（%）	样木数量（株）	迪庆 胸径年平均生长量（cm）	迪庆 胸径年平均生长率（%）	迪庆 材积年平均生长量（m³）	迪庆 材积年平均生长率（%）	丽江 胸径年平均生长量（cm）	丽江 胸径年平均生长率（%）	丽江 材积年平均生长量（m³）	丽江 材积年平均生长率（%）	怒江 胸径年平均生长量（cm）	怒江 胸径年平均生长率（%）	怒江 材积年平均生长量（m³）	怒江 材积年平均生长率（%）	德宏 胸径年平均生长量（cm）	德宏 胸径年平均生长率（%）	德宏 材积年平均生长量（m³）	德宏 材积年平均生长率（%）
15	黄心树	6	0.17	2	0.0012	4.43	25																
15	黄心树	8	0.23	2.07	0.0022	4.42	16																
15	黄心树	10	0.23	1.71	0.0031	3.76	16																
5	尖叶桂樱	6	0.17	2.59	0.0008	6.91	36																
5	尖叶桂樱	8	0.24	2.68	0.0019	7.12	25																
10	尖叶桂樱	6	0.1	1.43	0.0006	3.66	24																
10	尖叶桂樱	8	0.21	2.16	0.0018	5.36	17																
15	尖叶桂樱	6	0.1	1.37	0.0006	3.37	13																
5	蓝桉	6	0.71	8.45	0.0053	20.22	195																
5	蓝桉	8	0.86	7.84	0.0095	18.44	181																
5	蓝桉	10	0.81	6.34	0.0108	15.05	96																
5	蓝桉	12	0.86	5.76	0.0138	13.68	63																
5	蓝桉	14	0.73	4.44	0.0131	10.72	48																
5	蓝桉	16	0.93	4.93	0.0204	11.66	42																
5	蓝桉	18	0.78	3.73	0.0197	8.8	20																
5	蓝桉	20	0.92	3.89	0.0278	8.97	24																
5	蓝桉	22	1.07	4.2	0.0354	9.69	18																
5	蓝桉	24	0.98	3.66	0.034	8.52	10																

生长周期(年)	树种	起测胸径(cm)	全省 胸径年平均生长量(cm)	全省 胸径年平均生长率(%)	全省 材积年平均生长量(m³)	全省 材积年平均生长率(%)	样木数量(株)	迪庆 胸径年平均生长量(cm)	迪庆 胸径年平均生长率(%)	迪庆 材积年平均生长量(m³)	迪庆 材积年平均生长率(%)	丽江 胸径年平均生长量(cm)	丽江 胸径年平均生长率(%)	丽江 材积年平均生长量(m³)	丽江 材积年平均生长率(%)	怒江 胸径年平均生长量(cm)	怒江 胸径年平均生长率(%)	怒江 材积年平均生长量(m³)	怒江 材积年平均生长率(%)	德宏 胸径年平均生长量(cm)	德宏 胸径年平均生长率(%)	德宏 材积年平均生长量(m³)	德宏 材积年平均生长率(%)
5	蓝桉	26	0.79	2.76	0.0318	6.49	11																
10	蓝桉	6	0.75	6.94	0.0089	14.03	65																
10	蓝桉	8	0.87	6.3	0.0144	12.65	58																
10	蓝桉	10	0.93	5.94	0.0165	12.34	36																
10	蓝桉	12	0.75	4.46	0.0141	9.81	23																
10	蓝桉	14	0.65	3.72	0.0127	8.59	10																
10	蓝桉	16	1	4.58	0.0263	9.99	15																
15	蓝桉	6	0.7	5.29	0.0112	9.48	16																
15	蓝桉	8	0.53	3.92	0.0078	8.05	17																
15	蓝桉	10	0.85	5.1	0.0158	9.97	13																
5	冷杉	6	0.47	6.31	0.0033	15.49	19	0.43	5.81	0.0031	14.33												
5	冷杉	8	0.23	2.55	0.0021	6.53	22	0.21	2.42	0.0019	6.18												
5	冷杉	10	0.28	2.51	0.0038	6.39	35	0.27	2.37	0.0037	6												
5	冷杉	12	0.25	1.99	0.0042	5.16	26	0.23	1.85	0.0038	4.8												
5	冷杉	14	0.21	1.4	0.0044	3.61	23	0.21	1.4	0.0044	3.61												
5	冷杉	16	0.23	1.37	0.0058	3.59	19	0.21	1.25	0.0052	3.28												
5	冷杉	22	0.22	0.97	0.0094	2.51	13	0.2	0.86	0.008	2.2												
5	冷杉	24	0.16	0.64	0.007	1.63	12	0.16	0.64	0.007	1.63												

续表 1-3-1

生长周期（年）	树种	起测胸径(cm)	全省 胸径年平均生长量(cm)	全省 胸径年平均生长率(%)	全省 材积年平均生长量(m³)	全省 材积年平均生长率(%)	样木数量（株）	迪庆 胸径年平均生长量(cm)	迪庆 胸径年平均生长率(%)	迪庆 材积年平均生长量(m³)	迪庆 材积年平均生长率(%)	丽江 胸径年平均生长量(cm)	丽江 胸径年平均生长率(%)	丽江 材积年平均生长量(m³)	丽江 材积年平均生长率(%)	怒江 胸径年平均生长量(cm)	怒江 胸径年平均生长率(%)	怒江 材积年平均生长量(m³)	怒江 材积年平均生长率(%)	德宏 胸径年平均生长量(cm)	德宏 胸径年平均生长率(%)	德宏 材积年平均生长量(m³)	德宏 材积年平均生长率(%)
5	冷杉	52	0.14	0.26	0.0188	0.64	13	0.14	0.26	0.0188	0.64												
5	冷杉	58	0.14	0.24	0.0218	0.57	13	0.14	0.24	0.0218	0.57												
10	冷杉	6	0.44	5.08	0.0043	11.24	13	0.42	4.81	0.0041	10.68												
10	冷杉	8	0.27	2.68	0.0032	6.42	14	0.24	2.44	0.0026	5.9												
10	冷杉	10	0.25	2.02	0.004	4.95	25	0.24	1.94	0.0039	4.7												
10	冷杉	12	0.24	1.76	0.0046	4.45	17	0.22	1.61	0.0039	4.09												
10	冷杉	14	0.15	1.03	0.0032	2.66	13	0.15	1.03	0.0032	2.66												
10	冷杉	16	0.13	0.77	0.0031	2	11	0.13	0.77	0.0031	2												
15	冷杉	10	0.21	1.71	0.0033	4.15	12	0.2	1.64	0.0032	3.94												
5	丽江铁杉	6	0.26	3.6	0.0019	7.51	37					0.26	3.6	0.0019	7.51								
5	丽江铁杉	8	0.3	3.36	0.003	7.12	56					0.29	3.24	0.0029	6.87								
5	丽江铁杉	10	0.29	2.55	0.0038	5.57	30					0.29	2.55	0.0038	5.57								
5	丽江铁杉	12	0.32	2.48	0.005	5.46	13					0.32	2.48	0.005	5.46								
5	丽江铁杉	14	0.34	2.19	0.0065	4.91	20					0.34	2.19	0.0065	4.91								
5	丽江铁杉	16	0.31	1.83	0.0069	4.11	15					0.31	1.83	0.0069	4.11								
10	丽江铁杉	6	0.19	2.41	0.0016	4.94	14					0.19	2.41	0.0016	4.94								
10	丽江铁杉	8	0.25	2.5	0.0029	5.12	23					0.25	2.5	0.0029	5.12								
10	丽江铁杉	10	0.25	2.09	0.0037	4.48	13					0.25	2.09	0.0037	4.48								

续表1-3-1

生长周期(年)	树种	起测胸径(cm)	全省				样木数量(株)	迪庆				丽江				怒江				德宏			
			胸径年平均生长量(cm)	胸径年平均生长率(%)	材积年平均生长量(m³)	材积年平均生长率(%)		胸径年平均生长量(cm)	胸径年平均生长率(%)	材积年平均生长量(m³)	材积年平均生长率(%)	胸径年平均生长量(cm)	胸径年平均生长率(%)	材积年平均生长量(m³)	材积年平均生长率(%)	胸径年平均生长量(cm)	胸径年平均生长率(%)	材积年平均生长量(m³)	材积年平均生长率(%)	胸径年平均生长量(cm)	胸径年平均生长率(%)	材积年平均生长量(m³)	材积年平均生长率(%)
10	丽江铁杉	14	0.31	1.9	0.0067	4.16	17					0.31	1.9	0.0067	4.16								
5	丽江云杉	6	0.31	4.24	0.0021	11.15	155	0.29	3.98	0.0019	10.41	0.32	4.44	0.002	11.83								
5	丽江云杉	8	0.33	3.63	0.0031	9.67	133	0.36	3.84	0.0035	10.22	0.3	3.39	0.0026	9.06								
5	丽江云杉	10	0.46	3.97	0.0065	10.45	80	0.44	3.77	0.0061	9.91	0.51	4.4	0.0071	11.55								
5	丽江云杉	12	0.45	3.41	0.0079	9.13	59	0.45	3.4	0.0079	9.17	0.46	3.42	0.008	9.06								
5	丽江云杉	14	0.46	2.97	0.0102	7.97	42	0.52	3.32	0.0118	8.84	0.4	2.63	0.0085	7.12								
5	丽江云杉	16	0.46	2.64	0.0125	7.06	31	0.44	2.58	0.0116	6.94	0.49	2.77	0.014	7.36								
5	丽江云杉	18	0.51	2.61	0.0168	6.94	27	0.43	2.26	0.014	6.03												
5	丽江云杉	20	0.34	1.6	0.0129	4.27	20	0.36	1.68	0.0136	4.48												
5	丽江云杉	22	0.27	1.18	0.0114	3.15	20	0.22	0.97	0.009	2.59												
5	丽江云杉	24	0.42	1.65	0.0208	4.36	24	0.36	1.43	0.0177	3.79												
5	丽江云杉	26	0.34	1.27	0.019	3.34	11																
5	丽江云杉	28	0.38	1.28	0.0239	3.35	15																
5	丽江云杉	34	0.34	0.97	0.0284	2.51	11																
5	丽江云杉	36	0.22	0.6	0.02	1.54	14																
5	丽江云杉	38	0.29	0.75	0.0277	1.91	13																
5	丽江云杉	40	0.22	0.55	0.0233	1.41	11																
5	丽江云杉	46	0.15	0.32	0.0183	0.81	11																

续表 1-3-1

生长周期（年）	树种	起测胸径（cm）	全省 胸径年平均生长量（cm）	全省 胸径年平均生长率（%）	全省 材积年平均生长量（m³）	全省 材积年平均生长率（%）	样木数量（株）	迪庆 胸径年平均生长量（cm）	迪庆 胸径年平均生长率（%）	迪庆 材积年平均生长量（m³）	迪庆 材积年平均生长率（%）	丽江 胸径年平均生长量（cm）	丽江 胸径年平均生长率（%）	丽江 材积年平均生长量（m³）	丽江 材积年平均生长率（%）	怒江 胸径年平均生长量（cm）	怒江 胸径年平均生长率（%）	怒江 材积年平均生长量（m³）	怒江 材积年平均生长率（%）	德宏 胸径年平均生长量（cm）	德宏 胸径年平均生长率（%）	德宏 材积年平均生长量（m³）	德宏 材积年平均生长率（%）
10	丽江云杉	6	0.3	3.53	0.0028	8.43	97	0.28	3.28	0.0026	7.76	0.34	3.97	0.0031	9.56								
10	丽江云杉	8	0.35	3.37	0.0043	8.28	74	0.36	3.43	0.0045	8.44	0.35	3.46	0.004	8.39								
10	丽江云杉	10	0.44	3.4	0.0077	8.37	57	0.41	3.18	0.0072	7.89	0.5	3.79	0.0089	9.24								
10	丽江云杉	12	0.41	2.84	0.0083	7.29	27	0.4	2.83	0.0077	7.38	0.42	2.86	0.0089	7.18								
10	丽江云杉	14	0.38	2.32	0.0093	6.05	20	0.45	2.7	0.0114	6.96												
10	丽江云杉	16	0.39	2.12	0.0118	5.53	13																
10	丽江云杉	18	0.46	2.24	0.0168	5.82	16	0.4	2.01	0.0138	5.27												
10	丽江云杉	20	0.31	1.38	0.0126	3.64	11	0.2	0.86	0.0087	2.28												
10	丽江云杉	22	0.24	1.04	0.0108	2.73	14	0.3	1.16	0.0155	3.04												
10	丽江云杉	24	0.37	1.42	0.0197	3.7	15																
10	丽江云杉	36	0.21	0.54	0.0192	1.39	12																
10	丽江云杉	38	0.25	0.62	0.0245	1.57	10																
15	丽江云杉	6	0.3	3	0.0039	6.59	36	0.22	2.35	0.0026	5.51	0.51	4.68	0.0074	9.42								
15	丽江云杉	8	0.33	2.98	0.0044	7	29	0.34	3.08	0.0047	7.18												
15	丽江云杉	10	0.34	2.61	0.0062	6.29	20	0.3	2.43	0.0047	6												
5	柳杉	6	0.69	8.15	0.0042	17.65	118													1.45	14.51	0.0108	29.21
5	柳杉	8	0.92	8.35	0.0082	18.38	86													1.84	14.71	0.0198	29.34
5	柳杉	10	1.04	7.97	0.0117	18.07	55																

续表 1-3-1

生长周期（年）	树种	起测胸径(cm)	全省					迪庆				丽江				怒江				德宏			
			胸径年平均生长量(cm)	胸径年平均生长率(%)	材积年平均生长量(m³)	材积年平均生长率(%)	样木数量(株)	胸径年平均生长量(cm)	胸径年平均生长率(%)	材积年平均生长量(m³)	材积年平均生长率(%)	胸径年平均生长量(cm)	胸径年平均生长率(%)	材积年平均生长量(m³)	材积年平均生长率(%)	胸径年平均生长量(cm)	胸径年平均生长率(%)	材积年平均生长量(m³)	材积年平均生长率(%)	胸径年平均生长量(cm)	胸径年平均生长率(%)	材积年平均生长量(m³)	材积年平均生长率(%)
5	柳杉	12	0.72	4.85	0.0096	11.44	48																
5	柳杉	14	0.75	4.52	0.0122	10.94	37																
5	柳杉	16	0.73	3.91	0.0139	9.51	20																
5	柳杉	18	0.75	3.75	0.016	9.23	19																
5	柳杉	22	0.99	3.99	0.0283	9.81	12																
10	柳杉	6	0.58	5.94	0.0044	12.02	67																
10	柳杉	8	0.65	5.5	0.0065	11.75	35																
10	柳杉	10	0.82	5.56	0.0115	11.81	36																
10	柳杉	12	0.54	3.5	0.0078	8.08	30																
10	柳杉	14	0.69	3.81	0.0127	8.8	16																
10	柳杉	18	0.85	3.75	0.0214	8.77	13																
15	柳杉	6	0.61	5.47	0.0057	10.18	26																
15	柳杉	8	0.52	4.19	0.0056	8.69	16																
15	柳杉	10	0.75	4.65	0.0121	9.36	19																
5	柳树	6	0.31	4.41	0.0017	11.71	97					0.21	3.13	0.001	9.02	0.25	3.64	0.0013	8.72				
5	柳树	8	0.29	3.25	0.0023	8.42	87					0.19	2.21	0.0014	5.97	0.33	3.44	0.0029	7.94				
5	柳树	10	0.33	2.87	0.0036	7.23	68					0.15	1.42	0.0014	3.7								
5	柳树	12	0.31	2.26	0.0044	5.65	61					0.1	0.84	0.0013	2.19	0.56	3.94	0.0085	9.47				

续表1-3-1

生长周期（年）	树种	起测胸径(cm)	全省 胸径年平均生长量(cm)	全省 胸径年平均生长率(%)	全省 材积年平均生长量(m³)	全省 材积年平均生长率(%)	样木数量(株)	迪庆 胸径年平均生长量(cm)	迪庆 胸径年平均生长率(%)	迪庆 材积年平均生长量(m³)	迪庆 材积年平均生长率(%)	丽江 胸径年平均生长量(cm)	丽江 胸径年平均生长率(%)	丽江 材积年平均生长量(m³)	丽江 材积年平均生长率(%)	怒江 胸径年平均生长量(cm)	怒江 胸径年平均生长率(%)	怒江 材积年平均生长量(m³)	怒江 材积年平均生长率(%)	德宏 胸径年平均生长量(cm)	德宏 胸径年平均生长率(%)	德宏 材积年平均生长量(m³)	德宏 材积年平均生长率(%)
5	柳树	14	0.31	2.07	0.0051	5.15	46					0.22	1.48	0.0032	3.62	0.35	2.29	0.0057	5.61				
5	柳树	16	0.36	2	0.0078	4.84	37					0.24	1.39	0.0048	3.38								
5	柳树	18	0.58	2.8	0.0148	6.66	29					0.19	1.05	0.0041	2.52								
5	柳树	20	0.47	2.15	0.0124	5.13	11																
5	柳树	22	0.4	1.63	0.0121	3.81	13																
5	柳树	32	0.35	1.06	0.0159	2.45	10																
10	柳树	6	0.24	3.11	0.0015	7.77	42					0.15	2.13	0.0008	5.98								
10	柳树	8	0.27	2.72	0.0025	6.64	36					0.13	1.45	0.0009	3.85								
10	柳树	10	0.3	2.35	0.004	5.52	37					0.09	0.88	0.0009	2.26								
10	柳树	12	0.29	2	0.0047	4.86	36					0.13	0.98	0.0017	2.47								
10	柳树	14	0.27	1.68	0.0049	4.08	28																
10	柳树	16	0.34	1.74	0.0081	4.03	20					0.23	1.28	0.0048	3.05								
10	柳树	18	0.56	2.48	0.0162	5.68	12																
15	柳树	12	0.24	1.67	0.004	4.11	11																
5	毛叶黄杞	6	0.29	4.15	0.0015	11.18	76																
5	毛叶黄杞	8	0.26	2.95	0.002	7.99	106																
5	毛叶黄杞	10	0.34	3.03	0.0039	7.91	70																
5	毛叶黄杞	12	0.35	2.69	0.0052	7.01	40																

续表1-3-1

生长周期(年)	树种	起测胸径(cm)	全省					迪庆				丽江				怒江				德宏			
			胸径年平均生长量(cm)	胸径年平均生长率(%)	材积年平均生长量(m³)	材积年平均生长率(%)	样木数量(株)	胸径年平均生长量(cm)	胸径年平均生长率(%)	材积年平均生长量(m³)	材积年平均生长率(%)	胸径年平均生长量(cm)	胸径年平均生长率(%)	材积年平均生长量(m³)	材积年平均生长率(%)	胸径年平均生长量(cm)	胸径年平均生长率(%)	材积年平均生长量(m³)	材积年平均生长率(%)	胸径年平均生长量(cm)	胸径年平均生长率(%)	材积年平均生长量(m³)	材积年平均生长率(%)
5	毛叶黄杞	14	0.3	1.92	0.0056	4.84	36																
5	毛叶黄杞	16	0.31	1.82	0.007	4.56	35																
5	毛叶黄杞	18	0.33	1.71	0.0084	4.26	14																
5	毛叶黄杞	20	0.32	1.5	0.0094	3.69	12																
10	毛叶黄杞	6	0.25	3.37	0.0015	8.62	50																
10	毛叶黄杞	8	0.23	2.41	0.002	6.25	58																
10	毛叶黄杞	10	0.34	2.69	0.0049	6.61	41																
10	毛叶黄杞	12	0.3	2.15	0.0049	5.48	27																
10	毛叶黄杞	14	0.31	1.88	0.0065	4.6	23																
10	毛叶黄杞	16	0.25	1.42	0.0059	3.49	21																
15	毛叶黄杞	6	0.22	2.82	0.0014	7.05	20																
15	毛叶黄杞	8	0.23	2.26	0.0023	5.58	30																
15	毛叶黄杞	10	0.3	2.19	0.0047	5.17	15																
15	毛叶黄杞	12	0.28	1.9	0.005	4.68	14																
5	毛叶木姜子	6	0.36	4.68	0.0021	11.58	55																
5	毛叶木姜子	8	0.32	3.38	0.0023	8.62	59																
5	毛叶木姜子	10	0.37	3.25	0.0034	8.15	38																
5	毛叶木姜子	12	0.44	3.35	0.0053	8.28	28																

续表 1-3-1

生长周期（年）	树种	起测胸径(cm)	全省 胸径年平均生长量(cm)	全省 胸径年平均生长率(%)	全省 材积年平均生长量(m³)	全省 材积年平均生长率(%)	全省 样木数量(株)	迪庆 胸径年平均生长量(cm)	迪庆 胸径年平均生长率(%)	迪庆 材积年平均生长量(m³)	迪庆 材积年平均生长率(%)	丽江 胸径年平均生长量(cm)	丽江 胸径年平均生长率(%)	丽江 材积年平均生长量(m³)	丽江 材积年平均生长率(%)	怒江 胸径年平均生长量(cm)	怒江 胸径年平均生长率(%)	怒江 材积年平均生长量(m³)	怒江 材积年平均生长率(%)	德宏 胸径年平均生长量(cm)	德宏 胸径年平均生长率(%)	德宏 材积年平均生长量(m³)	德宏 材积年平均生长率(%)
5	毛叶木姜子	14	0.4	2.6	0.0059	6.32	16																
5	毛叶木姜子	16	0.45	2.45	0.0087	5.77	15																
10	毛叶木姜子	6	0.32	3.56	0.0024	8.22	40																
10	毛叶木姜子	8	0.33	3.22	0.0029	7.76	39																
10	毛叶木姜子	10	0.31	2.59	0.0031	6.4	16																
10	毛叶木姜子	12	0.44	3.09	0.0057	7.44	13																
15	毛叶木姜子	6	0.29	3.14	0.0023	7.07	24																
15	毛叶木姜子	8	0.32	2.82	0.0034	6.4	12																
5	毛叶柿	6	0.19	2.8	0.0009	8.53	69																
5	毛叶柿	8	0.16	1.87	0.0011	5.25	52																
5	毛叶柿	10	0.22	2.03	0.002	5.23	33																
5	毛叶柿	12	0.25	1.96	0.0031	5.04	27																
5	毛叶柿	14	0.17	1.19	0.0025	3.08	22																
5	毛叶柿	18	0.18	0.93	0.0038	2.29	11																
10	毛叶柿	6	0.17	2.09	0.0011	5.57	32																
10	毛叶柿	8	0.11	1.18	0.0008	3.36	29																
10	毛叶柿	10	0.19	1.68	0.0019	4.17	25																
10	毛叶柿	12	0.25	1.78	0.0034	4.39	18																

续表1-3-1

生长周期（年）	树种	起测胸径(cm)	全省 胸径年平均生长量(cm)	全省 胸径年平均生长率(%)	全省 材积年平均生长量(m³)	全省 材积年平均生长率(%)	样木数量（株）	迪庆 胸径年平均生长量(cm)	迪庆 胸径年平均生长率(%)	迪庆 材积年平均生长量(m³)	迪庆 材积年平均生长率(%)	丽江 胸径年平均生长量(cm)	丽江 胸径年平均生长率(%)	丽江 材积年平均生长量(m³)	丽江 材积年平均生长率(%)	怒江 胸径年平均生长量(cm)	怒江 胸径年平均生长率(%)	怒江 材积年平均生长量(m³)	怒江 材积年平均生长率(%)	德宏 胸径年平均生长量(cm)	德宏 胸径年平均生长率(%)	德宏 材积年平均生长量(m³)	德宏 材积年平均生长率(%)
10	毛叶柿	14	0.15	1	0.0021	2.54	12																
15	毛叶柿	6	0.21	2.29	0.0016	5.61	14																
15	毛叶柿	8	0.1	1.04	0.0007	2.88	15																
15	毛叶柿	10	0.2	1.65	0.0021	3.9	13																
5	毛叶油丹	6	0.36	4.54	0.0027	11.71	22																
5	毛叶油丹	8	0.35	3.66	0.0033	9.75	25																
5	毛叶油丹	10	0.26	2.38	0.003	6.5	14																
5	毛叶油丹	12	0.43	3.18	0.0069	8.24	14																
5	毛叶油丹	14	0.49	3.02	0.0101	7.52	14																
5	毛叶油丹	16	0.47	2.62	0.0108	6.52	18																
5	毛叶油丹	20	0.35	1.69	0.0101	4.15	10																
10	毛叶油丹	6	0.33	3.69	0.003	8.7	13																
10	毛叶油丹	8	0.35	3.24	0.0039	8.06	16																
10	毛叶油丹	14	0.39	2.28	0.0085	5.55	12																
10	毛叶油丹	16	0.51	2.62	0.0132	6.28	12																
5	密花树	6	0.22	3.31	0.0011	9.6	139																
5	密花树	8	0.25	2.84	0.002	7.74	94																
5	密花树	10	0.24	2.25	0.0026	5.99	41																

续表1-3-1

生长周期（年）	树种	起测胸径(cm)	全省					迪庆				丽江				怒江				德宏			
			胸径年平均生长量(cm)	胸径年平均生长率(%)	材积年平均生长量(m³)	材积年平均生长率(%)	样木数量(株)	胸径年平均生长量(cm)	胸径年平均生长率(%)	材积年平均生长量(m³)	材积年平均生长率(%)	胸径年平均生长量(cm)	胸径年平均生长率(%)	材积年平均生长量(m³)	材积年平均生长率(%)	胸径年平均生长量(cm)	胸径年平均生长率(%)	材积年平均生长量(m³)	材积年平均生长率(%)	胸径年平均生长量(cm)	胸径年平均生长率(%)	材积年平均生长量(m³)	材积年平均生长率(%)
5	密花树	12	0.32	2.46	0.0046	6.5	22																
10	密花树	6	0.21	2.92	0.0013	7.78	78																
10	密花树	8	0.23	2.46	0.0021	6.47	58																
10	密花树	10	0.21	1.89	0.0024	4.83	22																
10	密花树	12	0.25	1.88	0.0038	4.87	11																
15	密花树	6	0.21	2.49	0.0016	6.16	32																
15	密花树	8	0.17	1.85	0.0014	4.74	23																
5	木棉	6	0.48	6.45	0.0029	15.95	13																
5	木棉	8	0.4	4.29	0.0036	10.68	14																
5	木棉	12	0.48	3.55	0.0072	8.72	13																
5	木棉	16	0.56	3.15	0.013	7.83	11																
5	南酸枣	6	0.46	5.73	0.0028	13.14	38																
5	南酸枣	8	0.53	5.49	0.0041	12.82	43																
5	南酸枣	10	0.53	4.59	0.0051	11.05	28																
5	南酸枣	12	0.59	4.09	0.0084	9.69	20																
5	南酸枣	14	0.45	2.86	0.0067	6.76	18																
5	南酸枣	16	0.57	3.22	0.0106	7.76	17																
5	南酸枣	18	0.72	3.54	0.0157	8.33	11																

续表 1-3-1

生长周期(年)	树种	起测胸径(cm)	全省 胸径年平均生长量(cm)	全省 胸径年平均生长率(%)	全省 材积年平均生长量(m³)	全省 材积年平均生长率(%)	全省 样木数量(株)	迪庆 胸径年平均生长量(cm)	迪庆 胸径年平均生长率(%)	迪庆 材积年平均生长量(m³)	迪庆 材积年平均生长率(%)	丽江 胸径年平均生长量(cm)	丽江 胸径年平均生长率(%)	丽江 材积年平均生长量(m³)	丽江 材积年平均生长率(%)	怒江 胸径年平均生长量(cm)	怒江 胸径年平均生长率(%)	怒江 材积年平均生长量(m³)	怒江 材积年平均生长率(%)	德宏 胸径年平均生长量(cm)	德宏 胸径年平均生长率(%)	德宏 材积年平均生长量(m³)	德宏 材积年平均生长率(%)
10	南酸枣	6	0.41	4.16	0.0036	8.47	18																
10	南酸枣	8	0.63	5.27	0.007	11.21	17																
10	南酸枣	10	0.46	3.51	0.0054	8.14	10																
10	南酸枣	12	0.53	3.38	0.0082	7.58	13																
5	楠木	6	0.26	3.67	0.0014	9.87	1241													0.41	5.47	0.0027	12.22
5	楠木	8	0.27	3.01	0.0023	7.95	1031													0.39	4.13	0.0033	9.65
5	楠木	10	0.29	2.59	0.0032	6.78	644													0.47	4.12	0.0053	9.6
5	楠木	12	0.33	2.49	0.005	6.39	492													0.8	5.34	0.0135	12.37
5	楠木	14	0.31	2.02	0.0055	5.13	336													0.55	3.39	0.0104	8.12
5	楠木	16	0.35	2.02	0.0078	5.03	262													0.77	4.03	0.0191	9.46
5	楠木	18	0.36	1.82	0.0091	4.51	198													0.65	3.22	0.017	7.85
5	楠木	20	0.35	1.65	0.0104	4.04	157													0.46	2.15	0.0132	5.3
5	楠木	22	0.31	1.33	0.0102	3.22	159																
5	楠木	24	0.28	1.13	0.0101	2.73	119																
5	楠木	26	0.28	1.03	0.0116	2.48	100																
5	楠木	28	0.3	1.03	0.0131	2.44	77																
5	楠木	30	0.29	0.92	0.0139	2.18	70																
5	楠木	32	0.33	1	0.0166	2.32	53																

续表 1-3-1

生长周期（年）	树种	起测胸径(cm)	全省 胸径年平均生长量(cm)	胸径年平均生长率(%)	材积年平均生长量(m³)	材积年平均生长率(%)	样木数量（株）	迪庆 胸径年平均生长量(cm)	胸径年平均生长率(%)	材积年平均生长量(m³)	材积年平均生长率(%)	丽江 胸径年平均生长量(cm)	胸径年平均生长率(%)	材积年平均生长量(m³)	材积年平均生长率(%)	怒江 胸径年平均生长量(cm)	胸径年平均生长率(%)	材积年平均生长量(m³)	材积年平均生长率(%)	德宏 胸径年平均生长量(cm)	胸径年平均生长率(%)	材积年平均生长量(m³)	材积年平均生长率(%)
5	楠木	34	0.32	0.9	0.0172	2.08	40																
5	楠木	36	0.28	0.77	0.016	1.78	20																
5	楠木	38	0.33	0.84	0.0198	1.92	24																
5	楠木	40	0.68	1.6	0.0463	3.67	14																
5	楠木	42	0.33	0.76	0.0232	1.71	16																
5	楠木	44	0.37	0.83	0.0269	1.86	20																
5	楠木	46	0.37	0.79	0.0295	1.78	18																
5	楠木	48	0.31	0.62	0.0253	1.41	12																
5	楠木	52	0.28	0.53	0.0257	1.21	12																
5	楠木	54	0.24	0.44	0.0223	0.98	10																
10	楠木	6	0.23	2.95	0.0016	7.39	769													0.47	5.1	0.0042	10.38
10	楠木	8	0.24	2.44	0.0023	6.16	616													0.37	3.63	0.0037	7.99
10	楠木	10	0.27	2.2	0.0035	5.5	399													0.57	4.23	0.0084	9.22
10	楠木	12	0.29	2.02	0.005	4.98	298													0.8	4.71	0.0163	10.29
10	楠木	14	0.28	1.7	0.0056	4.18	211													0.6	3.36	0.0132	7.72
10	楠木	16	0.3	1.64	0.0073	3.98	161																
10	楠木	18	0.3	1.46	0.0082	3.55	122																
10	楠木	20	0.31	1.37	0.0097	3.29	112																

续表 1-3-1

生长周期（年）	树种	起测胸径（cm）	全省 胸径年平均生长量（cm）	全省 胸径年平均生长率（%）	全省 材积年平均生长量（m³）	全省 材积年平均生长率（%）	全省 样木数量（株）	迪庆 胸径年平均生长量（cm）	迪庆 胸径年平均生长率（%）	迪庆 材积年平均生长量（m³）	迪庆 材积年平均生长率（%）	丽江 胸径年平均生长量（cm）	丽江 胸径年平均生长率（%）	丽江 材积年平均生长量（m³）	丽江 材积年平均生长率（%）	怒江 胸径年平均生长量（cm）	怒江 胸径年平均生长率（%）	怒江 材积年平均生长量（m³）	怒江 材积年平均生长率（%）	德宏 胸径年平均生长量（cm）	德宏 胸径年平均生长率（%）	德宏 材积年平均生长量（m³）	德宏 材积年平均生长率（%）
10	楠木	22	0.28	1.14	0.0096	2.73	107													0.52	3.54	0.0086	7.45
10	楠木	24	0.25	0.95	0.0091	2.26	74																
10	楠木	26	0.26	0.92	0.0113	2.17	66																
10	楠木	28	0.31	1.01	0.0141	2.38	48																
10	楠木	30	0.27	0.84	0.0139	1.96	46																
10	楠木	32	0.3	0.87	0.0153	2.02	32																
10	楠木	34	0.31	0.83	0.0178	1.89	25																
10	楠木	36	0.25	0.66	0.0142	1.53	10																
10	楠木	38	0.32	0.8	0.0197	1.82	16																
10	楠木	40	0.59	1.37	0.0417	3.1	10																
10	楠木	42	0.38	0.81	0.0281	1.79	11																
10	楠木	44	0.34	0.73	0.0249	1.64	16																
10	楠木	46	0.31	0.65	0.0247	1.45	12																
15	楠木	6	0.22	2.59	0.0018	6.24	310																
15	楠木	8	0.22	2.1	0.0024	5.08	230																
15	楠木	10	0.27	2.04	0.004	4.89	187																
15	楠木	12	0.26	1.74	0.0049	4.17	132																
15	楠木	14	0.26	1.52	0.0058	3.62	89																

生长周期（年）	树种	起测胸径（cm）	全省					迪庆				丽江				怒江				德宏			
			胸径年平均生长量（cm）	胸径年平均生长率（%）	材积年平均生长量（m³）	材积年平均生长率（%）	样木数量（株）	胸径年平均生长量（cm）	胸径年平均生长率（%）	材积年平均生长量（m³）	材积年平均生长率（%）	胸径年平均生长量（cm）	胸径年平均生长率（%）	材积年平均生长量（m³）	材积年平均生长率（%）	胸径年平均生长量（cm）	胸径年平均生长率（%）	材积年平均生长量（m³）	材积年平均生长率（%）	胸径年平均生长量（cm）	胸径年平均生长率（%）	材积年平均生长量（m³）	材积年平均生长率（%）
15	楠木	16	0.29	1.46	0.0074	3.44	71																
15	楠木	18	0.29	1.37	0.0083	3.27	57																
15	楠木	20	0.27	1.16	0.0087	2.77	54																
15	楠木	22	0.26	1.05	0.0095	2.48	53																
15	楠木	24	0.24	0.9	0.0094	2.12	27																
15	楠木	26	0.24	0.82	0.0109	1.91	32																
15	楠木	28	0.33	1.06	0.0155	2.45	20																
15	楠木	30	0.26	0.77	0.0137	1.79	20																
15	楠木	32	0.25	0.72	0.0125	1.65	13																
15	楠木	34	0.3	0.78	0.0176	1.75	16																
5	泡桐	6	0.72	8.49	0.0054	20.14	49																
5	泡桐	8	0.95	8.35	0.0115	19.42	42																
5	泡桐	10	0.54	4.54	0.0066	11.5	32																
5	泡桐	12	0.68	4.59	0.0119	11.16	38																
5	泡桐	14	0.59	3.54	0.0119	8.69	19																
5	泡桐	16	0.62	3.42	0.015	8.39	21																
5	泡桐	18	0.56	2.8	0.0136	6.89	11																
5	泡桐	20	0.53	2.47	0.0153	6.1	11																

续表1-3-1

生长周期（年）	树种	起测胸径（cm）	全省					迪庆				丽江				怒江				德宏			
			胸径年平均生长量（cm）	胸径年平均生长率（%）	材积年平均生长量（m³）	材积年平均生长率（%）	样木数量（株）	胸径年平均生长量（cm）	胸径年平均生长率（%）	材积年平均生长量（m³）	材积年平均生长率（%）	胸径年平均生长量（cm）	胸径年平均生长率（%）	材积年平均生长量（m³）	材积年平均生长率（%）	胸径年平均生长量（cm）	胸径年平均生长率（%）	材积年平均生长量（m³）	材积年平均生长率（%）	胸径年平均生长量（cm）	胸径年平均生长率（%）	材积年平均生长量（m³）	材积年平均生长率（%）
10	泡桐	6	0.58	5.88	0.0055	12.7	20																
10	泡桐	8	0.89	6.56	0.0143	13.4	25																
10	泡桐	10	0.48	3.72	0.007	8.87	17																
10	泡桐	12	0.6	3.74	0.0122	8.67	20																
10	泡桐	16	0.59	3	0.0156	7.08	10																
15	泡桐	8	0.61	4.46	0.0107	9.14	10																
5	普文楠	6	0.29	3.83	0.0018	9.14	91																
5	普文楠	8	0.32	3.35	0.0029	7.89	98													0.23	3.38	0.0012	7.8
5	普文楠	10	0.35	3.08	0.0041	7.38	75													0.29	3.26	0.0023	7.79
5	普文楠	12	0.28	2.13	0.0038	5.17	67													0.43	3.86	0.0045	9.2
5	普文楠	14	0.29	1.92	0.0049	4.68	46																
5	普文楠	16	0.29	1.68	0.0058	4.18	38																
5	普文楠	18	0.4	2.07	0.0097	5.1	24																
5	普文楠	20	0.57	2.55	0.0166	6.19	22																
5	普文楠	22	0.39	1.63	0.0127	4	12																
10	普文楠	6	0.27	3.28	0.002	7.31	57													0.25	3.28	0.0016	7.28
10	普文楠	8	0.28	2.71	0.003	6.09	63																
10	普文楠	10	0.31	2.49	0.004	5.74	50																

续表 1-3-1

生长周期（年）	树种	起测胸径(cm)	全省 胸径年平均生长量(cm)	全省 胸径年平均生长率(%)	全省 材积年平均生长量(m³)	全省 材积年平均生长率(%)	样木数量（株）	迪庆 胸径年平均生长量(cm)	迪庆 胸径年平均生长率(%)	迪庆 材积年平均生长量(m³)	迪庆 材积年平均生长率(%)	丽江 胸径年平均生长量(cm)	丽江 胸径年平均生长率(%)	丽江 材积年平均生长量(m³)	丽江 材积年平均生长率(%)	怒江 胸径年平均生长量(cm)	怒江 胸径年平均生长率(%)	怒江 材积年平均生长量(m³)	怒江 材积年平均生长率(%)	德宏 胸径年平均生长量(cm)	德宏 胸径年平均生长率(%)	德宏 材积年平均生长量(m³)	德宏 材积年平均生长率(%)
10	普文楠	12	0.3	2.09	0.0047	4.92	42																
10	普文楠	14	0.26	1.63	0.0047	3.93	24																
10	普文楠	16	0.26	1.46	0.0057	3.56	24																
10	普文楠	18	0.37	1.85	0.0097	4.5	15																
10	普文楠	20	0.64	2.63	0.0209	6.17	13																
15	普文楠	6	0.34	3.56	0.0032	7.41	16																
15	普文楠	8	0.29	2.47	0.0035	5.23	33																
15	普文楠	10	0.3	2.22	0.0044	4.94	26																
15	普文楠	12	0.28	1.82	0.0049	4.16	15																
15	普文楠	14	0.21	1.29	0.0038	3.11	10																
15	普文楠	16	0.3	1.57	0.007	3.75	10																
5	青榨槭	6	0.35	4.84	0.0019	12.76	71	0.11	1.87	0.0004	5.22												
5	青榨槭	8	0.36	3.93	0.0029	10.16	48																
5	青榨槭	10	0.4	3.46	0.0046	8.82	49	0.26	1.98	0.0035	4.73												
5	青榨槭	12	0.33	2.49	0.0045	6.34	32					0.2	1.59	0.0026	4.01								
5	青榨槭	14	0.27	1.82	0.0045	4.54	39	0.24	1.39	0.0047	3.36	0.13	0.94	0.0019	2.36								
5	青榨槭	16	0.25	1.47	0.0048	3.64	32					0.19	1.15	0.0036	2.88								
5	青榨槭	18	0.24	1.25	0.0055	3.03	30					0.16	0.84	0.0033	2.04								

续表 1-3-1

生长周期(年)	树种	起测胸径(cm)	全省					迪庆				丽江				怒江				德宏			
			胸径年平均生长量(cm)	胸径年平均生长率(%)	材积年平均生长量(m³)	材积年平均生长率(%)	样木数量(株)	胸径年平均生长量(cm)	胸径年平均生长率(%)	材积年平均生长量(m³)	材积年平均生长率(%)	胸径年平均生长量(cm)	胸径年平均生长率(%)	材积年平均生长量(m³)	材积年平均生长率(%)	胸径年平均生长量(cm)	胸径年平均生长率(%)	材积年平均生长量(m³)	材积年平均生长率(%)	胸径年平均生长量(cm)	胸径年平均生长率(%)	材积年平均生长量(m³)	材积年平均生长率(%)
5	青榨槭	20	0.34	1.62	0.0085	3.91	19																
5	青榨槭	24	0.18	0.72	0.0053	1.71	12																
5	青榨槭	26	0.13	0.5	0.0043	1.15	13																
10	青榨槭	6	0.34	3.99	0.0025	9.25	41																
10	青榨槭	8	0.33	3.19	0.003	7.82	32	0.14	0.51	0.0044	1.18												
10	青榨槭	10	0.33	2.57	0.0047	6.15	21																
10	青榨槭	12	0.34	2.31	0.0056	5.53	17																
10	青榨槭	14	0.23	1.45	0.0039	3.55	21					0.12	0.84	0.0018	2.11								
10	青榨槭	16	0.23	1.28	0.0046	3.11	26	0.2	1.12	0.004	2.7												
10	青榨槭	18	0.25	1.27	0.0061	3.05	15																
10	青榨槭	20	0.22	1.01	0.0055	2.42	13																
10	青榨槭	26	0.13	0.48	0.0044	1.12	10																
15	青榨槭	6	0.39	4.06	0.0036	8.73	14																
15	青榨槭	16	0.22	1.2	0.0047	2.82	11																
5	榕树	6	0.36	5.1	0.0019	13.57	43																
5	榕树	8	0.37	3.95	0.0031	10.04	32																
5	榕树	10	0.29	2.55	0.0034	6.73	23																
5	榕树	12	0.56	3.67	0.0108	8.68	13																

续表1-3-1

生长周期（年）	树种	起测胸径(cm)	全省 胸径年平均生长量(cm)	全省 胸径年平均生长率(%)	全省 材积年平均生长量(m³)	全省 材积年平均生长率(%)	样木数量（株）	迪庆 胸径年平均生长量(cm)	迪庆 胸径年平均生长率(%)	迪庆 材积年平均生长量(m³)	迪庆 材积年平均生长率(%)	丽江 胸径年平均生长量(cm)	丽江 胸径年平均生长率(%)	丽江 材积年平均生长量(m³)	丽江 材积年平均生长率(%)	怒江 胸径年平均生长量(cm)	怒江 胸径年平均生长率(%)	怒江 材积年平均生长量(m³)	怒江 材积年平均生长率(%)	德宏 胸径年平均生长量(cm)	德宏 胸径年平均生长率(%)	德宏 材积年平均生长量(m³)	德宏 材积年平均生长率(%)
5	榕树	14	0.52	3.28	0.0099	8.11	11																
5	榕树	16	0.23	1.38	0.0046	3.45	17																
5	榕树	18	0.27	1.43	0.0065	3.56	10																
10	榕树	6	0.34	4.16	0.0023	9.73	23																
10	榕树	8	0.27	2.59	0.0026	6.12	18																
10	榕树	10	0.21	1.74	0.0027	4.51	12																
10	榕树	16	0.23	1.33	0.0049	3.27	13																
5	瑞丽山龙眼	6	0.25	3.47	0.0015	9.5	33																
5	瑞丽山龙眼	8	0.23	2.66	0.0017	7.19	31																
5	瑞丽山龙眼	10	0.29	2.57	0.0032	6.72	21																
5	瑞丽山龙眼	12	0.22	1.74	0.0029	4.53	16																
5	瑞丽山龙眼	14	0.29	1.93	0.0052	4.88	12																
10	瑞丽山龙眼	6	0.21	2.67	0.0014	6.89	24																
10	瑞丽山龙眼	8	0.23	2.4	0.002	6.17	18																
10	瑞丽山龙眼	10	0.28	2.17	0.0039	5.26	13																
10	瑞丽山龙眼	12	0.2	1.45	0.0029	3.72	12																
15	瑞丽山龙眼	6	0.18	1.92	0.0016	4.59	10																
5	山鸡椒	6	0.33	4.67	0.0016	12.54	143																

续表1-3-1

生长周期(年)	树种	起测胸径(cm)	全省 胸径年平均生长量(cm)	全省 胸径年平均生长率(%)	全省 材积年平均生长量(m³)	全省 材积年平均生长率(%)	样木数量(株)	迪庆 胸径年平均生长量(cm)	迪庆 胸径年平均生长率(%)	迪庆 材积年平均生长量(m³)	迪庆 材积年平均生长率(%)	丽江 胸径年平均生长量(cm)	丽江 胸径年平均生长率(%)	丽江 材积年平均生长量(m³)	丽江 材积年平均生长率(%)	怒江 胸径年平均生长量(cm)	怒江 胸径年平均生长率(%)	怒江 材积年平均生长量(m³)	怒江 材积年平均生长率(%)	德宏 胸径年平均生长量(cm)	德宏 胸径年平均生长率(%)	德宏 材积年平均生长量(m³)	德宏 材积年平均生长率(%)
5	山鸡椒	8	0.37	4.08	0.0027	10.5	60																
5	山鸡椒	10	0.37	3.28	0.0036	8.26	28																
5	山鸡椒	12	0.57	4.25	0.007	10.48	11																
10	山鸡椒	6	0.31	4.02	0.0018	9.9	40																
10	山鸡椒	8	0.31	3.02	0.0027	7.25	17																
5	杉木	6	0.68	8.17	0.0039	17.93	2851													0.62	7.73	0.0034	17.69
5	杉木	8	0.68	6.6	0.0053	15.11	2453													0.69	6.76	0.0055	15.79
5	杉木	10	0.64	5.29	0.0063	12.49	1817													0.72	5.86	0.0076	14.02
5	杉木	12	0.59	4.23	0.0074	10.27	1485													0.58	4.19	0.0073	10.39
5	杉木	14	0.54	3.41	0.0081	8.34	1052													0.49	3.11	0.0074	7.59
5	杉木	16	0.54	3	0.0095	7.37	752													0.45	2.48	0.008	6.14
5	杉木	18	0.51	2.57	0.0104	6.38	500													0.79	3.86	0.0184	9.55
5	杉木	20	0.48	2.24	0.0112	5.59	272																
5	杉木	22	0.44	1.9	0.0115	4.76	221																
5	杉木	24	0.47	1.85	0.0143	4.62	180																
5	杉木	26	0.46	1.66	0.0153	4.15	107																
5	杉木	28	0.42	1.44	0.0151	3.59	63																
5	杉木	30	0.48	1.51	0.0195	3.76	49																

续表 1-3-1

生长周期（年）	树种	起测胸径（cm）	全省 胸径年平均生长量（cm）	全省 胸径年平均生长率（%）	全省 材积年平均生长量（m³）	全省 材积年平均生长率（%）	全省 样木数量（株）	迪庆 胸径年平均生长量（cm）	迪庆 胸径年平均生长率（%）	迪庆 材积年平均生长量（m³）	迪庆 材积年平均生长率（%）	丽江 胸径年平均生长量（cm）	丽江 胸径年平均生长率（%）	丽江 材积年平均生长量（m³）	丽江 材积年平均生长率（%）	怒江 胸径年平均生长量（cm）	怒江 胸径年平均生长率（%）	怒江 材积年平均生长量（m³）	怒江 材积年平均生长率（%）	德宏 胸径年平均生长量（cm）	德宏 胸径年平均生长率（%）	德宏 材积年平均生长量（m³）	德宏 材积年平均生长率（%）
5	杉木	32	0.41	1.22	0.018	3.04	25																
5	杉木	34	0.34	0.96	0.0161	2.4	11																
5	杉木	36	0.46	1.23	0.0239	3.05	10																
10	杉木	6	0.59	6.05	0.0044	12.12	1230													0.75	7.3	0.006	14.28
10	杉木	8	0.57	4.9	0.0057	10.46	1081													0.71	6.03	0.0067	12.62
10	杉木	10	0.53	3.99	0.0063	8.96	895													0.7	4.92	0.0099	10.74
10	杉木	12	0.49	3.19	0.0069	7.43	747													0.64	4.05	0.0094	9.35
10	杉木	14	0.42	2.48	0.0069	5.91	467																
10	杉木	16	0.43	2.29	0.0084	5.51	317													0.35	1.83	0.0068	4.41
10	杉木	18	0.46	2.2	0.0105	5.33	206																
10	杉木	20	0.45	1.99	0.0117	4.85	120																
10	杉木	22	0.43	1.78	0.0122	4.38	99																
10	杉木	24	0.43	1.61	0.014	3.96	85																
10	杉木	26	0.44	1.53	0.0154	3.79	50																
10	杉木	28	0.41	1.35	0.0158	3.33	23																
10	杉木	30	0.39	1.2	0.017	2.96	23																
15	杉木	6	0.52	4.82	0.0047	9.1	442													0.65	5.84	0.0058	10.93
15	杉木	8	0.53	4.12	0.0064	8.33	418																

续表 1-3-1

生长周期(年)	树种	起测胸径(cm)	全省					迪庆				丽江				怒江				德宏			
			胸径年平均生长量(cm)	胸径年平均生长率(%)	材积年平均生长量(m³)	材积年平均生长率(%)	样木数量(株)	胸径年平均生长量(cm)	胸径年平均生长率(%)	材积年平均生长量(m³)	材积年平均生长率(%)	胸径年平均生长量(cm)	胸径年平均生长率(%)	材积年平均生长量(m³)	材积年平均生长率(%)	胸径年平均生长量(cm)	胸径年平均生长率(%)	材积年平均生长量(m³)	材积年平均生长率(%)	胸径年平均生长量(cm)	胸径年平均生长率(%)	材积年平均生长量(m³)	材积年平均生长率(%)
15	杉木	10	0.46	3.21	0.0059	6.96	310																
15	杉木	12	0.4	2.54	0.0062	5.8	251																
15	杉木	14	0.36	2.07	0.0064	4.85	157																
15	杉木	16	0.43	2.13	0.0091	5	93																
15	杉木	18	0.45	2.04	0.0112	4.83	72																
15	杉木	20	0.42	1.77	0.0116	4.25	39																
15	杉木	22	0.41	1.63	0.0125	3.95	31																
15	杉木	24	0.41	1.47	0.0142	3.56	29																
15	杉木	26	0.39	1.32	0.0143	3.23	16																
5	十齿花	6	0.35	4.71	0.0019	11.72	30																
5	十齿花	8	0.24	2.69	0.0018	6.78	39																
5	十齿花	10	0.27	2.45	0.0027	6.28	46																
5	十齿花	12	0.34	2.58	0.0045	6.44	34																
5	十齿花	14	0.27	1.83	0.0042	4.62	23																
5	十齿花	16	0.43	2.47	0.0086	6.13	29																
5	十齿花	18	0.44	2.31	0.01	5.75	11																
5	十齿花	20	0.38	1.79	0.01	4.42	15																
10	十齿花	6	0.31	3.86	0.0019	8.95	19																

续表1-3-1

生长周期(年)	树种	起测胸径(cm)	全省 胸径年平均生长量(cm)	全省 胸径年平均生长率(%)	全省 材积年平均生长量(m³)	全省 材积年平均生长率(%)	全省 样木数量(株)	迪庆 胸径年平均生长量(cm)	迪庆 胸径年平均生长率(%)	迪庆 材积年平均生长量(m³)	迪庆 材积年平均生长率(%)	丽江 胸径年平均生长量(cm)	丽江 胸径年平均生长率(%)	丽江 材积年平均生长量(m³)	丽江 材积年平均生长率(%)	怒江 胸径年平均生长量(cm)	怒江 胸径年平均生长率(%)	怒江 材积年平均生长量(m³)	怒江 材积年平均生长率(%)	德宏 胸径年平均生长量(cm)	德宏 胸径年平均生长率(%)	德宏 材积年平均生长量(m³)	德宏 材积年平均生长率(%)
10	十齿花	8	0.23	2.37	0.002	5.7	28																
10	十齿花	10	0.25	2.14	0.0028	5.32	30																
10	十齿花	12	0.35	2.41	0.0056	5.77	18																
10	十齿花	14	0.27	1.78	0.0046	4.4	16																
10	十齿花	16	0.41	2.23	0.0089	5.4	23																
15	十齿花	8	0.16	1.64	0.0013	3.96	14																
15	十齿花	10	0.24	1.95	0.0029	4.75	15																
15	十齿花	14	0.24	1.53	0.0042	3.73	10																
5	石楠	6	0.31	4.27	0.0018	11	84													0.62	7.56	0.0046	16.36
5	石楠	8	0.38	4.1	0.0029	10.42	59													0.57	5.88	0.005	13.32
5	石楠	10	0.3	2.66	0.0031	6.83	32																
5	石楠	12	0.33	2.54	0.0044	6.44	24																
5	石楠	14	0.36	2.36	0.006	5.93	12																
5	石楠	16	0.57	3.06	0.0133	7.4	10																
10	石楠	6	0.26	3.11	0.0019	7.42	37																
10	石楠	8	0.35	3.31	0.0036	7.82	21																
10	石楠	10	0.23	1.89	0.0029	4.72	13																
10	石楠	12	0.24	1.76	0.0036	4.39	13																

续表1-3-1

生长周期（年）	树种	起测胸径（cm）	全省 胸径年平均生长量（cm）	全省 胸径年平均生长率（%）	全省 材积年平均生长量（m³）	全省 材积年平均生长率（%）	样木数量（株）	迪庆 胸径年平均生长量（cm）	迪庆 胸径年平均生长率（%）	迪庆 材积年平均生长量（m³）	迪庆 材积年平均生长率（%）	丽江 胸径年平均生长量（cm）	丽江 胸径年平均生长率（%）	丽江 材积年平均生长量（m³）	丽江 材积年平均生长率（%）	怒江 胸径年平均生长量（cm）	怒江 胸径年平均生长率（%）	怒江 材积年平均生长量（m³）	怒江 材积年平均生长率（%）	德宏 胸径年平均生长量（cm）	德宏 胸径年平均生长率（%）	德宏 材积年平均生长量（m³）	德宏 材积年平均生长率（%）
5	水冬瓜	6	0.83	9.85	0.0057	22.93	21																
5	水冬瓜	8	0.72	6.74	0.0074	16.12	20																
5	水冬瓜	10	0.53	4.48	0.0059	11.61	34																
5	水冬瓜	12	0.6	4.23	0.0094	10.9	17																
5	水冬瓜	14	0.72	4.29	0.0151	10.9	17																
5	水冬瓜	16	0.58	3.33	0.0127	8.8	11																
5	水冬瓜	18	0.6	3.01	0.016	7.89	18																
10	水冬瓜	6	0.53	6.03	0.0039	13.66	12																
10	水冬瓜	8	0.64	5.36	0.008	11.96	12																
10	水冬瓜	10	0.37	2.99	0.0047	7.53	21																
10	水冬瓜	14	0.74	4.08	0.0175	9.85	12																
10	水冬瓜	18	0.47	2.22	0.0138	5.59	10																
15	水冬瓜	10	0.38	2.68	0.0061	6.21	14																
5	水青树	6	0.35	4.69	0.0019	11.01	13																
5	水青树	8	0.49	5.1	0.0037	11.19	19																
5	水青树	10	0.54	4.55	0.0057	10.15	20																
5	水青树	12	0.59	4.1	0.0084	9.67	16																
10	水青树	6	0.31	3.74	0.0021	8.65	10																

续表 1-3-1

生长周期（年）	树种	起测胸径（cm）	全省 胸径年平均生长量（cm）	胸径年平均生长率（%）	材积年平均生长量（m³）	材积年平均生长率（%）	样木数量（株）	迪庆 胸径年平均生长量（cm）	胸径年平均生长率（%）	材积年平均生长量（m³）	材积年平均生长率（%）	丽江 胸径年平均生长量（cm）	胸径年平均生长率（%）	材积年平均生长量（m³）	材积年平均生长率（%）	怒江 胸径年平均生长量（cm）	胸径年平均生长率（%）	材积年平均生长量（m³）	材积年平均生长率（%）	德宏 胸径年平均生长量（cm）	胸径年平均生长率（%）	材积年平均生长量（m³）	材积年平均生长率（%）
10	水青树	8	0.49	4.57	0.0043	9.68	14																
10	水青树	10	0.49	3.82	0.0059	8.24	13																
10	水青树	12	0.47	3.15	0.0074	7.3	10																
5	思茅黄肉楠	6	0.29	3.89	0.0019	9.04	26																
5	思茅黄肉楠	8	0.26	2.93	0.002	7.34	20																
5	思茅黄肉楠	10	0.23	2.17	0.0025	5.66	18																
5	思茅黄肉楠	12	0.27	2.09	0.0038	5.1	10																
5	思茅黄肉楠	18	0.3	1.56	0.0071	3.83	11																
5	思茅黄肉楠	22	0.28	1.22	0.0087	3.01	11																
10	思茅黄肉楠	6	0.33	3.74	0.0027	8.07	12																
10	思茅黄肉楠	8	0.2	2.17	0.0017	5.39	14																
10	思茅黄肉楠	10	0.17	1.46	0.0019	3.64	12																
5	思茅松	6	0.57	7.03	0.0036	15.79	2231																
5	思茅松	8	0.56	5.63	0.0047	13.1	2493																
5	思茅松	10	0.53	4.53	0.006	10.88	2130																
5	思茅松	12	0.54	3.92	0.0079	9.61	1783																
5	思茅松	14	0.57	3.6	0.0104	8.91	1564																
5	思茅松	16	0.53	3	0.0121	7.55	1289																

续表 1-3-1

生长周期(年)	树种	起测胸径(cm)	全省 胸径年平均生长量(cm)	胸径年平均生长率(%)	材积年平均生长量(m³)	材积年平均生长率(%)	样木数量(株)	迪庆 胸径年平均生长量(cm)	胸径年平均生长率(%)	材积年平均生长量(m³)	材积年平均生长率(%)	丽江 胸径年平均生长量(cm)	胸径年平均生长率(%)	材积年平均生长量(m³)	材积年平均生长率(%)	怒江 胸径年平均生长量(cm)	胸径年平均生长率(%)	材积年平均生长量(m³)	材积年平均生长率(%)	德宏 胸径年平均生长量(cm)	胸径年平均生长率(%)	材积年平均生长量(m³)	材积年平均生长率(%)
5	思茅松	18	0.5	2.56	0.0134	6.45	907																
5	思茅松	20	0.48	2.24	0.0148	5.7	798																
5	思茅松	22	0.45	1.9	0.0156	4.8	629																
5	思茅松	24	0.45	1.77	0.0177	4.48	453																
5	思茅松	26	0.43	1.58	0.0191	3.99	353																
5	思茅松	28	0.4	1.36	0.0198	3.44	224																
5	思茅松	30	0.44	1.39	0.024	3.5	186																
5	思茅松	32	0.46	1.35	0.0279	3.39	142																
5	思茅松	34	0.42	1.18	0.0272	2.96	93																
5	思茅松	36	0.41	1.08	0.0291	2.7	64																
5	思茅松	38	0.36	0.92	0.0277	2.31	52																
5	思茅松	40	0.41	1	0.0331	2.48	32																
5	思茅松	42	0.47	1.09	0.0419	2.7	15																
5	思茅松	44	0.33	0.75	0.0308	1.86	17																
5	思茅松	46	0.38	0.81	0.0379	1.99	18																
5	思茅松	48	0.3	0.6	0.0305	1.49	11																
10	思茅松	6	0.51	5.41	0.0044	11.31	1462																
10	思茅松	8	0.51	4.52	0.0056	9.91	1476																

续表1-3-1

生长周期（年）	树种	起测胸径（cm）	全省 胸径年平均生长量（cm）	全省 胸径年平均生长率（%）	全省 材积年平均生长量（m³）	全省 材积年平均生长率（%）	全省 样木数量（株）	迪庆 胸径年平均生长量（cm）	迪庆 胸径年平均生长率（%）	迪庆 材积年平均生长量（m³）	迪庆 材积年平均生长率（%）	丽江 胸径年平均生长量（cm）	丽江 胸径年平均生长率（%）	丽江 材积年平均生长量（m³）	丽江 材积年平均生长率（%）	怒江 胸径年平均生长量（cm）	怒江 胸径年平均生长率（%）	怒江 材积年平均生长量（m³）	怒江 材积年平均生长率（%）	德宏 胸径年平均生长量（cm）	德宏 胸径年平均生长率（%）	德宏 材积年平均生长量（m³）	德宏 材积年平均生长率（%）
10	思茅松	10	0.5	3.8	0.0072	8.75	1234																
10	思茅松	12	0.48	3.18	0.0086	7.58	1002																
10	思茅松	14	0.46	2.73	0.01	6.66	879																
10	思茅松	16	0.43	2.26	0.0109	5.6	765																
10	思茅松	18	0.4	1.94	0.0117	4.82	550																
10	思茅松	20	0.38	1.69	0.0126	4.23	493																
10	思茅松	22	0.37	1.51	0.014	3.75	406																
10	思茅松	24	0.38	1.44	0.0161	3.6	269																
10	思茅松	26	0.35	1.24	0.0169	3.11	209																
10	思茅松	28	0.31	1.03	0.0163	2.57	134																
10	思茅松	30	0.36	1.11	0.0206	2.78	135																
10	思茅松	32	0.37	1.07	0.0234	2.66	91																
10	思茅松	34	0.36	1	0.0249	2.48	51																
10	思茅松	36	0.35	0.9	0.0263	2.22	45																
10	思茅松	38	0.33	0.83	0.0264	2.07	29																
10	思茅松	40	0.28	0.67	0.0238	1.67	13																
10	思茅松	42	0.34	0.78	0.0308	1.93	11																
10	思茅松	44	0.25	0.54	0.023	1.33	11																

续表 1-3-1

生长周期（年）	树种	起测胸径（cm）	全省					迪庆				丽江				怒江				德宏			
			胸径年平均生长量（cm）	胸径年平均生长率（%）	材积年平均生长量（m³）	材积年平均生长率（%）	样木数量（株）	胸径年平均生长量（cm）	胸径年平均生长率（%）	材积年平均生长量（m³）	材积年平均生长率（%）	胸径年平均生长量（cm）	胸径年平均生长率（%）	材积年平均生长量（m³）	材积年平均生长率（%）	胸径年平均生长量（cm）	胸径年平均生长率（%）	材积年平均生长量（m³）	材积年平均生长率（%）	胸径年平均生长量（cm）	胸径年平均生长率（%）	材积年平均生长量（m³）	材积年平均生长率（%）
10	思茅松	46	0.35	0.73	0.0357	1.79	11																
15	思茅松	6	0.49	4.65	0.0056	9.17	661																
15	思茅松	8	0.47	3.8	0.0066	8.05	566																
15	思茅松	10	0.48	3.32	0.0082	7.36	526																
15	思茅松	12	0.44	2.74	0.009	6.33	445																
15	思茅松	14	0.43	2.38	0.0102	5.62	375																
15	思茅松	16	0.4	2	0.011	4.82	329																
15	思茅松	18	0.4	1.82	0.0125	4.41	245																
15	思茅松	20	0.36	1.55	0.0125	3.79	215																
15	思茅松	22	0.37	1.45	0.015	3.56	157																
15	思茅松	24	0.38	1.37	0.0172	3.37	113																
15	思茅松	26	0.35	1.17	0.0176	2.9	95																
15	思茅松	28	0.28	0.9	0.0155	2.25	46																
15	思茅松	30	0.31	0.94	0.0183	2.35	63																
15	思茅松	32	0.37	1.06	0.0248	2.6	33																
15	思茅松	34	0.32	0.86	0.0225	2.14	21																
15	思茅松	36	0.35	0.88	0.0277	2.15	20																
5	四角蒲桃	6	0.27	3.82	0.0014	8.14	79																

续表 1-3-1

生长周期（年）	树种	起测胸径(cm)	全省 胸径年平均生长量(cm)	全省 胸径年平均生长率(%)	全省 材积年平均生长量(m³)	全省 材积年平均生长率(%)	样木数量(株)	迪庆 胸径年平均生长量(cm)	迪庆 胸径年平均生长率(%)	迪庆 材积年平均生长量(m³)	迪庆 材积年平均生长率(%)	丽江 胸径年平均生长量(cm)	丽江 胸径年平均生长率(%)	丽江 材积年平均生长量(m³)	丽江 材积年平均生长率(%)	怒江 胸径年平均生长量(cm)	怒江 胸径年平均生长率(%)	怒江 材积年平均生长量(m³)	怒江 材积年平均生长率(%)	德宏 胸径年平均生长量(cm)	德宏 胸径年平均生长率(%)	德宏 材积年平均生长量(m³)	德宏 材积年平均生长率(%)
5	四角蒲桃	8	0.31	3.41	0.0022	7.71	39																
5	四角蒲桃	10	0.32	2.87	0.0029	6.52	34																
5	四角蒲桃	12	0.26	2.02	0.0028	4.72	22																
5	四角蒲桃	14	0.44	2.84	0.0062	6.56	13																
5	四角蒲桃	24	0.1	0.41	0.0026	0.95	10																
10	四角蒲桃	6	0.26	3.2	0.0015	6.6	60																
10	四角蒲桃	8	0.28	2.71	0.0023	5.9	22																
10	四角蒲桃	10	0.26	2.19	0.0026	4.86	26																
10	四角蒲桃	12	0.3	2.18	0.0036	4.96	11																
15	四角蒲桃	6	0.29	3.2	0.0021	6.22	23																
15	四角蒲桃	8	0.23	2.23	0.0019	4.77	11																
5	头状四照花	6	0.42	5.74	0.0022	14.63	121																
5	头状四照花	8	0.45	4.81	0.0036	12.16	111					0.68	7.08	0.0058	17.71								
5	头状四照花	10	0.4	3.56	0.0041	9.14	72																
5	头状四照花	12	0.45	3.41	0.0062	8.66	48																
5	头状四照花	14	0.45	2.96	0.0074	7.46	28																
5	头状四照花	16	0.43	2.48	0.0088	6.2	12																
10	头状四照花	6	0.4	4.78	0.0027	11.03	66																

续表1-3-1

生长周期（年）	树种	起测胸径(cm)	全省					迪庆				丽江				怒江				德宏			
			胸径年平均生长量(cm)	胸径年平均生长率(%)	材积年平均生长量(m³)	材积年平均生长率(%)	样木数量(株)	胸径年平均生长量(cm)	胸径年平均生长率(%)	材积年平均生长量(m³)	材积年平均生长率(%)	胸径年平均生长量(cm)	胸径年平均生长率(%)	材积年平均生长量(m³)	材积年平均生长率(%)	胸径年平均生长量(cm)	胸径年平均生长率(%)	材积年平均生长量(m³)	材积年平均生长率(%)	胸径年平均生长量(cm)	胸径年平均生长率(%)	材积年平均生长量(m³)	材积年平均生长率(%)
10	头状四照花	8	0.44	4.12	0.0042	9.7	50																
10	头状四照花	10	0.45	3.59	0.0056	8.65	31																
10	头状四照花	12	0.4	2.76	0.0061	6.74	20																
10	头状四照花	14	0.46	2.78	0.0086	6.74	12																
15	头状四照花	6	0.45	4.48	0.0041	9.1	17																
5	台湾杉	6	1.09	12.27	0.007	25.6	144													1.35	13.77	0.0099	27.2
5	台湾杉	8	0.91	8.77	0.0071	19.67	81													0.86	8.44	0.0066	18.92
5	台湾杉	10	1.03	8.05	0.0111	18.41	63																
5	台湾杉	12	0.98	6.63	0.0132	15.71	36																
5	台湾杉	14	0.9	5.47	0.014	13.14	33																
5	台湾杉	16	1.05	5.6	0.0199	13.58	25																
5	台湾杉	18	0.94	4.58	0.0207	11.22	18																
5	台湾杉	20	0.67	3.1	0.0155	7.72	18																
5	台湾杉	22	0.77	3.08	0.0224	7.55	11																
10	台湾杉	6	0.93	8.18	0.0091	15.06	38																
10	台湾杉	8	0.73	6.26	0.0068	13.04	23																
10	台湾杉	10	1.01	6.67	0.0141	13.74	21																
10	台湾杉	16	0.9	4.35	0.0202	10.01	10																

续表 1-3-1

生长周期（年）	树种	起测胸径（cm）	全省 胸径年平均生长量（cm）	全省 胸径年平均生长率（%）	全省 材积年平均生长量（m³）	全省 材积年平均生长率（%）	样木数量（株）	迪庆 胸径年平均生长量（cm）	迪庆 胸径年平均生长率（%）	迪庆 材积年平均生长量（m³）	迪庆 材积年平均生长率（%）	丽江 胸径年平均生长量（cm）	丽江 胸径年平均生长率（%）	丽江 材积年平均生长量（m³）	丽江 材积年平均生长率（%）	怒江 胸径年平均生长量（cm）	怒江 胸径年平均生长率（%）	怒江 材积年平均生长量（m³）	怒江 材积年平均生长率（%）	德宏 胸径年平均生长量（cm）	德宏 胸径年平均生长率（%）	德宏 材积年平均生长量（m³）	德宏 材积年平均生长率（%）
5	乌桕	6	0.31	4.33	0.0016	11.08	48																
5	乌桕	8	0.31	3.36	0.0025	8.72	36																
5	乌桕	10	0.27	2.39	0.003	6.2	36																
5	乌桕	12	0.3	2.27	0.0041	5.94	18																
5	乌桕	14	0.26	1.78	0.0041	4.54	25																
5	乌桕	16	0.3	1.79	0.0058	4.53	16																
10	乌桕	6	0.29	3.65	0.0017	8.91	35																
10	乌桕	8	0.27	2.71	0.0024	6.72	24																
10	乌桕	10	0.27	2.21	0.0033	5.53	21																
10	乌桕	14	0.23	1.53	0.0038	3.85	19																
15	乌桕	6	0.31	3.57	0.0021	8.09	21																
5	西藏柏木	6	1.27	13.32	0.0083	27.87	30																
5	西藏柏木	8	0.91	8.57	0.0068	20.16	32																
5	西藏柏木	10	0.63	5.27	0.0056	12.94	30																
5	西藏柏木	12	0.38	2.86	0.004	7.41	25																
5	西藏柏木	14	0.36	2.27	0.0052	5.73	34																
5	西藏柏木	16	0.69	3.84	0.012	9.77	20																
10	西藏柏木	6	1.11	9.27	0.0109	16.98	18																

续表 1-3-1

生长周期（年）	树种	起测胸径(cm)	全省 胸径年平均生长量(cm)	全省 胸径年平均生长率(%)	全省 材积年平均生长量(m³)	全省 材积年平均生长率(%)	样木数量(株)	迪庆 胸径年平均生长量(cm)	迪庆 胸径年平均生长率(%)	迪庆 材积年平均生长量(m³)	迪庆 材积年平均生长率(%)	丽江 胸径年平均生长量(cm)	丽江 胸径年平均生长率(%)	丽江 材积年平均生长量(m³)	丽江 材积年平均生长率(%)	怒江 胸径年平均生长量(cm)	怒江 胸径年平均生长率(%)	怒江 材积年平均生长量(m³)	怒江 材积年平均生长率(%)	德宏 胸径年平均生长量(cm)	德宏 胸径年平均生长率(%)	德宏 材积年平均生长量(m³)	德宏 材积年平均生长率(%)
10	西藏柏木	8	0.64	5.3	0.0061	11.64	19																
10	西藏柏木	10	0.53	4.07	0.0056	9.48	22																
10	西藏柏木	12	0.25	1.85	0.0026	4.77	13																
10	西藏柏木	14	0.38	2.16	0.0062	5.3	15																
15	西藏柏木	8	0.49	3.88	0.005	8.31	15																
15	西藏柏木	10	0.59	4.02	0.0075	8.72	14																
5	西南花楸	6	0.28	3.97	0.0014	10.77	13																
5	西南花楸	8	0.18	1.99	0.0013	5.34	23																
5	西南花楸	10	0.15	1.38	0.0014	3.59	26	0.18	1.57	0.0018	4.12					0.13	1.23	0.0012	3.2				
5	西南花楸	12	0.31	2.4	0.004	6.01	11																
5	西南花楸	14	0.22	1.51	0.0033	3.78	11																
5	西南花楸	16	0.22	1.35	0.0041	3.33	10																
5	西南花楸	18	0.25	1.3	0.0053	3.16	15																
5	西南花楸	22	0.21	0.93	0.0056	2.23	10																
10	西南花楸	8	0.12	1.33	0.0009	3.57	15																
10	西南花楸	10	0.11	1.02	0.0011	2.66	18									0.11	1.03	0.001	2.69				
5	西桦	6	0.72	8.44	0.0049	20	561	0.25	3.62	0.0011	10.44					0.55	6.35	0.004	15.35	0.7	8.03	0.0051	18.74
5	西桦	8	0.7	6.71	0.0067	16.67	493									0.45	4.71	0.0036	12.09	0.73	6.91	0.0072	17.04

续表 1-3-1

生长周期（年）	树种	起测胸径(cm)	全省 胸径年平均生长量(cm)	全省 胸径年平均生长率(%)	全省 材积年平均生长量(m³)	全省 材积年平均生长率(%)	全省 样木数量(株)	迪庆 胸径年平均生长量(cm)	迪庆 胸径年平均生长率(%)	迪庆 材积年平均生长量(m³)	迪庆 材积年平均生长率(%)	丽江 胸径年平均生长量(cm)	丽江 胸径年平均生长率(%)	丽江 材积年平均生长量(m³)	丽江 材积年平均生长率(%)	怒江 胸径年平均生长量(cm)	怒江 胸径年平均生长率(%)	怒江 材积年平均生长量(m³)	怒江 材积年平均生长率(%)	德宏 胸径年平均生长量(cm)	德宏 胸径年平均生长率(%)	德宏 材积年平均生长量(m³)	德宏 材积年平均生长率(%)
5	西桦	10	0.74	5.95	0.0093	15.13	397									0.62	5.08	0.0076	13.19	0.89	7.02	0.0118	17.47
5	西桦	12	0.77	5.3	0.0127	13.44	289													0.92	6.21	0.0154	15.56
5	西桦	14	0.75	4.63	0.0146	11.95	179													0.87	5.17	0.0177	13.16
5	西桦	16	0.77	4.15	0.0183	10.73	153													0.84	4.6	0.0195	12.01
5	西桦	18	0.77	3.75	0.0215	9.72	93													0.85	4.15	0.0237	10.8
5	西桦	20	0.66	3.01	0.0202	7.86	77													0.62	2.82	0.0194	7.39
5	西桦	22	0.72	2.95	0.027	7.58	49													0.59	2.52	0.0207	6.61
5	西桦	24	0.67	2.52	0.0281	6.49	47																
5	西桦	26	0.79	2.79	0.0373	7.16	26																
5	西桦	28	0.76	2.52	0.0389	6.45	18																
5	西桦	30	0.75	2.27	0.0437	5.77	22																
5	西桦	32	0.75	2.18	0.0475	5.53	21																
5	西桦	34	0.88	2.39	0.06	6.01	14																
5	西桦	36	0.4	1.06	0.0293	2.66	18																
5	西桦	46	0.37	0.76	0.0351	1.85	11																
10	西桦	6	0.74	7	0.0078	14.43	178									0.95	8.36	0.0108	16.66	1.11	9.1	0.0145	16.65
10	西桦	8	0.68	5.57	0.0089	12.39	188													0.85	6.49	0.0122	13.91
10	西桦	10	0.7	4.81	0.0118	10.94	156													0.91	6.1	0.0159	13.55

续表1-3-1

生长周期（年）	树种	起测胸径(cm)	全省					迪庆				丽江				怒江				德宏			
			胸径年平均生长量（cm）	胸径年平均生长率（%）	材积年平均生长量（m³）	材积年平均生长率（%）	样木数量（株）	胸径年平均生长量（cm）	胸径年平均生长率（%）	材积年平均生长量（m³）	材积年平均生长率（%）	胸径年平均生长量（cm）	胸径年平均生长率（%）	材积年平均生长量（m³）	材积年平均生长率（%）	胸径年平均生长量（cm）	胸径年平均生长率（%）	材积年平均生长量（m³）	材积年平均生长率（%）	胸径年平均生长量（cm）	胸径年平均生长率（%）	材积年平均生长量（m³）	材积年平均生长率（%）
10	西桦	12	0.76	4.58	0.0159	10.58	110													1.05	6.02	0.0231	13.27
10	西桦	14	0.67	3.76	0.0154	9.14	65																
10	西桦	16	0.69	3.32	0.0205	8	55																
10	西桦	18	0.66	2.97	0.0213	7.34	44																
10	西桦	20	0.69	2.92	0.0243	7.26	34																
10	西桦	22	0.96	3.42	0.0454	8.19	18																
10	西桦	24	0.79	2.72	0.0384	6.67	17																
10	西桦	26	0.84	2.72	0.0447	6.73	13																
10	西桦	28	0.67	2.09	0.0383	5.24	12																
10	西桦	30	0.68	1.97	0.0421	4.95	13																
10	西桦	32	0.67	1.85	0.0456	4.6	13																
10	西桦	36	0.38	0.92	0.0311	2.26	11																
15	西桦	6	0.68	5.67	0.009	10.76	50																
15	西桦	8	0.56	4.21	0.0087	8.83	50																
15	西桦	10	0.53	3.39	0.0107	7.34	45																
15	西桦	12	0.66	3.67	0.0153	8.13	41																
15	西桦	14	0.59	3.09	0.0154	7.12	24																
15	西桦	16	0.72	3.1	0.0251	6.99	21																

续表 1-3-1

生长周期（年）	树种	起测胸径(cm)	全省 胸径年平均生长量(cm)	全省 胸径年平均生长率(%)	全省 材积年平均生长量(m³)	全省 材积年平均生长率(%)	样木数量(株)	迪庆 胸径年平均生长量(cm)	迪庆 胸径年平均生长率(%)	迪庆 材积年平均生长量(m³)	迪庆 材积年平均生长率(%)	丽江 胸径年平均生长量(cm)	丽江 胸径年平均生长率(%)	丽江 材积年平均生长量(m³)	丽江 材积年平均生长率(%)	怒江 胸径年平均生长量(cm)	怒江 胸径年平均生长率(%)	怒江 材积年平均生长量(m³)	怒江 材积年平均生长率(%)	德宏 胸径年平均生长量(cm)	德宏 胸径年平均生长率(%)	德宏 材积年平均生长量(m³)	德宏 材积年平均生长率(%)
15	西桦	18	0.52	2.23	0.018	5.4	13																
15	西桦	20	0.69	2.68	0.0275	6.34	12																
15	西桦	22	0.89	2.99	0.0461	6.89	11																
5	喜树	6	0.63	7.52	0.0049	18.52	86																
5	喜树	8	0.67	6.72	0.0063	16.87	39																
5	喜树	10	0.77	6.34	0.0097	15.83	31																
5	喜树	12	0.84	5.72	0.0144	13.89	14																
5	喜树	14	0.85	5.08	0.0174	12.18	21																
5	喜树	16	0.88	4.7	0.0204	11.21	12																
10	喜树	6	0.92	7.85	0.0123	15.53	29																
10	喜树	8	0.74	6.17	0.0092	13.32	14																
10	喜树	10	0.88	6.05	0.0142	13.18	10																
10	喜树	14	0.73	4	0.0166	9.06	10																
5	腺叶桂樱	6	0.41	5.58	0.0023	14.35	16																
5	腺叶桂樱	8	0.36	3.96	0.0031	10.11	28																
5	腺叶桂樱	10	0.23	2.09	0.0024	5.39	22																
5	腺叶桂樱	12	0.34	2.63	0.0044	6.72	13																
5	腺叶桂樱	14	0.23	1.55	0.0037	3.87	17																

续表1-3-1

生长周期(年)	树种	起测胸径(cm)	全省 胸径年平均生长量(cm)	全省 胸径年平均生长率(%)	全省 材积年平均生长量(m³)	全省 材积年平均生长率(%)	全省 样木数量(株)	迪庆 胸径年平均生长量(cm)	迪庆 胸径年平均生长率(%)	迪庆 材积年平均生长量(m³)	迪庆 材积年平均生长率(%)	丽江 胸径年平均生长量(cm)	丽江 胸径年平均生长率(%)	丽江 材积年平均生长量(m³)	丽江 材积年平均生长率(%)	怒江 胸径年平均生长量(cm)	怒江 胸径年平均生长率(%)	怒江 材积年平均生长量(m³)	怒江 材积年平均生长率(%)	德宏 胸径年平均生长量(cm)	德宏 胸径年平均生长率(%)	德宏 材积年平均生长量(m³)	德宏 材积年平均生长率(%)
10	腺叶桂樱	8	0.33	3.25	0.0034	7.67	12																
10	腺叶桂樱	14	0.19	1.24	0.0033	3.05	10																
5	香椿	6	0.87	9.9	0.0061	22.15	28																
5	香椿	8	0.6	5.91	0.0049	14.65	19																
5	香椿	10	0.89	6.92	0.0107	16.51	19																
5	香椿	12	0.81	5.57	0.0114	13.44	19																
5	香椿	16	0.67	3.72	0.0126	9.01	12																
5	香椿	18	0.82	4.09	0.0181	9.81	11																
10	香椿	6	0.88	8.02	0.0083	15.44	15																
10	香椿	8	0.65	5.45	0.007	12.01	12																
10	香椿	12	0.78	4.67	0.0134	10.35	12																
5	香面叶	6	0.3	4.2	0.0016	9.31	273													0.5	6.94	0.0028	15.8
5	香面叶	8	0.4	4.22	0.0031	9.51	219													0.59	6.19	0.0048	14.32
5	香面叶	10	0.44	3.82	0.0043	8.71	141																
5	香面叶	12	0.31	2.34	0.0037	5.52	110																
5	香面叶	14	0.37	2.35	0.0056	5.5	80																
5	香面叶	16	0.42	2.34	0.0077	5.48	49																
5	香面叶	18	0.32	1.68	0.0067	4	37																

3. 研究期（2002—2017年）全省及各州（市）分生长周期及
树种按树木起测胸径概算单株胸径及材积年生长量（率）表

续表 1-3-1

生长周期（年）	树种	起测胸径(cm)	全省					迪庆				丽江				怒江				德宏			
			胸径年平均生长量(cm)	胸径年平均生长率(%)	材积年平均生长量(m³)	材积年平均生长率(%)	样木数量(株)	胸径年平均生长量(cm)	胸径年平均生长率(%)	材积年平均生长量(m³)	材积年平均生长率(%)	胸径年平均生长量(cm)	胸径年平均生长率(%)	材积年平均生长量(m³)	材积年平均生长率(%)	胸径年平均生长量(cm)	胸径年平均生长率(%)	材积年平均生长量(m³)	材积年平均生长率(%)	胸径年平均生长量(cm)	胸径年平均生长率(%)	材积年平均生长量(m³)	材积年平均生长率(%)
5	香面叶	20	0.35	1.64	0.0082	3.84	34																
5	香面叶	22	0.39	1.65	0.0105	3.9	26																
5	香面叶	24	0.26	1.03	0.0077	2.44	25																
5	香面叶	26	0.41	1.5	0.013	3.55	13																
5	香面叶	28	0.26	0.89	0.0086	2.1	16																
5	香面叶	30	0.38	1.23	0.0144	2.9	13																
10	香面叶	6	0.26	3.21	0.0017	6.75	145																
10	香面叶	8	0.37	3.44	0.0035	7.29	115																
10	香面叶	10	0.37	2.9	0.0043	6.37	76																
10	香面叶	12	0.27	1.92	0.0038	4.37	55																
10	香面叶	14	0.33	1.95	0.0055	4.44	48																
10	香面叶	16	0.39	2.03	0.008	4.68	29																
10	香面叶	18	0.25	1.27	0.0055	3	20																
10	香面叶	20	0.37	1.66	0.0091	3.85	22																
10	香面叶	22	0.34	1.36	0.0097	3.16	16																
10	香面叶	24	0.28	1.05	0.0087	2.45	14																
10	香面叶	28	0.27	0.9	0.0095	2.11	12																
15	香面叶	6	0.2	2.37	0.0013	4.88	66																

续表 1-3-1

生长周期（年）	树种	起测胸径（cm）	全省 胸径年平均生长量（cm）	全省 胸径年平均生长率（%）	全省 材积年平均生长量（m³）	全省 材积年平均生长率（%）	样木数量（株）	迪庆 胸径量（cm）	迪庆 胸径率（%）	迪庆 材积量（m³）	迪庆 材积率（%）	丽江 胸径量（cm）	丽江 胸径率（%）	丽江 材积量（m³）	丽江 材积率（%）	怒江 胸径量（cm）	怒江 胸径率（%）	怒江 材积量（m³）	怒江 材积率（%）	德宏 胸径量（cm）	德宏 胸径率（%）	德宏 材积量（m³）	德宏 材积率（%）
15	香面叶	8	0.33	2.88	0.0036	5.93	41													0.27	3.76	0.0015	8.74
15	香面叶	10	0.33	2.44	0.0043	5.22	32																
15	香面叶	12	0.27	1.8	0.0042	3.99	28																
15	香面叶	14	0.28	1.64	0.0051	3.67	17																
15	香面叶	16	0.42	2.07	0.0095	4.64	13																
15	香面叶	22	0.34	1.33	0.0099	3.06	10																
5	香叶树	6	0.4	5.42	0.0022	12.78	86																
5	香叶树	8	0.41	4.35	0.003	10.15	70																
5	香叶树	10	0.44	3.79	0.0044	8.95	55																
5	香叶树	12	0.54	3.76	0.0076	8.77	32																
5	香叶树	14	0.49	3.15	0.0075	7.49	34																
5	香叶树	16	0.48	2.63	0.0094	6.19	22																
5	香叶树	18	0.49	2.55	0.0101	6.06	20																
5	香叶树	20	0.6	2.69	0.0154	6.34	21																
5	香叶树	22	0.4	1.74	0.0102	4.1	10																
10	香叶树	6	0.4	4.67	0.0028	10.29	43																
10	香叶树	8	0.35	3.17	0.0038	6.9	26																
10	香叶树	10	0.45	3.45	0.0056	7.68	32																

续表 1-3-1

生长周期（年）	树种	起测胸径 (cm)	全省					迪庆				丽江				怒江				德宏			
			胸径年平均生长量 (cm)	胸径年平均生长率 (%)	材积年平均生长量 (m³)	材积年平均生长率 (%)	样木数量 (株)	胸径年平均生长量 (cm)	胸径年平均生长率 (%)	材积年平均生长量 (m³)	材积年平均生长率 (%)	胸径年平均生长量 (cm)	胸径年平均生长率 (%)	材积年平均生长量 (m³)	材积年平均生长率 (%)	胸径年平均生长量 (cm)	胸径年平均生长率 (%)	材积年平均生长量 (m³)	材积年平均生长率 (%)	胸径年平均生长量 (cm)	胸径年平均生长率 (%)	材积年平均生长量 (m³)	材积年平均生长率 (%)
10	香叶树	12	0.57	3.59	0.009	8	22																
10	香叶树	14	0.42	2.47	0.0076	5.63	21																
10	香叶树	16	0.56	2.81	0.0122	6.38	12																
10	香叶树	18	0.44	2.19	0.01	5.14	16																
10	香叶树	20	0.59	2.46	0.0167	5.59	10																
15	香叶树	6	0.44	4.46	0.0037	8.73	14																
15	香叶树	8	0.37	2.84	0.0052	5.79	10																
15	香叶树	10	0.5	3.49	0.0072	7.53	14																
15	香叶树	12	0.51	3.07	0.0085	6.57	10																
15	香叶树	14	0.45	2.51	0.0091	5.5	10																
5	星果椭	6	0.18	2.56	0.0009	6.89	23									0.19	2.66	0.0009	7.22				
5	星果椭	8	0.1	1.2	0.0007	3.31	24									0.11	1.23	0.0008	3.4				
5	星果椭	10	0.2	1.82	0.0021	4.64	14									0.2	1.76	0.0021	4.5				
5	星果椭	12	0.18	1.42	0.0024	3.63	28									0.2	1.58	0.0026	4				
5	星果椭	14	0.18	1.2	0.0027	3	37									0.17	1.16	0.0026	2.9				
5	星果椭	16	0.21	1.26	0.0038	3.1	36									0.21	1.26	0.0038	3.1				
5	星果椭	18	0.22	1.19	0.0047	2.87	12									0.22	1.19	0.0047	2.87				
5	星果椭	20	0.2	0.99	0.0047	2.34	14									0.21	1.01	0.0048	2.4				

续表 1-3-1

生长周期（年）	树种	起测胸径(cm)	全省 胸径年平均生长量(cm)	全省 胸径年平均生长率(%)	全省 材积年平均生长量(m³)	全省 材积年平均生长率(%)	样木数量（株）	迪庆 胸径年平均生长量(cm)	迪庆 胸径年平均生长率(%)	迪庆 材积年平均生长量(m³)	迪庆 材积年平均生长率(%)	丽江 胸径年平均生长量(cm)	丽江 胸径年平均生长率(%)	丽江 材积年平均生长量(m³)	丽江 材积年平均生长率(%)	怒江 胸径年平均生长量(cm)	怒江 胸径年平均生长率(%)	怒江 材积年平均生长量(m³)	怒江 材积年平均生长率(%)	德宏 胸径年平均生长量(cm)	德宏 胸径年平均生长率(%)	德宏 材积年平均生长量(m³)	德宏 材积年平均生长率(%)
5	星果械	22	0.18	0.79	0.0046	1.86	12																
10	星果械	6	0.14	1.93	0.0007	5.11	19									0.14	1.96	0.0008	5.21				
10	星果械	8	0.09	1.02	0.0007	2.78	18									0.1	1.12	0.0007	3.05				
10	星果械	10	0.14	1.19	0.0015	2.97	11																
10	星果械	12	0.15	1.14	0.002	2.88	28									0.17	1.27	0.0023	3.18				
10	星果械	14	0.16	1.05	0.0025	2.57	31									0.16	1.06	0.0025	2.59				
10	星果械	16	0.17	0.98	0.0031	2.39	23									0.17	0.98	0.0031	2.39				
15	星果械	6	0.13	1.69	0.0007	4.46	11									0.13	1.69	0.0007	4.46				
15	星果械	12	0.14	1.04	0.002	2.59	15									0.14	1.06	0.002	2.63				
15	星果械	14	0.15	0.98	0.0025	2.38	18									0.16	1.02	0.0026	2.47				
15	星果械	16	0.16	0.9	0.0032	2.17	11									0.16	0.9	0.0032	2.17				
5	野八角	6	0.16	2.33	0.0007	6.75	85					0.13	1.89	0.0006	6.52								
5	野八角	8	0.19	2.13	0.0013	5.81	95					0.35	3.62	0.0028	9.81								
5	野八角	10	0.2	1.91	0.0019	5.07	47					0.29	2.72	0.0027	7.46								
5	野八角	12	0.23	1.8	0.0028	4.62	41																
5	野八角	14	0.24	1.67	0.0034	4.23	16																
5	野八角	16	0.21	1.2	0.004	2.93	27																
5	野八角	22	0.21	0.94	0.006	2.31	13																

续表 1-3-1

生长周期（年）	树种	起测胸径(cm)	全省					迪庆				丽江				怒江				德宏			
			胸径年平均生长量（cm）	胸径年平均生长率（%）	材积年平均生长量（m³）	材积年平均生长率（%）	样木数量（株）	胸径年平均生长量（cm）	胸径年平均生长率（%）	材积年平均生长量（m³）	材积年平均生长率（%）	胸径年平均生长量（cm）	胸径年平均生长率（%）	材积年平均生长量（m³）	材积年平均生长率（%）	胸径年平均生长量（cm）	胸径年平均生长率（%）	材积年平均生长量（m³）	材积年平均生长率（%）	胸径年平均生长量（cm）	胸径年平均生长率（%）	材积年平均生长量（m³）	材积年平均生长率（%）
10	野八角	6	0.13	1.84	0.0006	5.22	48																
10	野八角	8	0.14	1.55	0.0011	4.14	56																
10	野八角	10	0.16	1.49	0.0015	3.83	29																
10	野八角	12	0.21	1.6	0.0027	3.99	27																
10	野八角	14	0.23	1.46	0.0035	3.6	10																
10	野八角	16	0.16	0.9	0.0034	2.19	16																
10	野八角	22	0.19	0.83	0.0057	2.01	10																
15	野八角	6	0.11	1.54	0.0006	4.37	20																
15	野八角	8	0.12	1.26	0.0009	3.3	21																
15	野八角	10	0.14	1.22	0.0013	3.09	10																
15	野八角	12	0.24	1.69	0.0034	4.11	11																
5	银柴	6	0.25	3.62	0.0014	10.55	134																
5	银柴	8	0.23	2.54	0.0019	7.09	138																
5	银柴	10	0.17	1.59	0.0018	4.4	84																
5	银柴	12	0.25	1.87	0.0037	4.85	60																
5	银柴	14	0.26	1.76	0.0044	4.49	27																
5	银柴	16	0.21	1.25	0.0043	3.17	19																
5	银柴	18	0.31	1.58	0.0079	3.87	14																

续表 1-3-1

生长周期（年）	树种	起测胸径(cm)	全省 胸径年平均生长量(cm)	全省 胸径年平均生长率(%)	全省 材积年平均生长量(m³)	全省 材积年平均生长率(%)	样木数量(株)	迪庆 胸径年平均生长量(cm)	迪庆 胸径年平均生长率(%)	迪庆 材积年平均生长量(m³)	迪庆 材积年平均生长率(%)	丽江 胸径年平均生长量(cm)	丽江 胸径年平均生长率(%)	丽江 材积年平均生长量(m³)	丽江 材积年平均生长率(%)	怒江 胸径年平均生长量(cm)	怒江 胸径年平均生长率(%)	怒江 材积年平均生长量(m³)	怒江 材积年平均生长率(%)	德宏 胸径年平均生长量(cm)	德宏 胸径年平均生长率(%)	德宏 材积年平均生长量(m³)	德宏 材积年平均生长率(%)
10	银柴	6	0.2	2.61	0.0012	7.28	82																
10	银柴	8	0.17	1.81	0.0016	4.89	87																
10	银柴	10	0.14	1.27	0.0016	3.39	53																
10	银柴	12	0.24	1.7	0.0038	4.28	35																
10	银柴	14	0.24	1.52	0.0045	3.79	18																
10	银柴	16	0.16	0.94	0.0034	2.37	12																
15	银柴	6	0.18	2.19	0.0013	5.85	33																
15	银柴	8	0.14	1.43	0.0013	3.82	40																
15	银柴	10	0.17	1.43	0.0022	3.67	25																
15	银柴	12	0.27	1.8	0.0051	4.28	15																
5	银荆树	6	0.68	8.85	0.0039	20.65	25	0.21	2.86	0.0009	8.06												
5	银荆树	8	0.67	6.71	0.0057	16.5	19																
5	银荆树	10	0.7	5.79	0.008	14.22	15																
5	银荆树	12	0.78	5.37	0.012	13.16	10																
5	樱桃	6	0.41	5.39	0.0022	12.87	129									0.4	5.64	0.002	13.29				
5	樱桃	8	0.37	3.94	0.0027	9.8	118									0.22	2.45	0.0015	6.23				
5	樱桃	10	0.44	3.89	0.0044	9.57	85									0.37	3.26	0.0039	8.25				
5	樱桃	12	0.4	2.98	0.0051	7.43	46																

续表 1-3-1

生长周期(年)	树种	起测胸径(cm)	全省 胸径年平均生长量(cm)	全省 胸径年平均生长率(%)	全省 材积年平均生长量(m³)	全省 材积年平均生长率(%)	样木数量(株)	迪庆 胸径量(cm)	迪庆 胸径率(%)	迪庆 材积量(m³)	迪庆 材积率(%)	丽江 胸径量(cm)	丽江 胸径率(%)	丽江 材积量(m³)	丽江 材积率(%)	怒江 胸径量(cm)	怒江 胸径率(%)	怒江 材积量(m³)	怒江 材积率(%)	德宏 胸径量(cm)	德宏 胸径率(%)	德宏 材积量(m³)	德宏 材积率(%)
5	樱桃	14	0.43	2.8	0.0066	6.81	27																
5	樱桃	16	0.31	1.86	0.0056	4.55	18																
5	樱桃	18	0.29	1.5	0.0062	3.69	22																
5	樱桃	20	0.31	1.44	0.0075	3.44	10																
5	樱桃	24	0.34	1.32	0.0106	3.16	12																
10	樱桃	6	0.39	4.48	0.0027	10.04	54																
10	樱桃	8	0.34	3.23	0.003	7.52	47																
10	樱桃	10	0.44	3.32	0.0056	7.65	28																
10	樱桃	12	0.29	2.09	0.0041	5.01	19																
10	樱桃	14	0.38	2.3	0.0062	5.4	11																
10	樱桃	16	0.28	1.6	0.0052	3.89	10																
10	樱桃	18	0.18	0.95	0.0037	2.3	10									0.34	4.3	0.0021	9.42				
15	樱桃	8	0.34	2.86	0.0038	6.1	11																
5	榴树	6	0.56	6.88	0.0039	15.66	46									0.63	7.82	0.0042	17.77	0.58	6.86	0.0043	14.7
5	榴树	8	0.46	4.84	0.0041	11.5	27																
5	榴树	10	0.48	4.13	0.0061	10.08	34									0.46	4.13	0.0048	10.09	0.43	3.71	0.0048	8.87
5	榴树	12	0.48	3.41	0.0077	8.19	23													0.51	3.48	0.0087	8.07
5	榴树	14	0.3	1.92	0.0056	4.82	15																

云南省连清样地主要乔木树种生长量（率）测算数表

续表1-3-1

生长周期(年)	树种	起测胸径(cm)	全省 胸径年平均生长量(cm)	全省 胸径年平均生长率(%)	全省 材积年平均生长量(m³)	全省 材积年平均生长率(%)	样木数量(株)	迪庆 胸径年平均生长量(cm)	迪庆 胸径年平均生长率(%)	迪庆 材积年平均生长量(m³)	迪庆 材积年平均生长率(%)	丽江 胸径年平均生长量(cm)	丽江 胸径年平均生长率(%)	丽江 材积年平均生长量(m³)	丽江 材积年平均生长率(%)	怒江 胸径年平均生长量(cm)	怒江 胸径年平均生长率(%)	怒江 材积年平均生长量(m³)	怒江 材积年平均生长率(%)	德宏 胸径年平均生长量(cm)	德宏 胸径年平均生长率(%)	德宏 材积年平均生长量(m³)	德宏 材积年平均生长率(%)
5	槭树	26	0.35	1.25	0.0152	3	11									0.59	6.28	0.0052	12.92	0.45	4.69	0.0041	9.49
10	槭树	6	0.48	5.11	0.0042	10.64	30																
10	槭树	8	0.45	3.8	0.0059	7.89	14																
10	槭树	10	0.37	2.86	0.0059	6.7	17																
5	榆树	6	0.2	3.04	0.001	7.94	121																
5	榆树	8	0.31	3.46	0.0026	9.14	61																
5	榆树	10	0.4	3.58	0.0045	9.19	37																
5	榆树	12	0.38	2.88	0.006	7.3	32																
5	榆树	14	0.37	2.47	0.0065	6.22	27																
5	榆树	16	0.42	2.36	0.0102	5.85	24																
5	榆树	18	0.25	1.32	0.0062	3.31	15																
5	榆树	20	0.27	1.29	0.0078	3.19	10																
10	榆树	6	0.2	2.8	0.0013	6.76	75																
10	榆树	8	0.33	3.26	0.0035	8.02	29																
10	榆树	10	0.38	3.08	0.0049	7.33	21																
10	榆树	12	0.36	2.48	0.0067	5.94	22																
10	榆树	14	0.34	2.11	0.0066	5.19	17																
10	榆树	16	0.35	1.87	0.0089	4.52	14																

续表 1-3-1

生长周期（年）	树种	起测胸径(cm)	全省 胸径年平均生长量(cm)	全省 胸径年平均生长率(%)	全省 材积年平均生长量(m³)	全省 材积年平均生长率(%)	样木数量(株)	迪庆 胸径年平均生长量(cm)	迪庆 胸径年平均生长率(%)	迪庆 材积年平均生长量(m³)	迪庆 材积年平均生长率(%)	丽江 胸径年平均生长量(cm)	丽江 胸径年平均生长率(%)	丽江 材积年平均生长量(m³)	丽江 材积年平均生长率(%)	怒江 胸径年平均生长量(cm)	怒江 胸径年平均生长率(%)	怒江 材积年平均生长量(m³)	怒江 材积年平均生长率(%)	德宏 胸径年平均生长量(cm)	德宏 胸径年平均生长率(%)	德宏 材积年平均生长量(m³)	德宏 材积年平均生长率(%)
15	榆树	6	0.29	3.25	0.0024	6.98	13																
15	榆树	10	0.36	2.77	0.0051	6.39	11																
15	榆树	12	0.31	2.04	0.0058	4.81	11																
5	圆柏	6	0.36	4.78	0.0017	11.4	233	0.16	2.42	0.0007	5.83												
5	圆柏	8	0.44	4.62	0.0029	11.29	169	0.23	2.66	0.0015	6.51												
5	圆柏	10	0.52	4.48	0.0046	11.13	137	0.25	2.3	0.0022	5.7												
5	圆柏	12	0.57	4.13	0.0066	10.36	79	0.26	2.05	0.003	5.1												
5	圆柏	14	0.56	3.56	0.0079	9	41	0.24	1.66	0.0035	4.17												
5	圆柏	16	0.59	3.24	0.0103	8.2	19																
10	圆柏	6	0.23	2.98	0.0012	6.87	109	0.17	2.37	0.0008	5.57												
10	圆柏	8	0.35	3.36	0.0029	7.73	81	0.23	2.49	0.0016	6												
10	圆柏	10	0.34	2.79	0.0036	6.67	51	0.25	2.21	0.0025	5.35												
10	圆柏	12	0.33	2.35	0.0042	5.78	23	0.26	2.01	0.0033	4.92												
10	圆柏	14	0.37	2.26	0.0057	5.56	15																
10	圆柏	16	0.68	3.41	0.0138	8.26	10																
15	圆柏	6	0.19	2.45	0.0011	5.56	48	0.17	2.23	0.0009	5.11												
15	圆柏	8	0.36	3.07	0.0036	6.66	26	0.25	2.47	0.002	5.69												
15	圆柏	10	0.32	2.41	0.0038	5.57	22	0.22	1.85	0.0022	4.41												

续表1-3-1

生长周期（年）	树种	起测胸径(cm)	全省 胸径年平均生长量(cm)	胸径年平均生长率(%)	材积年平均生长量(m³)	材积年平均生长率(%)	样木数量(株)	迪庆 胸径年平均生长量(cm)	胸径年平均生长率(%)	材积年平均生长量(m³)	材积年平均生长率(%)	丽江 胸径年平均生长量(cm)	胸径年平均生长率(%)	材积年平均生长量(m³)	材积年平均生长率(%)	怒江 胸径年平均生长量(cm)	胸径年平均生长率(%)	材积年平均生长量(m³)	材积年平均生长率(%)	德宏 胸径年平均生长量(cm)	胸径年平均生长率(%)	材积年平均生长量(m³)	材积年平均生长率(%)
5	云南厚壳桂	6	0.46	5.7	0.003	12.12	71																
5	云南厚壳桂	8	0.56	5.49	0.0051	12.1	41																
5	云南厚壳桂	10	0.63	5.2	0.0071	11.92	31																
5	云南厚壳桂	12	0.6	4.24	0.0084	9.95	26																
5	云南厚壳桂	14	0.47	3.05	0.0076	7.26	26																
5	云南厚壳桂	16	0.72	3.96	0.0146	9.44	17																
5	云南厚壳桂	18	0.52	2.63	0.0114	6.36	13																
10	云南厚壳桂	6	0.45	4.79	0.0039	9.42	45																
10	云南厚壳桂	8	0.61	5.14	0.007	10.46	21																
10	云南厚壳桂	10	0.62	4.46	0.0085	9.57	19																
10	云南厚壳桂	12	0.5	3.32	0.008	7.51	16																
10	云南厚壳桂	14	0.51	3	0.0093	6.8	12																
15	云南厚壳桂	6	0.51	4.56	0.0057	8.17	18																
5	云南黄杞	6	0.31	4.26	0.0018	10.76	243													0.29	4.1	0.0017	9.32
5	云南黄杞	8	0.31	3.34	0.0026	8.27	197													0.43	4.32	0.004	10.01
5	云南黄杞	10	0.34	3.04	0.0039	7.46	139													0.37	3.29	0.0041	7.75
5	云南黄杞	12	0.34	2.52	0.0048	6.26	97													0.39	2.87	0.0057	6.91
5	云南黄杞	14	0.46	2.87	0.0088	6.97	66													0.7	4.13	0.0143	9.69

续表 1-3-1

生长周期（年）	树种	起测胸径（cm）	全省 胸径年平均生长量（cm）	全省 胸径年平均生长率（%）	全省 材积年平均生长量（m³）	全省 材积年平均生长率（%）	全省 样木数量（株）	迪庆 胸径年平均生长量（cm）	迪庆 胸径年平均生长率（%）	迪庆 材积年平均生长量（m³）	迪庆 材积年平均生长率（%）	丽江 胸径年平均生长量（cm）	丽江 胸径年平均生长率（%）	丽江 材积年平均生长量（m³）	丽江 材积年平均生长率（%）	怒江 胸径年平均生长量（cm）	怒江 胸径年平均生长率（%）	怒江 材积年平均生长量（m³）	怒江 材积年平均生长率（%）	德宏 胸径年平均生长量（cm）	德宏 胸径年平均生长率（%）	德宏 材积年平均生长量（m³）	德宏 材积年平均生长率（%）
5	云南黄杞	16	0.44	2.47	0.0094	6.05	47													0.59	3.22	0.0134	7.77
5	云南黄杞	18	0.42	2.17	0.0104	5.34	35													0.58	2.95	0.0147	7.18
5	云南黄杞	20	0.64	2.87	0.0187	6.99	25													0.66	2.99	0.0192	7.29
5	云南黄杞	22	0.41	1.78	0.013	4.35	20																
5	云南黄杞	24	0.29	1.15	0.0098	2.82	15																
5	云南黄杞	28	0.48	1.58	0.0228	3.82	10																
10	云南黄杞	6	0.26	3.27	0.0018	7.65	128													0.23	2.98	0.0014	6.59
10	云南黄杞	8	0.32	2.93	0.0036	6.76	105													0.59	4.66	0.0085	9.66
10	云南黄杞	10	0.29	2.39	0.0037	5.68	92													0.32	2.54	0.0042	5.76
10	云南黄杞	12	0.33	2.23	0.0057	5.27	59													0.46	2.94	0.0084	6.66
10	云南黄杞	14	0.42	2.4	0.0093	5.62	38													0.55	3.07	0.0124	7.01
10	云南黄杞	16	0.39	2.09	0.0094	4.99	27																
10	云南黄杞	18	0.38	1.87	0.01	4.5	20																
10	云南黄杞	20	0.6	2.51	0.0203	5.92	15																
10	云南黄杞	22	0.37	1.51	0.0122	3.66	11																
15	云南黄杞	6	0.31	3.28	0.0028	7.17	46																
15	云南黄杞	8	0.33	2.74	0.0043	6.07	50													0.67	4.53	0.0116	8.71
15	云南黄杞	10	0.24	1.92	0.0031	4.56	35																

续表 1-3-1

生长周期(年)	树种	起测胸径(cm)	全省					迪庆				丽江				怒江				德宏			
			胸径年平均生长量(cm)	胸径年平均生长率(%)	材积年平均生长量(m³)	材积年平均生长率(%)	样木数量(株)	胸径年平均生长量(cm)	胸径年平均生长率(%)	材积年平均生长量(m³)	材积年平均生长率(%)	胸径年平均生长量(cm)	胸径年平均生长率(%)	材积年平均生长量(m³)	材积年平均生长率(%)	胸径年平均生长量(cm)	胸径年平均生长率(%)	材积年平均生长量(m³)	材积年平均生长率(%)	胸径年平均生长量(cm)	胸径年平均生长率(%)	材积年平均生长量(m³)	材积年平均生长率(%)
15	云南黄杞	12	0.39	2.34	0.0076	5.26	16																
15	云南黄杞	14	0.27	1.56	0.0062	3.73	13																
5	云南泡花树	6	0.26	3.73	0.0014	9.36	126													0.34	3.73	0.0028	8.68
5	云南泡花树	8	0.29	3.2	0.0023	7.9	81																
5	云南泡花树	10	0.3	2.7	0.0033	6.64	38																
5	云南泡花树	12	0.33	2.5	0.0046	6.1	38													0.29	1.92	0.0049	4.66
5	云南泡花树	14	0.31	2.08	0.0052	5.04	30																
5	云南泡花树	16	0.23	1.36	0.0046	3.37	22																
5	云南泡花树	18	0.34	1.66	0.0087	3.97	19																
5	云南泡花树	20	0.26	1.15	0.0081	2.79	18																
5	云南泡花树	22	0.18	0.8	0.0054	1.97	15																
5	云南泡花树	24	0.23	0.9	0.0081	2.23	11																
10	云南泡花树	6	0.23	2.93	0.0015	7.09	64																
10	云南泡花树	8	0.29	2.83	0.0028	6.56	48																
10	云南泡花树	10	0.3	2.4	0.0039	5.58	17																
10	云南泡花树	12	0.3	2.02	0.0049	4.68	22																
10	云南泡花树	14	0.25	1.56	0.0044	3.74	18																
10	云南泡花树	16	0.17	0.93	0.0035	2.28	12																

续表 1-3-1

生长周期（年）	树种	起测胸径（cm）	全省 胸径年平均生长量（cm）	全省 胸径年平均生长率（%）	全省 材积年平均生长量（m³）	全省 材积年平均生长率（%）	样木数量（株）	迪庆 胸径年平均生长量（cm）	迪庆 胸径年平均生长率（%）	迪庆 材积年平均生长量（m³）	迪庆 材积年平均生长率（%）	丽江 胸径年平均生长量（cm）	丽江 胸径年平均生长率（%）	丽江 材积年平均生长量（m³）	丽江 材积年平均生长率（%）	怒江 胸径年平均生长量（cm）	怒江 胸径年平均生长率（%）	怒江 材积年平均生长量（m³）	怒江 材积年平均生长率（%）	德宏 胸径年平均生长量（cm）	德宏 胸径年平均生长率（%）	德宏 材积年平均生长量（m³）	德宏 材积年平均生长率（%）
10	云南泡花树	18	0.31	1.35	0.0092	3.05	13																
10	云南泡花树	20	0.22	0.94	0.0071	2.26	14																
15	云南泡花树	6	0.18	2.32	0.0012	5.52	27																
15	云南泡花树	8	0.28	2.55	0.0033	5.7	12																
15	云南泡花树	12	0.28	1.84	0.005	4.15	10																
5	云南松	6	0.34	4.69	0.0019	12.25	24944	0.22	3.21	0.0011	8.67	0.33	4.59	0.0021	11.82	0.37	5.09	0.002	13.25				
5	云南松	8	0.34	3.75	0.0029	9.86	21916	0.23	2.63	0.0018	6.94	0.34	3.72	0.0032	9.67	0.38	4.17	0.0031	10.93				
5	云南松	10	0.36	3.25	0.0042	8.63	16127	0.3	2.72	0.0033	7.38	0.35	3.15	0.0046	8.39	0.43	3.85	0.005	10.29				
5	云南松	12	0.38	2.87	0.0058	7.6	11897	0.34	2.62	0.0051	7.05	0.35	2.66	0.006	7	0.45	3.38	0.0068	9.07				
5	云南松	14	0.39	2.57	0.0075	6.76	8665	0.39	2.56	0.0075	6.86	0.36	2.34	0.0076	6.16	0.47	3.04	0.009	8.1				
5	云南松	16	0.4	2.33	0.0095	6.11	6235	0.4	2.3	0.0092	6.15	0.36	2.1	0.0094	5.5	0.47	2.71	0.0113	7.2				
5	云南松	18	0.41	2.12	0.0115	5.51	4291	0.4	2.1	0.0113	5.59	0.37	1.92	0.0114	5	0.44	2.26	0.0122	6.01				
5	云南松	20	0.39	1.84	0.0128	4.78	2985	0.4	1.88	0.0132	5.01	0.33	1.55	0.0118	4.04	0.45	2.13	0.0154	5.61				
5	云南松	22	0.37	1.58	0.0138	4.09	2004	0.4	1.7	0.0154	4.51	0.33	1.43	0.0136	3.7	0.39	1.65	0.0151	4.32				
5	云南松	24	0.37	1.48	0.016	3.81	1322	0.35	1.4	0.0151	3.69	0.32	1.29	0.0151	3.32	0.45	1.77	0.0201	4.6				
5	云南松	26	0.36	1.33	0.0172	3.4	968	0.37	1.37	0.0182	3.6	0.3	1.13	0.0159	2.9	0.44	1.61	0.0221	4.16				
5	云南松	28	0.38	1.29	0.0204	3.28	646	0.43	1.47	0.0235	3.85	0.29	1	0.0169	2.56	0.46	1.55	0.0253	4.02				
5	云南松	30	0.37	1.19	0.0219	3.01	444	0.4	1.28	0.0233	3.35	0.31	1.01	0.0201	2.58	0.42	1.33	0.0249	3.45				

续表 1-3-1

生长周期(年)	树种	起测胸径(cm)	全省					迪庆				丽江				怒江				德宏			
			胸径年平均生长量(cm)	胸径年平均生长率(%)	材积年平均生长量(m³)	材积年平均生长率(%)	样木数量(株)	胸径年平均生长量(cm)	胸径年平均生长率(%)	材积年平均生长量(m³)	材积年平均生长率(%)	胸径年平均生长量(cm)	胸径年平均生长率(%)	材积年平均生长量(m³)	材积年平均生长率(%)	胸径年平均生长量(cm)	胸径年平均生长率(%)	材积年平均生长量(m³)	材积年平均生长率(%)	胸径年平均生长量(cm)	胸径年平均生长率(%)	材积年平均生长量(m³)	材积年平均生长率(%)
5	云南松	32	0.37	1.11	0.0237	2.78	330	0.32	0.98	0.0213	2.54	0.28	0.86	0.0201	2.18	0.4	1.22	0.0266	3.15				
5	云南松	34	0.37	1.05	0.0252	2.61	216	0.23	0.67	0.0166	1.74	0.32	0.92	0.0244	2.32	0.44	1.24	0.032	3.2				
5	云南松	36	0.32	0.86	0.0239	2.13	168	0.23	0.63	0.0182	1.64	0.28	0.76	0.0235	1.91								
5	云南松	38	0.32	0.81	0.0255	2.02	133	0.26	0.68	0.0219	1.76	0.27	0.7	0.0245	1.74	0.2	0.51	0.0164	1.32				
5	云南松	40	0.32	0.78	0.0269	1.91	80	0.2	0.5	0.0185	1.29	0.32	0.78	0.0307	1.93								
5	云南松	42	0.27	0.63	0.0263	1.56	56					0.21	0.49	0.0215	1.23								
5	云南松	44	0.37	0.81	0.0371	2.01	31																
5	云南松	46	0.29	0.62	0.0327	1.53	20																
5	云南松	48	0.37	0.75	0.0438	1.85	15																
5	云南松	50	0.41	0.81	0.0472	1.98	13																
10	云南松	6	0.32	3.86	0.0023	9.29	16114	0.2	2.59	0.0013	6.59	0.33	4.02	0.0026	9.57	0.36	4.36	0.0026	10.4				
10	云南松	8	0.33	3.21	0.0034	7.94	13374	0.24	2.49	0.0023	6.28	0.34	3.31	0.0038	8.15	0.4	3.83	0.0041	9.33				
10	云南松	10	0.35	2.83	0.0048	7.13	9521	0.31	2.52	0.004	6.5	0.35	2.83	0.0053	7.12	0.44	3.5	0.0063	8.74				
10	云南松	12	0.36	2.49	0.0063	6.32	6891	0.32	2.25	0.0055	5.81	0.34	2.36	0.0066	5.97	0.42	2.91	0.0075	7.41				
10	云南松	14	0.36	2.23	0.0079	5.68	4928	0.38	2.33	0.0084	6.01	0.33	2.04	0.0079	5.21	0.44	2.67	0.0098	6.87				
10	云南松	16	0.37	2	0.0095	5.1	3542	0.36	1.96	0.0092	5.11	0.34	1.86	0.0097	4.75	0.42	2.28	0.0114	5.87				
10	云南松	18	0.35	1.74	0.0108	4.45	2333	0.35	1.76	0.0108	4.58	0.33	1.66	0.0112	4.24	0.38	1.9	0.0116	4.94				
10	云南松	20	0.35	1.56	0.0123	3.97	1653	0.38	1.71	0.0137	4.45	0.3	1.38	0.0118	3.53	0.46	2.03	0.0173	5.17				

续表 1-3-1

生长周期（年）	树种	起测胸径（cm）	全省					迪庆				丽江				怒江				德宏			
			胸径年平均生长量（cm）	胸径年平均生长率（%）	材积年平均生长量（m³）	材积年平均生长率（%）	样木数量（株）	胸径年平均生长量（cm）	胸径年平均生长率（%）	材积年平均生长量（m³）	材积年平均生长率（%）	胸径年平均生长量（cm）	胸径年平均生长率（%）	材积年平均生长量（m³）	材积年平均生长率（%）	胸径年平均生长量（cm）	胸径年平均生长率（%）	材积年平均生长量（m³）	材积年平均生长率（%）	胸径年平均生长量（cm）	胸径年平均生长率（%）	材积年平均生长量（m³）	材积年平均生长率（%）
10	云南松	22	0.34	1.41	0.0139	3.57	1072	0.39	1.59	0.0165	4.12	0.3	1.24	0.0131	3.16	0.4	1.6	0.0174	4.08				
10	云南松	24	0.35	1.32	0.016	3.35	751	0.31	1.21	0.0142	3.14	0.29	1.1	0.0142	2.82	0.49	1.83	0.0238	4.66				
10	云南松	26	0.33	1.18	0.0167	2.98	538	0.4	1.4	0.0205	3.65	0.27	0.98	0.0149	2.49	0.45	1.55	0.0244	3.95				
10	云南松	28	0.34	1.13	0.0193	2.84	350	0.34	1.11	0.0189	2.89	0.26	0.87	0.0156	2.22	0.43	1.41	0.0256	3.61				
10	云南松	30	0.35	1.09	0.0215	2.73	256	0.38	1.18	0.0232	3.08	0.29	0.92	0.0194	2.32	0.41	1.26	0.0258	3.23				
10	云南松	32	0.33	0.97	0.022	2.41	187	0.27	0.82	0.0187	2.1	0.24	0.7	0.017	1.77	0.34	0.99	0.0232	2.53				
10	云南松	34	0.31	0.87	0.0222	2.16	130	0.18	0.52	0.0133	1.33	0.25	0.7	0.0194	1.77								
10	云南松	36	0.3	0.78	0.0231	1.93	100	0.23	0.6	0.0181	1.56	0.31	0.8	0.0267	2								
10	云南松	38	0.27	0.69	0.0233	1.7	84	0.23	0.59	0.0197	1.52	0.27	0.69	0.0256	1.7	0.16	0.41	0.0137	1.04				
10	云南松	40	0.3	0.71	0.026	1.74	41																
10	云南松	42	0.25	0.56	0.0248	1.39	37																
10	云南松	44	0.33	0.71	0.0361	1.77	15																
10	云南松	46	0.23	0.49	0.0272	1.18	10																
10	云南松	48	0.27	0.55	0.0325	1.34	14																
15	云南松	6	0.31	3.4	0.0027	7.66	7151	0.22	2.55	0.0017	6.08	0.33	3.59	0.0032	7.98	0.32	3.63	0.0026	8.34				
15	云南松	8	0.32	2.88	0.0039	6.73	5682	0.25	2.37	0.0027	5.7	0.32	2.91	0.0044	6.75	0.4	3.48	0.0048	7.97				
15	云南松	10	0.33	2.5	0.0052	6.03	4057	0.3	2.27	0.0046	5.59	0.31	2.36	0.0054	5.69	0.42	3.11	0.0066	7.4				
15	云南松	12	0.34	2.22	0.0066	5.42	2838	0.3	2.04	0.0057	5.1	0.3	2.02	0.0066	4.95	0.4	2.54	0.008	6.16				

续表1-3-1

生长周期(年)	树种	起测胸径(cm)	全省					迪庆				丽江				怒江				德宏			
			样木数量(株)	胸径年平均生长量(cm)	胸径年平均生长率(%)	材积年平均生长量(m³)	材积年平均生长率(%)	胸径年平均生长量(cm)	胸径年平均生长率(%)	材积年平均生长量(m³)	材积年平均生长率(%)	胸径年平均生长量(cm)	胸径年平均生长率(%)	材积年平均生长量(m³)	材积年平均生长率(%)	胸径年平均生长量(cm)	胸径年平均生长率(%)	材积年平均生长量(m³)	材积年平均生长率(%)	胸径年平均生长量(cm)	胸径年平均生长率(%)	材积年平均生长量(m³)	材积年平均生长率(%)
15	云南松	14	2061	0.34	1.99	0.0081	4.93	0.37	2.16	0.0091	5.41	0.3	1.78	0.0079	4.43	0.37	2.18	0.0086	5.51				
15	云南松	16	1405	0.34	1.77	0.0096	4.42	0.34	1.78	0.0094	4.53	0.33	1.73	0.0102	4.29	0.41	2.12	0.0125	5.26				
15	云南松	18	941	0.33	1.54	0.0107	3.85	0.34	1.6	0.0117	4.04	0.29	1.38	0.0103	3.48	0.36	1.72	0.0118	4.4				
15	云南松	20	614	0.33	1.4	0.0124	3.5	0.38	1.62	0.0149	4.13	0.26	1.16	0.0107	2.95	0.51	2.12	0.0218	5.18				
15	云南松	22	458	0.33	1.32	0.0143	3.28	0.37	1.44	0.0169	3.67	0.27	1.09	0.0122	2.74	0.37	1.43	0.0171	3.61				
15	云南松	24	299	0.31	1.13	0.015	2.83	0.25	0.95	0.0117	2.46	0.25	0.94	0.0128	2.4								
15	云南松	26	210	0.32	1.11	0.0172	2.76					0.24	0.86	0.0138	2.19								
15	云南松	28	141	0.3	0.97	0.0175	2.42	0.31	1	0.018	2.59	0.23	0.76	0.0141	1.91								
15	云南松	30	107	0.33	1	0.0211	2.49					0.3	0.91	0.0201	2.3								
15	云南松	32	79	0.3	0.85	0.0199	2.08					0.16	0.48	0.0119	1.2								
15	云南松	34	52	0.27	0.74	0.0199	1.83					0.23	0.64	0.0183	1.59								
15	云南松	36	50	0.29	0.75	0.0232	1.84	0.25	0.64	0.0202	1.63												
15	云南松	38	33	0.25	0.62	0.0219	1.52																
15	云南松	40	17	0.27	0.63	0.026	1.54																
15	云南松	42	13	0.23	0.51	0.0242	1.27																
5	云南铁杉	6	21	0.42	5.58	0.0034	11.38	0.39	5.24	0.0031	10.77												
5	云南铁杉	8	19	0.53	5.39	0.0059	11.12	0.55	5.57	0.0062	11.44												
5	云南铁杉	10	10	0.32	2.89	0.0041	6.26	0.32	2.89	0.0041	6.26												

续表 1-3-1

生长周期（年）	树种	起测胸径（cm）	全省 胸径年平均生长量（cm）	全省 胸径年平均生长率（%）	全省 材积年平均生长量（m³）	全省 材积年平均生长率（%）	样木数量（株）	迪庆 胸径年平均生长量（cm）	迪庆 胸径年平均生长率（%）	迪庆 材积年平均生长量（m³）	迪庆 材积年平均生长率（%）	丽江 胸径年平均生长量（cm）	丽江 胸径年平均生长率（%）	丽江 材积年平均生长量（m³）	丽江 材积年平均生长率（%）	怒江 胸径年平均生长量（cm）	怒江 胸径年平均生长率（%）	怒江 材积年平均生长量（m³）	怒江 材积年平均生长率（%）	德宏 胸径年平均生长量（cm）	德宏 胸径年平均生长率（%）	德宏 材积年平均生长量（m³）	德宏 材积年平均生长率（%）
10	云南铁杉	8	0.51	4.57	0.0069	9.02	10	0.51	4.57	0.0069	9.02												
5	云南油杉	6	0.3	4.26	0.0014	10.29	1889					0.37	5.13	0.002	11.81								
5	云南油杉	8	0.3	3.33	0.0019	8.29	1678					0.32	3.51	0.0022	8.52								
5	云南油杉	10	0.31	2.86	0.0028	7.18	1220					0.31	2.82	0.003	6.98								
5	云南油杉	12	0.33	2.51	0.0037	6.38	845					0.42	3.15	0.0054	7.69								
5	云南油杉	14	0.34	2.28	0.0048	5.79	643					0.34	2.29	0.005	5.68								
5	云南油杉	16	0.35	2.06	0.0059	5.23	452					0.34	2.06	0.0061	5.11								
5	云南油杉	18	0.36	1.88	0.007	4.76	245					0.28	1.49	0.006	3.69								
5	云南油杉	20	0.41	1.96	0.0096	4.94	163																
5	云南油杉	22	0.36	1.54	0.0094	3.88	115																
5	云南油杉	24	0.39	1.53	0.0117	3.83	76																
5	云南油杉	26	0.37	1.36	0.0122	3.42	41																
5	云南油杉	28	0.34	1.16	0.0124	2.9	36																
5	云南油杉	30	0.34	1.1	0.0135	2.72	18																
5	云南油杉	32	0.43	1.29	0.0193	3.17	17																
5	云南油杉	34	0.36	1.02	0.0175	2.48	13																
10	云南油杉	6	0.28	3.56	0.0016	8.14	1177					0.35	4.11	0.0025	8.89								
10	云南油杉	8	0.28	2.84	0.0021	6.81	996					0.31	3.13	0.0025	7.39								

续表1-3-1

生长周期(年)	树种	起测胸径(cm)	全省 胸径年平均生长量(cm)	全省 胸径年平均生长率(%)	全省 材积年平均生长量(m³)	全省 材积年平均生长率(%)	样木数量(株)	迪庆 胸径年平均生长量(cm)	迪庆 胸径年平均生长率(%)	迪庆 材积年平均生长量(m³)	迪庆 材积年平均生长率(%)	丽江 胸径年平均生长量(cm)	丽江 胸径年平均生长率(%)	丽江 材积年平均生长量(m³)	丽江 材积年平均生长率(%)	怒江 胸径年平均生长量(cm)	怒江 胸径年平均生长率(%)	怒江 材积年平均生长量(m³)	怒江 材积年平均生长率(%)	德宏 胸径年平均生长量(cm)	德宏 胸径年平均生长率(%)	德宏 材积年平均生长量(m³)	德宏 材积年平均生长率(%)
10	云南油杉	10	0.31	2.6	0.0031	6.3	711					0.33	2.77	0.0035	6.61								
10	云南油杉	12	0.32	2.28	0.004	5.61	522					0.39	2.77	0.0054	6.64								
10	云南油杉	14	0.35	2.15	0.0053	5.31	374					0.34	2.17	0.0055	5.3								
10	云南油杉	16	0.34	1.91	0.0063	4.75	243																
10	云南油杉	18	0.37	1.87	0.008	4.65	108																
10	云南油杉	20	0.37	1.66	0.0091	4.14	79																
10	云南油杉	22	0.36	1.48	0.0103	3.66	66																
10	云南油杉	24	0.37	1.4	0.0119	3.47	43																
10	云南油杉	26	0.38	1.36	0.0133	3.37	24																
10	云南油杉	28	0.31	1.02	0.0119	2.52	16																
10	云南油杉	32	0.42	1.22	0.02	2.95	13																
15	云南油杉	6	0.28	3.2	0.0018	6.95	483																
15	云南油杉	8	0.27	2.58	0.0023	5.93	447																
15	云南油杉	10	0.31	2.45	0.0036	5.7	316					0.33	3.63	0.0026	7.54								
15	云南油杉	12	0.31	2.1	0.0043	5.03	228					0.32	3.02	0.0029	6.79								
15	云南油杉	14	0.33	1.93	0.0055	4.68	152					0.3	2.4	0.0035	5.57								
15	云南油杉	16	0.33	1.76	0.0064	4.32	82																
15	云南油杉	18	0.36	1.72	0.0085	4.18	38																

续表 1-3-1

生长周期（年）	树种	起测胸径(cm)	全省					迪庆				丽江				怒江				德宏			
			胸径年平均生长量(cm)	胸径年平均生长率(%)	材积年平均生长量(m³)	材积年平均生长率(%)	样木数量(株)	胸径年平均生长量(cm)	胸径年平均生长率(%)	材积年平均生长量(m³)	材积年平均生长率(%)	胸径年平均生长量(cm)	胸径年平均生长率(%)	材积年平均生长量(m³)	材积年平均生长率(%)	胸径年平均生长量(cm)	胸径年平均生长率(%)	材积年平均生长量(m³)	材积年平均生长率(%)	胸径年平均生长量(cm)	胸径年平均生长率(%)	材积年平均生长量(m³)	材积年平均生长率(%)
15	云南油杉	20	0.39	1.66	0.0104	4.04	34																
15	云南油杉	22	0.34	1.36	0.0106	3.3	24																
15	云南油杉	24	0.31	1.15	0.01	2.83	17																
5	云南樟	6	0.51	6.7	0.0031	15.94	98													0.63	8.15	0.0039	17.87
5	云南樟	8	0.48	5	0.0043	11.73	93													0.65	6.47	0.0062	14.58
5	云南樟	10	0.41	3.55	0.0048	8.55	60													0.28	2.46	0.0031	5.75
5	云南樟	12	0.51	3.64	0.0079	8.67	46													0.62	4.39	0.0096	10.3
5	云南樟	14	0.51	3.3	0.009	7.98	26																
5	云南樟	16	0.59	3.15	0.0133	7.48	24																
5	云南樟	18	0.63	3.13	0.0159	7.6	26													0.75	3.64	0.0199	8.81
5	云南樟	20	0.34	1.63	0.0094	4.01	19																
5	云南樟	22	0.34	1.48	0.0107	3.63	15																
5	云南樟	24	0.29	1.14	0.0102	2.76	23																
10	云南樟	6	0.51	4.93	0.0055	9.82	30																
10	云南樟	8	0.44	3.98	0.0049	8.76	46													0.52	4.5	0.0064	9.44
10	云南樟	10	0.35	2.72	0.0049	6.11	32																
10	云南樟	12	0.42	2.74	0.0075	6.28	30													0.46	2.98	0.0084	6.72
10	云南樟	14	0.57	3.36	0.0114	7.81	11																

续表1-3-1

生长周期（年）	树种	起测胸径(cm)	全省					迪庆				丽江				怒江				德宏			
			胸径年平均生长量(cm)	胸径年平均生长率(%)	材积年平均生长量(m³)	材积年平均生长率(%)	样木数量(株)	胸径年平均生长量(cm)	胸径年平均生长率(%)	材积年平均生长量(m³)	材积年平均生长率(%)	胸径年平均生长量(cm)	胸径年平均生长率(%)	材积年平均生长量(m³)	材积年平均生长率(%)	胸径年平均生长量(cm)	胸径年平均生长率(%)	材积年平均生长量(m³)	材积年平均生长率(%)	胸径年平均生长量(cm)	胸径年平均生长率(%)	材积年平均生长量(m³)	材积年平均生长率(%)
10	云南樟	16	0.51	2.55	0.0133	5.83	15																
10	云南樟	18	0.51	2.46	0.0137	5.88	16																
10	云南樟	20	0.3	1.38	0.0089	3.37	10																
10	云南樟	24	0.26	1	0.0097	2.42	11																
15	云南樟	6	0.48	4.16	0.0061	8.09	13																
15	云南樟	8	0.42	3.45	0.0057	7.33	16																
15	云南樟	10	0.26	1.89	0.0038	4.16	15																
15	云南樟	12	0.47	2.77	0.0097	6.04	10																
10	云杉	6	0.56	6.14	0.0053	13.76	22	0.56	6.14	0.0053	13.76												
5	长苞冷杉	6	0.3	4.15	0.002	10.2	252	0.31	4.33	0.0021	10.63	0.29	4.05	0.0019	9.94								
5	长苞冷杉	8	0.31	3.36	0.0029	8.35	217	0.34	3.72	0.0032	9.24	0.28	3.07	0.0028	7.63								
5	长苞冷杉	10	0.27	2.46	0.0036	6.27	136	0.25	2.3	0.0032	5.88	0.31	2.71	0.0042	6.87								
5	长苞冷杉	12	0.25	1.91	0.0044	4.91	150	0.2	1.58	0.0034	4.11	0.29	2.19	0.0052	5.57	0.21	1.67	0.0037	4.43				
5	长苞冷杉	14	0.19	1.28	0.0039	3.32	97	0.14	1	0.0029	2.59	0.2	1.37	0.0042	3.54								
5	长苞冷杉	16	0.23	1.33	0.0058	3.42	91	0.16	1.01	0.004	2.6	0.29	1.67	0.0075	4.24								
5	长苞冷杉	18	0.25	1.28	0.0078	3.28	73	0.25	1.3	0.0081	3.33	0.24	1.27	0.0075	3.23								
5	长苞冷杉	20	0.28	1.31	0.0103	3.37	47	0.26	1.25	0.0098	3.22	0.3	1.38	0.0108	3.53								
5	长苞冷杉	22	0.26	1.14	0.0107	2.92	52	0.23	1	0.0094	2.58	0.32	1.39	0.0131	3.55								

续表 1-3-1

生长周期（年）	树种	起测胸径（cm）	全省 胸径年平均生长量（cm）	全省 胸径年平均生长率（%）	全省 材积年平均生长量（m³）	全省 材积年平均生长率（%）	样木数量（株）	迪庆 胸径年平均生长量（cm）	迪庆 胸径年平均生长率（%）	迪庆 材积年平均生长量（m³）	迪庆 材积年平均生长率（%）	丽江 胸径年平均生长量（cm）	丽江 胸径年平均生长率（%）	丽江 材积年平均生长量（m³）	丽江 材积年平均生长率（%）	怒江 胸径年平均生长量（cm）	怒江 胸径年平均生长率（%）	怒江 材积年平均生长量（m³）	怒江 材积年平均生长率（%）	德宏 胸径年平均生长量（cm）	德宏 胸径年平均生长率（%）	德宏 材积年平均生长量（m³）	德宏 材积年平均生长率（%）
5	长苞冷杉	24	0.28	1.11	0.0133	2.83	45	0.23	0.92	0.0106	2.37	0.36	1.39	0.0171	3.5								
5	长苞冷杉	26	0.34	1.22	0.0193	3.07	38	0.31	1.1	0.018	2.76	0.42	1.51	0.0232	3.81								
5	长苞冷杉	28	0.31	1.04	0.0184	2.63	27	0.27	0.91	0.0158	2.32												
5	长苞冷杉	30	0.23	0.72	0.0147	1.82	36	0.17	0.54	0.0106	1.36	0.35	1.1	0.0228	2.75								
5	长苞冷杉	32	0.32	0.97	0.0235	2.45	21	0.24	0.72	0.0174	1.83												
5	长苞冷杉	34	0.23	0.66	0.018	1.65	15	0.27	0.77	0.0211	1.92												
5	长苞冷杉	36	0.21	0.57	0.0182	1.44	33	0.19	0.5	0.0163	1.27												
5	长苞冷杉	38	0.18	0.46	0.017	1.15	21	0.2	0.5	0.0191	1.25												
5	长苞冷杉	40	0.19	0.45	0.0182	1.13	36	0.17	0.41	0.0166	1.03												
5	长苞冷杉	42	0.16	0.38	0.0174	0.96	26	0.16	0.38	0.0172	0.95												
5	长苞冷杉	44	0.24	0.54	0.0292	1.33	32	0.22	0.48	0.0262	1.2												
5	长苞冷杉	46	0.13	0.28	0.0158	0.7	19	0.13	0.28	0.0158	0.7												
5	长苞冷杉	48	0.24	0.5	0.0309	1.23	15	0.16	0.33	0.021	0.83												
5	长苞冷杉	52	0.23	0.43	0.0325	1.06	11																
5	长苞冷杉	66	0.32	0.48	0.0664	1.16	10																
10	长苞冷杉	6	0.26	3.25	0.0022	7.44	137	0.25	3.14	0.0021	7.27	0.3	3.68	0.0027	8.31								
10	长苞冷杉	8	0.26	2.58	0.003	6.11	125	0.24	2.51	0.0025	6.05	0.28	2.7	0.0036	6.3								
10	长苞冷杉	10	0.22	1.83	0.0033	4.52	87	0.16	1.38	0.0022	3.51	0.26	2.14	0.0042	5.21								

续表 1-3-1

生长周期(年)	树种	起测胸径(cm)	全省 胸径年平均生长量(cm)	全省 胸径年平均生长率(%)	全省 材积年平均生长量(m³)	全省 材积年平均生长率(%)	样木数量(株)	迪庆 胸径年平均生长量(cm)	迪庆 胸径年平均生长率(%)	迪庆 材积年平均生长量(m³)	迪庆 材积年平均生长率(%)	丽江 胸径年平均生长量(cm)	丽江 胸径年平均生长率(%)	丽江 材积年平均生长量(m³)	丽江 材积年平均生长率(%)	怒江 胸径年平均生长量(cm)	怒江 胸径年平均生长率(%)	怒江 材积年平均生长量(m³)	怒江 材积年平均生长率(%)	德宏 胸径年平均生长量(cm)	德宏 胸径年平均生长率(%)	德宏 材积年平均生长量(m³)	德宏 材积年平均生长率(%)
10	长苞冷杉	12	0.21	1.47	0.004	3.68	98	0.16	1.17	0.0027	3.01	0.24	1.7	0.0049	4.17								
10	长苞冷杉	14	0.16	1.04	0.0034	2.66	65	0.1	0.68	0.0022	1.76	0.18	1.2	0.004	3.06								
10	长苞冷杉	16	0.19	1.07	0.0053	2.7	54	0.17	0.97	0.0043	2.5	0.23	1.25	0.0068	3.07								
10	长苞冷杉	18	0.22	1.1	0.0076	2.77	53	0.22	1.1	0.0074	2.79	0.22	1.1	0.0077	2.74								
10	长苞冷杉	20	0.31	1.36	0.0131	3.39	33	0.33	1.41	0.0146	3.52	0.29	1.3	0.0115	3.26								
10	长苞冷杉	22	0.21	0.9	0.009	2.3	38	0.21	0.88	0.0088	2.25	0.23	0.98	0.0096	2.49								
10	长苞冷杉	24	0.27	1.03	0.0138	2.57	27	0.2	0.8	0.0096	2.02	0.4	1.45	0.0211	3.57								
10	长苞冷杉	26	0.39	1.33	0.0238	3.31	23	0.3	1.03	0.0178	2.58												
10	长苞冷杉	28	0.28	0.93	0.0178	2.31	19	0.23	0.77	0.014	1.95												
10	长苞冷杉	30	0.2	0.62	0.0131	1.54	21	0.15	0.48	0.0099	1.21												
10	长苞冷杉	32	0.31	0.92	0.0235	2.32	15	0.26	0.78	0.0199	1.96												
10	长苞冷杉	34	0.19	0.53	0.0149	1.34	10																
10	长苞冷杉	36	0.2	0.53	0.0182	1.33	21	0.2	0.52	0.0181	1.31												
10	长苞冷杉	38	0.15	0.37	0.0138	0.93	16	0.15	0.39	0.0149	0.98												
10	长苞冷杉	40	0.2	0.48	0.0205	1.18	25	0.17	0.41	0.0173	1.02												
10	长苞冷杉	42	0.19	0.43	0.0218	1.06	18	0.19	0.43	0.0218	1.06												
10	长苞冷杉	44	0.24	0.51	0.0288	1.26	22	0.22	0.47	0.0266	1.17												
10	长苞冷杉	46	0.1	0.22	0.0122	0.53	14	0.1	0.22	0.0122	0.53												

续表 1-3-1

生长周期（年）	树种	起测胸径（cm）	全省 胸径年平均生长量（cm）	全省 胸径年平均生长率（%）	全省 材积年平均生长量（m³）	全省 材积年平均生长率（%）	全省 样木数量（株）	迪庆 胸径年平均生长量（cm）	迪庆 胸径年平均生长率（%）	迪庆 材积年平均生长量（m³）	迪庆 材积年平均生长率（%）	丽江 胸径年平均生长量（cm）	丽江 胸径年平均生长率（%）	丽江 材积年平均生长量（m³）	丽江 材积年平均生长率（%）	怒江 胸径年平均生长量（cm）	怒江 胸径年平均生长率（%）	怒江 材积年平均生长量（m³）	怒江 材积年平均生长率（%）	德宏 胸径年平均生长量（cm）	德宏 胸径年平均生长率（%）	德宏 材积年平均生长量（m³）	德宏 材积年平均生长率（%）
15	长苞冷杉	6	0.28	3.02	0.0029	6.46	46	0.21	2.54	0.0018	5.71	0.39	3.93	0.0047	8.02								
15	长苞冷杉	8	0.28	2.49	0.004	5.58	50	0.25	2.42	0.0029	5.55	0.32	2.66	0.0051	5.83								
15	长苞冷杉	10	0.16	1.29	0.0025	3.16	32	0.1	0.88	0.0013	2.22	0.2	1.56	0.0034	3.73								
15	长苞冷杉	12	0.18	1.24	0.0037	3.08	46	0.14	1.02	0.0026	2.6	0.19	1.3	0.0042	3.15								
15	长苞冷杉	14	0.14	0.9	0.0032	2.29	32	0.12	0.78	0.0028	2	0.15	0.93	0.0033	2.37								
15	长苞冷杉	16	0.18	0.96	0.0052	2.39	22	0.15	0.88	0.0039	2.24	0.21	1.1	0.0069	2.62								
15	长苞冷杉	18	0.22	1.05	0.008	2.59	27	0.24	1.16	0.0087	2.91	0.19	0.91	0.0072	2.21								
15	长苞冷杉	20	0.3	1.27	0.0137	3.13	20	0.33	1.37	0.016	3.38	0.27	1.17	0.0114	2.88								
15	长苞冷杉	22	0.15	0.61	0.0064	1.55	15																
15	长苞冷杉	24	0.27	0.98	0.0143	2.41	14																
15	长苞冷杉	28	0.28	0.91	0.0187	2.25	11																
15	长苞冷杉	30	0.17	0.52	0.0113	1.31	10																
15	长苞冷杉	36	0.17	0.43	0.0156	1.08	11	0.18	0.47	0.0171	1.18												
15	长苞冷杉	40	0.23	0.55	0.0248	1.34	12	0.19	0.45	0.02	1.12												
15	长苞冷杉	42	0.21	0.46	0.0241	1.13	11	0.21	0.46	0.0241	1.13												
5	长梗润楠	6	0.11	1.75	0.0005	4.65	35																
5	长梗润楠	8	0.2	2.3	0.0016	5.98	21																
5	长梗润楠	10	0.14	1.33	0.0015	3.38	13																

续表 1-3-1

生长周期（年）	树种	起测胸径(cm)	全省 胸径年平均生长量(cm)	胸径年平均生长率(%)	材积年平均生长量(m³)	材积年平均生长率(%)	样木数量（株）	迪庆 胸径年平均生长量(cm)	胸径年平均生长率(%)	材积年平均生长量(m³)	材积年平均生长率(%)	丽江 胸径年平均生长量(cm)	胸径年平均生长率(%)	材积年平均生长量(m³)	材积年平均生长率(%)	怒江 胸径年平均生长量(cm)	胸径年平均生长率(%)	材积年平均生长量(m³)	材积年平均生长率(%)	德宏 胸径年平均生长量(cm)	胸径年平均生长率(%)	材积年平均生长量(m³)	材积年平均生长率(%)
5	长梗润楠	12	0.13	1.05	0.0016	2.58	14																
10	长梗润楠	6	0.11	1.52	0.0006	3.99	26																
10	长梗润楠	8	0.16	1.62	0.0014	4.06	13																
10	长梗润楠	10	0.13	1.19	0.0013	2.89	10																
15	长梗润楠	6	0.11	1.47	0.0007	3.63	16																
5	直杆蓝桉	6	0.84	8.99	0.0079	20.47	322																
5	直杆蓝桉	8	0.88	7.8	0.0108	18.16	273																
5	直杆蓝桉	10	0.84	6.37	0.0124	15.12	172																
5	直杆蓝桉	12	0.73	5.07	0.0121	12.42	105																
5	直杆蓝桉	14	0.7	4.27	0.0135	10.52	84																
5	直杆蓝桉	16	0.67	3.73	0.0146	9.14	74																
5	直杆蓝桉	18	0.74	3.65	0.0194	8.89	47																
5	直杆蓝桉	20	0.78	3.48	0.0234	8.38	39																
5	直杆蓝桉	22	0.73	3.09	0.0239	7.42	25																
5	直杆蓝桉	24	0.92	3.43	0.0344	8	12																
5	直杆蓝桉	26	1.08	3.78	0.0446	8.8	10																
10	直杆蓝桉	6	0.86	7.5	0.0111	14.78	163																
10	直杆蓝桉	8	0.98	7.17	0.0161	14.54	123																

续表 1-3-1

生长周期（年）	树种	起测胸径（cm）	全省 胸径年平均生长量（cm）	全省 胸径年平均生长率（%）	全省 材积年平均生长量（m³）	全省 材积年平均生长率（%）	样木数量（株）	迪庆 胸径年平均生长量（cm）	迪庆 胸径年平均生长率（%）	迪庆 材积年平均生长量（m³）	迪庆 材积年平均生长率（%）	丽江 胸径年平均生长量（cm）	丽江 胸径年平均生长率（%）	丽江 材积年平均生长量（m³）	丽江 材积年平均生长率（%）	怒江 胸径年平均生长量（cm）	怒江 胸径年平均生长率（%）	怒江 材积年平均生长量（m³）	怒江 材积年平均生长率（%）	德宏 胸径年平均生长量（cm）	德宏 胸径年平均生长率（%）	德宏 材积年平均生长量（m³）	德宏 材积年平均生长率（%）
10	直杆蓝桉	10	1.07	6.72	0.0212	13.85	56																
10	直杆蓝桉	12	0.97	5.44	0.0224	11.66	21																
5	中甸冷杉	6	0.28	4.05	0.0018	10.15	273	0.28	4.05	0.0018	10.15												
5	中甸冷杉	8	0.33	3.65	0.0031	9.14	225	0.33	3.65	0.0031	9.14												
5	中甸冷杉	10	0.35	3.14	0.0045	8	141	0.35	3.14	0.0045	8												
5	中甸冷杉	12	0.37	2.79	0.0062	7.19	72	0.37	2.79	0.0062	7.19												
5	中甸冷杉	14	0.33	2.16	0.0071	5.6	60	0.33	2.16	0.0071	5.6												
5	中甸冷杉	16	0.29	1.73	0.0076	4.5	33	0.29	1.73	0.0076	4.5												
5	中甸冷杉	18	0.32	1.69	0.0097	4.36	28	0.32	1.69	0.0097	4.36												
5	中甸冷杉	20	0.28	1.35	0.0101	3.47	21	0.28	1.35	0.0101	3.47												
5	中甸冷杉	22	0.16	0.71	0.0063	1.81	23	0.16	0.71	0.0063	1.81												
5	中甸冷杉	24	0.25	1.01	0.012	2.58	34	0.25	1.01	0.012	2.58												
5	中甸冷杉	26	0.27	1	0.0137	2.56	20	0.27	1	0.0137	2.56												
5	中甸冷杉	28	0.17	0.58	0.0095	1.48	26	0.17	0.58	0.0095	1.48												
5	中甸冷杉	30	0.29	0.95	0.0191	2.42	19	0.29	0.95	0.0191	2.42												
5	中甸冷杉	32	0.32	0.94	0.0225	2.37	23	0.32	0.94	0.0225	2.37												
5	中甸冷杉	34	0.29	0.82	0.0216	2.05	30	0.29	0.82	0.0216	2.05												
5	中甸冷杉	36	0.29	0.8	0.0242	2	22	0.29	0.8	0.0242	2												

续表 1-3-1

生长周期（年）	树种	起测胸径(cm)	全省				样木数量（株）	迪庆				丽江				怒江				德宏			
			胸径年平均生长量(cm)	胸径年平均生长率(%)	材积年平均生长量(m³)	材积年平均生长率(%)		胸径年平均生长量(cm)	胸径年平均生长率(%)	材积年平均生长量(m³)	材积年平均生长率(%)	胸径年平均生长量(cm)	胸径年平均生长率(%)	材积年平均生长量(m³)	材积年平均生长率(%)	胸径年平均生长量(cm)	胸径年平均生长率(%)	材积年平均生长量(m³)	材积年平均生长率(%)	胸径年平均生长量(cm)	胸径年平均生长率(%)	材积年平均生长量(m³)	材积年平均生长率(%)
5	中甸冷杉	38	0.25	0.64	0.0221	1.6	29	0.25	0.64	0.0221	1.6												
5	中甸冷杉	40	0.25	0.61	0.0243	1.52	11	0.25	0.61	0.0243	1.52												
5	中甸冷杉	42	0.28	0.65	0.0281	1.6	11	0.28	0.65	0.0281	1.6												
5	中甸冷杉	44	0.19	0.43	0.0209	1.06	28	0.19	0.43	0.0209	1.06												
5	中甸冷杉	46	0.25	0.54	0.0291	1.32	14	0.25	0.54	0.0291	1.32												
5	中甸冷杉	48	0.25	0.51	0.0305	1.24	13	0.25	0.51	0.0305	1.24												
5	中甸冷杉	50	0.19	0.38	0.0239	0.92	14	0.19	0.38	0.0239	0.92												
5	中甸冷杉	52	0.18	0.34	0.0244	0.84	20	0.18	0.34	0.0244	0.84												
5	中甸冷杉	54	0.25	0.45	0.0363	1.08	15	0.25	0.45	0.0363	1.08												
5	中甸冷杉	58	0.33	0.56	0.0529	1.35	10	0.33	0.56	0.0529	1.35												
5	中甸冷杉	62	0.21	0.34	0.0355	0.81	10	0.21	0.34	0.0355	0.81												
5	中甸冷杉	64	0.26	0.41	0.0466	0.97	11	0.26	0.41	0.0466	0.97												
10	中甸冷杉	6	0.28	3.58	0.0021	8.48	152	0.28	3.58	0.0021	8.48												
10	中甸冷杉	8	0.3	3.11	0.0032	7.49	112	0.3	3.11	0.0032	7.49												
10	中甸冷杉	10	0.31	2.63	0.0046	6.48	67	0.31	2.63	0.0046	6.48												
10	中甸冷杉	12	0.34	2.38	0.0067	5.94	36	0.34	2.38	0.0067	5.94												
10	中甸冷杉	14	0.25	1.57	0.0061	4	31	0.25	1.57	0.0061	4												
10	中甸冷杉	16	0.2	1.16	0.0053	3.01	21	0.2	1.16	0.0053	3.01												

续表1-3-1

生长周期(年)	树种	起测胸径(cm)	全省 胸径年平均生长量(cm)	全省 胸径年平均生长率(%)	全省 材积年平均生长量(m³)	全省 材积年平均生长率(%)	样木数量(株)	迪庆 胸径年平均生长量(cm)	迪庆 胸径年平均生长率(%)	迪庆 材积年平均生长量(m³)	迪庆 材积年平均生长率(%)	丽江 胸径年平均生长量(cm)	丽江 胸径年平均生长率(%)	丽江 材积年平均生长量(m³)	丽江 材积年平均生长率(%)	怒江 胸径年平均生长量(cm)	怒江 胸径年平均生长率(%)	怒江 材积年平均生长量(m³)	怒江 材积年平均生长率(%)	德宏 胸径年平均生长量(cm)	德宏 胸径年平均生长率(%)	德宏 材积年平均生长量(m³)	德宏 材积年平均生长率(%)
10	中甸冷杉	18	0.32	1.63	0.0107	4.13	17	0.32	1.63	0.0107	4.13												
10	中甸冷杉	20	0.24	1.13	0.009	2.89	15	0.24	1.13	0.009	2.89												
10	中甸冷杉	22	0.12	0.53	0.005	1.37	16	0.12	0.53	0.005	1.37												
10	中甸冷杉	24	0.29	1.1	0.0142	2.77	24	0.29	1.1	0.0142	2.77												
10	中甸冷杉	26	0.24	0.89	0.0128	2.28	13	0.24	0.89	0.0128	2.28												
10	中甸冷杉	28	0.18	0.62	0.0107	1.57	16	0.18	0.62	0.0107	1.57												
10	中甸冷杉	30	0.36	1.1	0.0251	2.77	12	0.36	1.1	0.0251	2.77												
10	中甸冷杉	32	0.27	0.81	0.0201	2.02	21	0.27	0.81	0.0201	2.02												
10	中甸冷杉	34	0.27	0.78	0.0213	1.94	20	0.27	0.78	0.0213	1.94												
10	中甸冷杉	36	0.25	0.67	0.0212	1.68	16	0.25	0.67	0.0212	1.68												
10	中甸冷杉	38	0.22	0.55	0.0199	1.37	17	0.22	0.55	0.0199	1.37												
10	中甸冷杉	42	0.24	0.54	0.0242	1.34	10	0.24	0.54	0.0242	1.34												
10	中甸冷杉	44	0.16	0.36	0.0178	0.88	22	0.16	0.36	0.0178	0.88												
10	中甸冷杉	48	0.19	0.38	0.0233	0.93	10	0.19	0.38	0.0233	0.93												
10	中甸冷杉	50	0.13	0.26	0.017	0.65	11	0.13	0.26	0.017	0.65												
10	中甸冷杉	52	0.17	0.32	0.0234	0.79	14	0.17	0.32	0.0234	0.79												
10	中甸冷杉	54	0.34	0.59	0.0503	1.42	10	0.34	0.59	0.0503	1.42												
15	中甸冷杉	6	0.2	2.5	0.0016	5.92	18	0.2	2.5	0.0016	5.92												

续表1-3-1

生长周期（年）	树种	起测胸径(cm)	全省					迪庆				丽江				怒江				德宏			
			胸径年平均生长量(cm)	胸径年平均生长率(%)	材积年平均生长量(m³)	材积年平均生长率(%)	样木数量（株）	胸径年平均生长量(cm)	胸径年平均生长率(%)	材积年平均生长量(m³)	材积年平均生长率(%)	胸径年平均生长量(cm)	胸径年平均生长率(%)	材积年平均生长量(m³)	材积年平均生长率(%)	胸径年平均生长量(cm)	胸径年平均生长率(%)	材积年平均生长量(m³)	材积年平均生长率(%)	胸径年平均生长量(cm)	胸径年平均生长率(%)	材积年平均生长量(m³)	材积年平均生长率(%)
15	中甸冷杉	8	0.25	2.35	0.0031	5.57	22	0.25	2.35	0.0031	5.57												
15	中甸冷杉	10	0.23	1.91	0.0037	4.65	15	0.23	1.91	0.0037	4.65												
15	中甸冷杉	12	0.32	2.1	0.0072	5.13	16	0.32	2.1	0.0072	5.13												
15	中甸冷杉	14	0.16	1	0.0036	2.56	12	0.16	1	0.0036	2.56												
15	中甸冷杉	16	0.22	1.19	0.0062	3	11	0.22	1.19	0.0062	3												
15	中甸冷杉	24	0.28	1.07	0.0143	2.71	13	0.28	1.07	0.0143	2.71												
15	中甸冷杉	32	0.23	0.68	0.0174	1.7	12	0.23	0.68	0.0174	1.7												
15	中甸冷杉	36	0.23	0.62	0.0202	1.54	10	0.23	0.62	0.0202	1.54												
15	中甸冷杉	44	0.15	0.33	0.0165	0.81	10	0.15	0.33	0.0165	0.81												
5	中平树	6	0.67	7.96	0.0051	19.08	27																
5	中平树	8	0.64	6.38	0.0063	16.25	34																
5	中平树	10	0.49	4.23	0.0062	11.21	29																
5	中平树	12	0.51	3.8	0.0075	9.68	16																
5	中平树	14	0.54	3.45	0.0099	8.7	11																
5	中平树	16	0.17	1.03	0.0034	2.58	10																
10	中平树	8	0.61	5.31	0.0074	12.04	12																

表1-3-2　研究期保山、大理、楚雄、昆明、曲靖、昭通6州（市）分生长期及树种按树木起测胸径概算单株胸径及材积年生长量（率）表

生长周期(年)	树种	起测胸径(cm)	保山				大理				楚雄				昆明				曲靖				昭通			
			胸径年平均生长量(cm)	胸径年平均生长率(%)	材积年平均生长量(m³)	材积年平均生长率(%)	胸径年平均生长量(cm)	胸径年平均生长率(%)	材积年平均生长量(m³)	材积年平均生长率(%)	胸径年平均生长量(cm)	胸径年平均生长率(%)	材积年平均生长量(m³)	材积年平均生长率(%)	胸径年平均生长量(cm)	胸径年平均生长率(%)	材积年平均生长量(m³)	材积年平均生长率(%)	胸径年平均生长量(cm)	胸径年平均生长率(%)	材积年平均生长量(m³)	材积年平均生长率(%)	胸径年平均生长量(cm)	胸径年平均生长率(%)	材积年平均生长量(m³)	材积年平均生长率(%)
5	白花洋蒲甲	6									0.42	5.62	0.0024	14.61												
5	白花洋蒲甲	8									0.43	4.65	0.0035	12.02												
5	柴桂	6	0.34	4.83	0.0018	11.38																				
8	柴桂	8	0.41	4.48	0.003	10.6																				
5	赤桉	6									0.59	7.23	0.004	17.61												
5	赤桉	8									0.36	3.98	0.0029	10.56												
5	赤桉	10									0.37	3.28	0.0041	8.34												
5	赤桉	12									0.53	3.69	0.0081	8.75												
10	赤桉	6									0.3	3.8	0.0019	9.73	0.95	10.44	0.0072	23.61								
10	赤桉	8									0.34	3.47	0.0029	8.69												
5	粗壮琼楠	10	0.34	2.8	0.0042	6.45																				
5	大果冬青	6									0.36	4.85	0.0021	13.04												
5	灯台树	12																					0.38	2.86	0.0049	7.29
5	灯台树	14																					0.6	3.71	0.0105	9.15
10	灯台树	10																					0.54	4.18	0.0068	9.8
5	灰楸树	8					0.27	3	0.0019	7.99																
5	灰楸树	10					0.34	3.06	0.0037	7.88																
10	灰楸树	8					0.26	2.74	0.0022	7.03																

续表 1-3-2

生长周期(年)	树种	起测胸径(cm)	保山 胸径年平均生长量(cm)	保山 胸径年平均生长率(%)	保山 材积年平均生长量(m³)	保山 材积年平均生长率(%)	大理 胸径年平均生长量(cm)	大理 胸径年平均生长率(%)	大理 材积年平均生长量(m³)	大理 材积年平均生长率(%)	楚雄 胸径年平均生长量(cm)	楚雄 胸径年平均生长率(%)	楚雄 材积年平均生长量(m³)	楚雄 材积年平均生长率(%)	昆明 胸径年平均生长量(cm)	昆明 胸径年平均生长率(%)	昆明 材积年平均生长量(m³)	昆明 材积年平均生长率(%)	曲靖 胸径年平均生长量(cm)	曲靖 胸径年平均生长率(%)	曲靖 材积年平均生长量(m³)	曲靖 材积年平均生长率(%)	昭通 胸径年平均生长量(cm)	昭通 胸径年平均生长率(%)	昭通 材积年平均生长量(m³)	昭通 材积年平均生长率(%)
5	滇润楠	8									0.14	1.59	0.001	4.43												
5	滇杨	6					0.22	2.99	0.0011	8.5	0.27	3.84	0.0015	10.56	0.22	3.25	0.0011	8.26	0.53	6.81	0.003	16.91				
5	滇杨	8					0.26	2.87	0.0019	7.9					0.21	2.37	0.0014	6.43	0.61	6.13	0.0051	15.01				
5	滇杨	10					0.22	1.99	0.0021	5.33					0.23	2.13	0.0022	5.55	0.83	6.1	0.012	14.23				
5	滇杨	12													0.27	2.08	0.0034	5.35	0.69	4.85	0.0101	12.06				
5	滇杨	14																	0.67	4.13	0.0118	10.15				
5	滇杨	16									0.28	1.68	0.0052	4.15					0.78	4.23	0.0163	10.32				
10	滇杨	6													0.26	3.33	0.0017	7.93	0.65	6.7	0.0055	14.09				
10	滇杨	8													0.21	2.22	0.0017	5.7	0.64	5.42	0.0074	11.81				
10	滇杨	10													0.18	1.59	0.0018	4.08	0.91	5.35	0.0189	10.97				
10	滇杨	12													0.21	1.58	0.0029	4.03	0.82	4.76	0.0161	10.56				
10	滇杨	14																	0.73	3.94	0.0156	9				
15	滇杨	6																	0.56	5.1	0.0059	9.93				
15	滇杨	8																	0.59	4.47	0.0081	9.14				
15	滇杨	10																	1.1	5.48	0.0285	10				
5	尼泊尔桤木	12	0.75	5.09	0.0123	13.09	0.64	4.42	0.0102	11.35	0.69	4.81	0.011	12.35	0.84	5.7	0.0142	14.46	0.49	3.57	0.0074	9.39	0.47	3.54	0.0064	9.48
5	尼泊尔桤木	14	0.66	3.93	0.0137	10.04	0.65	3.99	0.0126	10.36	0.72	4.4	0.0143	11.39	0.72	4.43	0.0142	11.49	0.45	2.88	0.0082	7.62	0.49	3.21	0.0086	8.53
5	尼泊尔桤木	16	0.78	4.24	0.0184	10.97	0.56	3.08	0.0128	8.07	0.66	3.59	0.0155	9.33	0.67	3.72	0.0152	9.75	0.47	2.68	0.0104	7.09	0.64	3.61	0.0141	9.56

续表 1-3-2

生长周期（年）	树种	起测胸径（cm）	保山 胸径年平均生长量（cm）	保山 胸径年平均生长率（%）	保山 材积年平均生长量（m³）	保山 材积年平均生长率（%）	大理 胸径年平均生长量（cm）	大理 胸径年平均生长率（%）	大理 材积年平均生长量（m³）	大理 材积年平均生长率（%）	楚雄 胸径年平均生长量（cm）	楚雄 胸径年平均生长率（%）	楚雄 材积年平均生长量（m³）	楚雄 材积年平均生长率（%）	昆明 胸径年平均生长量（cm）	昆明 胸径年平均生长率（%）	昆明 材积年平均生长量（m³）	昆明 材积年平均生长率（%）	曲靖 胸径年平均生长量（cm）	曲靖 胸径年平均生长率（%）	曲靖 材积年平均生长量（m³）	曲靖 材积年平均生长率（%）	昭通 胸径年平均生长量（cm）	昭通 胸径年平均生长率（%）	昭通 材积年平均生长量（m³）	昭通 材积年平均生长率（%）
5	底层林木	18	0.84	3.99	0.025	10.14	0.56	2.78	0.015	7.29	0.62	3.09	0.0171	8.04	0.62	3.13	0.0168	8.21	0.47	2.43	0.0123	6.44	0.5	2.58	0.0125	6.87
5	底层林木	20	0.51	2.37	0.0152	6.22	0.63	2.83	0.0202	7.33	0.75	3.37	0.024	8.71	0.63	2.88	0.0194	7.56	0.42	1.98	0.0125	5.21	0.72	3.27	0.0223	8.5
5	底层林木	22	0.38	1.67	0.0128	4.42	0.55	2.28	0.0197	5.93	0.7	2.92	0.0253	7.6	0.56	2.36	0.0197	6.16	0.42	1.81	0.0144	4.76				
5	底层林木	24					0.48	1.86	0.019	4.84	0.61	2.34	0.025	6.04	0.49	1.92	0.0195	5	0.47	1.85	0.0183	4.85				
5	底层林木	26					0.51	1.84	0.0232	4.76	0.63	2.25	0.0289	5.82	0.52	1.87	0.0232	4.87	0.44	1.6	0.0193	4.17				
5	底层林木	28									0.44	1.5	0.0216	3.9	0.46	1.56	0.0229	4.05	0.45	1.54	0.0222	3.99				
5	底层林木	30					0.58	1.85	0.0319	4.76	0.48	1.52	0.0265	3.91	0.49	1.54	0.0265	3.98								
5	底层林木	32									0.46	1.37	0.0279	3.5	0.59	1.76	0.035	4.5								
5	底层林木	34									0.58	1.6	0.0386	4.06	0.42	1.18	0.027	3.01								
10	底层林木	6	0.91	8.09	0.0106	15.89	0.62	6.13	0.006	13.02	0.79	7.53	0.0081	15.54	0.74	6.92	0.0079	14.18	0.64	6.28	0.0064	13.24	0.41	4.46	0.0033	10.3
10	底层林木	8	0.93	6.87	0.0139	14.2	0.61	5.12	0.0077	11.6	0.73	5.84	0.0097	12.85	0.73	5.84	0.0098	12.72	0.53	4.68	0.0062	10.8	0.43	4.01	0.0042	9.84
10	底层林木	10	0.74	4.83	0.0148	10.82	0.67	4.64	0.0112	10.72	0.67	4.76	0.011	11.12	0.73	5.12	0.012	11.79	0.6	4.4	0.009	10.46	0.57	4.16	0.0092	9.98
10	底层林木	12	0.63	3.87	0.0124	9.34	0.63	3.85	0.0127	9.13	0.66	4.1	0.013	9.78	0.74	4.47	0.0156	10.5	0.42	2.78	0.0071	7	0.48	3.26	0.0078	8.27
10	底层林木	14	0.51	2.87	0.0118	7	0.57	3.21	0.0133	7.87	0.64	3.55	0.0148	8.67	0.66	3.72	0.0152	9.12	0.42	2.49	0.0086	6.35	0.57	3.35	0.012	8.42
10	底层林木	16	0.65	3.34	0.017	8.37	0.47	2.49	0.012	6.35	0.65	3.26	0.0182	8.07	0.65	3.32	0.0169	8.32	0.43	2.3	0.0104	5.93	0.59	3.14	0.0146	8.02
10	底层林木	18	0.87	3.74	0.03	8.98	0.57	2.66	0.017	6.74	0.68	3.09	0.0212	7.69	0.55	2.6	0.0163	6.62	0.44	2.13	0.0127	5.49				
10	底层林木	20					0.64	2.68	0.023	6.73	0.71	2.95	0.0254	7.38	0.55	2.37	0.0185	6.07	0.39	1.76	0.0124	4.56				
10	底层林木	22					0.61	2.37	0.0246	5.94	0.65	2.55	0.0254	6.45	0.55	2.18	0.0216	5.55	0.45	1.84	0.017	4.74				

214

云南省连清样地主要乔木树种生长量（率）测算数表

续表 1-3-2

生长周期(年)	树种	起测胸径(cm)	保山 胸径年平均生长量(cm)	保山 胸径年平均生长率(%)	保山 材积年平均生长量(m³)	保山 材积年平均生长率(%)	大理 胸径年平均生长量(cm)	大理 胸径年平均生长率(%)	大理 材积年平均生长量(m³)	大理 材积年平均生长率(%)	楚雄 胸径年平均生长量(cm)	楚雄 胸径年平均生长率(%)	楚雄 材积年平均生长量(m³)	楚雄 材积年平均生长率(%)	昆明 胸径年平均生长量(cm)	昆明 胸径年平均生长率(%)	昆明 材积年平均生长量(m³)	昆明 材积年平均生长率(%)	曲靖 胸径年平均生长量(cm)	曲靖 胸径年平均生长率(%)	曲靖 材积年平均生长量(m³)	曲靖 材积年平均生长率(%)	昭通 胸径年平均生长量(cm)	昭通 胸径年平均生长率(%)	昭通 材积年平均生长量(m³)	昭通 材积年平均生长率(%)
10	旱冬瓜栎木	24					0.51	1.86	0.0223	4.71	0.59	2.16	0.0263	5.46	0.57	2.1	0.025	5.36	0.48	1.83	0.0201	4.72				
10	旱冬瓜栎木	26					0.56	1.9	0.0282	4.79	0.57	1.96	0.0283	4.96	0.52	1.78	0.0253	4.53	0.49	1.72	0.0232	4.41				
10	旱冬瓜栎木	28									0.54	1.73	0.029	4.38	0.45	1.45	0.0235	3.7								
10	旱冬瓜栎木	30									0.53	1.6	0.0318	4.05	0.45	1.37	0.0257	3.52								
10	旱冬瓜栎木	32									0.48	1.37	0.0313	3.46												
15	旱冬瓜栎木	6	0.75	6.28	0.0094	11.66	0.59	5.25	0.007	10.36	0.74	6.13	0.0096	11.51	0.69	5.63	0.0095	10.47	0.53	4.76	0.0063	9.49	0.44	4.25	0.0044	9.13
15	旱冬瓜栎木	8					0.59	4.44	0.0088	9.34	0.78	5.41	0.013	10.7	0.72	5.08	0.012	10.11	0.55	4.31	0.0076	9.24	0.46	3.86	0.0055	8.68
15	旱冬瓜栎木	10					0.71	4.42	0.0145	9.35	0.71	4.42	0.014	9.5	0.65	4.18	0.0124	9.1	0.52	3.61	0.0088	8.18	0.62	3.95	0.0122	8.68
15	旱冬瓜栎木	12					0.6	3.41	0.0138	7.67	0.62	3.51	0.0143	7.86	0.78	4.2	0.0197	9.07	0.36	2.29	0.0065	5.64				
15	旱冬瓜栎木	14					0.57	2.89	0.0155	6.7	0.65	3.25	0.018	7.45	0.63	3.31	0.0159	7.75	0.42	2.39	0.0094	5.87				
15	旱冬瓜栎木	16					0.5	2.45	0.0142	5.94	0.67	3.05	0.0213	7.2	0.5	2.42	0.0144	5.88	0.36	1.88	0.0092	4.76				
15	旱冬瓜栎木	18									0.67	2.84	0.0236	6.75	0.51	2.29	0.0163	5.66	0.44	1.99	0.014	4.99				
15	旱冬瓜栎木	20					0.53	2.17	0.0198	5.35	0.6	2.39	0.0231	5.83	0.51	2.1	0.0184	5.21	0.45	1.91	0.0159	4.82				
15	旱冬瓜栎木	22									0.58	2.2	0.0244	5.46	0.55	2.08	0.0228	5.17								
15	旱冬瓜栎木	26									0.6	1.93	0.0319	4.78												
5	黑荆树	6					0.7	9.42	0.004	23.43	0.59	7.49	0.0037	18.7												
5	黑荆树	8									0.66	6.61	0.0059	16.44												
5	黑荆树	10									0.56	4.82	0.0063	11.93												

续表 1-3-2

生长周期（年）	树种	起测胸径（cm）	保山				大理				楚雄				昆明				曲靖				昭通			
			胸径年平均生长量（cm）	胸径年平均生长率（%）	材积年平均生长量（m³）	材积年平均生长率（%）	胸径年平均生长量（cm）	胸径年平均生长率（%）	材积年平均生长量（m³）	材积年平均生长率（%）	胸径年平均生长量（cm）	胸径年平均生长率（%）	材积年平均生长量（m³）	材积年平均生长率（%）	胸径年平均生长量（cm）	胸径年平均生长率（%）	材积年平均生长量（m³）	材积年平均生长率（%）	胸径年平均生长量（cm）	胸径年平均生长率（%）	材积年平均生长量（m³）	材积年平均生长率（%）	胸径年平均生长量（cm）	胸径年平均生长率（%）	材积年平均生长量（m³）	材积年平均生长率（%）
5	黑荆树	12									0.67	4.76	0.0099	11.54												
5	黑荆树	14									0.7	4.37	0.0123	10.5												
10	黑荆树	6									0.58	6.2	0.0049	13.47												
10	黑荆树	8									0.64	5.54	0.0073	12.3												
5	红花木莲	6	0.3	4.17	0.0017	9.35																				
5	红花木莲	8	0.36	3.72	0.003	8.68																				
10	红花木莲	10	0.27	2.27	0.0032	5.34																				
5	红桦	10					0.35	3.12	0.0035	8.51																
5	红桦	14					0.29	1.99	0.0048	5.36																
10	红桦	10					0.27	2.4	0.0029	6.39																
10	红桦	14					0.31	1.99	0.0057	5.21																
5	华山松	6	0.64	8.02	0.0043	16.91	0.37	5.04	0.0027	10.46	0.41	5.9	0.0035	11.4	0.41	5.59	0.0021	13.35	0.35	4.91	0.0018	11.79	0.35	5.01	0.0018	11.47
5	华山松	8	0.58	5.96	0.0049	13.21	0.4	4.37	0.0039	9.18	0.56	5.76	0.0065	11.36	0.46	4.97	0.0033	11.95	0.39	4.24	0.0029	10.2	0.35	3.82	0.0025	8.96
5	华山松	10	0.56	4.81	0.0064	10.89	0.45	3.9	0.0058	8.33	0.54	4.71	0.0078	9.48	0.55	4.83	0.0054	11.82	0.39	3.45	0.0037	8.42	0.41	3.64	0.0039	8.67
5	华山松	12	0.65	4.65	0.0094	10.33	0.53	3.79	0.0089	7.94	0.4	3	0.0067	6.19	0.56	4.06	0.007	9.91	0.43	3.19	0.0052	7.79	0.43	3.21	0.0052	7.63
5	华山松	14	0.74	4.63	0.0132	10.28	0.51	3.25	0.0095	7.06	0.41	2.67	0.0081	5.58	0.57	3.63	0.0086	8.79	0.43	2.77	0.0062	6.72	0.41	2.69	0.0059	6.49
5	华山松	16	0.76	4.14	0.0165	8.98	0.47	2.6	0.01	5.67	0.39	2.24	0.0088	4.66	0.52	2.96	0.009	7.14	0.46	2.66	0.008	6.4	0.42	2.44	0.0073	5.87
5	华山松	18	0.75	3.74	0.0176	8.35	0.44	2.25	0.0109	4.94	0.53	2.67	0.0138	5.6	0.45	2.33	0.0088	5.64	0.48	2.47	0.0095	5.91	0.47	2.46	0.0094	5.88

续表 1-3-2

生长周期(年)	树种	起测胸径(cm)	保山				大理				楚雄				昆明				曲靖				昭通			
			胸径年平均生长量(cm)	胸径年平均生长率(%)	材积年平均生长量(m³)	材积年平均生长率(%)	胸径年平均生长量(cm)	胸径年平均生长率(%)	材积年平均生长量(m³)	材积年平均生长率(%)	胸径年平均生长量(cm)	胸径年平均生长率(%)	材积年平均生长量(m³)	材积年平均生长率(%)	胸径年平均生长量(cm)	胸径年平均生长率(%)	材积年平均生长量(m³)	材积年平均生长率(%)	胸径年平均生长量(cm)	胸径年平均生长率(%)	材积年平均生长量(m³)	材积年平均生长率(%)	胸径年平均生长量(cm)	胸径年平均生长率(%)	材积年平均生长量(m³)	材积年平均生长率(%)
5	华山松	20	0.83	3.71	0.0244	7.93	0.5	2.32	0.013	5.16	0.39	1.86	0.0111	3.92	0.4	1.86	0.0088	4.45	0.5	2.34	0.0112	5.57	0.55	2.56	0.0124	6.08
5	华山松	22	0.78	3.21	0.0249	6.92	0.49	2.06	0.0145	4.58					0.46	1.98	0.0116	4.68	0.49	2.08	0.0123	4.91	0.59	2.52	0.015	5.93
5	华山松	24	0.68	2.61	0.0231	5.69	0.56	2.16	0.0187	4.81	0.53	2.06	0.0191	4.35	0.45	1.79	0.0125	4.17	0.52	2.04	0.0145	4.76	0.63	2.46	0.0176	5.76
5	华山松	26	0.99	3.36	0.0417	7.04	0.55	1.97	0.0191	4.44					0.34	1.24	0.0105	2.9	0.54	1.97	0.0164	4.58	0.69	2.46	0.0217	5.7
5	华山松	28	0.62	2.08	0.0249	4.53	0.6	2.02	0.0219	4.63					0.38	1.32	0.0128	3.06	0.62	2.09	0.0211	4.82				
5	华山松	30					0.72	2.24	0.0302	5.02																
5	华山松	32					0.71	2.06	0.0304	4.76																
5	华山松	34					0.61	1.72	0.0283	3.9																
5	华山松	36					0.55	1.47	0.0271	3.33																
5	华山松	38					0.65	1.64	0.0337	3.71																
10	华山松	6	0.59	6.21	0.0055	11.87	0.41	4.72	0.0039	9.14	0.44	5.34	0.0044	9.73	0.39	4.68	0.0025	10.23	0.33	4.12	0.0021	9.18	0.34	4.29	0.0021	9.23
10	华山松	8	0.52	4.74	0.0055	9.91	0.43	4.09	0.0052	8.13	0.56	4.96	0.0078	9.33	0.48	4.46	0.0044	9.9	0.36	3.49	0.0031	7.96	0.36	3.54	0.0031	7.88
10	华山松	10	0.56	4.23	0.0079	8.82	0.47	3.63	0.0073	7.37	0.5	3.93	0.0081	7.71	0.46	3.6	0.0052	8.42	0.35	2.84	0.0039	6.67	0.4	3.19	0.0044	7.23
10	华山松	12	0.59	3.76	0.0108	7.78	0.54	3.48	0.0106	7.07	0.37	2.63	0.0068	5.32	0.45	3.02	0.0064	7.11	0.4	2.74	0.0055	6.45	0.39	2.71	0.0053	6.28
10	华山松	14	0.68	3.83	0.0147	7.96	0.5	2.9	0.0108	6.07	0.33	2.1	0.0069	4.34	0.47	2.79	0.0077	6.52	0.38	2.32	0.0061	5.49	0.38	2.36	0.0061	5.57
10	华山松	16	0.72	3.61	0.0182	7.49	0.39	2.03	0.0091	4.37	0.41	2.16	0.0102	4.46	0.4	2.15	0.0073	5.13	0.42	2.26	0.0078	5.32	0.42	2.25	0.0078	5.29
10	华山松	18					0.45	2.1	0.0121	4.54	0.37	1.87	0.01	3.9	0.42	2.06	0.0091	4.85	0.45	2.2	0.0097	5.16	0.47	2.27	0.01	5.33
10	华山松	20					0.49	2.11	0.0138	4.62					0.37	1.65	0.0088	3.86	0.5	2.18	0.012	5.06	0.53	2.33	0.0129	5.4

续表 1-3-2

生长周期(年)	树种	起测胸径(cm)	保山 胸径年平均生长量(cm)	保山 胸径年平均生长率(%)	保山 材积年平均生长量(m³)	保山 材积年平均生长率(%)	大理 胸径年平均生长量(cm)	大理 胸径年平均生长率(%)	大理 材积年平均生长量(m³)	大理 材积年平均生长率(%)	楚雄 胸径年平均生长量(cm)	楚雄 胸径年平均生长率(%)	楚雄 材积年平均生长量(m³)	楚雄 材积年平均生长率(%)	昆明 胸径年平均生长量(cm)	昆明 胸径年平均生长率(%)	昆明 材积年平均生长量(m³)	昆明 材积年平均生长率(%)	曲靖 胸径年平均生长量(cm)	曲靖 胸径年平均生长率(%)	曲靖 材积年平均生长量(m³)	曲靖 材积年平均生长率(%)	昭通 胸径年平均生长量(cm)	昭通 胸径年平均生长率(%)	昭通 材积年平均生长量(m³)	昭通 材积年平均生长率(%)
10	华山松	22					0.46	1.81	0.0145	4.01					0.4	1.63	0.0105	3.79	0.48	1.95	0.0131	4.5	0.6	2.38	0.0166	5.47
10	华山松	24					0.55	1.99	0.0194	4.39					0.32	1.21	0.0092	2.81	0.46	1.73	0.0134	3.98				
10	华山松	26					0.55	1.88	0.0203	4.19					0.31	1.1	0.01	2.53								
10	华山松	28					0.57	1.82	0.0214	4.18																
10	华山松	30					0.65	1.93	0.0286	4.32																
15	华山松	6	0.55	5.17	0.0062	9.08	0.41	4.07	0.0049	7.36					0.43	4.48	0.0035	9.09	0.35	3.84	0.0026	8	0.38	4.2	0.0029	8.35
15	华山松	8	0.46	3.77	0.0064	7.27	0.42	3.61	0.0057	6.9					0.44	3.66	0.0048	7.71	0.33	2.98	0.0033	6.51	0.35	3.08	0.0035	6.55
15	华山松	10	0.6	3.94	0.0108	7.64	0.51	3.51	0.0093	6.79	0.5	4.12	0.0077	7.52	0.43	3.14	0.0055	7.03	0.33	2.49	0.004	5.69	0.4	2.92	0.0051	6.34
15	华山松	12	0.59	3.45	0.0126	6.74	0.53	3.01	0.0118	5.92					0.5	2.96	0.0082	6.54	0.38	2.46	0.0057	5.59	0.38	2.45	0.0057	5.53
15	华山松	14					0.49	2.6	0.0119	5.25									0.36	2.09	0.0061	4.81	0.39	2.26	0.0068	5.18
15	华山松	16					0.35	1.7	0.0083	3.7					0.35	1.83	0.0066	4.3	0.41	2.08	0.0083	4.76	0.39	2.04	0.0078	4.69
15	华山松	18					0.44	1.93	0.0129	4.12					0.46	2.1	0.0107	4.77	0.45	2.09	0.0105	4.75	0.43	2.01	0.0098	4.64
15	华山松	20					0.42	1.75	0.012	3.86									0.47	1.97	0.0122	4.45	0.6	2.47	0.0159	5.53
15	华山松	22					0.36	1.44	0.0111	3.22									0.41	1.59	0.0115	3.61				
5	黄丹木姜子	8																					0.31	3.31	0.0022	8.68
5	黄丹木姜子	10																					0.24	2.24	0.0022	6.02
5	黄丹木姜子	12																					0.27	2.1	0.0031	5.33
10	黄丹木姜子	8																					0.25	2.52	0.002	6.38

续表1-3-2

生长周期(年)	树种	起测胸径(cm)	保山				大理				楚雄				昆明				曲靖				昭通			
			胸径年平均生长量(cm)	胸径年平均生长率(%)	材积年平均生长量(m³)	材积年平均生长率(%)	胸径年平均生长量(cm)	胸径年平均生长率(%)	材积年平均生长量(m³)	材积年平均生长率(%)	胸径年平均生长量(cm)	胸径年平均生长率(%)	材积年平均生长量(m³)	材积年平均生长率(%)	胸径年平均生长量(cm)	胸径年平均生长率(%)	材积年平均生长量(m³)	材积年平均生长率(%)	胸径年平均生长量(cm)	胸径年平均生长率(%)	材积年平均生长量(m³)	材积年平均生长率(%)	胸径年平均生长量(cm)	胸径年平均生长率(%)	材积年平均生长量(m³)	材积年平均生长率(%)
15	黄丹木姜子	6																					0.33	3.86	0.0021	8.8
5	黄连木	6									0.35	5.25	0.0015	16.97												
5	黄连木	8					0.12	1.46	0.0008	4.25	0.25	2.88	0.0016	8.35												
5	黄连木	10					0.13	1.31	0.0011	3.75																
5	尖叶桂樱	6	0.07	1.08	0.0003	2.44																				
5	尖叶桂樱	8	0.12	1.38	0.0008	3.32																				
10	尖叶桂樱	6	0.05	0.7	0.0002	1.64																				
10	尖叶桂樱	8	0.09	1.08	0.0007	2.59																				
5	蓝桉	6					0.51	6.42	0.0033	16.16	0.73	8.82	0.0052	20.95	1.02	11.13	0.0082	24.38	0.56	7.42	0.0032	17.66				
5	蓝桉	8					0.73	7.02	0.0071	16.75	0.69	6.62	0.0067	16.03	0.86	8.43	0.0076	20.18								
5	蓝桉	10					0.64	5.29	0.0077	12.85	0.8	6.32	0.0102	14.92	0.85	6.67	0.0105	15.95								
5	蓝桉	12									0.73	4.99	0.0115	11.94	1.12	7.35	0.0181	17.31								
5	蓝桉	14									0.91	5.38	0.017	12.61	0.68	4.27	0.0117	10.55								
5	蓝桉	16					0.95	5.11	0.0201	12	1.07	5.49	0.0243	12.62												
5	蓝桉	18									0.82	4	0.0195	9.38												
5	蓝桉	20													1.01	4.05	0.0325	9.28								
10	蓝桉	6					0.57	5.8	0.0052	12.7	0.79	7.43	0.0084	14.86	0.73	5.73	0.0097	12.19								
10	蓝桉	8									0.65	5.22	0.0083	11.09												

续表 1-3-2

生长周期(年)	树种	起测胸径(cm)	保山				大理				楚雄				昆明				曲靖				昭通			
			胸径年平均生长量(cm)	胸径年平均生长率(%)	材积年平均生长量(m³)	材积年平均生长率(%)	胸径年平均生长量(cm)	胸径年平均生长率(%)	材积年平均生长量(m³)	材积年平均生长率(%)	胸径年平均生长量(cm)	胸径年平均生长率(%)	材积年平均生长量(m³)	材积年平均生长率(%)	胸径年平均生长量(cm)	胸径年平均生长率(%)	材积年平均生长量(m³)	材积年平均生长率(%)	胸径年平均生长量(cm)	胸径年平均生长率(%)	材积年平均生长量(m³)	材积年平均生长率(%)	胸径年平均生长量(cm)	胸径年平均生长率(%)	材积年平均生长量(m³)	材积年平均生长率(%)
10	蓝桉	10									0.97	6.26	0.0167	12.92	0.77	5.29	0.0117	11.49								
10	蓝桉	12									0.71	4.21	0.0133	9.26												
5	柳杉	16																					0.81	4.27	0.0155	10.36
5	柳杉	18																					0.79	3.91	0.0167	9.65
5	柳杉	22																					0.99	3.99	0.0283	9.81
10	柳杉	12																					0.61	3.9	0.009	8.93
10	柳杉	14																					0.69	3.84	0.0123	8.95
10	柳杉	18																					0.89	3.96	0.0227	9.23
15	柳杉	6																					0.58	5.46	0.0049	10.4
15	柳杉	10																					0.82	4.98	0.0136	9.87
5	柳树	6					0.4	5.41	0.0023	13.78																
5	毛叶木姜子	6																	0.51	6.63	0.0027	16.75	0.16	2.31	0.0006	6.25
5	毛叶木姜子	8																	0.33	3.66	0.0023	9.58	0.22	2.53	0.0014	6.78
5	毛叶木姜子	10																	0.44	3.84	0.0041	9.76	0.23	2.08	0.002	5.42
5	毛叶木姜子	12																	0.45	3.42	0.0054	8.62				
10	毛叶木姜子	6																	0.43	4.82	0.0032	10.93	0.16	2.14	0.0008	5.59
10	毛叶木姜子	8																	0.34	3.43	0.0027	8.48	0.23	2.47	0.0017	6.35
10	毛叶木姜子	10																	0.35	2.93	0.0036	7.28				

续表1-3-2

生长周期(年)	树种	起测胸径(cm)	保山 胸径年平均生长量(cm)	保山 胸径年平均生长率(%)	保山 材积年平均生长量(m³)	保山 材积年平均生长率(%)	大理 胸径年平均生长量(cm)	大理 胸径年平均生长率(%)	大理 材积年平均生长量(m³)	大理 材积年平均生长率(%)	楚雄 胸径年平均生长量(cm)	楚雄 胸径年平均生长率(%)	楚雄 材积年平均生长量(m³)	楚雄 材积年平均生长率(%)	昆明 胸径年平均生长量(cm)	昆明 胸径年平均生长率(%)	昆明 材积年平均生长量(m³)	昆明 材积年平均生长率(%)	曲靖 胸径年平均生长量(cm)	曲靖 胸径年平均生长率(%)	曲靖 材积年平均生长量(m³)	曲靖 材积年平均生长率(%)	昭通 胸径年平均生长量(cm)	昭通 胸径年平均生长率(%)	昭通 材积年平均生长量(m³)	昭通 材积年平均生长率(%)
10	毛叶木姜子	12																	0.45	3.17	0.006	7.66				
15	毛叶木姜子	6																	0.43	4.25	0.0037	9.07	0.19	2.34	0.0012	5.63
5	毛叶柿	6									0.17	2.56	0.0008	8.19												
5	毛叶柿	8									0.13	1.51	0.0008	4.47												
5	毛叶柿	10									0.17	1.57	0.0015	4.23												
5	毛叶柿	12									0.22	1.64	0.0027	4.36												
5	毛叶柿	14									0.18	1.25	0.0026	3.25												
5	毛叶柿	18									0.18	0.93	0.0038	2.29												
10	毛叶柿	6									0.17	2.06	0.0011	5.59												
10	毛叶柿	8									0.09	1.04	0.0006	3.06												
10	毛叶柿	10									0.1	0.96	0.001	2.62												
10	毛叶柿	12									0.24	1.69	0.0033	4.27												
10	毛叶柿	14									0.15	1.03	0.0022	2.64												
15	毛叶柿	8									0.08	0.91	0.0006	2.64												
5	泡桐	8																	1.48	11.17	0.0206	23.11				
5	青榨槭	8													0.54	4.79	0.0054	12.26					0.43	4.58	0.0032	11.47
5	青榨槭	10																								
5	青榨槭	12																					0.5	3.7	0.0067	9.46

生长周期(年)	树种	起测胸径(cm)	保山 胸径年平均生长量(cm)	保山 胸径年平均生长率(%)	保山 材积年平均生长量(m³)	保山 材积年平均生长率(%)	大理 胸径年平均生长量(cm)	大理 胸径年平均生长率(%)	大理 材积年平均生长量(m³)	大理 材积年平均生长率(%)	楚雄 胸径年平均生长量(cm)	楚雄 胸径年平均生长率(%)	楚雄 材积年平均生长量(m³)	楚雄 材积年平均生长率(%)	昆明 胸径年平均生长量(cm)	昆明 胸径年平均生长率(%)	昆明 材积年平均生长量(m³)	昆明 材积年平均生长率(%)	曲靖 胸径年平均生长量(cm)	曲靖 胸径年平均生长率(%)	曲靖 材积年平均生长量(m³)	曲靖 材积年平均生长率(%)	昭通 胸径年平均生长量(cm)	昭通 胸径年平均生长率(%)	昭通 材积年平均生长量(m³)	昭通 材积年平均生长率(%)
10	青榨槭	6																					0.3	3.67	0.0019	8.58
10	青榨槭	8																					0.4	3.87	0.0036	9.18
5	杉木	6	0.76	9.03	0.0045	19.63													0.68	8.15	0.0039	17.89	0.47	6.08	0.0024	13.8
5	杉木	12	0.78	5.48	0.0099	13.15													0.63	4.4	0.0081	10.58	0.49	3.58	0.0059	8.76
5	杉木	14	0.72	4.38	0.011	10.6													0.54	3.39	0.0082	8.25	0.47	3	0.0068	7.37
5	杉木	16	0.68	3.71	0.0126	9.01													0.53	2.95	0.0095	7.23	0.52	2.93	0.0091	7.22
5	杉木	18	0.59	2.97	0.0122	7.33													0.47	2.38	0.0095	5.91	0.54	2.75	0.0112	6.83
5	杉木	20	0.45	2.11	0.0103	5.27													0.44	2.07	0.0103	5.19	0.46	2.17	0.0106	5.43
5	杉木	22	0.49	2.11	0.0126	5.3													0.43	1.83	0.0111	4.58	0.49	2.09	0.013	5.21
5	杉木	24	0.5	1.95	0.015	4.89													0.42	1.67	0.0126	4.18	0.47	1.81	0.0143	4.49
5	杉木	26	0.48	1.74	0.0165	4.32													0.45	1.64	0.0146	4.11	0.39	1.45	0.0131	3.62
5	杉木	28																					0.43	1.5	0.0157	3.74
5	杉木	30																					0.44	1.42	0.0179	3.55
10	杉木	6	0.79	7.5	0.0067	14.27													0.67	6.64	0.0054	12.99	0.42	4.68	0.0027	9.87
10	杉木	8	0.85	6.34	0.0109	12.59													0.62	5.16	0.0065	10.79	0.42	3.9	0.0035	8.76
10	杉木	10	0.71	4.97	0.0093	10.75													0.5	3.63	0.0061	8.1	0.49	3.75	0.0055	8.54
10	杉木	12	0.56	3.55	0.0083	8.1													0.45	2.96	0.0063	6.91	0.43	2.88	0.006	6.76
10	杉木	14	0.43	2.44	0.0076	5.73													0.37	2.18	0.006	5.2	0.44	2.57	0.0072	6.15

续表1-3-2

生长周期(年)	树种	起测胸径(cm)	保山 胸径年平均生长量(cm)	保山 胸径年平均生长率(%)	保山 材积年平均生长量(m³)	保山 材积年平均生长率(%)	大理 胸径年平均生长量(cm)	大理 胸径年平均生长率(%)	大理 材积年平均生长量(m³)	大理 材积年平均生长率(%)	楚雄 胸径年平均生长量(cm)	楚雄 胸径年平均生长率(%)	楚雄 材积年平均生长量(m³)	楚雄 材积年平均生长率(%)	昆明 胸径年平均生长量(cm)	昆明 胸径年平均生长率(%)	昆明 材积年平均生长量(m³)	昆明 材积年平均生长率(%)	曲靖 胸径年平均生长量(cm)	曲靖 胸径年平均生长率(%)	曲靖 材积年平均生长量(m³)	曲靖 材积年平均生长率(%)	昭通 胸径年平均生长量(cm)	昭通 胸径年平均生长率(%)	昭通 材积年平均生长量(m³)	昭通 材积年平均生长率(%)
10	杉木	16	0.45	2.3	0.0092	5.42													0.5	2.6	0.0098	6.21	0.46	2.44	0.0088	5.89
10	杉木	18	0.42	1.99	0.0095	4.78													0.45	2.16	0.0099	5.25	0.51	2.41	0.0119	5.8
10	杉木	20																	0.46	2.02	0.0115	4.97	0.41	1.84	0.0103	4.53
10	杉木	22																	0.37	1.54	0.01	3.82	0.5	2.01	0.0144	4.92
10	杉木	24																	0.43	1.6	0.0138	3.96	0.39	1.46	0.0126	3.58
10	杉木	26																					0.37	1.33	0.0129	3.3
15	杉木	6	0.6	5	0.0068	8.93													0.56	5.16	0.0053	9.4	0.41	4.08	0.0032	8.14
15	杉木	8	0.89	5.65	0.0149	1023													0.48	3.74	0.0056	7.71	0.41	3.54	0.0041	7.56
15	杉木	10	0.47	3.26	0.0065	6.98													0.37	2.64	0.0047	5.82	0.49	3.4	0.0063	7.34
15	杉木	12	0.3	1.98	0.0044	4.65													0.4	2.54	0.0062	5.81	0.45	2.77	0.0071	6.22
15	杉木	14	0.24	1.51	0.0036	3.66													0.43	2.36	0.0079	5.42	0.42	2.33	0.0077	5.41
15	杉木	16																	0.5	2.46	0.0107	5.74	0.38	1.94	0.008	4.58
15	杉木	18																	0.5	2.3	0.0122	5.43	0.42	1.85	0.0106	4.35
15	杉木	20																					0.41	1.75	0.0107	4.24
15	杉木	22																					0.47	1.81	0.0145	4.36
15	杉木	24																					0.38	1.38	0.013	3.33
5	十齿花	8																					0.22	2.44	0.0015	6.44
5	十齿花	10																					0.24	2.24	0.0024	5.86

续表 1-3-2

生长周期(年)	树种	起测胸径(cm)	保山				大理				楚雄				昆明				曲靖				昭通			
			胸径年平均生长量(cm)	胸径年平均生长率(%)	材积年平均生长量(m³)	材积年平均生长率(%)	胸径年平均生长量(cm)	胸径年平均生长率(%)	材积年平均生长量(m³)	材积年平均生长率(%)	胸径年平均生长量(cm)	胸径年平均生长率(%)	材积年平均生长量(m³)	材积年平均生长率(%)	胸径年平均生长量(cm)	胸径年平均生长率(%)	材积年平均生长量(m³)	材积年平均生长率(%)	胸径年平均生长量(cm)	胸径年平均生长率(%)	材积年平均生长量(m³)	材积年平均生长率(%)	胸径年平均生长量(cm)	胸径年平均生长率(%)	材积年平均生长量(m³)	材积年平均生长率(%)
5	十齿花	12																					0.24	1.88	0.003	4.84
5	十齿花	14																					0.26	1.73	0.0039	4.44
5	十齿花	16																					0.45	2.61	0.0085	6.57
10	十齿花	8																					0.21	2.16	0.0017	5.41
10	十齿花	10																					0.21	1.83	0.0021	4.71
10	十齿花	12																					0.27	1.93	0.0037	4.82
10	十齿花	16																					0.41	2.27	0.0084	5.54
15	十齿花	8																					0.12	1.31	0.001	3.38
15	十齿花	10																					0.21	1.75	0.0022	4.41
5	石楠	6									0.12	1.84	0.0005	5.24					0.33	4.7	0.0016	12.42				
5	石楠	8									0.15	1.83	0.001	5.11					0.41	4.53	0.003	11.74				
5	石楠	10									0.22	2.06	0.0021	5.56												
5	石楠	12									0.17	1.41	0.0021	3.74												
10	石楠	6									0.09	1.32	0.0004	4.1												
5	水冬瓜	10																					0.48	4.17	0.0051	11
10	水冬瓜	10																					0.44	3.57	0.0052	9.1
5	头状四照花	10													0.38	3.42	0.0038	8.78					0.38	3.44	0.0037	8.88
5	头状四照花	12													0.39	3.01	0.005	7.73								

续表 1-3-2

生长周期(年)	树种	起测胸径(cm)	保山 胸径年平均生长量(cm)	保山 胸径年平均生长率(%)	保山 材积年平均生长量(m³)	保山 材积年平均生长率(%)	大理 胸径年平均生长量(cm)	大理 胸径年平均生长率(%)	大理 材积年平均生长量(m³)	大理 材积年平均生长率(%)	楚雄 胸径年平均生长量(cm)	楚雄 胸径年平均生长率(%)	楚雄 材积年平均生长量(m³)	楚雄 材积年平均生长率(%)	昆明 胸径年平均生长量(cm)	昆明 胸径年平均生长率(%)	昆明 材积年平均生长量(m³)	昆明 材积年平均生长率(%)	曲靖 胸径年平均生长量(cm)	曲靖 胸径年平均生长率(%)	曲靖 材积年平均生长量(m³)	曲靖 材积年平均生长率(%)	昭通 胸径年平均生长量(cm)	昭通 胸径年平均生长率(%)	昭通 材积年平均生长量(m³)	昭通 材积年平均生长率(%)
5	头状四照花	14													0.55	3.56	0.009	8.95								
10	头状四照花	8													0.39	3.74	0.0036	8.9					0.46	4.41	0.0042	10.5
10	头状四照花	10													0.45	3.56	0.0054	8.55								
5	台湾杉	6	1.07	12.16	0.0068	25.48																				
5	台湾杉	8	0.92	8.84	0.0072	19.84																				
5	台湾杉	10	1.02	7.99	0.011	18.31																				
5	台湾杉	12	1	6.83	0.013	16.25																				
5	台湾杉	14	0.94	5.69	0.0146	13.69																				
5	台湾杉	16	1.04	5.63	0.019	13.7																				
5	台湾杉	18	0.86	4.23	0.0184	10.39																				
10	台湾杉	6	0.88	7.92	0.0082	14.77																				
10	台湾杉	8	0.77	6.43	0.0075	13.19																				
10	台湾杉	10	1.01	6.67	0.0144	13.67																				
5	乌柏	8																					0.28	3.06	0.002	8.04
5	乌柏	10																					0.24	2.18	0.0023	5.69
5	乌柏	12																					0.28	2.15	0.0035	5.58
5	乌柏	14																					0.26	1.78	0.004	4.51
5	乌柏	16																					0.29	1.69	0.0053	4.28

续表 1-3-2

生长周期(年)	树种	起测胸径(cm)	保山 胸径年平均生长量(cm)	保山 胸径年平均生长率(%)	保山 材积年平均生长量(m³)	保山 材积年平均生长率(%)	大理 胸径年平均生长量(cm)	大理 胸径年平均生长率(%)	大理 材积年平均生长量(m³)	大理 材积年平均生长率(%)	楚雄 胸径年平均生长量(cm)	楚雄 胸径年平均生长率(%)	楚雄 材积年平均生长量(m³)	楚雄 材积年平均生长率(%)	昆明 胸径年平均生长量(cm)	昆明 胸径年平均生长率(%)	昆明 材积年平均生长量(m³)	昆明 材积年平均生长率(%)	曲靖 胸径年平均生长量(cm)	曲靖 胸径年平均生长率(%)	曲靖 材积年平均生长量(m³)	曲靖 材积年平均生长率(%)	昭通 胸径年平均生长量(cm)	昭通 胸径年平均生长率(%)	昭通 材积年平均生长量(m³)	昭通 材积年平均生长率(%)
10	乌桕	6																					0.29	3.65	0.0017	8.91
10	乌桕	8																					0.23	2.48	0.0018	6.29
10	乌桕	10																					0.24	2.01	0.0026	5.08
10	乌桕	14																					0.23	1.52	0.0036	3.81
15	乌桕	6																					0.31	3.57	0.0021	8.09
5	西藏柏木	6																	1.35	13.85	0.0091	28.68				
5	西藏柏木	8													0.82	7.68	0.0061	18.3	1.03	9.71	0.0077	22.54				
5	西藏柏木	10													0.62	5.2	0.0056	12.73								
5	西藏柏木	12													0.3	2.29	0.003	6.03								
5	西藏柏木	14													0.33	2.05	0.0047	5.18								
5	西藏柏木	16													0.51	2.87	0.0083	7.38								
10	西藏柏木	6																	1.21	9.81	0.0119	17.65				
10	西藏柏木	8													0.6	5.05	0.0054	11.3								
10	西藏柏木	10													0.53	4.07	0.0056	9.48								
10	西藏柏木	12													0.25	1.85	0.0026	4.77								
10	西藏柏木	14													0.38	2.16	0.0062	5.3								
15	西藏柏木	8													0.49	3.88	0.005	8.31								
15	西藏柏木	10													0.59	4.02	0.0075	8.72								

续表 1-3-2

生长周期(年)	树种	起测胸径(cm)	保山 胸径年平均生长量(cm)	保山 胸径年平均生长率(%)	保山 材积年平均生长量(m³)	保山 材积年平均生长率(%)	大理 胸径年平均生长量(cm)	大理 胸径年平均生长率(%)	大理 材积年平均生长量(m³)	大理 材积年平均生长率(%)	楚雄 胸径年平均生长量(cm)	楚雄 胸径年平均生长率(%)	楚雄 材积年平均生长量(m³)	楚雄 材积年平均生长率(%)	昆明 胸径年平均生长量(cm)	昆明 胸径年平均生长率(%)	昆明 材积年平均生长量(m³)	昆明 材积年平均生长率(%)	曲靖 胸径年平均生长量(cm)	曲靖 胸径年平均生长率(%)	曲靖 材积年平均生长量(m³)	曲靖 材积年平均生长率(%)	昭通 胸径年平均生长量(cm)	昭通 胸径年平均生长率(%)	昭通 材积年平均生长量(m³)	昭通 材积年平均生长率(%)
5	西桦	6	1.05	11.8	0.0076	26.83																	0.46	5.9	0.0025	15
5	西桦	10	0.69	5.7	0.0083	14.38																	0.33	2.93	0.0035	8.01
5	西桦	12	1.06	7.28	0.0171	18.22																	0.42	3.15	0.0059	8.4
5	西桦	14																					0.53	3.41	0.0095	9.03
5	西桦	16																					0.49	2.82	0.0109	7.49
5	西桦	18																					0.44	2.28	0.0109	6.05
10	西桦	8																					0.34	3.22	0.0035	8.08
10	西桦	10																					0.32	2.66	0.0039	6.96
10	西桦	12																					0.44	2.98	0.0072	7.56
10	西桦	14																					0.48	2.86	0.0096	7.26
15	西桦	8																					0.3	2.77	0.0031	6.7
15	西桦	12																					0.41	2.62	0.0078	6.36
10	腺叶桂樱	10	0.15	1.46	0.0015	3.6																				
5	腺叶桂樱	14	0.21	1.44	0.0035	3.52																				
5	香叶树	6	0.36	4.78	0.002	10.76													0.47	6.34	0.0023	16.28				
5	野八角	6					0.26	3.56	0.0013	10.21	0.13	1.97	0.0005	6.69	0.13	2.1	0.0004	5.79								
5	野八角	8					0.12	1.33	0.0008	3.9	0.12	1.43	0.0007	4.26												
5	野八角	12																					0.22	1.75	0.0024	4.51

续表 1-3-2

生长周期（年）	树种	起测胸径（cm）	保山 胸径年平均生长量（cm）	保山 胸径年平均生长率（%）	保山 材积年平均生长量（m³）	保山 材积年平均生长率（%）	大理 胸径年平均生长量（cm）	大理 胸径年平均生长率（%）	大理 材积年平均生长量（m³）	大理 材积年平均生长率（%）	楚雄 胸径年平均生长量（cm）	楚雄 胸径年平均生长率（%）	楚雄 材积年平均生长量（m³）	楚雄 材积年平均生长率（%）	昆明 胸径年平均生长量（cm）	昆明 胸径年平均生长率（%）	昆明 材积年平均生长量（m³）	昆明 材积年平均生长率（%）	曲靖 胸径年平均生长量（cm）	曲靖 胸径年平均生长率（%）	曲靖 材积年平均生长量（m³）	曲靖 材积年平均生长率（%）	昭通 胸径年平均生长量（cm）	昭通 胸径年平均生长率（%）	昭通 材积年平均生长量（m³）	昭通 材积年平均生长率（%）
10	野八角	6					0.15	1.98	0.0008	5.54	0.11	1.64	0.0005	5.35												
10	野八角	8									0.11	1.23	0.0008	3.47												
5	银荆树	6													0.66	8.35	0.004	18.98								
5	银荆树	8													0.65	6.43	0.0056	15.83								
5	银荆树	10													0.63	5.33	0.0071	13.13								
5	樱桃	8																					0.33	3.72	0.0021	9.75
5	樱桃	10					0.2	1.84	0.002	5.01																
5	樱桃	12					0.18	1.4	0.002	3.65																
5	榆树	6	0.17	2.62	0.0009	6.2																				
5	榆树	8	0.23	2.72	0.0017	6.56																				
5	榆树	10	0.33	3.02	0.0035	7.26																				
5	榆树	12	0.27	2.13	0.0034	5.19																				
5	榆树	14	0.4	2.65	0.0067	6.44																				
5	榆树	16	0.28	1.62	0.0056	4.01																				
10	榆树	6	0.18	2.53	0.001	5.78																				
10	榆树	8	0.28	2.97	0.0024	6.92																				
10	榆树	10	0.35	2.86	0.0044	6.57																				
10	榆树	12	0.25	1.9	0.0035	4.58																				

续表1-3-2

生长周期(年)	树种	起测胸径(cm)	保山 胸径年平均生长量(cm)	保山 胸径年平均生长率(%)	保山 材积年平均生长量(m³)	保山 材积年平均生长率(%)	大理 胸径年平均生长量(cm)	大理 胸径年平均生长率(%)	大理 材积年平均生长量(m³)	大理 材积年平均生长率(%)	楚雄 胸径年平均生长量(cm)	楚雄 胸径年平均生长率(%)	楚雄 材积年平均生长量(m³)	楚雄 材积年平均生长率(%)	昆明 胸径年平均生长量(cm)	昆明 胸径年平均生长率(%)	昆明 材积年平均生长量(m³)	昆明 材积年平均生长率(%)	曲靖 胸径年平均生长量(cm)	曲靖 胸径年平均生长率(%)	曲靖 材积年平均生长量(m³)	曲靖 材积年平均生长率(%)	昭通 胸径年平均生长量(cm)	昭通 胸径年平均生长率(%)	昭通 材积年平均生长量(m³)	昭通 材积年平均生长率(%)
5	圆柏	6													0.6	7.63	0.0028	18.49	0.48	6.48	0.002	16.08				
5	圆柏	8													0.52	5.38	0.0033	13.26	0.63	6.39	0.0042	15.74				
5	圆柏	10													0.47	4.07	0.0039	10.25	0.76	6.34	0.0067	15.82				
5	圆柏	12													0.43	3.14	0.0047	8.01	0.88	6.18	0.0103	15.48				
5	圆柏	14													0.47	3.09	0.0061	7.98	0.94	5.86	0.0134	14.7				
10	圆柏	6													0.44	5.22	0.0024	11.85								
10	圆柏	8													0.39	3.71	0.003	8.64	0.65	5.6	0.0058	12.46				
10	圆柏	10													0.34	2.73	0.0034	6.66								
10	圆柏	12													0.37	2.51	0.0047	6.22								
5	云南黄杞	6	0.17	2.62	0.0008	6.04					0.27	3.75	0.0015	10.02												
5	云南黄杞	8	0.1	1.2	0.0007	2.92					0.34	3.65	0.0026	9.4												
5	云南泡花树	6									0.22	3.29	0.001	8.9					0.15	2.49	0.0006	6.76				
5	云南泡花树	8									0.17	2.02	0.0012	5.67												
5	云南泡花树	10									0.18	1.81	0.0017	4.85												
5	云南泡花树	12									0.27	2.19	0.0033	5.52												
5	云南泡花树	16	0.13	0.81	0.0025	2.01																				
5	云南泡花树	18	0.1	0.52	0.0021	1.32																				
5	云南泡花树	20	0.12	0.59	0.0032	1.47																				

续表 1-3-2

生长周期(年)	树种	起测胸径(cm)	保山 胸径年平均生长量(cm)	保山 胸径年平均生长率(%)	保山 材积年平均生长量(m³)	保山 材积年平均生长率(%)	大理 胸径年平均生长量(cm)	大理 胸径年平均生长率(%)	大理 材积年平均生长量(m³)	大理 材积年平均生长率(%)	楚雄 胸径年平均生长量(cm)	楚雄 胸径年平均生长率(%)	楚雄 材积年平均生长量(m³)	楚雄 材积年平均生长率(%)	昆明 胸径年平均生长量(cm)	昆明 胸径年平均生长率(%)	昆明 材积年平均生长量(m³)	昆明 材积年平均生长率(%)	曲靖 胸径年平均生长量(cm)	曲靖 胸径年平均生长率(%)	曲靖 材积年平均生长量(m³)	曲靖 材积年平均生长率(%)	昭通 胸径年平均生长量(cm)	昭通 胸径年平均生长率(%)	昭通 材积年平均生长量(m³)	昭通 材积年平均生长率(%)
10	云南泡花树	6									0.17	2.5	0.0008	6.56												
10	云南泡花树	8									0.16	1.79	0.0013	4.75												
10	云南泡花树	20	0.11	0.51	0.0028	1.25																				
15	云南泡花树	6									0.17	2.4	0.0009	6.02												
5	云南松	6	0.51	6.45	0.004	15.58	0.33	4.69	0.0017	12.43	0.31	4.33	0.0019	11.21	0.33	4.61	0.0016	12.33	0.3	4.26	0.0015	11.4	0.22	3.19	0.0011	8.61
5	云南松	8	0.46	4.76	0.0049	12.06	0.36	3.92	0.0027	10.31	0.32	3.47	0.0029	9.04	0.34	3.73	0.0026	9.95	0.29	3.29	0.0022	8.86	0.22	2.5	0.0016	6.78
5	云南松	10	0.44	3.8	0.006	9.75	0.38	3.36	0.0041	9.06	0.32	2.89	0.0041	7.75	0.36	3.25	0.0038	8.52	0.32	2.87	0.0032	7.58	0.22	2.02	0.0021	5.38
5	云南松	12	0.47	3.44	0.0085	8.86	0.4	2.99	0.0057	8.05	0.32	2.46	0.0053	6.49	0.38	2.85	0.0051	7.43	0.33	2.57	0.0044	6.75	0.25	1.94	0.0032	5.14
5	云南松	14	0.46	2.98	0.0101	7.68	0.42	2.71	0.0077	7.3	0.32	2.12	0.0066	5.61	0.35	2.34	0.0059	6.06	0.37	2.44	0.0061	6.31	0.3	2.01	0.0049	5.24
5	云南松	16	0.47	2.7	0.0127	6.95	0.43	2.46	0.0097	6.59	0.33	1.92	0.0082	5.06	0.38	2.24	0.0078	5.73	0.38	2.23	0.0076	5.74	0.34	2.03	0.0069	5.2
5	云南松	18	0.46	2.35	0.0145	6.02	0.45	2.3	0.0123	6.13	0.33	1.73	0.0099	4.54	0.39	2.03	0.0092	5.15	0.38	1.99	0.0089	5.05	0.37	1.97	0.0087	4.99
5	云南松	20	0.42	1.97	0.0152	5.04	0.41	1.91	0.013	5.1	0.33	1.55	0.0113	4.06	0.4	1.91	0.0109	4.79	0.41	1.94	0.0109	4.86	0.37	1.76	0.01	4.41
5	云南松	22	0.42	1.8	0.0175	4.57	0.34	1.46	0.0122	3.89	0.35	1.5	0.0139	3.9	0.36	1.57	0.0112	3.92	0.33	1.44	0.0098	3.59				
5	云南松	24	0.42	1.65	0.0198	4.16	0.39	1.56	0.0165	4.14	0.33	1.3	0.0149	3.36	0.35	1.41	0.0121	3.49	0.39	1.57	0.0133	3.88				
5	云南松	26	0.41	1.53	0.0214	3.86	0.36	1.33	0.0172	3.52	0.31	1.15	0.0161	2.96	0.39	1.44	0.0146	3.55	0.35	1.3	0.0132	3.21				
5	云南松	28	0.42	1.43	0.0247	3.57	0.37	1.24	0.0196	3.28	0.39	1.35	0.0228	3.46	0.46	1.55	0.0192	3.76	0.36	1.24	0.0148	3.02				
5	云南松	30	0.46	1.45	0.0289	3.63	0.38	1.2	0.0222	3.15	0.3	0.96	0.0191	2.44					0.39	1.24	0.0176	3				
5	云南松	32	0.45	1.36	0.0319	3.35	0.32	0.95	0.0206	2.49	0.34	1.04	0.0244	2.63												

续表1-3-2

生长周期(年)	树种	起测胸径(cm)	保山 胸径年平均生长量(cm)	保山 胸径年平均生长率(%)	保山 材积年平均生长量(m³)	保山 材积年平均生长率(%)	大理 胸径年平均生长量(cm)	大理 胸径年平均生长率(%)	大理 材积年平均生长量(m³)	大理 材积年平均生长率(%)	楚雄 胸径年平均生长量(cm)	楚雄 胸径年平均生长率(%)	楚雄 材积年平均生长量(m³)	楚雄 材积年平均生长率(%)	昆明 胸径年平均生长量(cm)	昆明 胸径年平均生长率(%)	昆明 材积年平均生长量(m³)	昆明 材积年平均生长率(%)	曲靖 胸径年平均生长量(cm)	曲靖 胸径年平均生长率(%)	曲靖 材积年平均生长量(m³)	曲靖 材积年平均生长率(%)	昭通 胸径年平均生长量(cm)	昭通 胸径年平均生长率(%)	昭通 材积年平均生长量(m³)	昭通 材积年平均生长率(%)
5	云南松	34	0.41	1.16	0.03	2.86	0.36	1.04	0.0252	2.71	0.38	1.07	0.0291	2.68												
5	云南松	36	0.56	1.46	0.0466	3.56	0.35	0.94	0.026	2.44	0.31	0.83	0.0256	2.08												
5	云南松	38	0.43	1.1	0.0364	2.7	0.35	0.88	0.0297	2.28	0.34	0.87	0.0302	2.17												
5	云南松	40									0.31	0.76	0.03	1.9												
5	云南松	42									0.24	0.56	0.0251	1.39												
10	云南松	6	0.48	5.14	0.0051	11.32	0.32	3.96	0.0021	9.65	0.28	3.51	0.0021	8.46	0.29	3.63	0.0018	8.91	0.28	3.52	0.0017	8.75	0.2	2.59	0.0011	6.57
10	云南松	8	0.41	3.79	0.0056	8.94	0.35	3.44	0.0034	8.51	0.29	2.89	0.0032	7.19	0.31	3.05	0.0028	7.57	0.28	2.87	0.0024	7.29	0.19	2.04	0.0016	5.34
10	云南松	10	0.41	3.2	0.0066	7.78	0.37	2.98	0.0048	7.6	0.3	2.5	0.0044	6.4	0.33	2.74	0.0041	6.81	0.3	2.53	0.0035	6.41	0.2	1.78	0.0022	4.61
10	云南松	12	0.44	2.94	0.0093	7.24	0.38	2.64	0.0064	6.82	0.3	2.16	0.0056	5.54	0.33	2.35	0.0051	5.89	0.31	2.22	0.0045	5.63	0.23	1.72	0.0032	4.45
10	云南松	14	0.4	2.44	0.0099	6.1	0.4	2.43	0.0084	6.3	0.29	1.83	0.0066	4.71	0.32	2.01	0.006	5.04	0.34	2.12	0.0062	5.34	0.28	1.83	0.0049	4.65
10	云南松	16	0.42	2.27	0.0126	5.7	0.4	2.17	0.0102	5.65	0.29	1.63	0.0078	4.23	0.34	1.87	0.0074	4.68	0.35	1.95	0.0077	4.87	0.38	2.07	0.0084	5.18
10	云南松	18	0.38	1.87	0.0132	4.69	0.4	1.97	0.0122	5.13	0.28	1.4	0.0088	3.63	0.34	1.67	0.0085	4.16	0.35	1.72	0.0087	4.28	0.34	1.71	0.0084	4.26
10	云南松	20	0.36	1.62	0.0139	4.08	0.36	1.59	0.0124	4.17	0.29	1.33	0.0106	3.43	0.36	1.63	0.0102	4.03	0.33	1.51	0.0093	3.75	0.32	1.5	0.0092	3.73
10	云南松	22	0.42	1.7	0.0191	4.23	0.32	1.33	0.0126	3.5	0.3	1.26	0.0126	3.22	0.34	1.39	0.011	3.43	0.25	1.05	0.0078	2.6				
10	云南松	24	0.44	1.65	0.0229	4.08	0.36	1.37	0.0162	3.57	0.29	1.1	0.0139	2.82	0.4	1.5	0.0145	3.66	0.4	1.53	0.0146	3.74				
10	云南松	26	0.41	1.44	0.0223	3.58	0.34	1.2	0.0172	3.13	0.27	0.96	0.0144	2.45	0.39	1.38	0.0155	3.35	0.3	1.09	0.0119	2.65				
10	云南松	28	0.39	1.27	0.0239	3.13	0.36	1.17	0.0204	3.05	0.35	1.17	0.0214	2.96					0.32	1.08	0.014	2.62				
10	云南松	30	0.43	1.34	0.0281	3.3	0.3	0.94	0.0186	2.43	0.28	0.9	0.0191	2.27												

续表 1-3-2

生长周期(年)	树种	起测胸径(cm)	保山 胸径年平均生长量(cm)	保山 胸径年平均生长率(%)	保山 材积年平均生长量(m³)	保山 材积年平均生长率(%)	大理 胸径年平均生长量(cm)	大理 胸径年平均生长率(%)	大理 材积年平均生长量(m³)	大理 材积年平均生长率(%)	楚雄 胸径年平均生长量(cm)	楚雄 胸径年平均生长率(%)	楚雄 材积年平均生长量(m³)	楚雄 材积年平均生长率(%)	昆明 胸径年平均生长量(cm)	昆明 胸径年平均生长率(%)	昆明 材积年平均生长量(m³)	昆明 材积年平均生长率(%)	曲靖 胸径年平均生长量(cm)	曲靖 胸径年平均生长率(%)	曲靖 材积年平均生长量(m³)	曲靖 材积年平均生长率(%)	昭通 胸径年平均生长量(cm)	昭通 胸径年平均生长率(%)	昭通 材积年平均生长量(m³)	昭通 材积年平均生长率(%)
10	云南松	32	0.48	1.36	0.0352	3.32	0.29	0.85	0.0205	2.18	0.31	0.92	0.0229	2.31												
10	云南松	34					0.37	1.04	0.0267	2.68	0.34	0.93	0.0271	2.33												
10	云南松	36	0.46	1.18	0.039	2.86					0.28	0.75	0.0242	1.86												
10	云南松	38					0.33	0.81	0.0304	2.07	0.27	0.68	0.0249	1.69												
15	云南松	6	0.41	4.08	0.005	8.6	0.33	3.58	0.0027	8.09	0.27	3.07	0.0025	6.96	0.28	3.16	0.0021	7.22	0.28	3.18	0.0021	7.35	0.2	2.43	0.0014	5.82
15	云南松	8	0.39	3.31	0.006	7.46	0.35	3.12	0.0041	7.26	0.27	2.55	0.0034	6.09	0.32	2.89	0.0034	6.73	0.27	2.56	0.0027	6.19	0.18	1.82	0.0016	4.58
15	云南松	10	0.39	2.85	0.0074	6.62	0.35	2.63	0.0052	6.41	0.29	2.23	0.0047	5.5	0.3	2.35	0.0041	5.61	0.29	2.29	0.0037	5.58	0.19	1.64	0.0023	4.15
15	云南松	12	0.41	2.63	0.0098	6.22	0.37	2.39	0.007	5.9	0.28	1.94	0.0058	4.83	0.31	2.08	0.0053	5.02	0.28	1.94	0.0046	4.77	0.24	1.67	0.0035	4.22
15	云南松	14	0.38	2.21	0.0102	5.37	0.38	2.18	0.0088	5.47	0.27	1.63	0.0065	4.13	0.31	1.82	0.0062	4.43	0.32	1.92	0.0063	4.69	0.3	1.8	0.0058	4.46
15	云南松	16	0.38	1.98	0.0124	4.83	0.36	1.88	0.0101	4.76	0.28	1.5	0.008	3.82	0.29	1.57	0.0067	3.88	0.33	1.73	0.0076	4.23	0.41	2.09	0.0097	5.05
15	云南松	18	0.36	1.67	0.0136	4.08	0.36	1.66	0.0118	4.24	0.25	1.24	0.0085	3.15	0.35	1.62	0.0095	3.93	0.32	1.53	0.0084	3.72	0.34	1.66	0.0088	4.07
15	云南松	20	0.4	1.7	0.0168	4.2	0.32	1.37	0.0119	3.51	0.26	1.17	0.0102	2.99	0.34	1.49	0.0103	3.61	0.3	1.32	0.0091	3.22				
15	云南松	22	0.42	1.61	0.0202	3.94	0.29	1.15	0.012	2.98	0.3	1.2	0.0133	3.04	0.31	1.26	0.0104	3.05	0.23	0.95	0.0076	2.34				
15	云南松	24	0.45	1.58	0.0257	3.81	0.29	1.09	0.014	2.8	0.27	1.01	0.0142	2.54	0.41	1.5	0.0158	3.57								
15	云南松	26	0.4	1.37	0.0236	3.36	0.36	1.23	0.0195	3.16	0.27	0.94	0.0153	2.38												
15	云南松	28	0.35	1.11	0.0223	2.71	0.29	0.94	0.0175	2.43	0.31	1	0.0198	2.5												
15	云南松	30	0.37	1.13	0.0248	2.79	0.3	0.9	0.0192	2.31	0.28	0.86	0.0195	2.17												
15	云南松	32									0.29	0.84	0.022	2.1												

续表 1-3-2

生长周期（年）	树种	起测胸径（cm）	保山 胸径年平均生长量（cm）	保山 胸径年平均生长率（%）	保山 材积年平均生长量（m³）	保山 材积年平均生长率（%）	大理 胸径年平均生长量（cm）	大理 胸径年平均生长率（%）	大理 材积年平均生长量（m³）	大理 材积年平均生长率（%）	楚雄 胸径年平均生长量（cm）	楚雄 胸径年平均生长率（%）	楚雄 材积年平均生长量（m³）	楚雄 材积年平均生长率（%）	昆明 胸径年平均生长量（cm）	昆明 胸径年平均生长率（%）	昆明 材积年平均生长量（m³）	昆明 材积年平均生长率（%）	曲靖 胸径年平均生长量（cm）	曲靖 胸径年平均生长率（%）	曲靖 材积年平均生长量（m³）	曲靖 材积年平均生长率（%）	昭通 胸径年平均生长量（cm）	昭通 胸径年平均生长率（%）	昭通 材积年平均生长量（m³）	昭通 材积年平均生长率（%）
5	云南油杉	6					0.43	5.97	0.0021	13.68	0.3	4.28	0.0015	10.06	0.31	4.45	0.0012	11.23	0.31	4.29	0.0012	10.98				
5	云南油杉	8					0.27	3.1	0.0019	7.61	0.3	3.32	0.0021	8.12	0.28	3.14	0.0015	8.01	0.3	3.37	0.0017	8.64				
5	云南油杉	10									0.3	2.78	0.0029	6.84	0.32	2.94	0.0025	7.59	0.32	2.9	0.0024	7.46				
5	云南油杉	12									0.32	2.45	0.0039	6.08	0.28	2.13	0.0028	5.57	0.35	2.72	0.0036	7.1				
5	云南油杉	14									0.33	2.22	0.005	5.49	0.35	2.28	0.0045	5.91	0.35	2.31	0.0044	6.01				
5	云南油杉	16									0.34	2.01	0.0061	4.96	0.31	1.82	0.0048	4.72	0.4	2.31	0.0063	5.99				
5	云南油杉	18									0.29	1.55	0.0061	3.83	0.45	2.32	0.0084	5.97	0.44	2.29	0.0082	5.9				
5	云南油杉	20									0.37	1.75	0.009	4.31	0.38	1.79	0.0083	4.6	0.46	2.19	0.0101	5.62				
5	云南油杉	22									0.32	1.39	0.0089	3.4	0.36	1.6	0.009	4.11	0.35	1.52	0.0088	3.91				
5	云南油杉	24									0.37	1.48	0.012	3.62	0.45	1.78	0.0132	4.54	0.44	1.74	0.0127	4.44				
5	云南油杉	26									0.35	1.29	0.0121	3.14					0.33	1.22	0.0108	3.13				
5	云南油杉	28									0.3	1.04	0.0117	2.54												
10	云南油杉	6									0.27	3.47	0.0016	7.78	0.3	3.85	0.0014	9.03	0.3	3.78	0.0015	8.99				
10	云南油杉	8									0.27	2.74	0.0021	6.46	0.25	2.62	0.0016	6.44	0.3	3.04	0.0019	7.49				
10	云南油杉	10									0.29	2.44	0.0032	5.8	0.32	2.66	0.0028	6.66	0.32	2.71	0.0028	6.75				
10	云南油杉	12									0.3	2.18	0.0041	5.28	0.26	1.9	0.003	4.83	0.36	2.56	0.0041	6.44				
10	云南油杉	14									0.34	2.1	0.0056	5.09	0.33	2.02	0.0047	5.09	0.36	2.24	0.005	5.68				
10	云南油杉	16									0.33	1.84	0.0065	4.48	0.32	1.77	0.0055	4.49	0.41	2.24	0.0072	5.64				

续表1-3-2

生长周期(年)	树种	起测胸径(cm)	保山 胸径年平均生长量(cm)	保山 材积年平均生长量(m³)	保山 胸径年平均生长率(%)	保山 材积年平均生长率(%)	大理 胸径年平均生长量(cm)	大理 材积年平均生长量(m³)	大理 胸径年平均生长率(%)	大理 材积年平均生长率(%)	楚雄 胸径年平均生长量(cm)	楚雄 材积年平均生长量(m³)	楚雄 胸径年平均生长率(%)	楚雄 材积年平均生长率(%)	昆明 胸径年平均生长量(cm)	昆明 材积年平均生长量(m³)	昆明 胸径年平均生长率(%)	昆明 材积年平均生长率(%)	曲靖 胸径年平均生长量(cm)	曲靖 材积年平均生长量(m³)	曲靖 胸径年平均生长率(%)	曲靖 材积年平均生长率(%)	昭通 胸径年平均生长量(cm)	昭通 材积年平均生长量(m³)	昭通 胸径年平均生长率(%)	昭通 材积年平均生长率(%)
10	云南油杉	18									0.3	0.0068	1.54	3.76	0.49	0.0103	2.36	5.93	0.45	0.0093	2.25	5.68				
10	云南油杉	20									0.34	0.0089	1.53	3.73	0.33	0.0075	1.49	3.79	0.41	0.01	1.82	4.57				
10	云南油杉	22									0.32	0.0097	1.32	3.21	0.37	0.0097	1.54	3.92	0.44	0.012	1.78	4.5				
10	云南油杉	24									0.37	0.0125	1.4	3.4					0.4	0.0122	1.52	3.83				
10	云南油杉	26									0.35	0.0128	1.27	3.08												
10	云南油杉	28									0.27	0.0108	0.88	2.12												
15	云南油杉	6									0.26	0.0017	3.01	6.5	0.3	0.0017	3.47	7.57	0.32	0.0019	3.52	7.8				
15	云南油杉	8									0.25	0.0024	2.41	5.47	0.27	0.0019	2.57	6.06	0.28	0.0021	2.72	6.39				
15	云南油杉	10									0.3	0.0037	2.34	5.37	0.28	0.0029	2.18	5.27	0.31	0.0031	2.47	5.92				
15	云南油杉	12									0.28	0.0041	1.96	4.62	0.28	0.0036	1.92	4.7	0.37	0.0048	2.46	5.95				
15	云南油杉	14									0.31	0.0054	1.85	4.41	0.32	0.005	1.86	4.57	0.35	0.0055	2.09	5.14				
15	云南油杉	16									0.34	0.0072	1.81	4.32	0.37	0.0069	1.93	4.75	0.34	0.0062	1.83	4.56				
15	云南油杉	18									0.27	0.0068	1.3	3.12												
15	云南油杉	20									0.36	0.0102	1.57	3.77	0.33	0.0082	1.44	3.62								
15	云南油杉	22									0.35	0.0114	1.38	3.3												
5	云南樟	6																	0.53	0.0027	7.4	18.88				
5	云南樟	8	0.22	0.0018	2.35	5.5																				
5	长梗润楠	6	0.08	0.0003	1.24	2.91																				

续表 1-3-2

生长周期(年)	树种	起测胸径(cm)	保山 胸径年平均生长量(cm)	保山 胸径年平均生长率(%)	保山 材积年平均生长量(m³)	保山 材积年平均生长率(%)	大理 胸径年平均生长量(cm)	大理 胸径年平均生长率(%)	大理 材积年平均生长量(m³)	大理 材积年平均生长率(%)	楚雄 胸径年平均生长量(cm)	楚雄 胸径年平均生长率(%)	楚雄 材积年平均生长量(m³)	楚雄 材积年平均生长率(%)	昆明 胸径年平均生长量(cm)	昆明 胸径年平均生长率(%)	昆明 材积年平均生长量(m³)	昆明 材积年平均生长率(%)	曲靖 胸径年平均生长量(cm)	曲靖 胸径年平均生长率(%)	曲靖 材积年平均生长量(m³)	曲靖 材积年平均生长率(%)	昭通 胸径年平均生长量(cm)	昭通 胸径年平均生长率(%)	昭通 材积年平均生长量(m³)	昭通 材积年平均生长率(%)
5	长梗润楠	8	0.1	1.29	0.0007	3.14																				
5	长梗润楠	10	0.13	1.26	0.0013	3.12																				
5	长梗润楠	12	0.11	0.94	0.0013	2.26																				
10	长梗润楠	6	0.07	1.05	0.0003	2.42																				
10	长梗润楠	8	0.08	0.95	0.0005	2.31																				
15	长梗润楠	6	0.06	0.85	0.0003	1.91																				
5	直杆蓝桉	6									0.36	4.79	0.0022	12.49	0.85	9.32	0.0069	20.85								
5	直杆蓝桉	8									0.51	5.28	0.0045	13.3	0.75	7.09	0.0071	17.04								
5	直杆蓝桉	10									0.68	5.65	0.008	13.66	0.85	6.5	0.0113	15.49								
5	直杆蓝桉	12									0.57	4.14	0.008	10.15	0.82	5.7	0.0122	13.99								
5	直杆蓝桉	14									0.55	3.51	0.0093	8.5	1.21	6.98	0.0233	16.46								
5	直杆蓝桉	16									0.47	2.75	0.0091	6.7	0.98	5.24	0.021	12.61								
10	直杆蓝桉	6									0.24	3.13	0.0014	8.06	1.19	9.78	0.0147	17.4								
10	直杆蓝桉	8									0.49	4.55	0.0051	10.48	1.04	7.55	0.0149	15.1								
10	直杆蓝桉	10									0.7	5.03	0.0102	11.1												

表1-3-3　研究期玉溪、文山、红河、普洱、西双版纳、临沧6州（市）分生长期及树种按树木起测胸径概算单株胸径及材积年生长量（率）表

生长周期(年)	树种	起测胸径(cm)	玉溪 胸径年平均生长量(cm)	胸径年平均生长率(%)	材积年平均生长量(m³)	材积年平均生长率(%)	文山 胸径年平均生长量(cm)	胸径年平均生长率(%)	材积年平均生长量(m³)	材积年平均生长率(%)	红河 胸径年平均生长量(cm)	胸径年平均生长率(%)	材积年平均生长量(m³)	材积年平均生长率(%)	普洱 胸径年平均生长量(cm)	胸径年平均生长率(%)	材积年平均生长量(m³)	材积年平均生长率(%)	版纳 胸径年平均生长量(cm)	胸径年平均生长率(%)	材积年平均生长量(m³)	材积年平均生长率(%)	临沧 胸径年平均生长量(cm)	胸径年平均生长率(%)	材积年平均生长量(m³)	材积年平均生长率(%)
5	八角	6					0.54	6.96	0.0039	18.47																
5	八角	8					0.55	5.74	0.0056	15.58	0.71	7.16	0.0067	18.43												
5	八角	10					0.53	4.6	0.0071	12.25																
5	八角	12					0.49	3.62	0.0083	9.37					0.09	0.69	0.001	1.76								
5	八角	14					0.5	3.24	0.0103	8.32																
10	八角	6					0.42	5.13	0.0032	12.75																
10	八角	8					0.4	3.96	0.0044	10.5																
10	八角	10					0.55	4.2	0.0093	10.28																
10	八角	12					0.37	2.58	0.0064	6.46					0.05	0.38	0.0006	0.99								
5	白花羊蹄甲	8									0.29	3.17	0.0023	8.67									0.26	2.93	0.002	6.9
5	白花羊蹄甲	10									0.29	2.62	0.0033	7.08									0.24	2.23	0.0025	5.38
5	白花羊蹄甲	12									0.21	1.69	0.0029	4.47									0.32	2.46	0.0042	5.97
5	白花羊蹄甲	14									0.2	1.35	0.0035	3.58									0.37	2.37	0.0065	5.73
5	白花羊蹄甲	16									0.32	1.92	0.0068	4.86									0.39	2.23	0.008	5.45
5	白花羊蹄甲	20																					0.3	1.44	0.0082	3.56
10	白花羊蹄甲	6									0.23	2.93	0.0016	7.66									0.35	4.34	0.0026	9.1
10	白花羊蹄甲	8									0.22	2.27	0.0021	5.86									0.2	2.09	0.0017	4.82
10	白花羊蹄甲	10									0.18	1.63	0.0022	4.37									0.27	2.2	0.0034	5.05
10	白花羊蹄甲	12																					0.27	1.93	0.0039	4.56

续表 1-3-3

生长周期(年)	树种	起测胸径(cm)	玉溪 胸径年平均生长量(cm)	玉溪 胸径年平均生长率(%)	玉溪 材积年平均生长量(m³)	玉溪 材积年平均生长率(%)	文山 胸径年平均生长量(cm)	文山 胸径年平均生长率(%)	文山 材积年平均生长量(m³)	文山 材积年平均生长率(%)	红河 胸径年平均生长量(cm)	红河 胸径年平均生长率(%)	红河 材积年平均生长量(m³)	红河 材积年平均生长率(%)	普洱 胸径年平均生长量(cm)	普洱 胸径年平均生长率(%)	普洱 材积年平均生长量(m³)	普洱 材积年平均生长率(%)	版纳 胸径年平均生长量(cm)	版纳 胸径年平均生长率(%)	版纳 材积年平均生长量(m³)	版纳 材积年平均生长率(%)	临沧 胸径年平均生长量(cm)	临沧 胸径年平均生长率(%)	临沧 材积年平均生长量(m³)	临沧 材积年平均生长率(%)
10	白花羊蹄甲	14									0.21	1.36	0.0039	3.53												
10	白花羊蹄甲	20																					0.23	1.07	0.0064	2.63
5	柴桂	8					0.43	4.46	0.0036	10.82																
5	柴桂	10					0.19	1.74	0.0017	4.25																
5	柴桂	12					0.29	2.18	0.0039	5.42																
10	柴桂	10					0.17	1.46	0.0017	3.53																
5	大果楠	12																					0.17	1.37	0.0022	3.39
5	滇南风吹楠	6									0.33	4.77	0.0017	13.32												
5	滇南风吹楠	8									0.26	2.93	0.0022	8.18												
5	滇南风吹楠	10									0.24	2.3	0.0026	6.46												
5	滇南风吹楠	12									0.31	2.44	0.0044	6.42												
5	滇南风吹楠	14									0.47	3.07	0.0089	7.86												
10	滇南风吹楠	6									0.22	2.95	0.0013	7.96												
10	滇南风吹楠	8									0.25	2.68	0.0022	7.22												
5	滇润楠	8																	0.18	2.03	0.0012	4.89	0.35	3.66	0.003	8.46
5	滇润楠	10																					0.29	2.64	0.003	6.42
5	滇润楠	12																					0.43	3.18	0.0059	7.64
5	滇润楠	14																					0.45	2.93	0.0079	7.16

生长周期(年)	树种	起测胸径(cm)	玉溪 胸径年平均生长量(cm)	玉溪 胸径年平均生长率(%)	玉溪 材积年平均生长量(m³)	玉溪 材积年平均生长率(%)	文山 胸径年平均生长量(cm)	文山 胸径年平均生长率(%)	文山 材积年平均生长量(m³)	文山 材积年平均生长率(%)	红河 胸径年平均生长量(cm)	红河 胸径年平均生长率(%)	红河 材积年平均生长量(m³)	红河 材积年平均生长率(%)	普洱 胸径年平均生长量(cm)	普洱 胸径年平均生长率(%)	普洱 材积年平均生长量(m³)	普洱 材积年平均生长率(%)	版纳 胸径年平均生长量(cm)	版纳 胸径年平均生长率(%)	版纳 材积年平均生长量(m³)	版纳 材积年平均生长率(%)	临沧 胸径年平均生长量(cm)	临沧 胸径年平均生长率(%)	临沧 材积年平均生长量(m³)	临沧 材积年平均生长率(%)
5	滇润楠	16																					0.4	2.24	0.0084	5.47
5	滇润楠	18																					0.49	2.49	0.012	6.13
5	滇润楠	20																					0.31	1.51	0.0085	3.74
5	滇润楠	22																					0.42	1.76	0.0143	4.32
10	滇润楠	6																					0.32	3.96	0.0023	8.52
10	滇润楠	8																					0.32	3.13	0.0032	6.9
10	滇润楠	10																					0.23	1.93	0.0026	4.52
10	滇润楠	12																					0.31	2.18	0.0047	5.15
10	滇润楠	22																					0.36	1.44	0.0126	3.49
15	滇润楠	6																					0.17	2.26	0.001	4.9
15	滇润楠	8																					0.21	2.03	0.0021	4.5
5	杜英	6					0.45	6.01	0.0025	14.25					0.28	3.81	0.0015	8.03								
5	杜英	8					0.29	3.08	0.0022	7.42					0.25	2.71	0.0017	6								
5	杜英	10													0.44	3.7	0.0045	8.23								
5	杜英	12													0.57	3.98	0.0075	9.02								
5	杜英	14													0.35	2.31	0.0048	5.31								
5	杜英	16													0.52	2.89	0.0094	6.61								
5	杜英	18													0.44	2.21	0.0089	5.15								
5	杜英	20													0.3	1.37	0.0069	3.22								

续表 1-3-3

生长周期(年)	树种	起测胸径(cm)	玉溪 胸径年平均生长量(cm)	玉溪 胸径年平均生长率(%)	玉溪 材积年平均生长量(m³)	玉溪 材积年平均生长率(%)	文山 胸径年平均生长量(cm)	文山 胸径年平均生长率(%)	文山 材积年平均生长量(m³)	文山 材积年平均生长率(%)	红河 胸径年平均生长量(cm)	红河 胸径年平均生长率(%)	红河 材积年平均生长量(m³)	红河 材积年平均生长率(%)	普洱 胸径年平均生长量(cm)	普洱 胸径年平均生长率(%)	普洱 材积年平均生长量(m³)	普洱 材积年平均生长率(%)	版纳 胸径年平均生长量(cm)	版纳 胸径年平均生长率(%)	版纳 材积年平均生长量(m³)	版纳 材积年平均生长率(%)	临沧 胸径年平均生长量(cm)	临沧 胸径年平均生长率(%)	临沧 材积年平均生长量(m³)	临沧 材积年平均生长率(%)
10	杜英	6													0.22	2.72	0.0014	5.63								
10	杜英	8													0.19	1.99	0.0015	4.29								
10	杜英	10													0.43	3.26	0.0051	6.93								
10	杜英	12													0.51	3.1	0.008	6.7								
10	杜英	14													0.32	1.94	0.0048	4.41								
15	杜英	6													0.17	1.93	0.0012	3.84								
15	杜英	8													0.17	1.65	0.0014	3.45								
5	钝叶黄檀	8													0.45	4.78	0.0034	10.61					0.32	3.71	0.0022	8.77
5	钝叶黄檀	10													0.28	2.66	0.0025	6.27								
10	钝叶黄檀	8													0.27	2.49	0.0025	5.53								
5	枫香树	6					0.54	19.33	0.0039	12																
5	枫香树	8					0.62	17.07	0.0068	28																
5	枫香树	10					0.6	12.77	0.0092	20																
5	枫香树	12					0.6	11.78	0.0106	14																
5	枫香树	14					0.72	10.93	0.0171	14																
5	枫香树	16					0.67	9.41	0.0175	14																
5	枫香树	22					0.65	6.57	0.0251	8																
5	枫香树	24					0.33	3.15	0.0136	10																
10	枫香树	8					0.54	11.37	0.0077	12																

续表 1-3-3

生长周期(年)	树种	起测胸径(cm)	玉溪 胸径年平均生长量(cm)	玉溪 胸径年平均生长率(%)	玉溪 材积年平均生长量(m³)	玉溪 材积年平均生长率(%)	文山 胸径年平均生长量(cm)	文山 胸径年平均生长率(%)	文山 材积年平均生长量(m³)	文山 材积年平均生长率(%)	红河 胸径年平均生长量(cm)	红河 胸径年平均生长率(%)	红河 材积年平均生长量(m³)	红河 材积年平均生长率(%)	普洱 胸径年平均生长量(cm)	普洱 胸径年平均生长率(%)	普洱 材积年平均生长量(m³)	普洱 材积年平均生长率(%)	版纳 胸径年平均生长量(cm)	版纳 胸径年平均生长率(%)	版纳 材积年平均生长量(m³)	版纳 材积年平均生长率(%)	临沧 胸径年平均生长量(cm)	临沧 胸径年平均生长率(%)	临沧 材积年平均生长量(m³)	临沧 材积年平均生长率(%)
10	枫香树	10					0.56	9.59	0.0103	13																
10	枫香树	12					0.6	9.64	0.0126	12																
5	尼泊尔桤木	14	0.61	3.8	0.0115	9.93	0.86	5.18	0.0175	13.23	0.86	5.07	0.0182	12.83	0.76	4.62	0.0152	11.89					0.81	4.77	0.0167	12.15
5	尼泊尔桤木	16	0.45	2.52	0.01	6.66	0.88	4.71	0.0213	12.16	0.81	4.39	0.0193	11.34	0.77	4.15	0.0185	10.66					0.74	3.79	0.0197	9.53
5	尼泊尔桤木	18	0.36	1.87	0.0092	4.98	0.88	4.28	0.0246	11.06	0.74	3.64	0.0204	9.49	0.9	4.33	0.0255	11.09					0.71	3.46	0.0199	8.95
5	尼泊尔桤木	20	0.64	2.94	0.0197	7.69	0.58	2.68	0.0178	7.04	0.66	2.97	0.0213	7.7	0.69	3.03	0.0225	7.74					0.54	2.44	0.017	6.37
5	尼泊尔桤木	22	0.63	2.57	0.0232	6.67	0.57	2.39	0.0202	6.25	0.62	2.58	0.022	6.72	0.6	2.53	0.0215	6.58					0.37	1.55	0.0129	4.07
5	尼泊尔桤木	24	0.48	1.87	0.0189	4.89	0.49	1.93	0.0191	5.05	0.67	2.58	0.0277	6.67	0.51	1.99	0.0198	5.13					0.55	2.14	0.0221	5.59
5	尼泊尔桤木	26	0.73	2.57	0.0338	6.61					0.66	2.31	0.0308	5.9	0.52	1.88	0.0231	4.87					0.41	1.49	0.0184	3.89
5	尼泊尔桤木	28	0.81	2.69	0.0411	6.93	0.53	1.83	0.0254	4.73	0.48	1.66	0.0237	4.3	0.5	1.68	0.0254	4.34					0.5	1.63	0.0262	4.18
5	尼泊尔桤木	30									0.67	2.05	0.0388	5.24	0.77	2.36	0.0447	6.01					0.72	2.19	0.0426	5.57
5	尼泊尔桤木	32	0.33	0.98	0.0192	2.52					0.52	1.54	0.0309	3.94									0.52	1.54	0.0314	3.94
5	尼泊尔桤木	34									0.41	1.16	0.0268	2.96	0.56	1.57	0.0364	4					0.31	0.87	0.0198	2.24
5	尼泊尔桤木	36									0.36	0.95	0.0254	2.41	0.49	1.31	0.0351	3.32					0.47	1.25	0.0338	3.16
5	尼泊尔桤木	38									0.49	1.24	0.0373	3.15												
10	尼泊尔桤木	6					0.78	7.65	0.0076	15.9	1.29	10.05	0.018	17.89	0.76	6.84	0.009	13.52					0.54	5.46	0.0051	12
10	尼泊尔桤木	10					0.78	5.33	0.0135	12.13	0.94	6	0.0183	13.08	0.74	4.97	0.0132	11.17					0.59	4.09	0.0103	9.5
10	尼泊尔桤木	12	0.63	4.09	0.0114	9.84	0.9	5.31	0.0187	12.33	0.64	4.01	0.0123	9.69	0.56	3.45	0.011	8.14					0.66	3.83	0.0146	8.84
10	尼泊尔桤木	14	0.56	3.14	0.0126	7.81	0.75	4.06	0.0177	9.74	0.77	4.1	0.0191	9.77	0.68	3.76	0.0159	9.1					0.66	3.63	0.0154	8.92

云南省连清样地主要乔木树种生长量（率）测算数表

续表1-3-3

生长周期(年)	树种	起测胸径(cm)	玉溪				文山				红河				普洱				版纳				临沧			
			胸径年平均生长量(cm)	胸径年平均生长率(%)	材积年平均生长量(m³)	材积年平均生长率(%)	胸径年平均生长量(cm)	胸径年平均生长率(%)	材积年平均生长量(m³)	材积年平均生长率(%)	胸径年平均生长量(cm)	胸径年平均生长率(%)	材积年平均生长量(m³)	材积年平均生长率(%)	胸径年平均生长量(cm)	胸径年平均生长率(%)	材积年平均生长量(m³)	材积年平均生长率(%)	胸径年平均生长量(cm)	胸径年平均生长率(%)	材积年平均生长量(m³)	材积年平均生长率(%)	胸径年平均生长量(cm)	胸径年平均生长率(%)	材积年平均生长量(m³)	材积年平均生长率(%)
10	尼泊尔桤木	16	0.38	1.97	0.0101	4.98					0.67	3.32	0.0185	8.19	0.79	3.83	0.022	9.28					0.67	3.2	0.0198	7.71
10	尼泊尔桤木	18	0.38	1.88	0.0107	4.86					0.6	2.79	0.0182	7.04	0.73	3.26	0.023	8.04					0.62	2.86	0.0195	7.08
10	尼泊尔桤木	20	0.6	2.53	0.0212	6.33					0.83	3.28	0.0334	7.9	0.65	2.68	0.0246	6.59					0.52	2.2	0.0184	5.57
10	尼泊尔桤木	22	0.73	2.7	0.0318	6.63					0.63	2.47	0.0255	6.2	0.64	2.5	0.0256	6.25								
10	尼泊尔桤木	24	0.45	1.66	0.0193	4.28					0.84	2.92	0.0399	7.24	0.51	1.86	0.0229	4.72					0.53	1.94	0.0231	4.94
10	尼泊尔桤木	26									0.56	1.9	0.0278	4.78									0.37	1.27	0.018	3.25
10	尼泊尔桤木	28									0.48	1.57	0.0253	3.99									0.49	1.55	0.0277	3.91
10	尼泊尔桤木	30									0.63	1.85	0.039	4.63									0.71	2.04	0.0459	5.04
10	尼泊尔桤木	32									0.52	1.48	0.0329	3.73												
10	尼泊尔桤木	34																					0.34	0.95	0.0226	2.42
10	尼泊尔桤木	36									0.34	0.88	0.0251	2.21												
10	尼泊尔桤木	38									0.43	1.06	0.0337	2.68												
15	尼泊尔桤木	6													0.58	4.72	0.0081	9.09								
15	尼泊尔桤木	8									0.83	5.05	0.0173	10.51	0.64	3.9	0.0133	8.28					0.51	3.64	0.009	7.68
15	尼泊尔桤木	10									0.47	2.84	0.0099	6.69	0.59	3.34	0.0136	7.38					0.52	3.33	0.0099	7.45
15	尼泊尔桤木	12																					0.49	2.82	0.0107	6.45
15	尼泊尔桤木	14													0.65	3.37	0.017	7.75								
15	尼泊尔桤木	16	0.42	2	0.0122	4.88									0.67	3.11	0.0205	7.26								
15	尼泊尔桤木	20	0.54	2.17	0.0211	5.25																				

续表 1-3-3

生长周期(年)	树种	起测胸径(cm)	玉溪 胸径年平均生长量(cm)	玉溪 胸径年平均生长率(%)	玉溪 材积年平均生长量(m³)	玉溪 材积年平均生长率(%)	文山 胸径年平均生长量(cm)	文山 胸径年平均生长率(%)	文山 材积年平均生长量(m³)	文山 材积年平均生长率(%)	红河 胸径年平均生长量(cm)	红河 胸径年平均生长率(%)	红河 材积年平均生长量(m³)	红河 材积年平均生长率(%)	普洱 胸径年平均生长量(cm)	普洱 胸径年平均生长率(%)	普洱 材积年平均生长量(m³)	普洱 材积年平均生长率(%)	版纳 胸径年平均生长量(cm)	版纳 胸径年平均生长率(%)	版纳 材积年平均生长量(m³)	版纳 材积年平均生长率(%)	临沧 胸径年平均生长量(cm)	临沧 胸径年平均生长率(%)	临沧 材积年平均生长量(m³)	临沧 材积年平均生长率(%)
15	尼泊尔桤木	24																					0.45	1.61	0.021	4.04
15	尼泊尔桤木	30																					0.68	1.89	0.046	4.61
5	合果木	6																					0.27	3.78	0.0014	8.72
5	合果木	8																					0.27	3.01	0.0019	7.2
5	合果木	10																					0.39	3.3	0.0043	7.86
10	合果木	6																					0.27	3.48	0.0016	7.72
10	合果木	8																					0.21	2.24	0.0016	5.22
5	黑黄檀	6																	0.21	3.06	0.0011	8.54	0.21	3.21	0.001	7.62
5	黑黄檀	8													0.31	3.5	0.0022	8								
10	黑黄檀	6													0.24	3.47	0.0013	10.32								
5	红椿润楠	6									0.28	4.03	0.0015	11.86									0.21	3.01	0.001	6.9
5	红椿润楠	8									0.56	5.6	0.0056	14.45												
5	红椿润楠	10									0.44	3.86	0.0054	10.29												
5	红椿润楠	12									0.31	2.33	0.0046	6.1												
5	红椿润楠	14									0.37	2.42	0.0068	6.28												
10	红椿润楠	6									0.29	3.64	0.002	9.5												
10	红椿润楠	8									0.56	4.82	0.0073	11.15												
10	红椿润楠	10									0.43	3.35	0.0064	8.21												

续表1-3-3

生长周期(年)	树种	起测胸径(cm)	玉溪 胸径年平均生长量(cm)	胸径年平均生长率(%)	材积年平均生长量(m³)	材积年平均生长率(%)	文山 胸径年平均生长量(cm)	胸径年平均生长率(%)	材积年平均生长量(m³)	材积年平均生长率(%)	红河 胸径年平均生长量(cm)	胸径年平均生长率(%)	材积年平均生长量(m³)	材积年平均生长率(%)	普洱 胸径年平均生长量(cm)	胸径年平均生长率(%)	材积年平均生长量(m³)	材积年平均生长率(%)	版纳 胸径年平均生长量(cm)	胸径年平均生长率(%)	材积年平均生长量(m³)	材积年平均生长率(%)	临沧 胸径年平均生长量(cm)	胸径年平均生长率(%)	材积年平均生长量(m³)	材积年平均生长率(%)
10	红椆润楠	12									0.33	2.36	0.0055	6.03												
15	红椆润楠	6									0.31	3.44	0.0028	8.16												
15	红椆润楠	8									0.56	4.42	0.0081	9.51												
5	华山松	10	0.46	4.01	0.0045	9.63					0.53	4.62	0.0049	11.62									0.62	5.37	0.0067	12.18
5	华山松	18	0.6	2.95	0.0126	7.0					0.61	3.09	0.0122	7.42									0.58	2.96	0.0123	6.86
5	华山松	20	0.5	2.34	0.0111	5.58					0.34	1.65	0.0074	3.97												
5	华山松	22	0.58	2.47	0.0148	5.79					0.41	1.78	0.0102	4.21												
5	华山松	24	0.55	2.18	0.0151	5.09																				
10	华山松	10	0.46	3.55	0.0055	8.1					0.54	4.13	0.0063	9.55												
10	华山松	12	0.62	4.04	0.009	9.23					0.49	3.35	0.0068	7.95												
10	华山松	14	0.59	3.33	0.0106	7.57					0.6	3.53	0.0097	8.29												
10	华山松	16	0.53	2.76	0.0104	6.4																				
10	华山松	18	0.59	2.71	0.0137	6.21																				
15	华山松	6	0.52	4.85	0.005	9.44					0.57	5.45	0.005	10.73												
15	华山松	8	0.47	3.93	0.0049	8.25					0.63	4.59	0.0079	9.26												
15	华山松	10	0.61	4.05	0.0088	8.4					0.49	3.5	0.0064	7.7												
15	华山松	12	0.57	3.55	0.0091	7.69																				
15	华山松	14	0.6	3.08	0.012	6.69																				
5	黄丹木姜子	6					0.36	4.99	0.0019	11.5																

续表 1-3-3

生长周期（年）	树种	起测胸径（cm）	玉溪 胸径年平均生长量（cm）	胸径年平均生长率（%）	材积年平均生长量（m³）	材积年平均生长率（%）	文山 胸径年平均生长量（cm）	胸径年平均生长率（%）	材积年平均生长量（m³）	材积年平均生长率（%）	红河 胸径年平均生长量（cm）	胸径年平均生长率（%）	材积年平均生长量（m³）	材积年平均生长率（%）	普洱 胸径年平均生长量（cm）	胸径年平均生长率（%）	材积年平均生长量（m³）	材积年平均生长率（%）	版纳 胸径年平均生长量（cm）	胸径年平均生长率（%）	材积年平均生长量（m³）	材积年平均生长率（%）	临沧 胸径年平均生长量（cm）	胸径年平均生长率（%）	材积年平均生长量（m³）	材积年平均生长率（%）
5	黄丹木姜子	8					0.34	3.83	0.0023	9.3																
5	黄连木	6																					0.15	2.36	0.0007	5.52
5	黄连木	8																					0.19	2.24	0.0013	5.48
5	黄连木	10																					0.22	1.95	0.0021	4.47
10	黄连木	6																					0.12	1.76	0.0006	4.12
10	黄连木	8																					0.13	1.53	0.0009	3.69
15	黄连木	8																					0.13	1.49	0.0009	3.55
5	黄心树	6									0.33	4.87	0.0016	10.17	0.34	4.66	0.0017	10.88					0.16	2.26	0.0008	5.23
5	黄心树	8									0.32	3.42	0.0023	7.65	0.42	4.44	0.0032	10.5					0.28	3.05	0.0021	7.35
5	黄心树	10													0.39	3.37	0.0038	7.63					0.19	1.68	0.0019	4.07
5	黄心树	12																					0.25	1.96	0.0031	4.82
5	黄心树	14													0.52	3.33	0.0076	7.59								
5	黄心树	18													0.34	1.73	0.0065	4.04								
10	黄心树	6													0.29	3.63	0.0018	8.13					0.13	1.84	0.0007	4.18
10	黄心树	8																					0.17	1.73	0.0015	4.01
10	黄心树	10													0.37	2.85	0.0043	6.13					0.18	1.47	0.002	3.45
10	黄心树	12																					0.22	1.59	0.003	3.82
10	黄心树	18													0.29	1.46	0.0061	3.37								
15	黄心树	6																					0.1	1.36	0.0006	3.11

续表 1-3-3

生长周期(年)	树种	起测胸径(cm)	玉溪 胸径年平均生长量(cm)	胸径年平均生长率(%)	材积年平均生长量(m³)	材积年平均生长率(%)	文山 胸径年平均生长量(cm)	胸径年平均生长率(%)	材积年平均生长量(m³)	材积年平均生长率(%)	红河 胸径年平均生长量(cm)	胸径年平均生长率(%)	材积年平均生长量(m³)	材积年平均生长率(%)	普洱 胸径年平均生长量(cm)	胸径年平均生长率(%)	材积年平均生长量(m³)	材积年平均生长率(%)	版纳 胸径年平均生长量(cm)	胸径年平均生长率(%)	材积年平均生长量(m³)	材积年平均生长率(%)	临沧 胸径年平均生长量(cm)	胸径年平均生长率(%)	材积年平均生长量(m³)	材积年平均生长率(%)
15	黄心树	10																					0.18	1.37	0.0026	3.09
5	尖叶桂樱	6									0.27	4.01	0.0013	11.77												
5	蓝桉	6									0.8	9.28	0.0068	23.08												
5	蓝桉	8									1.47	11.53	0.0227	25.18												
5	蓝桉	10									1.29	9.31	0.0217	21.76												
10	蓝桉	6									1.01	8.76	0.0138	16.99												
5	柳树	6									0.38	5.55	0.002	15.55												
5	柳树	10									0.29	2.7	0.0031	7.43												
5	毛叶黄杞	6													0.29	4.23	0.0015	12.1					0.27	3.83	0.0015	8.62
5	毛叶黄杞	8													0.27	3.01	0.0021	8.27								
5	毛叶黄杞	10													0.35	3.16	0.0041	8.35								
5	毛叶黄杞	12													0.35	2.67	0.0051	7								
5	毛叶黄杞	14													0.24	1.62	0.0041	4.23								
5	毛叶黄杞	16													0.36	2.1	0.0081	5.26								
5	毛叶黄杞	18													0.35	1.8	0.0092	4.51								
10	毛叶黄杞	6													0.27	3.6	0.0016	9.58					0.22	2.81	0.0014	6.02
10	毛叶黄杞	8													0.24	2.54	0.0021	6.56								
10	毛叶黄杞	10													0.33	2.67	0.0044	6.74								
10	毛叶黄杞	12													0.29	2.14	0.0046	5.45								

续表 1-3-3

生长周期（年）	树种	起测胸径（cm）	玉溪 胸径年平均生长量（cm）	玉溪 胸径年平均生长率（%）	玉溪 材积年平均生长量（m³）	玉溪 材积年平均生长率（%）	文山 胸径年平均生长量（cm）	文山 胸径年平均生长率（%）	文山 材积年平均生长量（m³）	文山 材积年平均生长率（%）	红河 胸径年平均生长量（cm）	红河 胸径年平均生长率（%）	红河 材积年平均生长量（m³）	红河 材积年平均生长率（%）	普洱 胸径年平均生长量（cm）	普洱 胸径年平均生长率（%）	普洱 材积年平均生长量（m³）	普洱 材积年平均生长率（%）	版纳 胸径年平均生长量（cm）	版纳 胸径年平均生长率（%）	版纳 材积年平均生长量（m³）	版纳 材积年平均生长率（%）	临沧 胸径年平均生长量（cm）	临沧 胸径年平均生长率（%）	临沧 材积年平均生长量（m³）	临沧 材积年平均生长率（%）
10	毛叶黄杞	14													0.27	1.7	0.0054	4.29								
10	毛叶黄杞	16													0.32	1.77	0.0077	4.34								
15	毛叶黄杞	6													0.25	3.09	0.0017	7.83								
15	毛叶黄杞	8													0.25	2.46	0.0026	6.04								
15	毛叶黄杞	12													0.27	1.86	0.0046	4.62								
5	毛叶柿	10																					0.27	2.57	0.0025	6.16
5	毛叶油丹	6									0.47	5.62	0.0037	14.2												
5	毛叶油丹	8									0.37	3.72	0.0036	9.89												
5	毛叶油丹	12									0.43	3.15	0.0067	8.15												
5	毛叶油丹	14									0.48	2.92	0.0099	7.28												
5	毛叶油丹	16									0.51	2.86	0.0118	7.09												
5	毛叶油丹	20									0.35	1.69	0.0101	4.15												
10	毛叶油丹	8									0.35	3.22	0.0041	7.96												
10	毛叶油丹	14									0.39	2.28	0.0085	5.55												
10	毛叶油丹	16									0.54	2.79	0.0142	6.67												
5	密花树	6					0.35	5.34	0.0019	16.86					0.21	3.14	0.001	9.27					0.17	2.38	0.0009	5.64
5	密花树	8													0.23	2.62	0.0018	7.29								
5	密花树	10													0.25	2.31	0.0026	6.32								
5	密花树	12													0.31	2.45	0.0045	6.49								

续表1-3-3

生长周期(年)	树种	起测胸径(cm)	玉溪 胸径年平均生长量(cm)	玉溪 胸径年平均生长率(%)	玉溪 材积年平均生长量(m³)	玉溪 材积年平均生长率(%)	文山 胸径年平均生长量(cm)	文山 胸径年平均生长率(%)	文山 材积年平均生长量(m³)	文山 材积年平均生长率(%)	红河 胸径年平均生长量(cm)	红河 胸径年平均生长率(%)	红河 材积年平均生长量(m³)	红河 材积年平均生长率(%)	普洱 胸径年平均生长量(cm)	普洱 胸径年平均生长率(%)	普洱 材积年平均生长量(m³)	普洱 材积年平均生长率(%)	版纳 胸径年平均生长量(cm)	版纳 胸径年平均生长率(%)	版纳 材积年平均生长量(m³)	版纳 材积年平均生长率(%)	临沧 胸径年平均生长量(cm)	临沧 胸径年平均生长率(%)	临沧 材积年平均生长量(m³)	临沧 材积年平均生长率(%)
10	密花树	6													0.22	2.99	0.0013	8.13								
10	密花树	8													0.21	2.27	0.0018	6.09								
10	密花树	10													0.2	1.74	0.0024	4.61								
15	密花树	6													0.22	2.59	0.0017	6.49								
15	密花树	8													0.17	1.84	0.0014	4.83								
5	南酸枣	6									0.4	5.21	0.0022	11.03												
5	南酸枣	8									0.52	5.46	0.004	12.12												
5	南酸枣	10									0.66	5.63	0.0065	12.81												
5	泡桐	6					0.62	7.81	0.0045	19.23																
5	泡桐	8					1.01	9.24	0.0132	22.84																
5	普文楠	6																					0.28	3.68	0.0018	8.38
5	普文楠	8																					0.28	3.03	0.0023	7.04
5	普文楠	10																					0.33	2.81	0.0038	6.6
5	普文楠	12																					0.25	1.93	0.0034	4.69
5	普文楠	14																					0.27	1.78	0.0045	4.34
5	普文楠	16																					0.27	1.59	0.0054	3.94
5	普文楠	18																					0.39	2.01	0.0095	4.96
5	普文楠	20																					0.5	2.3	0.0146	5.61
5	普文楠	22																					0.43	1.83	0.0143	4.49

续表 1-3-3

生长周期(年)	树种	起测胸径(cm)	玉溪 胸径年平均生长量(cm)	玉溪 胸径年平均生长率(%)	玉溪 材积年平均生长量(m³)	玉溪 材积年平均生长率(%)	文山 胸径年平均生长量(cm)	文山 胸径年平均生长率(%)	文山 材积年平均生长量(m³)	文山 材积年平均生长率(%)	红河 胸径年平均生长量(cm)	红河 胸径年平均生长率(%)	红河 材积年平均生长量(m³)	红河 材积年平均生长率(%)	普洱 胸径年平均生长量(cm)	普洱 胸径年平均生长率(%)	普洱 材积年平均生长量(m³)	普洱 材积年平均生长率(%)	版纳 胸径年平均生长量(cm)	版纳 胸径年平均生长率(%)	版纳 材积年平均生长量(m³)	版纳 材积年平均生长率(%)	临沧 胸径年平均生长量(cm)	临沧 胸径年平均生长率(%)	临沧 材积年平均生长量(m³)	临沧 材积年平均生长率(%)
10	普文楠	6																					0.27	3.16	0.002	6.72
10	普文楠	8																					0.24	2.37	0.0024	5.32
10	普文楠	10																					0.3	2.38	0.0039	5.41
10	普文楠	12																					0.26	1.84	0.004	4.33
10	普文楠	14																					0.25	1.59	0.0046	3.83
10	普文楠	16																					0.26	1.46	0.0057	3.56
10	普文楠	18																					0.37	1.85	0.0098	4.49
10	普文楠	20																					0.55	2.34	0.0179	5.55
15	普文楠	6																					0.29	3.13	0.0025	6.42
15	普文楠	8																					0.25	2.24	0.0029	4.79
15	普文楠	10																					0.27	2.04	0.004	4.53
15	普文楠	12																					0.26	1.69	0.0044	3.89
15	普文楠	14																					0.21	1.29	0.0038	3.11
15	普文楠	16																					0.3	1.57	0.007	3.75
5	青榨槭	6									0.38	5.36	0.0021	14.93												
5	青榨槭	8									0.41	4.46	0.0035	12.32												
5	青榨槭	10									0.53	4.51	0.0069	11.87												
10	青榨槭	6									0.42	4.87	0.0032	11.81												
5	榕树	6									0.34	4.92	0.0018	14.05	0.36	5	0.002	13.75								

续表1-3-3

生长周期(年)	树种	起测胸径(cm)	玉溪 胸径年平均生长量(cm)	玉溪 胸径年平均生长率(%)	玉溪 材积年平均生长量(m³)	玉溪 材积年平均生长率(%)	文山 胸径年平均生长量(cm)	文山 胸径年平均生长率(%)	文山 材积年平均生长量(m³)	文山 材积年平均生长率(%)	红河 胸径年平均生长量(cm)	红河 胸径年平均生长率(%)	红河 材积年平均生长量(m³)	红河 材积年平均生长率(%)	普洱 胸径年平均生长量(cm)	普洱 胸径年平均生长率(%)	普洱 材积年平均生长量(m³)	普洱 材积年平均生长率(%)	版纳 胸径年平均生长量(cm)	版纳 胸径年平均生长率(%)	版纳 材积年平均生长量(m³)	版纳 材积年平均生长率(%)	临沧 胸径年平均生长量(cm)	临沧 胸径年平均生长率(%)	临沧 材积年平均生长量(m³)	临沧 材积年平均生长率(%)
5	榕树	8													0.38	3.91	0.0033	9.78								
5	榕树	10													0.4	3.51	0.0049	9.27								
5	瑞丽山龙眼	6													0.26	3.54	0.0016	10.02								
5	瑞丽山龙眼	8													0.24	2.77	0.0018	7.73								
5	瑞丽山龙眼	10													0.22	2.01	0.0025	5.61								
5	瑞丽山龙眼	12													0.22	1.73	0.003	4.63								
10	瑞丽山龙眼	6													0.2	2.54	0.0013	6.84								
10	瑞丽山龙眼	8													0.24	2.5	0.0021	6.57								
5	山鸡椒	6					0.37	5.28	0.0021	14.9	0.23	3.64	0.001	7.84												
5	杉木	10					0.59	4.97	0.0057	11.77	0.7	5.7	0.007	13.42	0.49	4.27	0.0043	10.21								
5	杉木	12					0.55	3.92	0.0067	9.52	0.65	4.55	0.0081	11.02	0.42	3.11	0.0048	7.68								
5	杉木	14					0.46	2.98	0.0066	7.35	0.7	4.28	0.011	10.36	0.43	2.79	0.006	6.91								
5	杉木	18					0.44	2.25	0.0088	5.6	0.63	3.18	0.0131	7.87	0.26	1.37	0.005	3.44								
5	杉木	20					0.48	2.24	0.0112	5.57	0.64	2.92	0.0152	7.24												
5	杉木	22					0.39	1.69	0.01	4.24	0.5	2.17	0.013	5.44												
5	杉木	24					0.47	1.84	0.014	4.6	0.65	2.52	0.0195	6.3												
5	杉木	26					0.53	1.91	0.0179	4.76																
5	杉木	28					0.33	1.14	0.0119	2.86																
5	杉木	30					0.46	1.49	0.0187	3.71																

续表 1-3-3

生长周期（年）	树种	起测胸径（cm）	玉溪 胸径年平均生长量（cm）	胸径年平均生长率（%）	材积年平均生长量（m³）	材积年平均生长率（%）	文山 胸径年平均生长量（cm）	胸径年平均生长率（%）	材积年平均生长量（m³）	材积年平均生长率（%）	红河 胸径年平均生长量（cm）	胸径年平均生长率（%）	材积年平均生长量（m³）	材积年平均生长率（%）	普洱 胸径年平均生长量（cm）	胸径年平均生长率（%）	材积年平均生长量（m³）	材积年平均生长率（%）	版纳 胸径年平均生长量（cm）	胸径年平均生长率（%）	材积年平均生长量（m³）	材积年平均生长率（%）	临沧 胸径年平均生长量（cm）	胸径年平均生长率（%）	材积年平均生长量（m³）	材积年平均生长率（%）
10	杉木	8					0.55	4.8	0.0051	10.37	0.59	5.06	0.0057	10.76	0.5	4.63	0.0043	10.25								
10	杉木	10					0.5	3.82	0.0057	8.66	0.58	4.26	0.0069	9.49	0.5	4	0.0052	9.18								
10	杉木	12					0.47	3.1	0.0066	7.23	0.63	3.99	0.0094	9.12	0.42	2.95	0.0054	7.06								
10	杉木	14					0.38	2.33	0.006	5.6	0.71	3.92	0.0129	9.03	0.37	2.3	0.0055	5.63								
10	杉木	16					0.36	1.95	0.0068	4.72	0.57	2.98	0.0112	7.08												
10	杉木	18					0.41	1.95	0.0091	4.75																
10	杉木	20					0.44	1.95	0.0112	4.75																
10	杉木	22					0.39	1.63	0.0109	4.04																
10	杉木	24					0.45	1.66	0.0146	4.09																
10	杉木	26					0.45	1.55	0.0164	3.8																
10	杉木	28					0.27	0.93	0.0101	2.32																
15	杉木	6					0.55	5.08	0.005	9.5	0.51	4.8	0.0046	9.03	0.59	5.47	0.005	10.46								
15	杉木	8					0.5	3.9	0.0056	7.98	0.57	4.4	0.0066	8.81	0.64	5.04	0.007	10.11								
15	杉木	10					0.42	3.01	0.0053	6.59	0.55	3.81	0.0071	8.17												
15	杉木	12					0.36	2.31	0.0052	5.36																
15	杉木	14					0.31	1.83	0.0052	4.33																
15	杉木	16					0.42	2.09	0.009	4.91																
15	杉木	18					0.44	1.99	0.0106	4.72																
15	杉木	20					0.33	1.44	0.0082	3.54																

续表 1-3-3

生长周期(年)	树种	起测胸径(cm)	玉溪 胸径年平均生长量(cm)	玉溪 胸径年平均生长率(%)	玉溪 材积年平均生长量(m³)	玉溪 材积年平均生长率(%)	文山 胸径年平均生长量(cm)	文山 胸径年平均生长率(%)	文山 材积年平均生长量(m³)	文山 材积年平均生长率(%)	红河 胸径年平均生长量(cm)	红河 胸径年平均生长率(%)	红河 材积年平均生长量(m³)	红河 材积年平均生长率(%)	普洱 胸径年平均生长量(cm)	普洱 胸径年平均生长率(%)	普洱 材积年平均生长量(m³)	普洱 材积年平均生长率(%)	版纳 胸径年平均生长量(cm)	版纳 胸径年平均生长率(%)	版纳 材积年平均生长量(m³)	版纳 材积年平均生长率(%)	临沧 胸径年平均生长量(cm)	临沧 胸径年平均生长率(%)	临沧 材积年平均生长量(m³)	临沧 材积年平均生长率(%)
5	十齿花	6																					0.25	3.51	0.0014	7.9
5	十齿花	8																					0.29	3.23	0.0022	7.53
5	十齿花	12																					0.56	4.16	0.0081	10.02
5	十齿花	16																					0.41	2.29	0.0088	5.58
10	十齿花	16																					0.41	2.18	0.0095	5.22
5	水冬瓜	8																					0.56	5.63	0.005	14.04
5	水青树	8										0.53	5.56	0.004	12.03												
5	水青树	10										0.46	4	0.0043	8.96												
10	水青树	8										0.53	4.98	0.0047	10.38												
10	水青树	10										0.42	3.47	0.0044	7.54												
5	思茅黄肉楠	6																						0.36	4.54	0.0024	9.97
5	思茅黄肉楠	8																						0.26	2.87	0.0021	6.69
5	思茅黄肉楠	10																						0.2	1.85	0.002	4.56
5	思茅黄肉楠	18																						0.23	1.24	0.0051	3.06
5	思茅黄肉楠	22																						0.26	1.14	0.008	2.83
5	思茅松	12	0.7	5	0.0112	12.6					0.94	6.55	0.0156	16.18	0.53	3.87	0.0077	9.47	1.05	7.05	0.0187	16.79	0.69	4.97	0.011	12.33
5	思茅松	16	0.58	3.26	0.0137	8.31									0.53	2.98	0.0119	7.5	0.67	3.72	0.0151	9.22				
5	思茅松	18	0.53	2.71	0.0144	6.92									0.49	2.5	0.0131	6.33	0.74	3.61	0.017	8.59				
5	思茅松	20	0.56	2.6	0.0174	6.66									0.48	2.23	0.0147	5.66	0.46	2.09	0.0132	5.14				

续表 1-3-3

生长周期(年)	树种	起测胸径(cm)	玉溪 胸径年平均生长量(cm)	玉溪 胸径年平均生长率(%)	玉溪 材积年平均生长量(m³)	玉溪 材积年平均生长率(%)	文山 胸径年平均生长量(cm)	文山 胸径年平均生长率(%)	文山 材积年平均生长量(m³)	文山 材积年平均生长率(%)	红河 胸径年平均生长量(cm)	红河 胸径年平均生长率(%)	红河 材积年平均生长量(m³)	红河 材积年平均生长率(%)	普洱 胸径年平均生长量(cm)	普洱 胸径年平均生长率(%)	普洱 材积年平均生长量(m³)	普洱 材积年平均生长率(%)	版纳 胸径年平均生长量(cm)	版纳 胸径年平均生长率(%)	版纳 材积年平均生长量(m³)	版纳 材积年平均生长率(%)	临沧 胸径年平均生长量(cm)	临沧 胸径年平均生长率(%)	临沧 材积年平均生长量(m³)	临沧 材积年平均生长率(%)
5	思茅松	22	0.45	1.92	0.0158	4.9									0.43	1.84	0.0152	4.67	0.71	2.93	0.0193	6.85	0.61	2.59	0.0221	6.61
5	思茅松	24	0.46	1.83	0.0184	4.65									0.45	1.75	0.0176	4.43	0.46	1.81	0.0128	4.24	0.51	2	0.0203	5.09
5	思茅松	26													0.42	1.54	0.0187	3.91	0.42	1.56	0.0162	3.82				
5	思茅松	28													0.39	1.33	0.0193	3.36								
5	思茅松	30													0.43	1.36	0.0235	3.42								
5	思茅松	32													0.45	1.33	0.0276	3.35								
5	思茅松	34													0.42	1.2	0.0276	3.01								
5	思茅松	36													0.39	1.03	0.0276	2.59								
5	思茅松	38													0.33	0.85	0.0254	2.13								
5	思茅松	40													0.4	0.99	0.0328	2.45								
5	思茅松	42													0.49	1.12	0.0432	2.77								
5	思茅松	44													0.31	0.71	0.0287	1.75								
5	思茅松	46													0.37	0.78	0.0366	1.91								
10	思茅松	6	0.47	5.23	0.0046	11.4					0.82	8.14	0.0082	15.92	0.5	5.35	0.0043	11.21								
10	思茅松	10	0.61	4.52	0.0095	10.5									0.49	3.76	0.0071	8.67	0.9	6.01	0.0147	12.87				
10	思茅松	12	0.65	4.16	0.0126	9.79									0.47	3.15	0.0084	7.53								
10	思茅松	14	0.41	2.44	0.0086	6.07									0.46	2.72	0.0099	6.63	0.61	3.52	0.0109	8.11				
10	思茅松	16	0.56	2.96	0.0147	7.31									0.42	2.23	0.0107	5.52	0.6	3.04	0.0149	7.23				
10	思茅松	18	0.46	2.2	0.0136	5.5									0.39	1.9	0.0114	4.72	0.53	2.51	0.0126	5.87				

续表1-3-3

生长周期（年）	树种	起测胸径（cm）	玉溪 胸径年平均生长量（cm）	玉溪 胸径年平均生长率（%）	玉溪 材积年平均生长量（m³）	玉溪 材积年平均生长率（%）	文山 胸径年平均生长量（cm）	文山 胸径年平均生长率（%）	文山 材积年平均生长量（m³）	文山 材积年平均生长率（%）	红河 胸径年平均生长量（cm）	红河 胸径年平均生长率（%）	红河 材积年平均生长量（m³）	红河 材积年平均生长率（%）	普洱 胸径年平均生长量（cm）	普洱 胸径年平均生长率（%）	普洱 材积年平均生长量（m³）	普洱 材积年平均生长率（%）	版纳 胸径年平均生长量（cm）	版纳 胸径年平均生长率（%）	版纳 材积年平均生长量（m³）	版纳 材积年平均生长率（%）	临沧 胸径年平均生长量（cm）	临沧 胸径年平均生长率（%）	临沧 材积年平均生长量（m³）	临沧 材积年平均生长率（%）
10	思茅松	20	0.43	1.88	0.0144	4.71									0.37	1.66	0.0124	4.16								
10	思茅松	22	0.36	1.49	0.0137	3.77									0.35	1.44	0.0134	3.61								
10	思茅松	24													0.38	1.42	0.016	3.55								
10	思茅松	26													0.34	1.2	0.0163	3.01								
10	思茅松	28													0.29	0.96	0.0153	2.42								
10	思茅松	30													0.36	1.1	0.0206	2.76								
10	思茅松	32													0.36	1.05	0.0229	2.61								
10	思茅松	34													0.36	0.99	0.0246	2.45								
10	思茅松	36													0.32	0.82	0.0236	2.03								
10	思茅松	38													0.31	0.78	0.0246	1.94								
10	思茅松	40													0.26	0.63	0.0223	1.56								
15	思茅松	6	0.47	4.86	0.0044	9.82									0.49	4.65	0.0056	9.15								
15	思茅松	8													0.46	3.77	0.0064	8								
15	思茅松	10													0.47	3.29	0.0081	7.31								
15	思茅松	12	0.69	3.94	0.0158	8.66									0.43	2.71	0.0088	6.28								
15	思茅松	14	0.4	2.3	0.0089	5.6									0.42	2.36	0.0102	5.59								
15	思茅松	16													0.39	1.98	0.0108	4.77								
15	思茅松	18													0.39	1.79	0.0123	4.34								
15	思茅松	20													0.35	1.52	0.0122	3.72								

续表 1-3-3

生长周期（年）	树种	起测胸径（cm）	玉溪 胸径年平均生长量（cm）	玉溪 胸径年平均生长率（%）	玉溪 材积年平均生长量（m³）	玉溪 材积年平均生长率（%）	文山 胸径年平均生长量（cm）	文山 胸径年平均生长率（%）	文山 材积年平均生长量（m³）	文山 材积年平均生长率（%）	红河 胸径年平均生长量（cm）	红河 胸径年平均生长率（%）	红河 材积年平均生长量（m³）	红河 材积年平均生长率（%）	普洱 胸径年平均生长量（cm）	普洱 胸径年平均生长率（%）	普洱 材积年平均生长量（m³）	普洱 材积年平均生长率（%）	版纳 胸径年平均生长量（cm）	版纳 胸径年平均生长率（%）	版纳 材积年平均生长量（m³）	版纳 材积年平均生长率（%）	临沧 胸径年平均生长量（cm）	临沧 胸径年平均生长率（%）	临沧 材积年平均生长量（m³）	临沧 材积年平均生长率（%）
15	思茅松	22	0.33	1.35	0.0126	3.38									0.35	1.38	0.0141	3.39								
15	思茅松	24													0.37	1.34	0.017	3.3								
15	思茅松	26													0.34	1.16	0.0174	2.86								
15	思茅松	28													0.27	0.88	0.0152	2.18								
15	思茅松	30													0.31	0.94	0.0183	2.34								
15	思茅松	32													0.35	1	0.0233	2.46								
15	思茅松	34													0.32	0.86	0.0225	2.13								
15	思茅松	36													0.31	0.79	0.0241	1.94								
5	四角蒲桃	6									0.36	4.59	0.0021	9.54	0.27	3.8	0.0013	8.1								
5	四角蒲桃	8													0.3	3.29	0.0021	7.43								
5	四角蒲桃	10													0.34	3.02	0.0031	6.87								
5	四角蒲桃	12													0.25	1.99	0.0028	4.65								
5	四角蒲桃	14													0.44	2.84	0.0062	6.55								
10	四角蒲桃	6													0.25	3.17	0.0015	6.54								
10	四角蒲桃	8													0.28	2.77	0.0023	6.02								
10	四角蒲桃	10													0.27	2.22	0.0028	4.91								
15	四角蒲桃	6													0.28	3.15	0.002	6.1								
15	四角蒲桃	8													0.23	2.3	0.0019	4.9								
5	西桦	20									0.78	3.51	0.0246	9.16	0.76	3.45	0.0233	8.92								

续表 1-3-3

生长周期(年)	树种	起测胸径(cm)	玉溪 胸径年平均生长量(cm)	玉溪 胸径年平均生长率(%)	玉溪 材积年平均生长量(m³)	玉溪 材积年平均生长率(%)	文山 胸径年平均生长量(cm)	文山 胸径年平均生长率(%)	文山 材积年平均生长量(m³)	文山 材积年平均生长率(%)	红河 胸径年平均生长量(cm)	红河 胸径年平均生长率(%)	红河 材积年平均生长量(m³)	红河 材积年平均生长率(%)	普洱 胸径年平均生长量(cm)	普洱 胸径年平均生长率(%)	普洱 材积年平均生长量(m³)	普洱 材积年平均生长率(%)	版纳 胸径年平均生长量(cm)	版纳 胸径年平均生长率(%)	版纳 材积年平均生长量(m³)	版纳 材积年平均生长率(%)	临沧 胸径年平均生长量(cm)	临沧 胸径年平均生长率(%)	临沧 材积年平均生长量(m³)	临沧 材积年平均生长率(%)
5	西桦	22													0.76	3.07	0.0288	7.83								
5	西桦	24													0.73	2.73	0.0309	7.01								
5	西桦	26													0.81	2.85	0.0374	7.33								
5	西桦	32													0.86	2.49	0.0541	6.31								
10	西桦	12									0.87	5.27	0.0173	12.28	0.82	4.89	0.0171	11.31								
10	西桦	14													0.77	4.28	0.0178	10.33								
10	西桦	16													0.85	4.07	0.0248	9.76								
10	西桦	18													0.88	3.84	0.0296	9.36								
10	西桦	20													0.76	3.21	0.0267	7.93								
10	西桦	22													0.9	3.14	0.0435	7.51								
15	西桦	6									0.73	6.19	0.0088	11.67	0.63	5.39	0.0078	10.39								
15	西桦	8													0.69	4.85	0.0117	9.77								
15	西桦	10													0.56	3.5	0.0113	7.66								
15	西桦	12													0.75	4.14	0.0177	9.05								
15	西桦	16													0.83	3.68	0.0274	8.35								
5	喜树	6									0.42	5.81	0.0024	16.09												
5	喜树	8									0.7	6.91	0.007	17.66												
5	喜树	10									0.7	6.12	0.0085	15.89												
10	喜树	6									0.54	6.16	0.0044	14.22												

续表 1-3-3

生长周期(年)	树种	起测胸径(cm)	玉溪 胸径年平均生长量(cm)	胸径年平均生长率(%)	材积年平均生长量(m³)	材积年平均生长率(%)	文山 胸径年平均生长量(cm)	胸径年平均生长率(%)	材积年平均生长量(m³)	材积年平均生长率(%)	红河 胸径年平均生长量(cm)	胸径年平均生长率(%)	材积年平均生长量(m³)	材积年平均生长率(%)	普洱 胸径年平均生长量(cm)	胸径年平均生长率(%)	材积年平均生长量(m³)	材积年平均生长率(%)	版纳 胸径年平均生长量(cm)	胸径年平均生长率(%)	材积年平均生长量(m³)	材积年平均生长率(%)	临沧 胸径年平均生长量(cm)	胸径年平均生长率(%)	材积年平均生长量(m³)	材积年平均生长率(%)
5	香面叶	6									0.24	3.45	0.0012	7.36	0.44	6	0.0023	13.5					0.36	4.98	0.002	11.53
5	香面叶	10									0.42	3.68	0.0041	8.16	0.37	3.3	0.0037	7.79					0.45	4.03	0.0045	9.59
5	香面叶	12									0.27	2.06	0.003	4.78									0.41	3.02	0.0055	7.34
5	香面叶	14									0.32	2.01	0.0047	4.61									0.51	3.34	0.0081	8.1
5	香面叶	16									0.37	2.08	0.0065	4.81												
5	香面叶	18									0.26	1.36	0.005	3.19												
5	香面叶	20									0.34	1.56	0.0076	3.64												
5	香面叶	22									0.36	1.53	0.0093	3.61												
5	香面叶	24									0.26	1.03	0.0076	2.42												
5	香面叶	26									0.36	1.32	0.011	3.11												
5	香面叶	28									0.27	0.95	0.0092	2.25												
5	香面叶	30									0.42	1.34	0.0157	3.15												
10	香面叶	6									0.2	2.48	0.0012	5.13									0.39	4.57	0.0027	9.88
10	香面叶	8									0.3	2.91	0.0026	6.11									0.49	4.42	0.0051	9.61
10	香面叶	10									0.37	2.87	0.0042	6.11									0.35	2.92	0.0039	6.81
10	香面叶	12									0.22	1.63	0.0028	3.71												
10	香面叶	14									0.29	1.72	0.0048	3.86												
10	香面叶	16									0.33	1.8	0.0063	4.13												
10	香面叶	18									0.19	0.99	0.0039	2.32												

续表 1-3-3

生长周期（年）	树种	起测胸径（cm）	玉溪				文山				红河				普洱				版纳				临沧			
			胸径年平均生长量(cm)	胸径年平均生长率(%)	材积年平均生长量(m³)	材积年平均生长率(%)	胸径年平均生长量(cm)	胸径年平均生长率(%)	材积年平均生长量(m³)	材积年平均生长率(%)	胸径年平均生长量(cm)	胸径年平均生长率(%)	材积年平均生长量(m³)	材积年平均生长率(%)	胸径年平均生长量(cm)	胸径年平均生长率(%)	材积年平均生长量(m³)	材积年平均生长率(%)	胸径年平均生长量(cm)	胸径年平均生长率(%)	材积年平均生长量(m³)	材积年平均生长率(%)	胸径年平均生长量(cm)	胸径年平均生长率(%)	材积年平均生长量(m³)	材积年平均生长率(%)
10	香面叶	20									0.36	1.6	0.0085	3.71												
10	香面叶	22									0.31	1.27	0.0087	2.94												
10	香面叶	24									0.28	1.05	0.0087	2.45												
10	香面叶	28									0.3	0.99	0.0106	2.33												
15	香面叶	6									0.16	1.92	0.001	3.92									0.34	3.73	0.0026	7.66
15	香面叶	8									0.27	2.42	0.0027	4.94									0.5	4.11	0.0061	8.47
15	香面叶	10									0.32	2.31	0.004	4.83												
15	香面叶	12									0.21	1.48	0.0028	3.33												
15	香面叶	14									0.27	1.51	0.0047	3.33												
15	香面叶	16									0.36	1.85	0.0074	4.16												
15	香面叶	22									0.34	1.33	0.0099	3.06												
5	香叶树	6									0.61	7.78	0.0035	16.2	0.28	4.31	0.0012	10.06								
5	香叶树	8									0.51	5.33	0.0037	11.73	0.28	3.34	0.0017	7.4								
5	香叶树	10									0.64	5.45	0.0063	12.15									0.32	2.83	0.0033	6.71
5	香叶树	12									0.68	4.67	0.009	10.53									0.41	2.82	0.0066	6.6
5	香叶树	14									0.47	3.02	0.0068	6.95												
5	银柴	6					0.34	4.74	0.0021	14.41					0.24	3.46	0.0013	10.06								
5	银柴	8					0.26	2.88	0.0024	8.41					0.22	2.41	0.0018	6.72								
5	银柴	10													0.16	1.52	0.0018	4.28								

续表 1-3-3

生长周期(年)	树种	起测胸径(cm)	玉溪 胸径年平均生长量(cm)	玉溪 胸径年平均生长率(%)	玉溪 材积年平均生长量(m³)	玉溪 材积年平均生长率(%)	文山 胸径年平均生长量(cm)	文山 胸径年平均生长率(%)	文山 材积年平均生长量(m³)	文山 材积年平均生长率(%)	红河 胸径年平均生长量(cm)	红河 胸径年平均生长率(%)	红河 材积年平均生长量(m³)	红河 材积年平均生长率(%)	普洱 胸径年平均生长量(cm)	普洱 胸径年平均生长率(%)	普洱 材积年平均生长量(m³)	普洱 材积年平均生长率(%)	版纳 胸径年平均生长量(cm)	版纳 胸径年平均生长率(%)	版纳 材积年平均生长量(m³)	版纳 材积年平均生长率(%)	临沧 胸径年平均生长量(cm)	临沧 胸径年平均生长率(%)	临沧 材积年平均生长量(m³)	临沧 材积年平均生长率(%)
5	银柴	12													0.24	1.82	0.0037	4.74					0.24	1.66	0.0038	4.09
5	银柴	14													0.32	2.13	0.0057	5.56								
5	银柴	16													0.2	1.19	0.0042	3.03								
10	银柴	6					0.27	3.42	0.002	9.75					0.19	2.6	0.0012	7.23								
10	银柴	8					0.17	1.86	0.0015	5.4					0.17	1.76	0.0016	4.74								
10	银柴	10													0.13	1.18	0.0015	3.23								
10	银柴	12													0.23	1.67	0.0039	4.23								
10	银柴	14													0.29	1.79	0.0058	4.5								
15	银柴	6													0.18	2.23	0.0013	5.93								
15	银柴	8													0.14	1.41	0.0013	3.79								
15	银柴	10													0.15	1.31	0.0019	3.44								
15	银柴	12													0.29	1.8	0.0058	4.26								
5	樱桃	6									0.38	5.05	0.002	11.06												
5	榆树	6					0.24	3.64	0.0013	11.46																
5	榆树	8					0.38	4.19	0.0036	11.98																
5	榆树	14													0.4	2.65	0.0073	6.85								
10	榆树	6					0.26	3.38	0.0018	9.4																
10	榆树	8					0.43	3.99	0.0054	10.07	0.93	10.92	0.0049	25.03												
5	圆柏	6																								

续表 1-3-3

生长周期（年）	树种	起测胸径（cm）	玉溪 胸径年平均生长量（cm）	玉溪 胸径年平均生长率（%）	玉溪 材积年平均生长量（m³）	玉溪 材积年平均生长率（%）	文山 胸径年平均生长量（cm）	文山 胸径年平均生长率（%）	文山 材积年平均生长量（m³）	文山 材积年平均生长率（%）	红河 胸径年平均生长量（cm）	红河 胸径年平均生长率（%）	红河 材积年平均生长量（m³）	红河 材积年平均生长率（%）	普洱 胸径年平均生长量（cm）	普洱 胸径年平均生长率（%）	普洱 材积年平均生长量（m³）	普洱 材积年平均生长率（%）	版纳 胸径年平均生长量（cm）	版纳 胸径年平均生长率（%）	版纳 材积年平均生长量（m³）	版纳 材积年平均生长率（%）	临沧 胸径年平均生长量（cm）	临沧 胸径年平均生长率（%）	临沧 材积年平均生长量（m³）	临沧 材积年平均生长率（%）
5	圆柏	8									0.95	9.25	0.0068	21.81												
5	云南厚壳桂	12																					0.73	5.09	0.0107	11.97
5	云南厚壳桂	14																					0.56	3.57	0.0092	8.62
10	云南厚壳桂	12																					0.63	4.05	0.0106	9.14
5	云南黄杞	8													0.25	2.76	0.002	7.59					0.35	3.77	0.0028	8.76
5	云南黄杞	10													0.25	2.34	0.0028	6.36					0.42	3.59	0.0048	8.35
5	云南黄杞	12													0.29	2.24	0.0042	5.78					0.31	2.35	0.0043	5.67
5	云南黄杞	14													0.35	2.28	0.0064	5.84					0.4	2.58	0.0071	6.23
5	云南黄杞	16													0.33	1.96	0.007	4.94								
5	云南黄杞	18													0.28	1.48	0.0068	3.75								
10	云南黄杞	6													0.21	2.67	0.0014	7.16					0.42	4.8	0.0033	10.03
10	云南黄杞	8													0.23	2.35	0.0021	6.14					0.31	3.04	0.0031	6.73
10	云南黄杞	10													0.23	2.03	0.0027	5.33					0.35	2.83	0.0046	6.39
10	云南黄杞	12													0.29	1.99	0.0047	4.86								
10	云南黄杞	14													0.35	2.05	0.0079	5.04								
15	云南黄杞	6													0.25	2.83	0.0021	6.88					0.48	4.56	0.005	8.73
15	云南黄杞	8													0.24	2.35	0.0025	5.8					0.25	2.33	0.0026	5.07
15	云南黄杞	10													0.21	1.76	0.0026	4.54								
15	云南黄杞	12													0.3	1.89	0.0054	4.39								

续表 1-3-3

生长周期(年)	树种	起测胸径(cm)	玉溪 胸径年平均生长量(cm)	玉溪 胸径年平均生长率(%)	玉溪 材积年平均生长量(m³)	玉溪 材积年平均生长率(%)	文山 胸径年平均生长量(cm)	文山 胸径年平均生长率(%)	文山 材积年平均生长量(m³)	文山 材积年平均生长率(%)	红河 胸径年平均生长量(cm)	红河 胸径年平均生长率(%)	红河 材积年平均生长量(m³)	红河 材积年平均生长率(%)	普洱 (各项)	版纳 (各项)	临沧 胸径年平均生长量(cm)	临沧 胸径年平均生长率(%)	临沧 材积年平均生长量(m³)	临沧 材积年平均生长率(%)
5	云南飞花树	6															0.41	5.31	0.0026	11.95
5	云南飞花树	8															0.47	4.98	0.0039	11.5
10	云南飞花树	6															0.38	4.16	0.0033	8.75
10	云南飞花树	8															0.47	4.34	0.0051	9.42
5	云南松	12	0.46	3.45	0.0063	8.96	0.51	3.77	0.008	10.31	0.41	3.06	0.0054	7.94			0.52	3.83	0.0098	9.87
5	云南松	14	0.43	2.82	0.0073	7.27	0.51	3.26	0.0102	8.84	0.41	2.72	0.0069	7.08			0.49	3.15	0.0113	8.12
5	云南松	16	0.44	2.55	0.0089	6.54	0.5	2.81	0.0121	7.55	0.44	2.55	0.0091	6.59			0.47	2.7	0.013	6.97
5	云南松	18	0.42	2.19	0.01	5.54	0.5	2.55	0.0143	6.81	0.47	2.44	0.0114	6.29			0.49	2.53	0.0158	6.48
5	云南松	20	0.4	1.87	0.0107	4.69	0.48	2.25	0.0162	5.98	0.49	2.26	0.0139	5.81			0.5	2.29	0.0188	5.82
5	云南松	22	0.37	1.61	0.0114	4.02	0.41	1.76	0.0155	4.65	0.43	1.85	0.0137	4.77			0.42	1.81	0.0179	4.6
5	云南松	24	0.38	1.51	0.0131	3.74	0.44	1.75	0.0191	4.57	0.42	1.68	0.0154	4.31			0.44	1.73	0.0211	4.36
5	云南松	26	0.38	1.39	0.0145	3.42	0.4	1.47	0.0188	3.83	0.5	1.83	0.0208	4.65			0.37	1.38	0.0193	3.49
5	云南松	28	0.39	1.34	0.0165	3.27	0.35	1.2	0.0183	3.12	0.45	1.54	0.0208	3.91			0.47	1.57	0.0279	3.92
5	云南松	30	0.39	1.26	0.0182	3.05	0.36	1.15	0.021	2.96	0.42	1.34	0.0207	3.39			0.42	1.33	0.0263	3.33
5	云南松	32	0.43	1.31	0.0214	3.14					0.37	1.11	0.0202	2.79			0.42	1.26	0.0286	3.12
5	云南松	34	0.41	1.16	0.0223	2.79											0.34	0.96	0.0254	2.37
5	云南松	36	0.34	0.93	0.0195	2.2														
5	云南松	38	0.33	0.84	0.0197	2														
5	云南松	40	0.38	0.92	0.0248	2.18														

续表1-3-3

生长周期（年）	树种	起测胸径（cm）	玉溪 胸径年平均生长量（cm）	玉溪 胸径年平均生长率（%）	玉溪 材积年平均生长量（m³）	玉溪 材积年平均生长率（%）	文山 胸径年平均生长量（cm）	文山 胸径年平均生长率（%）	文山 材积年平均生长量（m³）	文山 材积年平均生长率（%）	红河 胸径年平均生长量（cm）	红河 胸径年平均生长率（%）	红河 材积年平均生长量（m³）	红河 材积年平均生长率（%）	普洱 胸径年平均生长量（cm）	普洱 胸径年平均生长率（%）	普洱 材积年平均生长量（m³）	普洱 材积年平均生长率（%）	版纳 胸径年平均生长量（cm）	版纳 胸径年平均生长率（%）	版纳 材积年平均生长量（m³）	版纳 材积年平均生长率（%）	临沧 胸径年平均生长量（cm）	临沧 胸径年平均生长率（%）	临沧 材积年平均生长量（m³）	临沧 材积年平均生长率（%）
10	云南松	10	0.43	3.38	0.0054	8.3	0.5	3.81	0.0077	9.53	0.4	3.24	0.005	7.9									0.47	3.6	0.0086	8.66
10	云南松	12	0.43	2.97	0.0068	7.34	0.47	3.18	0.0088	8.2	0.4	2.8	0.0062	6.98									0.44	2.97	0.0096	7.29
10	云南松	14	0.42	2.54	0.008	6.31	0.45	2.68	0.0102	6.93	0.39	2.41	0.0075	6.07									0.45	2.68	0.012	6.63
10	云南松	16	0.39	2.14	0.0086	5.32	0.42	2.26	0.0112	5.89	0.43	2.34	0.0099	5.9									0.41	2.2	0.0126	5.51
10	云南松	18	0.35	1.74	0.0088	4.31	0.43	2.09	0.0134	5.46	0.43	2.12	0.0113	5.36									0.38	1.86	0.0132	4.67
10	云南松	20	0.33	1.49	0.0094	3.67	0.43	1.89	0.0154	4.9	0.45	1.97	0.0143	4.94									0.43	1.9	0.0178	4.73
10	云南松	22	0.33	1.38	0.0109	3.4	0.37	1.53	0.0153	3.98	0.44	1.82	0.0154	4.59									0.41	1.67	0.019	4.15
10	云南松	24	0.34	1.3	0.0123	3.18	0.45	1.68	0.0208	4.33	0.42	1.59	0.0164	4.01									0.45	1.68	0.0228	4.15
10	云南松	26	0.33	1.18	0.0133	2.86	0.33	1.19	0.0165	3.08	0.5	1.73	0.0223	4.33									0.35	1.26	0.0193	3.14
10	云南松	28	0.33	1.09	0.0144	2.65	0.23	0.76	0.0122	1.95	0.43	1.4	0.0207	3.51									0.43	1.4	0.0266	3.44
10	云南松	30	0.37	1.13	0.0177	2.7																	0.48	1.48	0.0318	3.64
10	云南松	32	0.36	1.05	0.0181	2.52																				
10	云南松	34	0.4	1.1	0.0225	2.61																	0.28	0.78	0.0216	1.91
10	云南松	36	0.32	0.84	0.0189	1.98																				
10	云南松	38	0.29	0.72	0.0176	1.7																				
15	云南松	6	0.39	4.07	0.0033	8.84	0.56	5.1	0.0068	10.32	0.37	3.99	0.0031	8.53									0.46	4.53	0.0057	9.41
15	云南松	8	0.42	3.55	0.005	7.99	0.48	3.85	0.0072	8.66	0.4	3.41	0.0045	7.58									0.48	3.92	0.008	8.53
15	云南松	10	0.43	3.11	0.0064	7.18	0.46	3.27	0.0081	7.75	0.4	2.92	0.0057	6.79									0.44	3.12	0.0088	7.18
15	云南松	12	0.42	2.66	0.0073	6.27	0.42	2.69	0.0087	6.65	0.41	2.63	0.0071	6.27									0.42	2.64	0.0104	6.21

续表 1-3-3

生长周期(年)	树种	起测胸径(cm)	玉溪 胸径年平均生长量(cm)	玉溪 胸径年平均生长率(%)	玉溪 材积年平均生长量(m³)	玉溪 材积年平均生长率(%)	文山 胸径年平均生长量(cm)	文山 胸径年平均生长率(%)	文山 材积年平均生长量(m³)	文山 材积年平均生长率(%)	红河 胸径年平均生长量(cm)	红河 胸径年平均生长率(%)	红河 材积年平均生长量(m³)	红河 材积年平均生长率(%)	普洱 胸径年平均生长量(cm)	普洱 胸径年平均生长率(%)	普洱 材积年平均生长量(m³)	普洱 材积年平均生长率(%)	版纳 胸径年平均生长量(cm)	版纳 胸径年平均生长率(%)	版纳 材积年平均生长量(m³)	版纳 材积年平均生长率(%)	临沧 胸径年平均生长量(cm)	临沧 胸径年平均生长率(%)	临沧 材积年平均生长量(m³)	临沧 材积年平均生长率(%)
15	云南松	14	0.39	2.2	0.008	5.29	0.42	2.38	0.0104	5.95	0.39	2.25	0.008	5.49									0.44	2.48	0.0129	5.94
15	云南松	16	0.33	1.73	0.0076	4.24	0.4	2.04	0.0113	5.17	0.41	2.09	0.01	5.13									0.38	1.94	0.0126	4.72
15	云南松	18	0.34	1.62	0.0092	3.94	0.46	2.12	0.016	5.32	0.43	1.98	0.0121	4.87									0.34	1.62	0.0127	3.99
15	云南松	20	0.31	1.36	0.0098	3.28	0.47	1.96	0.0189	4.91	0.52	2.06	0.0188	4.97									0.39	1.64	0.0167	4.01
15	云南松	22	0.34	1.37	0.0119	3.31	0.38	1.5	0.0167	3.82	0.47	1.84	0.018	4.52									0.4	1.54	0.0196	3.75
15	云南松	24	0.29	1.09	0.0109	2.64																				
15	云南松	26	0.33	1.12	0.0141	2.67																				
15	云南松	28	0.3	0.96	0.0135	2.3																				
15	云南松	30	0.33	0.97	0.0166	2.3																				
15	云南松	32	0.33	0.95	0.0171	2.26																				
15	云南松	34	0.37	0.98	0.0214	2.34																				
5	云南油杉	6	0.3	4.19	0.0012	10.5					0.25	3.57	0.0009	9.05	0.38	5.25	0.0015	12.83								
5	云南油杉	8	0.26	3.01	0.0014	7.66					0.3	3.34	0.0017	8.56												
5	云南油杉	10	0.26	2.35	0.002	6.06					0.35	3.17	0.0028	8.09	0.31	2.79	0.0024	7.16								
5	云南油杉	12									0.29	2.2	0.0031	5.73												
5	云南油杉	14	0.28	1.88	0.0036	4.88					0.37	2.44	0.005	6.28												
5	云南油杉	16	0.26	1.53	0.0042	3.99					0.38	2.2	0.0062	5.68												
5	云南油杉	18									0.46	2.35	0.0088	6.01												
10	云南油杉	6	0.23	3.05	0.0011	7.36					0.26	3.3	0.0013	7.85												

续表1-3-3

生长周期（年）	树种	起测胸径（cm）	玉溪				文山				红河				普洱				版纳				临沧			
			胸径年平均生长量（cm）	胸径年平均生长率（%）	材积年平均生长量（m³）	材积年平均生长率（%）	胸径年平均生长量（cm）	胸径年平均生长率（%）	材积年平均生长量（m³）	材积年平均生长率（%）	胸径年平均生长量（cm）	胸径年平均生长率（%）	材积年平均生长量（m³）	材积年平均生长率（%）	胸径年平均生长量（cm）	胸径年平均生长率（%）	材积年平均生长量（m³）	材积年平均生长率（%）	胸径年平均生长量（cm）	胸径年平均生长率（%）	材积年平均生长量（m³）	材积年平均生长率（%）	胸径年平均生长量（cm）	胸径年平均生长率（%）	材积年平均生长量（m³）	材积年平均生长率（%）
10	云南油杉	8	0.23	2.51	0.0014	6.22					0.31	3.1	0.0022	7.52												
10	云南油杉	10									0.37	3.01	0.0036	7.38	0.29	2.44	0.0027	5.98								
10	云南油杉	12									0.29	2.03	0.0035	5.11												
10	云南油杉	14									0.38	2.28	0.0058	5.64												
15	云南油杉	6	0.25	3.03	0.0014	6.82					0.33	3.54	0.0023	7.71												
15	云南油杉	8									0.35	3.09	0.0031	6.96												
15	云南油杉	10									0.39	2.93	0.0044	6.79												
15	云南油杉	12									0.19	1.37	0.0021	3.49												
5	云南樟	6																					0.31	4.16	0.0018	9.51
5	云南樟	8																					0.54	5.64	0.0048	12.69
5	云南樟	10																					0.43	3.64	0.0051	8.57
5	云南樟	12																					0.4	2.99	0.0057	7.18
10	云南樟	10																					0.4	2.94	0.0058	6.48
10	云南樟	12																					0.37	2.51	0.0062	5.76
5	长梗润楠	6													0.16	2.36	0.0008	6.72								
10	长梗润楠	6													0.16	2.18	0.0009	6.13								
5	直杆蓝桉	6	1.11	11.9	0.0087	25.9	0.4	5.26	0.0029	14.73	0.72	8.42	0.0056	20.26	1.47	13.18	0.0185	27.37								
5	直杆蓝桉	8									0.59	5.84	0.006	14.92	1.54	11.89	0.0233	25.21								
5	直杆蓝桉	10									0.51	4.39	0.0063	11.48	1.35	9.21	0.0245	20.23								

续表1-3-3

生长周期（年）	树种	起测胸径（cm）	玉溪 胸径年平均生长量（cm）	胸径年平均生长率（%）	材积年平均生长量（m³）	材积年平均生长率（%）	文山 胸径年平均生长量（cm）	胸径年平均生长率（%）	材积年平均生长量（m³）	材积年平均生长率（%）	红河 胸径年平均生长量（cm）	胸径年平均生长率（%）	材积年平均生长量（m³）	材积年平均生长率（%）	普洱 胸径年平均生长量（cm）	胸径年平均生长率（%）	材积年平均生长量（m³）	材积年平均生长率（%）	版纳 胸径年平均生长量（cm）	胸径年平均生长率（%）	材积年平均生长量（m³）	材积年平均生长率（%）	临沧 胸径年平均生长量（cm）	胸径年平均生长率（%）	材积年平均生长量（m³）	材积年平均生长率（%）
5	直杆蓝桉	12									0.57	4.13	0.0091	10.56	0.93	5.98	0.0179	13.98								
5	直杆蓝桉	14									0.64	4.01	0.0128	10.08	0.45	2.84	0.0088	7.23								
5	直杆蓝桉	16									0.69	3.88	0.016	9.61	0.54	3.05	0.0121	7.61								
5	直杆蓝桉	18													0.74	3.67	0.0199	9.03								
5	直杆蓝桉	20													0.84	3.76	0.026	9.08								
5	直杆蓝桉	22													0.78	3.28	0.0263	7.89								
10	直杆蓝桉	6									0.76	7.49	0.008	15.55	1.11	8.67	0.0175	16.4								
10	直杆蓝桉	8									0.78	6.4	0.0106	14.11	1.32	8.8	0.025	16.8								
10	直杆蓝桉	10									0.69	5.21	0.0105	12.11	1.47	8.5	0.0335	16.42								
5	中平树	6					0.76	9.45	0.0055	23.72																
5	中平树	8					0.53	5.55	0.0051	15.04					0.73	7.12	0.0072	17.95								
5	中平树	10					0.48	4.24	0.0064	11.52					0.44	3.75	0.0055	9.89								

（二）研究期（2002—2017年）森林组成乔木优势树种单株年平均生长量和生长率测算

表2-1　研究期森林组成乔木树种单株年平均生长量和生长率分森林起源、地类、生长期按全省及州（市）分布区测算表

统计单位	林分起源	地类	研究期综合年生长量（率）				研究期最大年生长量（率）				5年生长期年生长量（率）				10年生长期年生长量（率）				15年生长期年生长量（率）			
			胸径年平均生长量(cm)	胸径年平均生长率(%)	材积年平均生长量(m³)	材积年平均生长率(%)	最大胸径年平均生长量(cm)	最大胸径年平均生长率(%)	最大材积年平均生长量(m³)	最大材积年平均生长率(%)	5年胸径年平均生长量(cm)	5年胸径年平均生长率(%)	5年材积年平均生长量(m³)	5年材积年平均生长率(%)	10年胸径年平均生长量(cm)	10年胸径年平均生长率(%)	10年材积年平均生长量(m³)	10年材积年平均生长率(%)	15年胸径年平均生长量(cm)	15年胸径年平均生长率(%)	15年材积年平均生长量(m³)	15年材积年平均生长率(%)
全省	合计	合计	0.34	2.96	0.0056	7.3	4.46	26.23	0.6412	38.79	0.36	3.27	0.0056	8.24	0.33	2.68	0.0058	6.4	0.31	2.35	0.0058	5.38
全省	计	纯林	0.34	3.07	0.0052	7.6	4.46	26.23	0.3402	38.79	0.37	3.4	0.0053	8.61	0.32	2.76	0.0052	6.68	0.29	2.37	0.0052	5.55
全省	计	混交林	0.34	2.93	0.0056	7.2	4.42	24.94	0.6412	38.57	0.36	3.22	0.0055	8.13	0.33	2.65	0.0057	6.32	0.31	2.34	0.006	5.32
全省	天然	计	0.33	2.8	0.0055	6.98	4.42	24.94	0.6412	38.35	0.34	3.06	0.0054	7.83	0.31	2.56	0.0056	6.21	0.3	2.28	0.0058	5.28
全省	天然	纯林	0.3	2.68	0.0049	6.88	3.42	21.57	0.3402	37.09	0.32	2.91	0.0049	7.67	0.29	2.49	0.0049	6.24	0.28	2.24	0.0051	5.35
全省	天然	混交林	0.33	2.83	0.0057	7	4.42	24.94	0.6412	38.35	0.35	3.1	0.0055	7.87	0.32	2.58	0.0056	6.2	0.31	2.3	0.0059	5.25
全省	人工	计	0.51	4.53	0.0064	10.35	4.46	26.23	0.1806	38.79	0.54	5	0.0064	11.69	0.47	3.93	0.0064	8.6	0.4	3.21	0.006	6.79
全省	人工	纯林	0.52	4.66	0.0065	10.54	4.46	26.23	0.124	38.79	0.56	5.1	0.0066	11.81	0.49	4.14	0.0065	8.91	0.41	3.31	0.0058	6.91
全省	人工	混交林	0.5	4.4	0.0063	10.16	4.18	24.19	0.1806	38.57	0.53	4.91	0.0063	11.57	0.45	3.73	0.0064	8.29	0.4	3.12	0.0062	6.69
全省	萌生	计	0.53	5.2	0.006	12.1	2.96	19.89	0.1282	36.36	0.57	5.87	0.0057	13.82	0.44	3.77	0.0065	8.49	0.45	3.55	0.0071	7.43
全省	萌生	纯林	0.56	5.41	0.0065	12.34	2.96	19.89	0.1282	35.43	0.63	6.42	0.0064	14.76	0.4	3.25	0.0066	7.28	0.46	3.46	0.0077	7.21
全省	萌生	混交林	0.5	4.99	0.0055	11.87	2.06	19.48	0.119	36.36	0.51	5.33	0.0051	12.92	0.48	4.3	0.0064	9.71	0.44	3.68	0.0063	7.73
迪庆		计	0.21	1.79	0.0044	4.74	2.32	17.73	0.3402	34.86	0.22	1.98	0.0044	5.36	0.19	1.64	0.0043	4.26	0.19	1.45	0.0045	3.65
迪庆	计	纯林	0.2	1.84	0.0042	4.97	1.88	17.73	0.3402	34.86	0.21	2.01	0.0042	5.53	0.19	1.7	0.0042	4.52	0.18	1.57	0.0044	4.01
迪庆	计	混交林	0.21	1.75	0.0045	4.56	2.32	16.82	0.275	34.29	0.23	1.96	0.0046	5.23	0.2	1.59	0.0044	4.06	0.19	1.36	0.0046	3.37
迪庆	天然	计	0.2	1.75	0.0044	4.66	2.32	17.73	0.3402	34.86	0.22	1.94	0.0044	5.26	0.19	1.61	0.0043	4.2	0.18	1.44	0.0045	3.62
迪庆	天然	纯林	0.19	1.81	0.0042	4.9	1.88	17.73	0.3402	34.86	0.2	1.97	0.0042	5.44	0.18	1.67	0.0042	4.47	0.18	1.56	0.0043	4.01

续表 2-1

统计单位	林分起源	地类	研究期综合年生长量（率）				研究期最大年生长量（率）				5年生长期年生长量（率）				10年生长期年生长量（率）				15年生长期年生长量（率）			
			胸径年平均生长量(cm)	胸径年均生长率(%)	材积年平均生长量(m³)	材积年均生长率(%)	最大胸径年平均生长量(cm)	最大胸径年均生长率(%)	最大材积年平均生长量(m³)	最大材积年均生长率(%)	5年胸径年平均生长量(cm)	5年胸径年均生长率(%)	5年材积年平均生长量(m³)	5年材积年均生长率(%)	10年胸径年平均生长量(cm)	10年胸径年均生长率(%)	10年材积年平均生长量(m³)	10年材积年均生长率(%)	15年胸径年平均生长量(cm)	15年胸径年均生长率(%)	15年材积年平均生长量(m³)	15年材积年均生长率(%)
迪庆	天然	混交林	0.21	1.71	0.0045	4.48	2.32	16.82	0.275	34.29	0.23	1.92	0.0046	5.13	0.2	1.56	0.0044	4	0.19	1.34	0.0046	3.32
迪庆	人工	计	0.37	3.92	0.0046	9.7	1.46	13.71	0.074	30.1	0.36	3.94	0.004	9.98	0.41	3.89	0.0061	9.1	0.42	3.84	0.007	8.32
迪庆	人工	纯林	0.37	3.71	0.0055	9.17	1.46	13.71	0.074	30.1	0.34	3.63	0.0042	9.08	0.59	4.56	0.014	10.45	0.64	3.12	0.0249	6.81
迪庆	人工	混交林	0.37	4.08	0.004	10.11	1.2	12.5	0.0198	28.72	0.38	4.27	0.0039	10.96	0.36	3.72	0.0042	8.76	0.39	3.95	0.0044	8.55
迪庆	萌生	计	0.19	2.18	0.0015	5.26	0.51	5.71	0.0098	13.33	0.19	2.22	0.0018	5.88	0.19	2.18	0.0015	5.23				
迪庆	萌生	纯林	0.19	2.19	0.0015	5.25	0.51	5.71	0.0098	12.82					0.19	2.19	0.0015	5.25				
迪庆	萌生	混交林	0.18	2.03	0.0017	5.33	0.34	5.04	0.0047	13.33	0.19	2.22	0.0018	5.88	0.17	1.83	0.0017	4.78				
丽江	计	计	0.29	2.48	0.0052	6.41	2.36	21.04	0.265	36.61	0.3	2.66	0.0051	7.07	0.28	2.33	0.0053	5.87	0.27	2.09	0.0057	5
丽江	计	纯林	0.3	2.6	0.0053	6.67	1.86	16.89	0.1234	34.39	0.31	2.77	0.0052	7.33	0.29	2.47	0.0054	6.2	0.28	2.2	0.0056	5.24
丽江	计	混交林	0.28	2.4	0.0052	6.23	2.36	21.04	0.265	36.61	0.29	2.59	0.005	6.9	0.27	2.24	0.0052	5.64	0.27	2	0.0058	4.81
丽江	天然	计	0.29	2.47	0.0052	6.4	2.36	19.54	0.265	36.07	0.3	2.65	0.0051	7.05	0.28	2.33	0.0053	5.86	0.27	2.08	0.0057	4.99
丽江	天然	纯林	0.3	2.59	0.0053	6.67	1.86	16.89	0.1234	34.39	0.31	2.77	0.0052	7.33	0.29	2.47	0.0054	6.2	0.28	2.19	0.0056	5.23
丽江	天然	混交林	0.28	2.39	0.0052	6.21	2.36	19.54	0.265	36.07	0.29	2.57	0.005	6.87	0.27	2.23	0.0052	5.62	0.27	2	0.0057	4.81
丽江	人工	计	0.4	3.16	0.0066	7.44	2.22	21.04	0.0484	36.61	0.43	3.53	0.0067	8.45	0.39	2.96	0.0069	6.73	0.31	2.22	0.0059	5.18
丽江	人工	纯林	0.37	3.88	0.0029	9.92	0.6	9.23	0.005	23.16	0.37	3.96	0.0029	10.35	0				0.36	3.63	0.0029	8.54
丽江	人工	混交林	0.4	3.14	0.0067	7.37	2.22	21.04	0.0484	36.61	0.43	3.51	0.0068	8.37	0.39	2.96	0.0069	6.73	0.3	2.15	0.0061	5.01
丽江	萌生	计	0.33	3.42	0.0026	8.49	0.47	6.3	0.0038	14.48					0.33	3.42	0.0026	8.49				
丽江	萌生	纯林	0.33	3.42	0.0026	8.49	0.47	6.3	0.0038	14.48					0.33	3.42	0.0026	8.49				

续表2-1

统计单位	林分起源	地类	研究期综合年生长量（率）				研究期最大年生长量（率）				5年生长期年生长量（率）				10年生长期年生长量（率）				15年生长期年生长量（率）			
			胸径年平均生长量(cm)	胸径年平均生长率(%)	材积年平均生长量(m³)	材积年平均生长率(%)	最大胸径年平均生长量(cm)	最大胸径年平均生长率(%)	最大材积年平均生长量(m³)	最大材积年平均生长率(%)	5年胸径年平均生长量(cm)	5年胸径年平均生长率(%)	5年材积年平均生长量(m³)	5年材积年平均生长率(%)	10年胸径年平均生长量(cm)	10年胸径年平均生长率(%)	10年材积年平均生长量(m³)	10年材积年平均生长率(%)	15年胸径年平均生长量(cm)	15年胸径年平均生长率(%)	15年材积年平均生长量(m³)	15年材积年平均生长率(%)
怒江	计	计	0.37	2.88	0.0083	7.13	3.42	19.48	0.3332	36.36	0.39	3.17	0.008	8.06	0.36	2.65	0.0085	6.32	0.31	2.1	0.0089	4.89
怒江	计	纯林	0.39	3.29	0.0077	8.26	3.42	19.07	0.2226	35.68	0.41	3.55	0.0074	9.13	0.39	3.14	0.0081	7.57	0.33	2.43	0.0081	5.77
怒江	计	混交林	0.35	2.61	0.0087	6.41	3.04	19.48	0.3332	36.36	0.37	2.92	0.0085	7.35	0.33	2.35	0.0088	5.55	0.3	1.9	0.0093	4.38
怒江	天然	计	0.35	2.78	0.0082	6.92	3.42	19.07	0.3332	35.68	0.37	3.05	0.0079	7.81	0.34	2.56	0.0084	6.14	0.31	2.1	0.0089	4.89
怒江	天然	纯林	0.38	3.21	0.0075	8.13	3.42	19.07	0.2226	35.68	0.39	3.46	0.0072	9.03	0.37	3.04	0.0079	7.41	0.33	2.43	0.0081	5.77
怒江	天然	混交林	0.34	2.51	0.0086	6.17	3.04	18.55	0.3332	35.34	0.36	2.79	0.0083	7.05	0.33	2.27	0.0087	5.39	0.3	1.9	0.0093	4.37
怒江	人工	计	0.68	4.83	0.0109	11.13	2.44	16.94	0.0584	33.79	0.69	5	0.0111	11.73	0.64	4.45	0.0102	9.68	0.65	2.69	0.024	6.58
怒江	人工	纯林	0.64	4.53	0.0099	10.17	2.06	14.27	0.0584	28.57	0.64	4.54	0.0099	10.39	0.64	4.5	0.0099	9.74				
怒江	人工	混交林	0.83	6.09	0.0148	15.04	2.44	16.94	0.0416	33.79	0.87	6.46	0.0149	16	0.56	3.8	0.0134	9.01	0.65	2.69	0.024	6.58
怒江	萌生	计	0.64	5.54	0.0097	12.68	2.06	19.48	0.119	36.36	0.65	5.79	0.0092	13.64	0.64	5.13	0.0107	11.08				
怒江	萌生	混交林	0.64	5.54	0.0097	12.68	2.06	19.48	0.119	36.36	0.65	5.79	0.0092	13.64	0.64	5.13	0.0107	11.08				
德宏	计	计	0.45	3.61	0.0082	8.34	3.6	22.33	0.2034	37.67	0.47	4.08	0.0077	9.58	0.4	2.89	0.0088	6.42	0.39	2.48	0.0098	5.34
德宏	计	纯林	0.45	3.84	0.0076	9.09	2.84	21.19	0.1134	37.11	0.5	4.55	0.0071	10.91	0.36	2.38	0.0086	5.28	0.27	1.44	0.0087	3.28
德宏	计	混交林	0.44	3.57	0.0083	8.21	3.6	22.33	0.2034	37.67	0.47	3.99	0.0078	9.34	0.41	2.96	0.0088	6.58	0.4	2.6	0.0099	5.58
德宏	天然	计	0.4	3.17	0.0079	7.3	3	22.33	0.2034	37.67	0.42	3.52	0.0074	8.23	0.38	2.72	0.0082	6.09	0.37	2.4	0.0095	5.2
德宏	天然	纯林	0.26	1.7	0.0073	3.97	2.5	15.38	0.1134	30.62	0.27	1.93	0.0073	4.56	0.23	1.44	0.0069	3.32	0.26	1.44	0.0085	3.27
德宏	天然	混交林	0.41	3.32	0.0079	7.63	3	22.33	0.2034	37.67	0.43	3.66	0.0074	8.55	0.39	2.88	0.0084	6.42	0.39	2.51	0.0097	5.44
德宏	人工	计	0.75	5.97	0.0121	14.02	3.6	21.19	0.1572	37.11	0.76	6.36	0.0111	15.27	0.76	4.96	0.016	10.64	0.6	3.67	0.0136	7.47

续表 2-1

统计单位	林分起源	地类	胸径年平均生长量（cm）（综合）	胸径年平均生长率（%）（综合）	材积年平均生长量（m³）（综合）	材积年平均生长率（%）（综合）	最大胸径年平均生长量（cm）	最大胸径年平均生长率（%）	最大材积年平均生长量（m³）	最大材积年平均生长率（%）	5年胸径年平均生长量（cm）	5年胸径年平均生长率（%）	5年材积年平均生长量（m³）	5年材积年平均生长率（%）	10年胸径年平均生长量（cm）	10年胸径年平均生长率（%）	10年材积年平均生长量（m³）	10年材积年平均生长率（%）	15年胸径年平均生长量（cm）	15年胸径年平均生长率（%）	15年材积年平均生长量（m³）	15年材积年平均生长率（%）
德宏	人工	纯林	0.77	5.97	0.0119	14.41	2.84	21.19	0.0548	37.11	0.72	5.83	0.0108	14.52	0.94	6.6	0.0161	14.03	0.58	1.82	0.0268	4.32
德宏	人工	混交林	0.75	5.96	0.0123	13.85	3.6	20.07	0.1572	36.67	0.78	6.61	0.0112	15.63	0.68	4.22	0.016	9.1	0.6	3.69	0.0134	7.52
德宏	萌生	计	0.61	6.6	0.0047	15.42	1.78	16.41	0.031	32.26	0.61	6.62	0.0045	15.49	0.84	5.78	0.0149	12.15	0.85	5.06	0.0183	10.06
德宏	萌生	纯林	0.59	6.76	0.0041	15.87	1.72	16.22	0.0185	31.91	0.59	6.76	0.0041	15.87								
德宏	萌生	混交林	0.67	6.01	0.0073	13.7	1.78	16.41	0.031	32.26	0.66	6.06	0.0065	13.9	0.84	5.78	0.0149	12.15	0.85	5.06	0.0183	10.06
保山	计	计	0.37	3.1	0.0063	7.22	4.46	24.19	0.2952	38.57	0.39	3.48	0.0062	8.26	0.34	2.69	0.0063	6.1	0.32	2.32	0.0069	5.11
保山	计	纯林	0.47	3.92	0.0076	9.18	4.46	23.17	0.091	37.22	0.5	4.36	0.0076	10.42	0.43	3.49	0.0075	7.85	0.38	2.88	0.0077	6.42
保山	计	混交林	0.35	2.97	0.0062	6.91	3.12	24.19	0.2952	38.57	0.38	3.35	0.006	7.92	0.32	2.57	0.0062	5.83	0.31	2.24	0.0068	4.91
保山	天然	计	0.32	2.7	0.006	6.37	3.04	23.38	0.2952	38.2	0.34	2.97	0.0058	7.14	0.3	2.44	0.006	5.62	0.3	2.21	0.0067	4.92
保山	天然	纯林	0.35	3.02	0.0062	7.44	2.34	21.57	0.0784	37.09	0.36	3.19	0.006	8.07	0.34	2.85	0.0062	6.84	0.35	2.73	0.0071	6.27
保山	天然	混交林	0.32	2.66	0.006	6.25	3.04	23.38	0.2952	38.2	0.33	2.94	0.0058	7.03	0.3	2.39	0.006	5.48	0.3	2.14	0.0066	4.75
保山	人工	计	0.64	5.55	0.0086	12.4	4.46	24.19	0.1218	38.57	0.68	6.08	0.0084	13.92	0.59	4.68	0.0091	9.8	0.49	3.53	0.0092	7.17
保山	人工	纯林	0.71	5.77	0.0104	12.72	4.46	23.17	0.091	37.22	0.76	6.38	0.0104	14.48	0.66	5.04	0.0106	10.32	0.48	3.36	0.0096	6.91
保山	人工	混交林	0.61	5.45	0.0078	12.25	3.12	24.19	0.1218	38.57	0.64	5.96	0.0075	13.68	0.56	4.49	0.0084	9.53	0.49	3.62	0.0089	7.31
保山	萌生	计	0.48	5.31	0.0042	11.9	1.72	17.39	0.0225	34.84	0.55	6.27	0.0044	14.36	0.41	4.21	0.0041	9.15	0.37	4	0.0025	8.25
保山	萌生	混交林	0.48	5.31	0.0042	11.9	1.72	17.39	0.0225	34.84	0.55	6.27	0.0044	14.36	0.41	4.21	0.0041	9.15	0.37	4	0.0025	8.25
大理	计	计	0.34	3.08	0.0046	7.99	2.96	21.45	0.1782	36.99	0.34	3.29	0.0044	8.82	0.33	2.87	0.0047	7.2	0.32	2.62	0.0051	6.16
大理	计	纯林	0.31	2.96	0.0039	7.72	2.96	18.5	0.1282	35.35	0.32	3.16	0.0038	8.5	0.3	2.78	0.0039	7.07	0.29	2.54	0.0042	6.11

续表 2-1

统计单位	林分起源	地类	研究期综合年生长量（率）				研究期最大年生长量（率）				5年生长期长期年生长量（率）				10年生长期长期年生长量（率）				15年生长期长期年生长量（率）			
			胸径年平均生长量(cm)	胸径年平均生长率(%)	材积年平均生长量(m³)	材积年平均生长率(%)	最大胸径年平均生长量(cm)	最大胸径年平均生长率(%)	最大材积年平均生长量(m³)	最大材积年平均生长率(%)	5年胸径年平均生长量(cm)	5年胸径年平均生长率(%)	5年材积年平均生长量(m³)	5年材积年平均生长率(%)	10年胸径年平均生长量(cm)	10年胸径年平均生长率(%)	10年材积年平均生长量(m³)	10年材积年平均生长率(%)	15年胸径年平均生长量(cm)	15年胸径年平均生长率(%)	15年材积年平均生长量(m³)	15年材积年平均生长率(%)
大理	计	混交林	0.35	3.15	0.005	8.14	2.78	21.45	0.1782	36.99	0.36	3.36	0.0047	8.99	0.34	2.93	0.0052	7.27	0.34	2.68	0.0057	6.2
大理	天然	计	0.33	3.05	0.0044	7.94	2.78	21.45	0.1782	36.99	0.34	3.25	0.0042	8.76	0.32	2.85	0.0045	7.16	0.32	2.6	0.0049	6.15
大理	天然	纯林	0.3	2.91	0.0035	7.65	2.64	18.36	0.1034	35.2	0.31	3.11	0.0034	8.41	0.29	2.74	0.0035	7	0.28	2.49	0.0037	6.04
大理	天然	混交林	0.35	3.13	0.0049	8.11	2.78	21.45	0.1782	36.99	0.35	3.33	0.0047	8.94	0.34	2.91	0.0051	7.26	0.34	2.68	0.0056	6.22
大理	人工	计	0.45	3.7	0.0079	8.75	2.54	20.92	0.1406	36.83	0.46	4.06	0.0073	9.87	0.44	3.32	0.0086	7.47	0.43	2.74	0.0099	5.88
大理	人工	纯林	0.61	3.95	0.0145	9.09	2.54	17.34	0.0728	34.74	0.64	4.38	0.0141	10.33	0.58	3.51	0.0142	7.86	0.61	3.13	0.0171	6.54
大理	人工	混交林	0.41	3.64	0.0062	8.66	2.3	20.92	0.1406	36.83	0.41	3.98	0.0056	9.76	0.4	3.26	0.0069	7.35	0.37	2.62	0.0077	5.67
大理	萌生	计	0.66	4.63	0.0143	11.13	2.96	18.5	0.1282	35.35	0.62	4.66	0.0126	12	0.74	4.66	0.0176	10.42	0.66	4.4	0.0136	9.13
大理	萌生	纯林	0.79	4.87	0.0189	11.27	2.96	18.5	0.1282	35.35	0.8	5.08	0.0189	12.45	0.82	4.73	0.0212	10.49	0.69	4.52	0.0144	9.45
大理	萌生	混交林	0.38	4.11	0.0044	10.83	1.42	12.9	0.035	25.88	0.34	4.03	0.0032	11.33	0.49	4.45	0.0067	10.2	0.44	3.6	0.0088	6.95
楚雄		计	0.29	2.7	0.0043	7.09	2.86	22.26	0.147	37.36	0.31	2.94	0.0042	7.93	0.28	2.48	0.0044	6.29	0.27	2.22	0.0046	5.37
楚雄	计	纯林	0.27	2.5	0.0042	6.49	2.76	22.26	0.1034	37.36	0.29	2.79	0.0042	7.36	0.26	2.26	0.0041	5.74	0.24	2	0.0041	4.95
楚雄	计	混交林	0.3	2.75	0.0043	7.24	2.86	18.52	0.147	35.71	0.31	2.97	0.0042	8.07	0.29	2.53	0.0044	6.43	0.28	2.29	0.0048	5.49
楚雄	天然	计	0.29	2.66	0.0043	6.99	2.86	19.43	0.147	35.94	0.3	2.88	0.0042	7.8	0.28	2.44	0.0043	6.23	0.27	2.21	0.0046	5.35
楚雄	天然	纯林	0.26	2.37	0.004	6.2	2.04	19.43	0.1034	35.94	0.27	2.61	0.004	6.96	0.24	2.16	0.004	5.55	0.23	1.96	0.0041	4.88
楚雄	天然	混交林	0.3	2.72	0.0043	7.18	2.86	18.52	0.147	35.71	0.31	2.94	0.0042	7.99	0.29	2.51	0.0044	6.39	0.28	2.28	0.0048	5.49
楚雄	人工	计	0.55	5.17	0.0064	12.48	2.76	22.26	0.0672	37.36	0.56	5.47	0.0063	13.56	0.53	4.68	0.0066	10.59	0.47	3.74	0.0071	8.12
楚雄	人工	纯林	0.59	5.37	0.0073	12.73	2.76	22.26	0.0672	37.36	0.6	5.7	0.007	13.92	0.58	4.92	0.0078	10.82	0.51	3.83	0.0077	8.08

续表 2-1

统计单位	林分起源	地类	研究期综合年生长量（率）				研究期最大年生长量（率）				5年生长期年生长量（率）				10年生长期年生长量（率）				15年生长期年生长量（率）			
			胸径年平均生长量（cm）	胸径年平均生长率（%）	材积年平均生长量（m³）	材积年平均生长率（%）	最大胸径年平均生长量（cm）	最大胸径年平均生长率（%）	最大材积年平均生长量（m³）	最大材积年平均生长率（%）	5年胸径年平均生长量（cm）	5年胸径年平均生长率（%）	5年材积年平均生长量（m³）	5年材积年平均生长率（%）	10年胸径年平均生长量（cm）	10年胸径年平均生长率（%）	10年材积年平均生长量（m³）	10年材积年平均生长率（%）	15年胸径年平均生长量（cm）	15年胸径年平均生长率（%）	15年材积年平均生长量（m³）	15年材积年平均生长率（%）
楚雄	人工	混交林	0.49	4.92	0.0053	12.18	2.32	18.48	0.0622	34.94	0.51	5.2	0.0053	13.13	0.46	4.4	0.0052	10.33	0.39	3.55	0.0058	8.2
楚雄	萌生	计	0.63	6.44	0.0062	16.45	1.74	15.89	0.0176	33.21	0.64	6.69	0.006	17.34	0.59	5.37	0.0069	12.64	0.61	4.79	0.0091	10.36
楚雄	萌生	混交林	0.63	6.44	0.0062	16.45	1.74	15.89	0.0176	33.21	0.64	6.69	0.006	17.34	0.59	5.37	0.0069	12.64	0.61	4.79	0.0091	10.36
昆明	计	计	0.36	3.36	0.0043	8.45	4.42	26.23	0.1492	38.79	0.37	3.67	0.0042	9.49	0.34	3.05	0.0043	7.41	0.33	2.73	0.0046	6.28
昆明	计	纯林	0.39	3.71	0.0052	9.22	3.96	26.23	0.09	38.79	0.41	4.05	0.005	10.32	0.37	3.32	0.0053	7.91	0.35	2.76	0.0059	6.36
昆明	计	混交林	0.35	3.28	0.0041	8.27	4.42	24.94	0.1492	38.35	0.36	3.57	0.004	9.27	0.33	2.99	0.0041	7.3	0.32	2.72	0.0043	6.26
昆明	天然	计	0.34	3.24	0.0041	8.23	4.42	24.94	0.1492	38.35	0.36	3.51	0.004	9.2	0.33	2.98	0.0042	7.3	0.32	2.68	0.0044	6.21
昆明	天然	纯林	0.35	3.36	0.0045	8.61	2.06	18.18	0.073	35.72	0.37	3.65	0.0044	9.64	0.34	3.04	0.0047	7.53	0.33	2.71	0.0051	6.31
昆明	天然	混交林	0.34	3.22	0.004	8.15	4.42	24.94	0.1492	38.35	0.35	3.49	0.0039	9.1	0.33	2.96	0.0041	7.25	0.32	2.68	0.0042	6.19
昆明	人工	计	0.49	4.54	0.0063	10.61	3.96	26.23	0.09	38.79	0.52	4.99	0.0062	11.91	0.44	3.88	0.0063	8.63	0.42	3.35	0.0071	7.23
昆明	人工	纯林	0.54	4.98	0.0075	11.42	3.96	26.23	0.09	38.79	0.54	5.21	0.007	12.27	0.51	4.54	0.008	9.64	0.55	3.34	0.0152	6.93
昆明	人工	混交林	0.45	4.21	0.0054	9.98	2.52	21	0.0852	36.77	0.49	4.77	0.0055	11.57	0.4	3.46	0.0053	8	0.39	3.35	0.0052	7.31
昆明	萌生	计	1.34	15.49	0.0092	32.86	1.34	15.49	0.0092	32.86	1.34	15.49	0.0092	32.86								
昆明	萌生	纯林	1.34	15.49	0.0092	32.86	1.34	15.49	0.0092	32.86	1.34	15.49	0.0092	32.86								
曲靖		计	0.35	3.29	0.004	8.18	2.92	20.54	0.1806	36.11	0.36	3.59	0.0039	9.16	0.33	3.02	0.004	7.29	0.32	2.7	0.0041	6.22
曲靖	计	纯林	0.34	3.36	0.0036	8.27	2.46	20	0.0636	35.51	0.36	3.65	0.0036	9.21	0.33	3.09	0.0036	7.4	0.31	2.78	0.0037	6.37
曲靖	计	混交林	0.35	3.25	0.0042	8.13	2.92	20.54	0.1806	36.11	0.37	3.55	0.0041	9.12	0.33	2.97	0.0042	7.22	0.32	2.66	0.0043	6.14
曲靖	天然	计	0.33	3.14	0.0039	8.03	2.92	20.54	0.0998	36.11	0.35	3.38	0.0038	8.91	0.32	2.93	0.0039	7.27	0.31	2.66	0.0041	6.24

续表2-1

统计单位	林分起源	地类	胸径年平均生长量(cm)	胸径年平均生长率(%)	材积年平均生长量(m³)	材积年平均生长率(%)	最大胸径年平均生长量(cm)	最大胸径年平均生长率(%)	最大材积年平均生长量(m³)	最大材积年平均生长率(%)	5年胸径年平均生长量(cm)	5年胸径年平均生长率(%)	5年材积年平均生长量(m³)	5年材积年平均生长率(%)	10年胸径年平均生长量(cm)	10年胸径年平均生长率(%)	10年材积年平均生长量(m³)	10年材积年平均生长率(%)	15年胸径年平均生长量(cm)	15年胸径年平均生长率(%)	15年材积年平均生长量(m³)	15年材积年平均生长率(%)
			研究期综合年生长量（率）				研究期最大年生长量（率）				5年生长期长期年生长量（率）				10年生长期长期年生长量（率）				15年生长期长期年生长量（率）			
曲靖	天然	纯林	0.31	2.98	0.0033	7.72	1.7	16.63	0.0636	33.64	0.32	3.2	0.0033	8.53	0.3	2.8	0.0033	7.08	0.28	2.56	0.0034	6.13
曲靖	天然	混交林	0.35	3.21	0.0041	8.17	2.92	20.54	0.0998	36.11	0.36	3.46	0.004	9.07	0.34	2.99	0.0042	7.35	0.33	2.71	0.0044	6.3
曲靖	人工	计	0.38	3.68	0.0041	8.52	2.78	20	0.1806	35.51	0.41	4.1	0.0042	9.69	0.35	3.25	0.004	7.29	0.32	2.85	0.004	6.15
曲靖	人工	纯林	0.4	3.96	0.0041	9.14	2.46	20	0.046	35.51	0.42	4.29	0.0041	10.18	0.38	3.58	0.004	7.94	0.37	3.23	0.0043	6.85
曲靖	人工	混交林	0.35	3.33	0.0042	7.74	2.78	17.21	0.1806	33.85	0.39	3.83	0.0044	9.03	0.32	2.86	0.004	6.54	0.28	2.46	0.0037	5.47
曲靖	萌生	计	0.57	6.13	0.0048	15.08	1.82	16.47	0.0242	33.51	0.55	6.02	0.0045	15.24	0.68	6.62	0.0064	14.31				
曲靖	萌生	混交林	0.57	6.13	0.0048	15.08	1.82	16.47	0.0242	33.51	0.55	6.02	0.0045	15.24	0.68	6.62	0.0064	14.31				
昭通	计	计	0.36	3.29	0.0043	7.87	3.06	22.08	0.2723	37.33	0.38	3.57	0.0043	8.77	0.34	3.03	0.0043	7.06	0.33	2.74	0.0044	6.07
昭通	计	纯林	0.31	3.06	0.003	7.16	2.2	18.72	0.0368	34.72	0.32	3.32	0.0031	7.95	0.29	2.83	0.0028	6.5	0.28	2.58	0.0029	5.66
昭通	计	混交林	0.4	3.46	0.0053	8.40	3.06	22.08	0.2723	37.33	0.42	3.76	0.0053	9.37	0.39	3.2	0.0054	7.51	0.37	2.86	0.0055	6.4
昭通	天然	计	0.3	2.65	0.0039	6.71	2.8	18.18	0.2723	35.25	0.32	2.95	0.004	7.63	0.28	2.41	0.0039	5.96	0.26	2.09	0.0038	5.01
昭通	天然	纯林	0.19	1.74	0.002	4.61	1.36	12.97	0.0216	29.68	0.2	1.88	0.0021	5.05	0.18	1.66	0.0019	4.34	0.17	1.52	0.0019	3.89
昭通	天然	混交林	0.35	3.07	0.0048	7.68	2.8	18.18	0.2723	35.25	0.37	3.39	0.0048	8.69	0.34	2.79	0.0048	6.77	0.31	2.43	0.0049	5.66
昭通	人工	计	0.42	3.89	0.0047	8.95	3.06	22.08	0.108	37.33	0.43	4.13	0.0046	9.79	0.4	3.64	0.0046	8.13	0.41	3.46	0.0051	7.26
昭通	人工	纯林	0.37	3.8	0.0035	8.58	2.2	18.72	0.0368	34.72	0.39	4.03	0.0035	9.36	0.35	3.52	0.0034	7.78	0.37	3.43	0.0038	7.08
昭通	人工	混交林	0.47	4	0.0061	9.38	3.06	22.08	0.108	37.33	0.48	4.25	0.0059	10.28	0.46	3.77	0.0061	8.54	0.45	3.48	0.0064	7.45
昭通	萌生	计	0.4	3.92	0.0044	9.63	1.28	14.15	0.0204	30.7	0.41	4.3	0.0042	10.89	0.37	3.32	0.0045	7.94	0.43	3.5	0.0054	7.58
昭通	萌生	混交林	0.4	3.92	0.0044	9.63	1.28	14.15	0.0204	30.7	0.41	4.3	0.0042	10.89	0.37	3.32	0.0045	7.94	0.43	3.5	0.0054	7.58

续表 2-1

统计单位	林分起源	地类	研究期综合年生长量（率）胸径年平均生长量（cm）	胸径年平均生长率（%）	材积年平均生长量（m³）	材积年平均生长率（%）	研究期最大年生长量（率）最大胸径年平均生长量（cm）	最大胸径年平均生长率（%）	最大材积年平均生长量（m³）	最大材积年平均生长率（%）	5年生长期年生长量（率）5年胸径年平均生长量（cm）	5年胸径年平均生长率（%）	5年材积年平均生长量（m³）	5年材积年平均生长率（%）	10年生长期年生长量（率）10年胸径年平均生长量（cm）	10年胸径年平均生长率（%）	10年材积年平均生长量（m³）	10年材积年平均生长率（%）	15年生长期年生长量（率）15年胸径年平均生长量（cm）	15年胸径年平均生长率（%）	15年材积年平均生长量（m³）	15年材积年平均生长率（%）
玉溪	计	计	0.34	2.99	0.005	7.52	3.66	23.69	0.1652	37.67	0.36	3.26	0.0048	8.44	0.33	2.74	0.0051	6.67	0.32	2.44	0.0054	5.65
玉溪	计	纯林	0.41	3.46	0.0064	8.65	2.26	17.95	0.1652	35.56	0.42	3.77	0.0061	9.72	0.4	3.19	0.0066	7.67	0.39	2.79	0.0072	6.35
玉溪	计	混交林	0.32	2.85	0.0046	7.18	3.66	23.69	0.1404	37.67	0.33	3.1	0.0045	8.05	0.31	2.61	0.0046	6.37	0.3	2.34	0.0049	5.44
玉溪	天然	计	0.34	2.93	0.005	7.4	3.66	23.69	0.1652	37.67	0.35	3.19	0.0048	8.3	0.33	2.7	0.005	6.59	0.32	2.42	0.0054	5.62
玉溪	天然	纯林	0.41	3.37	0.0064	8.48	2.22	17.95	0.1652	35.56	0.42	3.66	0.0062	9.53	0.4	3.12	0.0066	7.57	0.39	2.8	0.0071	6.38
玉溪	天然	混交林	0.32	2.81	0.0046	7.1	3.66	23.69	0.1404	37.67	0.33	3.06	0.0044	7.96	0.31	2.58	0.0046	6.32	0.3	2.32	0.0049	5.4
玉溪	人工	计	0.46	4.46	0.0058	10.51	2.26	17.19	0.088	33.6	0.47	4.79	0.0054	11.56	0.45	4.01	0.0062	9.02	0.43	3.08	0.0082	6.56
玉溪	人工	纯林	0.44	4.2	0.0058	10	2.26	17.19	0.088	33.6	0.45	4.51	0.0053	10.99	0.43	3.84	0.0063	8.68	0.42	2.69	0.009	5.83
玉溪	人工	混交林	0.54	5.31	0.0059	12.22	1.8	15.95	0.0709	32.97	0.56	5.71	0.0058	13.45	0.49	4.6	0.0061	10.13	0.48	4.33	0.0056	8.91
玉溪	萌生	计	0.48	4.47	0.0054	10.88	1.36	13.17	0.0268	29.33	0.48	4.66	0.0052	11.91	0.46	4.19	0.0055	9.82	0.5	4.31	0.0061	8.99
玉溪	萌生	混交林	0.48	4.47	0.0054	10.88	1.36	13.17	0.0268	29.33	0.48	4.66	0.0052	11.91	0.46	4.19	0.0055	9.82	0.5	4.31	0.0061	8.99
文山	计	计	0.44	3.7	0.0067	9.06	3.1	21.7	0.1502	37.85	0.46	4.1	0.0065	10.28	0.41	3.25	0.0069	7.68	0.39	2.81	0.0074	6.29
文山	计	纯林	0.46	3.71	0.007	8.97	2.44	19.89	0.1016	36.14	0.5	4.23	0.007	10.41	0.42	3.15	0.0069	7.47	0.4	2.77	0.0073	6.26
文山	计	混交林	0.43	3.7	0.0066	9.1	3.1	21.7	0.1502	37.85	0.44	4.04	0.0063	10.22	0.41	3.3	0.0069	7.78	0.39	2.83	0.0075	6.31
文山	天然	计	0.41	3.45	0.0069	8.64	3.1	21.7	0.1502	37.85	0.43	3.78	0.0066	9.72	0.4	3.09	0.0072	7.45	0.39	2.7	0.0079	6.17
文山	天然	纯林	0.4	3.06	0.008	7.97	2	17.8	0.1016	36.14	0.42	3.35	0.0079	9	0.39	2.81	0.0079	7.08	0.38	2.51	0.0085	6.05
文山	天然	混交林	0.41	3.55	0.0066	8.81	3.1	21.7	0.1502	37.85	0.43	3.87	0.0063	9.89	0.4	3.17	0.007	7.55	0.39	2.76	0.0077	6.21
文山	人工	计	0.51	4.41	0.0061	10.17	2.64	20.26	0.1054	36.19	0.55	4.93	0.0062	11.62	0.48	3.8	0.0061	8.44	0.43	3.19	0.0058	6.73

续表 2-1

统计单位	林分起源	地类	研究期综合年生长量（率）胸径年平均生长量(cm)	胸径年平均生长率(%)	材积年平均生长量(m³)	材积年平均生长率(%)	研究期最大年生长量 最大胸径年平均生长量(cm)	最大胸径年平均生长率(%)	最大材积年平均生长量(m³)	最大材积年平均生长率(%)	5年生长期年生长量（率） 5年胸径年平均生长量(cm)	5年胸径年平均生长率(%)	5年材积年平均生长量(m³)	5年材积年平均生长率(%)	10年生长期年生长量（率） 10年胸径年平均生长量(cm)	10年胸径年平均生长率(%)	10年材积年平均生长量(m³)	10年材积年平均生长率(%)	15年生长期年生长量（率） 15年胸径年平均生长量(cm)	15年胸径年平均生长率(%)	15年材积年平均生长量(m³)	15年材积年平均生长率(%)
文山	人工	纯林	0.5	4.12	0.0061	9.46	2.44	19.89	0.0504	35.18	0.54	4.69	0.0062	10.99	0.45	3.46	0.0059	7.75	0.42	3.06	0.0059	6.47
文山	人工	混交林	0.55	5.04	0.0061	11.7	2.64	20.26	0.1054	36.19	0.57	5.36	0.006	12.79	0.54	4.62	0.0065	10.09	0.44	3.67	0.0055	7.68
文山	萌生	计	0.65	6.39	0.0058	14.31	1.98	19.89	0.0429	35.18	0.76	7.56	0.0066	17.04	0.43	4.15	0.0043	9.17	0.37	3.47	0.0041	7.25
文山	萌生	纯林	0.7	7.13	0.0056	15.9	1.98	19.89	0.0276	35.18	0.77	7.84	0.0061	17.63	0.47	4.85	0.0036	10.5	0.5	4.45	0.005	8.8
文山	萌生	混交林	0.5	4.5	0.0065	10.27	1.9	18.26	0.0429	34.86	0.7	6.26	0.0088	14.37	0.37	3.23	0.0052	7.42	0.31	3.06	0.0037	6.6
红河	计	计	0.43	3.63	0.0065	8.56	4.18	24.35	0.2084	38.59	0.44	4.01	0.0063	9.66	0.41	3.23	0.0069	7.38	0.38	2.8	0.0071	6.12
红河	计	纯林	0.48	4.24	0.0067	10.01	3.84	24.35	0.1356	38.59	0.52	4.78	0.0066	11.47	0.44	3.6	0.0069	8.24	0.38	2.96	0.0064	6.54
红河	计	混交林	0.41	3.46	0.0065	8.16	4.18	23.33	0.2084	38.26	0.42	3.78	0.0062	9.13	0.4	3.13	0.0069	7.15	0.38	2.76	0.0072	6.01
红河	天然	计	0.4	3.37	0.0063	8	3	19.92	0.2084	36.29	0.41	3.66	0.006	8.9	0.39	3.09	0.0067	7.11	0.38	2.75	0.0071	6.04
红河	天然	纯林	0.38	3.31	0.0058	8.04	2.9	15.89	0.1356	32.26	0.39	3.52	0.0056	8.83	0.38	3.14	0.0061	7.41	0.36	2.82	0.0061	6.33
红河	天然	混交林	0.4	3.39	0.0065	7.99	3	19.92	0.2084	36.29	0.41	3.69	0.0061	8.92	0.39	3.08	0.0068	7.04	0.38	2.73	0.0073	5.96
红河	人工	计	0.7	6.1	0.0089	13.9	4.18	24.35	0.1268	38.59	0.74	6.73	0.0088	15.6	0.62	4.8	0.0097	10.38	0.48	3.78	0.0071	7.84
红河	人工	纯林	0.81	7.15	0.0099	16.26	3.84	24.35	0.119	38.59	0.84	7.69	0.0096	17.74	0.74	5.81	0.0113	12.37	0.58	4.18	0.0093	8.49
红河	人工	混交林	0.56	4.72	0.0076	10.81	4.18	23.33	0.1268	38.26	0.6	5.24	0.0076	12.24	0.51	3.93	0.0083	8.66	0.4	3.44	0.0053	7.29
红河	萌生	计	0.4	4.29	0.0037	9.76	1.7	15.22	0.0622	31.52	0.39	4.45	0.0033	10.18	0.43	4.2	0.0048	9.5	0.33	2.97	0.0038	6.33
红河	萌生	纯林	0.33	3.97	0.0021	8.65	0.82	8.69	0.0086	18.67	0.33	4.11	0.0021	9	0.32	3.56	0.0023	7.58	0.28	3	0.0021	6.17
红河	萌生	混交林	0.48	4.68	0.0055	11.12	1.7	15.22	0.0622	31.52	0.49	5.06	0.0054	12.28	0.48	4.47	0.0059	10.34	0.37	2.94	0.0054	6.48
思茅		计	0.38	3.07	0.0065	7.23	4.16	25.26	0.2352	38.7	0.4	3.41	0.0065	8.24	0.36	2.76	0.0065	6.32	0.33	2.37	0.0066	5.22

续表 2-1

统计单位	林分起源	地类	研究期综合年生长量（率）				研究期最大年生长量（率）				5年生长期年生长量（率）				10年生长期年生长量（率）				15年生长期年生长量（率）			
			胸径年平均生长量（cm）	胸径年平均生长率（%）	材积年平均生长量（m³）	材积年平均生长率（%）	最大胸径年平均生长量（cm）	最大胸径年平均生长率（%）	最大材积年平均生长量（m³）	最大材积年平均生长率（%）	5年胸径年平均生长量（cm）	5年胸径年平均生长率（%）	5年材积年平均生长量（m³）	5年材积年平均生长率（%）	10年胸径年平均生长量（cm）	10年胸径年平均生长率（%）	10年材积年平均生长量（m³）	10年材积年平均生长率（%）	15年胸径年平均生长量（cm）	15年胸径年平均生长率（%）	15年材积年平均生长量（m³）	15年材积年平均生长率（%）
思茅	计	纯林	0.53	4.21	0.0089	9.51	4.16	25.26	0.1962	38.7	0.58	4.75	0.0091	10.97	0.49	3.71	0.0087	8.02	0.37	2.57	0.0079	5.59
思茅	计	混交林	0.36	2.93	0.0062	6.95	3.32	22.97	0.2352	37.88	0.38	3.23	0.0061	7.87	0.34	2.65	0.0063	6.12	0.33	2.35	0.0065	5.18
思茅	天然	计	0.36	2.89	0.0064	6.87	3.32	22.97	0.2352	37.88	0.37	3.17	0.0063	7.76	0.34	2.64	0.0064	6.11	0.33	2.36	0.0066	5.2
思茅	天然	纯林	0.4	3.15	0.0076	7.44	2.92	21.13	0.1962	36.31	0.43	3.48	0.0078	8.46	0.38	2.86	0.0073	6.57	0.36	2.54	0.0076	5.54
思茅	天然	混交林	0.35	2.86	0.0062	6.82	3.32	22.97	0.2352	37.88	0.37	3.14	0.0062	7.69	0.34	2.62	0.0063	6.06	0.32	2.34	0.0065	5.17
思茅	人工	计	0.73	6.08	0.0095	13.14	4.16	25.26	0.1094	38.7	0.75	6.37	0.0092	14.06	0.73	5.6	0.0105	11.27	0.48	3.13	0.0106	6.55
思茅	人工	纯林	0.87	6.93	0.0123	14.75	4.16	25.26	0.1094	38.7	0.85	7	0.0118	15.31	0.91	6.82	0.0137	13.32	0.7	3.9	0.0218	8.18
思茅	人工	混交林	0.58	5.09	0.0063	11.28	2.82	20.36	0.0961	36.47	0.61	5.6	0.006	12.55	0.51	4.09	0.0065	8.74	0.45	3.01	0.0089	6.29
思茅	萌生	计	0.68	7.22	0.0068	16.56	1.82	17.39	0.0436	35.43	0.78	8.46	0.0073	19.42	0.42	3.85	0.0056	8.81				
思茅	萌生	纯林	1.26	13.87	0.0106	31.03	1.54	17.39	0.0156	35.43	1.26	13.87	0.0106	31.03								
思茅	萌生	混交林	0.41	4.07	0.005	9.71	1.82	15.1	0.0436	32.63	0.41	4.22	0.0047	10.3	0.42	3.85	0.0056	8.81				
版纳	计	计	0.32	2.38	0.0067	5.7	4.1	20.26	0.6412	36.79	0.34	2.61	0.0067	6.41	0.31	2.2	0.0067	5.14	0.29	1.97	0.0065	4.45
版纳	计	纯林	0.36	2.1	0.01	4.82	2.96	20	0.2258	36.35	0.38	2.28	0.0104	5.33	0.35	1.96	0.01	4.44	0.32	1.84	0.0088	4.03
版纳	计	混交林	0.32	2.39	0.0066	5.73	4.1	20.26	0.6412	36.79	0.33	2.62	0.0066	6.45	0.3	2.2	0.0066	5.17	0.29	1.98	0.0064	4.47
版纳	天然	计	0.32	2.35	0.0067	5.64	4.1	20.26	0.6412	36.79	0.33	2.58	0.0068	6.33	0.31	2.18	0.0067	5.12	0.29	1.96	0.0066	4.43
版纳	天然	纯林	0.39	1.95	0.0123	4.57	2.96	16.44	0.2258	33.31	0.41	2.1	0.0127	5.04	0.38	1.86	0.0125	4.29	0.34	1.68	0.0107	3.72
版纳	天然	混交林	0.32	2.37	0.0066	5.67	4.1	20.26	0.6412	36.79	0.33	2.59	0.0066	6.37	0.3	2.19	0.0065	5.15	0.29	1.97	0.0064	4.45
版纳	人工	计	0.47	3.96	0.0068	9.41	2.86	20	0.0812	36.35	0.51	4.38	0.0067	10.61	0.42	3.27	0.0071	7.52	0.37	2.89	0.0064	6.34

云南省连清样地主要乔木树种生长量（率）测算数表

续表2-1

统计单位	林分起源	地类	研究期综合年生长量（率） 胸径年平均生长量(cm)	胸径年平均生长率(%)	材积年平均生长量(m³)	材积年平均生长率(%)	研究期最大年生长量（率） 最大胸径年平均生长量(cm)	最大胸径年平均生长率(%)	最大材积年平均生长量(m³)	最大材积年平均生长率(%)	5年生长期年生长量（率） 5年胸径年平均生长量(cm)	5年胸径年平均生长率(%)	5年材积年平均生长量(m³)	5年材积年平均生长率(%)	10年生长期年生长量（率） 10年胸径年平均生长量(cm)	10年胸径年平均生长率(%)	10年材积年平均生长量(m³)	10年材积年平均生长率(%)	15年生长期年生长量（率） 15年胸径年平均生长量(cm)	15年胸径年平均生长率(%)	15年材积年平均生长量(m³)	15年材积年平均生长率(%)
版纳	人工	纯林	2.4	18.08	0.0366	34.72	2.64	20	0.0412	36.35	2.4	18.08	0.0366	34.72								
版纳	人工	混交林	0.46	3.89	0.0066	9.3	2.86	17.36	0.0812	32.43	0.49	4.29	0.0065	10.44	0.42	3.27	0.0071	7.52	0.37	2.89	0.0064	6.34
版纳	萌生	计	0.26	2.43	0.0028	5.36	1.24	11.61	0.032	23.26	0.27	2.58	0.0029	5.77	0.24	2.25	0.0027	4.92	0.26	2.36	0.0028	4.99
版纳	萌生	纯林	0.26	2.43	0.0028	5.36	1.24	11.61	0.032	23.26	0.27	2.58	0.0029	5.77	0.24	2.25	0.0027	4.92	0.26	2.36	0.0028	4.99
临沧		计	0.38	3.13	0.0069	7.28	3.64	21.69	0.2036	37.09	0.4	3.47	0.0067	8.24	0.36	2.81	0.0071	6.37	0.33	2.36	0.0072	5.18
临沧	计	纯林	0.34	2.6	0.0075	6.33	2.42	20.68	0.2036	35.68	0.36	2.92	0.0076	7.22	0.31	2.3	0.0073	5.56	0.3	2.11	0.0074	4.91
临沧	计	混交林	0.38	3.2	0.0068	7.4	3.64	21.69	0.2014	37.09	0.4	3.53	0.0066	8.36	0.37	2.88	0.0071	6.47	0.33	2.4	0.0071	5.22
临沧	计	计	0.37	3.04	0.0068	7.08	3.64	21.69	0.2036	37.09	0.39	3.34	0.0066	7.96	0.36	2.78	0.007	6.3	0.33	2.35	0.0071	5.17
临沧	天然	纯林	0.32	2.43	0.0071	6.02	2	16.89	0.2036	33.77	0.34	2.65	0.0072	6.71	0.3	2.25	0.0069	5.46	0.3	2.1	0.0072	4.9
临沧	天然	混交林	0.38	3.11	0.0068	7.21	3.64	21.69	0.2014	37.09	0.39	3.42	0.0066	8.1	0.36	2.85	0.007	6.41	0.33	2.39	0.007	5.21
临沧	人工	计	0.77	6.69	0.0124	14.59	2.44	21.22	0.152	35.68	0.78	7.11	0.0108	15.73	0.72	5.4	0.0162	10.99	0.79	3.8	0.0375	7.67
临沧	人工	纯林	0.87	7.43	0.0185	15.52	2.42	20.68	0.124	35.68	0.9	8.34	0.0148	17.46	0.78	4.73	0.0274	9.8	0.8	3.48	0.0558	6.81
临沧	人工	混交林	0.74	6.52	0.011	14.37	2.44	21.22	0.152	35.36	0.75	6.83	0.0099	15.34	0.71	5.57	0.0134	11.3	0.79	3.9	0.032	7.94
临沧	萌生	计	0.47	5.3	0.0049	12.25	2	17.78	0.0708	34.39	0.46	5.39	0.0043	12.5	0.56	4.11	0.011	9.05	0.93	4.95	0.0246	9.98
临沧	萌生	纯林	1.2	6.45	0.0286	15.83	1.46	8.03	0.0336	20	1.46	8.04	0.0336	20	0.93	4.86	0.0235	11.66				
临沧	萌生	混交林	0.46	5.3	0.0048	12.23	2	17.78	0.0708	34.39	0.45	5.39	0.0042	12.48	0.55	4.08	0.0106	8.96	0.93	4.95	0.0246	9.98

表2-2　研究期全省常见森林组成优势树种单株年平均生长量和生长率分树种组成、起源、地类、生长期测算表

树种名称	林分起源	地类	研究期综合胸径年平均生长量(cm)	研究期综合胸径年平均生长率(%)	研究期综合材积年平均生长量(m³)	研究期综合材积年平均生长率(%)	研究期最大胸径年平均生长量(cm)	最大胸径年平均生长率(%)	最大材积年平均生长量(m³)	最大材积年平均生长率(%)	5年胸径年平均生长量(cm)	5年胸径年平均生长率(%)	5年材积年平均生长量(m³)	5年材积年平均生长率(%)	10年胸径年平均生长量(cm)	10年胸径年平均生长率(%)	10年材积年平均生长量(m³)	10年材积年平均生长率(%)	15年胸径年平均生长量(cm)	15年胸径年平均生长率(%)	15年材积年平均生长量(m³)	15年材积年平均生长率(%)
桉树	计	计	0.95	7.56	0.0158	16.97	3.64	25.25	0.0958	38.7	0.96	7.85	0.0154	18.07	0.94	6.91	0.0168	14.09	0.65	3.09	0.0215	6.61
桉树	计	混交林	0.55	4.34	0.0086	10.69	2.32	16.09	0.0636	32.73	0.53	4.35	0.008	10.9	0.62	4.39	0.0113	10.15	0.41	3.01	0.0063	6.71
桉树	天然	计	0.82	5.17	0.018	12.06	2.32	14.26	0.0666	31.25	0.85	5.36	0.019	12.89	0.84	5.16	0.0174	11.05	0.42	2.86	0.0071	6.32
桉树	天然	纯林	0.74	4.73	0.0191	11.41	1.58	12.48	0.0666	28.09	0.74	4.73	0.0191	11.41	0	0	0	0	0	0	0	0
桉树	天然	混交林	0.85	5.29	0.0177	12.23	2.32	14.26	0.0636	31.25	0.9	5.64	0.019	13.52	0.84	5.16	0.0174	11.05	0.42	2.86	0.0071	6.32
桉树	人工	计	0.88	6.79	0.0149	15.39	3.64	25.25	0.0958	38.7	0.87	6.9	0.0144	16.1	0.9	6.63	0.0159	13.67	0.63	3.12	0.0206	6.71
桉树	人工	纯林	0.93	7.17	0.0162	16.09	3.64	25.25	0.0958	38.7	0.94	7.34	0.0158	16.97	0.94	6.91	0.0168	14.09	0.65	3.09	0.0215	6.61
桉树	人工	混交林	0.51	4.42	0.007	11.05	2.26	16.09	0.039	32.73	0.52	4.51	0.0068	11.34	0.5	4	0.0077	9.72	0.33	3.75	0.0025	8.65
桉树	萌生	计	0.98	10.88	0.0083	24.6	1.54	17.39	0.0212	35.43	0.99	10.94	0.0082	24.72	0.8	3.59	0.0212	8.12	0	0	0	0
桉树	萌生	纯林	1.25	13.8	0.0105	30.91	1.54	17.39	0.0156	35.43	1.25	13.8	0.0105	30.91	0	0	0	0	0	0	0	0
桉树	萌生	混交林	0.15	1.7	0.0015	4.73	0.8	5.71	0.0212	16.84	0.13	1.64	0.0009	4.62	0.8	3.59	0.0212	8.12	0	0	0	0
川滇冷杉	计	计	0.37	2.24	0.0217	5.69	0.84	9.88	0.0834	24.26	0.39	2.68	0.0201	6.9	0.36	1.94	0.023	4.77	0.32	1.16	0.0257	2.92
川滇冷杉	计	混交林	0.27	1.04	0.0281	2.66	0.9	6.35	0.1254	16.24	0.28	1.09	0.0287	2.85	0.27	1.02	0.0279	2.58	0.26	0.92	0.0267	2.23
川滇冷杉	天然	计	0.31	1.5	0.0257	3.81	0.9	9.88	0.1254	24.26	0.32	1.73	0.0253	4.47	0.3	1.36	0.0261	3.38	0.28	1	0.0263	2.46
川滇冷杉	天然	纯林	0.37	2.24	0.0217	5.69	0.84	9.88	0.0834	24.26	0.39	2.68	0.0201	6.9	0.36	1.94	0.023	4.77	0.32	1.16	0.0257	2.92
川滇冷杉	天然	混交林	0.27	1.04	0.0281	2.66	0.9	6.35	0.1254	16.24	0.28	1.09	0.0287	2.85	0.27	1.02	0.0279	2.58	0.26	0.92	0.0267	2.23
大果红杉	计	纯林	0.41	5.59	0.0023	14.03	0.72	8.67	0.0047	20.87	0.45	5.95	0.0026	15.01	0.31	4.53	0.0015	11.11	0	0	0	0
大果红杉	天然	混交林	0.25	2.07	0.0048	5.32	0.96	7.84	0.0284	19.46	0.25	2.19	0.0046	5.75	0.24	2	0.0049	5.05	0.24	1.71	0.0055	4.17
大果红杉	天然	计	0.25	2.07	0.0048	5.32	0.96	7.84	0.0284	19.46	0.25	2.19	0.0046	5.75	0.24	2	0.0049	5.05	0.24	1.71	0.0055	4.17

续表 2-2

树种名称	林分起源	地类	研究期综合年生长量（率）				研究期最大年生长量（率）				5年生长期年生长量（率）				10年生长期年生长量（率）				15年生长期年生长量（率）			
			胸径年平均生长量(cm)	胸径年平均生长率(%)	材积年平均生长量(m³)	材积年平均生长率(%)	最大胸径年平均生长量(cm)	最大胸径年平均生长率(%)	最大材积年平均生长量(m³)	最大材积年平均生长率(%)	5年胸径年平均生长量(cm)	5年胸径年平均生长率(%)	5年材积年平均生长量(m³)	5年材积年平均生长率(%)	10年胸径年平均生长量(cm)	10年胸径年平均生长率(%)	10年材积年平均生长量(m³)	10年材积年平均生长率(%)	15年胸径年平均生长量(cm)	15年胸径年平均生长率(%)	15年材积年平均生长量(m³)	15年材积年平均生长率(%)
大果红杉	天然	混交林	0.25	2.07	0.0048	5.32	0.96	7.84	0.0284	19.46	0.25	2.19	0.0046	5.75	0.24	2	0.0049	5.05	0.24	1.71	0.0055	4.17
大果红杉	人工	计	0.41	5.59	0.0023	14.03	0.72	8.67	0.0047	20.87	0.45	5.95	0.0026	15.01	0.31	4.53	0.0015	11.11	0	0		0
大果红杉	人工	纯林	0.41	5.59	0.0023	14.03	0.72	8.67	0.0047	20.87	0.45	5.95	0.0026	15.01	0.31	4.53	0.0015	11.11	0	0		0
滇鹅耳枥	计	混交林	0.31	3.02	0.0033	7.94	1.36	14.84	0.02	32	0.32	3.12	0.0033	8.4	0.3	2.85	0.0033	7.18	0.31	2.64	0.0046	6.05
滇鹅耳枥	天然	计	0.3	2.83	0.0033	7.56	1.36	13.61	0.02	27.78	0.31	2.96	0.0033	8.06	0.29	2.63	0.0033	6.77	0.26	1.89	0.0051	4.59
滇鹅耳枥	天然	混交林	0.3	2.83	0.0033	7.56	1.36	13.61	0.02	27.78	0.31	2.96	0.0033	8.06	0.29	2.63	0.0033	6.77	0.26	1.89	0.0051	4.59
滇鹅耳枥	人工	计	0.41	4.48	0.0033	10.83	1.18	14.84	0.0094	32	0.41	4.46	0.0032	11.22	0.42	4.47	0.0033	10.29	0.43	4.66	0.0031	9.97
滇鹅耳枥	人工	混交林	0.41	4.48	0.0033	10.83	1.18	14.84	0.0094	32	0.41	4.46	0.0032	11.22	0.42	4.47	0.0033	10.29	0.43	4.66	0.0031	9.97
滇杨	计	计	0.25	2.92	0.0024	7.63	0.64	8.77	0.0082	21.94	0.27	3.23	0.0022	8.64	0.24	2.57	0.0027	6.19	0.13	0.58	0.0032	1.38
滇杨	计	混交林	0.34	3.26	0.0041	8.06	1.92	14.77	0.0572	30.89	0.36	3.61	0.0041	9.13	0.32	2.85	0.0042	6.81	0.29	2.47	0.004	5.74
滇杨	天然	计	0.29	2.75	0.0038	6.88	1.56	13.51	0.0572	29.74	0.31	3.02	0.0038	7.69	0.27	2.41	0.0038	5.94	0.28	2.34	0.0039	5.51
滇杨	天然	纯林	0.25	2.92	0.0024	7.63	0.64	8.77	0.0082	21.94	0.27	3.23	0.0022	8.64	0.24	2.57	0.0027	6.19	0.13	0.58	0.0032	1.38
滇杨	天然	混交林	0.3	2.74	0.0038	6.85	1.56	13.51	0.0572	29.74	0.31	3.02	0.0039	7.66	0.27	2.41	0.0038	5.94	0.28	2.36	0.0039	5.57
滇杨	人工	计	0.76	6.3	0.0097	14.29	1.92	14.77	0.0258	30.89	0.75	6.5	0.0094	15.51	0.8	6.2	0.0106	13.13	0.68	5.41	0.0084	10.45
滇杨	人工	混交林	0.76	6.3	0.0097	14.29	1.92	14.77	0.0258	30.89	0.75	6.5	0.0094	15.51	0.8	6.2	0.0106	13.13	0.68	5.41	0.0084	10.45
滇杨	萌生	计	0.55	6	0.0045	14.75	1.22	12.77	0.0156	28.57	0.52	5.84	0.0041	14.79	0.68	6.74	0.0061	14.58	0	0		0
滇杨	萌生	混交林	0.55	6	0.0045	14.75	1.22	12.77	0.0156	28.57	0.52	5.84	0.0041	14.79	0.68	6.74	0.0061	14.58	0	0		0
枫香树	计	混交林	0.55	3.4	0.0164	8.41	1.9	13	0.1502	29.94	0.57	3.63	0.016	9.36	0.55	3.23	0.0171	7.66	0.51	2.84	0.0168	6.37
枫香树	天然	计	0.55	3.4	0.0164	8.41	1.9	13	0.1502	29.94	0.57	3.63	0.016	9.36	0.55	3.23	0.0171	7.66	0.51	2.84	0.0168	6.37

续表 2-2

树种名称	林分起源	地类	研究期综合年生长量（率）				研究期最大年生长量（率）				5年生长期年生长量（率）				10年生长期年生长量（率）				15年生长期年生长量（率）			
			胸径年平均生长量（cm）	胸径年平均生长率（%）	材积年平均生长量（m³）	材积年平均生长率（%）	最大胸径年平均生长量（cm）	最大胸径年平均生长率（%）	最大材积年平均生长量（m³）	最大材积年平均生长率（%）	5年胸径年平均生长量（cm）	5年胸径年平均生长率（%）	5年材积年平均生长量（m³）	5年材积年平均生长率（%）	10年胸径年平均生长量（cm）	10年胸径年平均生长率（%）	10年材积年平均生长量（m³）	10年材积年平均生长率（%）	15年胸径年平均生长量（cm）	15年胸径年平均生长率（%）	15年材积年平均生长量（m³）	15年材积年平均生长率（%）
枫香树	天然	混交林	0.55	3.4	0.0164	8.41	1.9	13	0.1502	29.94	0.57	3.63	0.016	9.36	0.55	3.23	0.0171	7.66	0.51	2.84	0.0168	6.37
高山松	计	计	0.21	1.9	0.0032	5.23	1.44	11	0.0546	27.03	0.21	2.02	0.0033	5.7	0.2	1.82	0.0032	4.9	0.2	1.71	0.0033	4.41
高山松	计	混交林	0.28	2.46	0.0046	6.55	1.76	14.62	0.0682	32.33	0.29	2.61	0.0045	7.15	0.28	2.38	0.0046	6.14	0.26	2.13	0.0047	5.24
高山松	天然	计	0.23	2.09	0.0037	5.67	1.76	14.62	0.0682	32.33	0.24	2.22	0.0037	6.19	0.23	2	0.0037	5.31	0.22	1.84	0.0037	4.67
高山松	天然	纯林	0.21	1.9	0.0032	5.22	1.44	11	0.0546	27.03	0.21	2.02	0.0033	5.69	0.2	1.82	0.0032	4.9	0.2	1.71	0.0033	4.41
高山松	天然	混交林	0.28	2.46	0.0046	6.55	1.76	14.62	0.0682	32.33	0.29	2.61	0.0045	7.15	0.28	2.38	0.0046	6.14	0.26	2.13	0.0047	5.24
高山松	人工	计	0.49	7.58	0.0022	21.11	0.5	7.74	0.0023	22.22	0.49	7.58	0.0022	21.11	0	0	0	0	0	0	0	0
高山松	人工	纯林	0.49	7.58	0.0022	21.11	0.5	7.74	0.0023	22.22	0.49	7.58	0.0022	21.11	0	0	0	0	0	0	0	0
尼泊尔桤木	计	纯林	0.73	4.74	0.0189	11.37	3.42	19.43	0.2036	35.99	0.78	5.4	0.0177	13.23	0.68	3.86	0.0204	8.93	0.64	3.3	0.0216	7.18
尼泊尔桤木	计	混交林	0.62	4.08	0.015	9.85	4.42	24.19	0.3332	38.57	0.64	4.45	0.0146	11.13	0.6	3.72	0.0156	8.62	0.57	3.33	0.0158	7.27
尼泊尔桤木	天然	计	0.61	3.93	0.0156	9.54	4.42	23.38	0.3332	38.2	0.63	4.28	0.0151	10.74	0.59	3.61	0.0162	8.43	0.57	3.25	0.0165	7.12
尼泊尔桤木	天然	纯林	0.66	4.05	0.0193	9.87	3.42	19.43	0.2036	35.94	0.69	4.53	0.0181	11.31	0.62	3.49	0.0206	8.2	0.59	2.79	0.0228	6.24
尼泊尔桤木	天然	混交林	0.6	3.92	0.0152	9.51	4.42	23.38	0.3332	38.2	0.62	4.25	0.0147	10.67	0.59	3.62	0.0158	8.45	0.56	3.29	0.016	7.2
尼泊尔桤木	人工	计	0.81	6.23	0.0143	14.69	4.18	24.19	0.1268	38.57	0.88	6.96	0.0141	16.71	0.69	4.79	0.0147	10.71	0.61	3.98	0.0147	8.57
尼泊尔桤木	人工	纯林	0.97	7.38	0.0177	17.44	2.9	19.39	0.124	35.99	1.04	8.3	0.0164	19.73	0.77	4.57	0.0217	10.49	0.67	3.67	0.0223	8.08
尼泊尔桤木	人工	混交林	0.76	5.83	0.0131	13.74	4.18	24.19	0.1268	38.57	0.82	6.43	0.0132	15.49	0.68	4.85	0.0131	10.76	0.59	4.06	0.0127	8.69
尼泊尔桤木	萌生	计	0.84	5.48	0.0173	12.73	2.96	19.48	0.085	36.36	0.86	5.88	0.0167	14.39	0.83	5.16	0.0181	11.41	0.79	4.77	0.0175	9.75
尼泊尔桤木	萌生	纯林	0.81	4.99	0.0183	11.54	2.96	18.5	0.085	35.35	0.82	5.19	0.0179	12.72	0.82	4.86	0.0191	10.79	0.79	4.71	0.0175	9.66
尼泊尔桤木	萌生	混交林	0.91	6.91	0.0145	16.25	2.06	19.48	0.0612	36.36	0.94	7.45	0.014	18.23	0.86	6.08	0.0152	13.3	0.87	5.74	0.0163	11.11

续表2-2

树种名称	林分起源	地类	研究期综合年生长量（率）				研究期最大年生长量（率）				5年生生长期年生长量（率）				10年生生长期年生长量（率）				15年生生长期年生长量（率）			
			胸径年平均生长量(cm)	胸径年平均生长率(%)	材积年平均生长量(m³)	材积年平均生长率(%)	最大胸径年平均生长量(cm)	最大胸径年平均生长率(%)	最大材积年平均生长量(m³)	最大材积年平均生长率(%)	5年胸径年平均生长量(cm)	5年胸径年平均生长率(%)	5年材积年平均生长量(m³)	5年材积年平均生长率(%)	10年胸径年平均生长量(cm)	10年胸径年平均生长率(%)	10年材积年平均生长量(m³)	10年材积年平均生长率(%)	15年胸径年平均生长量(cm)	15年胸径年平均生长率(%)	15年材积年平均生长量(m³)	15年材积年平均生长率(%)
红椿	计	纯林	0.86	4	0.02	8.92	1.26	6.87	0.0268	15.59	0.85	4.02	0.0193	9.24	0.89	4.02	0.0212	8.8	0.85	3.93	0.0193	8.23
红椿	计	混交林	0.82	4.48	0.0239	10.01	2.92	18.04	0.1486	33.49	0.81	4.68	0.022	10.75	0.83	4.36	0.0253	9.37	0.88	3.82	0.0305	7.89
红椿	计	计	0.83	4.62	0.0237	10.29	2.92	18.04	0.1486	33.49	0.84	4.87	0.0225	11.17	0.84	4.36	0.0256	9.35	0.81	3.99	0.0246	8.17
红椿	天然	纯林	0.86	4	0.02	8.92	1.26	6.87	0.0268	15.59	0.85	4.02	0.0193	9.24	0.89	4.02	0.0212	8.8	0.85	3.93	0.0193	8.23
红椿	天然	混交林	0.83	4.64	0.0238	10.34	2.92	18.04	0.1486	33.49	0.84	4.89	0.0226	11.23	0.84	4.37	0.0257	9.37	0.81	3.99	0.0249	8.17
红椿	人工	纯林	0.76	3.43	0.0244	7.71	1.76	8.67	0.0961	19.91	0.62	3.16	0.0175	7.34	0.81	4.24	0.02	9.34	1.05	3.37	0.0443	7.2
红椿	人工	混交林	0.76	3.43	0.0244	7.71	1.76	8.67	0.0961	19.91	0.62	3.16	0.0175	7.34	0.81	4.24	0.02	9.34	1.05	3.37	0.0443	7.2
红桦	计	纯林	0.07	0.65	0.0009	1.89	0.16	1.26	0.0026	3.39	0.09	0.78	0.001	2.24	0.07	0.56	0.0008	1.63	0.06	0.48	0.0008	1.44
红桦	计	混交林	0.23	1.4	0.0088	3.68	2.6	11.26	0.275	26.98	0.25	1.54	0.009	4.12	0.22	1.29	0.0084	3.35	0.21	1.17	0.0087	2.97
红桦	计	计	0.23	1.36	0.0085	3.6	2.6	11.26	0.275	26.98	0.24	1.5	0.0088	4.01	0.21	1.26	0.0082	3.29	0.2	1.14	0.0084	2.91
红桦	天然	纯林	0.07	0.65	0.0009	1.89	0.16	1.26	0.0026	3.39	0.09	0.78	0.001	2.24	0.07	0.56	0.0008	1.63	0.06	0.48	0.0008	1.44
红桦	天然	混交林	0.23	1.39	0.0088	3.66	2.6	11.26	0.275	26.98	0.24	1.52	0.0091	4.07	0.22	1.29	0.0084	3.35	0.21	1.17	0.0087	2.97
红桦	人工	纯林	0.34	4.84	0.0016	14.04	0.36	5.62	0.0018	16.47	0.34	4.84	0.0016	14.04	0			0	0			0
红桦	人工	混交林	0.34	4.84	0.0016	14.04	0.36	5.62	0.0018	16.47	0.34	4.84	0.0016	14.04	0			0	0			0
红木荷	计	纯林	0.42	4.29	0.0044	10.52	1.3	13.51	0.0198	30.77	0.45	4.85	0.0045	12.17	0.38	3.61	0.0042	8.66	0.37	3.37	0.0043	7.56
红木荷	计	混交林	0.43	3.45	0.008	8.27	2.88	20	0.139	36.19	0.44	3.75	0.0076	9.23	0.42	3.18	0.0084	7.34	0.39	2.61	0.0089	5.74
红木荷	计	计	0.42	3.41	0.0078	8.2	2.88	20	0.139	34.95	0.44	3.72	0.0075	9.17	0.41	3.11	0.0081	7.22	0.38	2.57	0.0085	5.7
红木荷	天然	纯林	0.39	3.89	0.0043	9.58	1.3	13.51	0.0198	30.77	0.41	4.19	0.0043	10.65	0.38	3.61	0.0042	8.66	0.37	3.37	0.0043	7.56
红木荷	天然	混交林	0.42	3.4	0.0079	8.16	2.88	20	0.139	34.95	0.44	3.71	0.0076	9.13	0.41	3.1	0.0082	7.17	0.38	2.54	0.0087	5.63

续表 2-2

树种名称	林分起源	地类	研究期综合年生长量（率）				研究期最大年生长量（率）				5年生长期年生长量（率）				10年生长期年生长量（率）				15年生长期年生长量（率）			
			胸径年平均生长量(cm)	胸径年平均生长率(%)	材积年平均生长量(m^3)	材积年平均生长率(%)	最大胸径年平均生长量(cm)	最大胸径年平均生长率(%)	最大材积年平均生长量(m^3)	最大材积年平均生长率(%)	5年胸径年平均生长量(cm)	5年胸径年平均生长率(%)	5年材积年平均生长量(m^3)	5年材积年平均生长率(%)	10年胸径年平均生长量(cm)	10年胸径年平均生长率(%)	10年材积年平均生长量(m^3)	10年材积年平均生长率(%)	15年胸径年平均生长量(cm)	15年胸径年平均生长率(%)	15年材积年平均生长量(m^3)	15年材积年平均生长率(%)
红木荷	人工	计	0.64	4.89	0.0113	11.22	1.96	17.66	0.0436	36.19	0.64	5.44	0.0103	13.35	0.66	4.64	0.0121	10.05	0.6	3.83	0.012	7.74
红木荷	人工	纯林	0.77	9.11	0.0061	23.69	0.94	11.22	0.0114	27.83	0.77	9.11	0.0061	23.69	0	0	0	0	0	0	0	0
红木荷	人工	混交林	0.64	4.75	0.0114	10.81	1.96	17.66	0.0436	36.19	0.63	5.16	0.0106	12.56	0.66	4.64	0.0121	10.05	0.6	3.83	0.012	7.74
红木荷	萌生	计	0.5	5.96	0.0044	14.08	1.22	13.19	0.015	28.97	0.53	6.42	0.0047	15.01	0.4	4.48	0.0033	11.08	0	0		0
红木荷	萌生	纯林	0.94	11.54	0.0064	24.53	1.22	13.19	0.0098	26.85	0.94	11.54	0.0064	24.53	0	0	0	0	0	0	0	0
红木荷	萌生	混交林	0.37	4.24	0.0038	10.87	0.74	10.65	0.015	28.97	0.36	4.14	0.004	10.77	0.4	4.48	0.0033	11.08	0	0		0
华山松	计	计	0.39	3.74	0.0041	8.54	2.86	23.16	0.0634	36.78	0.39	3.96	0.004	9.27	0.38	3.52	0.0042	7.8	0.38	3.26	0.0047	6.83
华山松	计	混交林	0.43	3.67	0.0064	8.3	2.52	21.45	0.1186	35.45	0.45	4.01	0.0062	9.31	0.42	3.33	0.0065	7.32	0.4	2.92	0.0068	6.16
华山松	天然	计	0.44	3.39	0.0073	7.79	2.52	21.45	0.1186	35.45	0.45	3.61	0.0071	8.55	0.43	3.22	0.0074	7.18	0.42	2.9	0.0076	6.19
华山松	天然	纯林	0.38	2.93	0.0055	7.03	1.78	17.27	0.0382	34.29	0.39	3.07	0.0055	7.6	0.38	2.87	0.0055	6.7	0.37	2.6	0.0056	5.81
华山松	天然	混交林	0.46	3.53	0.0078	8.03	2.52	21.45	0.1186	35.45	0.46	3.76	0.0075	8.82	0.45	3.33	0.0081	7.34	0.44	3.01	0.0084	6.32
华山松	人工	计	0.39	3.88	0.0041	8.76	2.86	23.16	0.0903	36.78	0.41	4.18	0.0041	9.67	0.37	3.55	0.0041	7.78	0.37	3.21	0.0045	6.68
华山松	人工	纯林	0.39	3.9	0.0039	8.83	2.86	23.16	0.0634	36.78	0.39	4.11	0.0038	9.56	0.37	3.66	0.0039	8.03	0.38	3.46	0.0044	7.13
华山松	人工	混交林	0.41	3.84	0.0046	8.63	2.44	21.22	0.0903	35.36	0.44	4.32	0.0047	9.89	0.37	3.34	0.0045	7.3	0.34	2.8	0.0046	5.91
华山松	萌生	计	0.74	5.31	0.0134	10.56	1.54	11.89	0.038	26.56	0.8	5.4	0.015	11.26	1.17	7.12	0.0252	12.98	0.43	4.36	0.005	8.01
华山松	萌生	纯林	1.17	7.28	0.0252	14.19	1.38	9.78	0.038	18.85	1.17	7.37	0.0252	14.8	1.17	7.12	0.0252	12.98	0	0		0
华山松	萌生	混交林	0.5	4.21	0.0068	8.52	1.54	11.89	0.023	26.56	0.55	4.08	0.0082	8.91	0			0	0.43	4.36	0.005	8.01
桦木	计	纯林	0.62	5.33	0.0083	13.89	1.28	10.96	0.0266	26.21	0.61	5.43	0.0078	14.29	0.65	4.6	0.0119	11.03	0.68	4.42	0.0137	9.5
桦木	计	混交林	0.68	4.75	0.0163	11.45	3.32	18.96	0.2146	35.79	0.7	5.26	0.015	13.18	0.66	4.14	0.0181	9.43	0.62	3.63	0.0185	7.63

续表2-2

树种名称	林分起源	地类	研究期综合年生长量（率）				研究期最大年生长量（率）				5年生长期生长量（率）				10年生长期年生长量（率）				15年生长期年生长量（率）			
			胸径年平均生长量（cm）	胸径年平均生长率（%）	材积年平均生长量（m³）	材积年平均生长率（%）	最大胸径年平均生长量（cm）	最大胸径年平均生长率（%）	最大材积年平均生长量（m³）	最大材积年平均生长率（%）	5年胸径年平均生长量（cm）	5年胸径年平均生长率（%）	5年材积年平均生长量（m³）	5年材积年平均生长率（%）	10年胸径年平均生长量（cm）	10年胸径年平均生长率（%）	10年材积年平均生长量（m³）	10年材积年平均生长率（%）	15年胸径年平均生长量（cm）	15年胸径年平均生长率（%）	15年材积年平均生长量（m³）	15年材积年平均生长率（%）
桦木	天然	计	0.65	4.35	0.0171	10.52	3.32	18.96	0.2146	35.79	0.67	4.76	0.0162	12	0.64	3.97	0.0182	9.15	0.61	3.54	0.0186	7.5
桦木	天然	纯林	0.55	5.57	0.005	14.53	0.98	10.14	0.009	25.19	0.56	5.99	0.0048	15.93	0.51	4.57	0.0055	11.29	0.5	4.08	0.0061	9.41
桦木	天然	混交林	0.65	4.35	0.0172	10.49	3.32	18.96	0.2146	35.79	0.67	4.75	0.0163	11.96	0.64	3.97	0.0183	9.14	0.61	3.53	0.0186	7.5
桦木	人工	计	0.78	6.92	0.0098	16.86	2.24	18.36	0.0406	35.35	0.76	6.92	0.0091	17.3	0.94	7.01	0.0149	14.35	0.89	6.38	0.0148	11.59
桦木	人工	纯林	0.64	5.28	0.009	13.75	1.28	10.96	0.0266	26.21	0.62	5.33	0.0083	14.01	0.78	4.63	0.0183	10.78	0.77	4.6	0.0175	9.54
桦木	人工	混交林	0.82	7.28	0.01	17.55	2.24	18.36	0.0406	35.35	0.79	7.3	0.0093	18.09	0.96	7.24	0.0146	14.7	0.91	6.74	0.0143	11.99
桦木	萌生	计	1.35	13.09	0.0126	28.21	1.54	17.39	0.018	34.84	1.41	13.84	0.013	30.51	1.07	9.72	0.0111	17.85	0	0		0
桦木	萌生	混交林	1.35	13.09	0.0126	28.21	1.54	17.39	0.018	34.84	1.41	13.84	0.013	30.51	1.07	9.72	0.0111	17.85	0	0		0
黄连木	计	纯林	0.48	5.54	0.0032	13.64	0.78	11.22	0.007	27.2	0.48	5.7	0.0031	14.54	0.47	5.13	0.0034	11.99	0.48	5.58	0.003	11.32
黄连木	计	混交林	0.25	2.55	0.0024	6.4	2.12	15.14	0.0266	29.07	0.27	2.76	0.0025	7.2	0.23	2.26	0.0023	5.43	0.24	2.32	0.0023	5.16
黄连木	天然	计	0.23	2.39	0.002	6.12	1.3	11.22	0.0168	27.2	0.24	2.64	0.0021	6.98	0.2	2.07	0.0019	5.06	0.2	2.04	0.0018	4.64
黄连木	天然	纯林	0.48	5.54	0.0032	13.64	0.78	11.22	0.007	27.2	0.48	5.7	0.0031	14.54	0.47	5.13	0.0034	11.99	0.48	5.58	0.003	11.32
黄连木	天然	混交林	0.21	2.25	0.002	5.77	1.3	10.61	0.0168	23.26	0.23	2.47	0.0021	6.58	0.19	1.96	0.0018	4.8	0.19	1.93	0.0017	4.43
黄连木	人工	计	0.56	5.24	0.006	12.19	2.12	15.14	0.0266	29.07	0.6	5.72	0.0061	13.82	0.54	4.83	0.0062	10.72	0.44	4.24	0.0044	9.21
黄连木	人工	混交林	0.56	5.24	0.006	12.19	2.12	15.14	0.0266	29.07	0.6	5.72	0.0061	13.82	0.54	4.83	0.0062	10.72	0.44	4.24	0.0044	9.21
黄连木	萌生	计	0.44	3.02	0.0068	6.22	1	6.17	0.0155	10.98	0.32	1.83	0.0058	4.37	0	0		0	0.63	4.8	0.0084	9
黄连木	萌生	混交林	0.44	3.02	0.0068	6.22	1	6.17	0.0155	10.98	0.32	1.83	0.0058	4.37	0	0		0	0.63	4.8	0.0084	9
黄杉	计	纯林	0.38	2.84	0.0074	7.02	1.46	12.86	0.0304	28.71	0.39	2.98	0.0073	7.59	0.36	2.68	0.0072	6.56	0.39	2.7	0.008	6.06
黄杉	计	混交林	0.41	3.49	0.0048	8.53	1.28	13.47	0.0254	29.63	0.44	3.83	0.0049	9.64	0.38	3.07	0.0045	7.44	0.4	3.18	0.005	7.06

续表2-2

树种名称	林分起源	地类	研究期综合年生长量（率）				研究期最大年生长量（率）				5年生长期年生长量（率）				10年生长期年生长量（率）				15年生长期年生长量（率）			
			胸径年平均生长量(cm)	胸径年平均生长率(%)	材积年平均生长量(m³)	材积年平均生长率(%)	最大胸径年平均生长量(cm)	最大胸径年平均生长率(%)	最大材积年平均生长量(m³)	最大材积年平均生长率(%)	5年胸径年平均生长量(cm)	5年胸径年平均生长率(%)	5年材积年平均生长量(m³)	5年材积年平均生长率(%)	10年胸径年平均生长量(cm)	10年胸径年平均生长率(%)	10年材积年平均生长量(m³)	10年材积年平均生长率(%)	15年胸径年平均生长量(cm)	15年胸径年平均生长率(%)	15年材积年平均生长量(m³)	15年材积年平均生长率(%)
黄杉	天然	计	0.39	3.03	0.0066	7.46	1.46	13.47	0.0304	29.63	0.4	3.23	0.0066	8.2	0.37	2.79	0.0064	6.81	0.39	2.84	0.0071	6.37
黄杉	天然	纯林	0.38	2.84	0.0074	7.02	1.46	12.86	0.0304	28.71	0.39	2.98	0.0073	7.59	0.36	2.68	0.0072	6.56	0.39	2.7	0.008	6.06
黄杉	天然	混交林	0.41	3.49	0.0048	8.53	1.28	13.47	0.0254	29.63	0.44	3.83	0.0049	9.64	0.38	3.07	0.0045	7.44	0.4	3.18	0.005	7.06
冷杉	计	纯林	0.15	0.65	0.0126	1.63	0.78	10.06	0.0978	23.67	0.16	0.7	0.013	1.78	0.15	0.64	0.0126	1.58	0.13	0.54	0.0116	1.33
冷杉	计	混交林	0.28	2.16	0.0091	5.34	0.94	10.19	0.0942	24.44	0.29	2.34	0.0097	5.95	0.27	2.1	0.0084	5.01	0.23	1.6	0.0084	3.63
冷杉	天然	计	0.17	0.88	0.0118	2.22	0.8	10.07	0.0978	24.44	0.18	0.99	0.0122	2.53	0.16	0.83	0.0118	2.06	0.15	0.67	0.011	1.64
冷杉	天然	纯林	0.15	0.65	0.0126	1.63	0.78	10.06	0.0978	23.67	0.16	0.7	0.013	1.78	0.15	0.64	0.0126	1.58	0.13	0.54	0.0116	1.33
冷杉	天然	混交林	0.23	1.77	0.0087	4.5	0.8	10.07	0.0942	24.44	0.24	1.96	0.0094	5.05	0.22	1.67	0.0079	4.15	0.19	1.27	0.0081	3.08
冷杉	人工	计	0.81	6.7	0.0135	15.16	0.94	10.19	0.0166	23.7	0.81	6.74	0.0136	16.41	0.83	6.64	0.0137	14.16	0.81	6.69	0.0125	11.93
冷杉	人工	混交林	0.81	6.7	0.0135	15.16	0.94	10.19	0.0166	23.7	0.81	6.74	0.0136	16.41	0.83	6.64	0.0137	14.16	0.81	6.69	0.0125	11.93
丽江铁杉	计	混交林	0.32	2.03	0.0148	4.4	1.34	11.43	0.1256	22.86	0.32	2.3	0.0133	4.99	0.3	1.7	0.0156	3.67	0.35	1.51	0.0218	3.19
丽江铁杉	天然	计	0.32	2.03	0.0148	4.4	1.34	11.43	0.1256	22.86	0.32	2.3	0.0133	4.99	0.3	1.7	0.0156	3.67	0.35	1.51	0.0218	3.19
丽江铁杉	天然	混交林	0.32	2.03	0.0148	4.4	1.34	11.43	0.1256	22.86	0.32	2.3	0.0133	4.99	0.3	1.7	0.0156	3.67	0.35	1.51	0.0218	3.19
丽江云杉	计	纯林	0.24	1.35	0.0124	3.52	0.94	8.35	0.0514	21.25	0.26	1.52	0.0128	4.02	0.22	1.19	0.0118	3.09	0.22	1.15	0.0122	2.91
丽江云杉	计	混交林	0.36	2.85	0.0117	7.32	1.58	13.66	0.265	30	0.37	3.09	0.0112	8.19	0.36	2.73	0.012	6.72	0.32	2.18	0.0132	5.12
丽江云杉	天然	计	0.34	2.56	0.0119	6.58	1.58	13.66	0.265	30	0.35	2.81	0.0115	7.45	0.33	2.42	0.012	5.99	0.3	1.93	0.013	4.59
丽江云杉	天然	纯林	0.24	1.35	0.0124	3.52	0.94	8.35	0.0514	21.25	0.26	1.52	0.0128	4.02	0.22	1.19	0.0118	3.09	0.22	1.15	0.0122	2.91
丽江云杉	天然	混交林	0.36	2.85	0.0117	7.32	1.58	13.66	0.265	30	0.37	3.09	0.0112	8.19	0.36	2.73	0.012	6.72	0.32	2.18	0.0132	5.12
栎	计	纯林	0.91	6.77	0.0147	16.3	1.16	9.06	0.0246	22.28	0.89	6.69	0.0142	16.81	0.97	6.96	0.0158	15.03	0	0		0

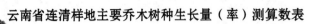

续表 2-2

树种名称	林分起源	地类	研究期综合年生长量（率）胸径年平均生长量(cm)	胸径年平均生长率(%)	材积年平均生长量(m³)	材积年平均生长率(%)	研究期最大年生长量（率）最大胸径年平均生长量(cm)	最大胸径年平均生长率(%)	最大材积年平均生长量(m³)	最大材积年平均生长率(%)	5年生长期长期年生长量（率）5年胸径年平均生长量(cm)	5年胸径年平均生长率(%)	5年材积年平均生长量(m³)	5年材积年平均生长率(%)	10年生长期长期年生长量（率）10年胸径年平均生长量(cm)	10年胸径年平均生长率(%)	10年材积年平均生长量(m³)	10年材积年平均生长率(%)	15年生长期长期年生长量（率）15年胸径年平均生长量(cm)	15年胸径年平均生长率(%)	15年材积年平均生长量(m³)	15年材积年平均生长率(%)
椤	计	混交林	0.39	2.91	0.0092	7.31	3.02	21.69	0.2236	35.9	0.39	3.15	0.0086	8.16	0.38	2.7	0.0098	6.52	0.36	2.24	0.0104	5.15
椤	天然	计	0.39	2.92	0.0096	7.4	3.02	21.69	0.2236	35.9	0.4	3.21	0.0092	8.41	0.38	2.66	0.01	6.47	0.36	2.24	0.0104	5.15
椤	天然	纯林	0.91	6.77	0.0147	16.3	1.16	9.06	0.0246	22.28	0.89	6.69	0.0142	16.81	0.97	6.96	0.0158	15.03	0			0
椤	天然	混交林	0.39	2.9	0.0096	7.35	3.02	21.69	0.2236	35.9	0.4	3.18	0.0092	8.35	0.38	2.64	0.01	6.42	0.36	2.24	0.0104	5.15
椤	人工	计	0.33	3.11	0.0038	6.84	2.26	17.66	0.0354	32.58	0.29	2.88	0.0033	6.43	0.46	4.05	0.0056	8.49	0			0
椤	人工	混交林	0.33	3.11	0.0038	6.84	2.26	17.66	0.0354	32.58	0.29	2.88	0.0033	6.43	0.46	4.05	0.0056	8.49	0			0
毛叶黄杞	计	混交林	0.29	2.44	0.0054	6.28	2.02	11.24	0.0858	26.67	0.3	2.67	0.0052	7.02	0.28	2.26	0.0056	5.69	0.26	1.97	0.0053	4.8
毛叶黄杞	天然	计	0.29	2.43	0.0054	6.26	2.02	11.24	0.0858	26.67	0.3	2.66	0.0052	6.99	0.28	2.26	0.0056	5.69	0.26	1.97	0.0053	4.8
毛叶黄杞	天然	混交林	0.29	2.43	0.0054	6.26	2.02	11.24	0.0858	26.67	0.3	2.66	0.0052	6.99	0.28	2.26	0.0056	5.69	0.26	1.97	0.0053	4.8
毛叶黄杞	人工	计	0.44	4.99	0.0035	13.34	0.64	6.34	0.0057	14.68	0.44	4.99	0.0035	13.34	0		0.0035	0	0			0
毛叶黄杞	人工	混交林	0.44	4.99	0.0035	13.34	0.64	6.34	0.0057	14.68	0.44	4.99	0.0035	13.34	0		0.0035	0	0			0
泡桐	计	混交林	0.62	4.32	0.0142	10.25	2.78	21.29	0.1806	37.14	0.63	4.74	0.0132	11.58	0.59	3.82	0.0152	8.69	0.59	3.33	0.0171	7.24
泡桐	天然	计	0.58	4.2	0.0126	10.01	2.64	21.29	0.097	37.14	0.6	4.62	0.0119	11.31	0.56	3.69	0.0132	8.46	0.55	3.29	0.0147	7.18
泡桐	天然	混交林	0.58	4.2	0.0126	10.01	2.64	21.29	0.097	37.14	0.6	4.62	0.0119	11.31	0.56	3.69	0.0132	8.46	0.55	3.29	0.0147	7.18
泡桐	人工	计	1.29	6.78	0.0472	15.18	2.78	13.33	0.1806	29.33	1.18	6.97	0.0368	16.28	1.42	6.68	0.0587	13.67	1.98	4.93	0.1149	9.59
泡桐	人工	混交林	1.29	6.78	0.0472	15.18	2.78	13.33	0.1806	29.33	1.18	6.97	0.0368	16.28	1.42	6.68	0.0587	13.67	1.98	4.93	0.1149	9.59
披针叶楠	计	混交林	0.42	3.52	0.0075	8.23	2.06	17.86	0.07	35.51	0.44	3.94	0.0071	9.55	0.4	3.13	0.0077	7.01	0.39	2.71	0.0082	5.73
披针叶楠	天然	计	0.42	3.52	0.0075	8.23	2.06	17.86	0.07	35.51	0.44	3.94	0.0071	9.55	0.4	3.13	0.0077	7.01	0.39	2.71	0.0082	5.73
披针叶楠	天然	混交林	0.42	3.52	0.0075	8.23	2.06	17.86	0.07	35.51	0.44	3.94	0.0071	9.55	0.4	3.13	0.0077	7.01	0.39	2.71	0.0082	5.73

续表 2-2

树种名称	林分起源	地类	研究期综合年生长量（率）胸径年平均生长量(cm)	胸径年平均生长率(%)	材积年平均生长量(m³)	材积年平均生长率(%)	研究期最大年生长量（率）最大胸径年平均生长量(cm)	最大胸径年平均生长率(%)	最大材积年平均生长量(m³)	最大材积年平均生长率(%)	5年生长期年生长量（率）5年胸径年平均生长量(cm)	5年胸径年平均生长率(%)	5年材积年平均生长量(m³)	5年材积年平均生长率(%)	10年生长期年生长量（率）10年胸径年平均生长量(cm)	10年胸径年平均生长率(%)	10年材积年平均生长量(m³)	10年材积年平均生长率(%)	15年生长期年生长量（率）15年胸径年平均生长量(cm)	15年胸径年平均生长率(%)	15年材积年平均生长量(m³)	15年材积年平均生长率(%)
普文楠	计	混交林	0.33	2.56	0.0061	6.01	2.54	17.45	0.064	33.17	0.34	2.73	0.0059	6.55	0.32	2.41	0.0062	5.54	0.33	2.28	0.0068	5.03
普文楠	天然	计	0.33	2.56	0.0062	6	2.54	17.45	0.064	33.17	0.34	2.72	0.0059	6.54	0.32	2.4	0.0062	5.52	0.33	2.28	0.0068	5.03
普文楠	天然	混交林	0.33	2.56	0.0062	6	2.54	17.45	0.064	33.17	0.34	2.72	0.0059	6.54	0.32	2.4	0.0062	5.52	0.33	2.28	0.0068	5.03
普文楠	人工	计	0.38	5.14	0.0022	11.47	0.38	5.47	0.0023	12.5	0.38	5.47	0.002	12.5	0.38	4.81	0.0024	10.43	0			0
普文楠	人工	混交林	0.38	5.14	0.0022	11.47	0.38	5.47	0.0023	12.5	0.38	5.47	0.002	12.5	0.38	4.81	0.0024	10.43	0			0
青榨槭	计	纯林	0.14	0.99	0.0025	2.5	0.46	3.45	0.0094	8.67	0.15	1.12	0.0025	2.86	0.12	0.82	0.0021	2.05	0.18	1.01	0.0035	2.46
青榨槭	计	混交林	0.31	2.36	0.0065	5.82	1.84	14.68	0.0844	29.23	0.32	2.6	0.0062	6.63	0.29	2.07	0.0065	4.92	0.31	1.98	0.0079	4.44
青榨槭	天然	计	0.3	2.29	0.0057	5.67	1.84	14.68	0.0844	29.23	0.31	2.54	0.0055	6.49	0.28	2	0.0057	4.75	0.3	1.94	0.0069	4.35
青榨槭	天然	纯林	0.14	0.99	0.0025	2.5	0.46	3.45	0.0094	8.67	0.15	1.12	0.0025	2.86	0.12	0.82	0.0021	2.05	0.18	1.01	0.0035	2.46
青榨槭	天然	混交林	0.3	2.36	0.0059	5.83	1.84	14.68	0.0844	29.23	0.31	2.61	0.0056	6.66	0.28	2.07	0.0059	4.92	0.3	1.99	0.007	4.45
青榨槭	人工	计	0.66	1.76	0.0424	4.26	1.26	3.29	0.0826	7.98	0.66	1.78	0.0426	4.34	0.65	1.72	0.0419	4.15	0.66	1.77	0.0426	4.23
青榨槭	人工	混交林	0.66	1.76	0.0424	4.26	1.26	3.29	0.0826	7.98	0.66	1.78	0.0426	4.34	0.65	1.72	0.0419	4.15	0.66	1.77	0.0426	4.23
青榨槭	萌生	计	0.69	3.88	0.0149	9.17	1.14	6.61	0.0234	15.65	0.69	3.88	0.0149	9.26	0.69	3.87	0.0149	9	0	0		0
青榨槭	萌生	混交林	0.69	3.88	0.0149	9.17	1.14	6.61	0.0234	15.65	0.69	3.88	0.0149	9.26	0.69	3.87	0.0149	9	0	0		0
榕树	计	纯林	0.43	4.2	0.0047	10.95	0.76	9.07	0.0115	23.53	0.44	4.47	0.0046	12.11	0.4	3.92	0.0045	9.91	0.44	3.82	0.0053	8.69
榕树	计	混交林	0.33	2.46	0.0099	6.13	3	14.78	0.118	30.18	0.35	2.82	0.0096	7.23	0.3	2.08	0.0099	4.96	0.3	1.76	0.0109	4.08
榕树	天然	计	0.33	2.57	0.0096	6.46	3	14.78	0.118	30.18	0.35	2.91	0.0093	7.52	0.31	2.23	0.0095	5.36	0.31	1.85	0.0109	4.33
榕树	天然	纯林	0.43	4.2	0.0047	10.95	0.76	9.07	0.0115	23.53	0.44	4.47	0.0046	12.11	0.4	3.92	0.0045	9.91	0.44	3.82	0.0053	8.69
榕树	天然	混交林	0.32	2.43	0.01	6.07	3	14.78	0.118	30.18	0.34	2.78	0.0097	7.14	0.3	2.08	0.0099	4.96	0.29	1.66	0.0115	3.9

续表 2-2

树种名称	林分起源	地类	研究期综合年生长量（率）				研究期最大年生长量（率）				5年生长期年生长量				10年生长期年生长量				15年生长期年生长量			
			胸径年平均生长量(cm)	胸径年平均生长率(%)	材积年平均生长量(m³)	材积年平均生长率(%)	最大胸径年平均生长量(cm)	最大胸径年平均生长率(%)	最大材积年平均生长量(m³)	最大材积年平均生长率(%)	5年胸径年平均生长量(cm)	5年胸径年平均生长率(%)	5年材积年平均生长量(m³)	5年材积年平均生长率(%)	10年胸径年平均生长量(cm)	10年胸径年平均生长率(%)	10年材积年平均生长量(m³)	10年材积年平均生长率(%)	15年胸径年平均生长量(cm)	15年胸径年平均生长率(%)	15年材积年平均生长量(m³)	15年材积年平均生长率(%)
榕树	人工	计	0.44	3.8	0.0054	8.47	0.68	7.01	0.0114	15.76	0.51	4.56	0.0058	10.42	0			0	0.36	2.78	0.0047	5.88
榕树	人工	混交林	0.44	3.8	0.0054	8.47	0.68	7.01	0.0114	15.76	0.51	4.56	0.0058	10.42	0			0	0.36	2.78	0.0047	5.88
三尖杉	计	混交林	0.4	3.24	0.0071	6.56	1.42	12.9	0.0286	24.84	0.42	3.52	0.0072	7.39	0.39	3.08	0.0071	5.98	0.36	2.68	0.007	5.04
三尖杉	天然	计	0.27	1.96	0.0058	4.19	1.05	7.47	0.0224	15.11	0.29	2.07	0.0061	4.61	0.19	1.31	0.0045	2.91	0.36	2.68	0.007	5.04
三尖杉	天然	混交林	0.27	1.96	0.0058	4.19	1.05	7.47	0.0224	15.11	0.29	2.07	0.0061	4.61	0.19	1.31	0.0045	2.91	0.36	2.68	0.007	5.04
三尖杉	萌生	计	0.88	8.07	0.0122	15.52	1.42	12.9	0.0286	24.84	0.92	9.12	0.0116	18.22	0.84	7.01	0.0127	12.82	0			0
三尖杉	萌生	混交林	0.88	8.07	0.0122	15.52	1.42	12.9	0.0286	24.84	0.92	9.12	0.0116	18.22	0.84	7.01	0.0127	12.82	0			0
水冬瓜	计	混交林	0.54	3.7	0.0122	9.05	2.34	18.18	0.0776	35.25	0.57	4.12	0.0124	10.36	0.51	3.38	0.0122	8.05	0.47	2.95	0.0117	6.67
水冬瓜	天然	计	0.57	3.85	0.0131	9.37	2.34	18.18	0.0776	35.25	0.6	4.29	0.0132	10.74	0.54	3.51	0.0131	8.31	0.5	3.04	0.0127	6.82
水冬瓜	天然	混交林	0.57	3.85	0.0131	9.37	2.34	18.18	0.0776	35.25	0.6	4.29	0.0132	10.74	0.54	3.51	0.0131	8.31	0.5	3.04	0.0127	6.82
水冬瓜	人工	计	0.28	2.22	0.0037	5.94	0.7	4.84	0.011	12.87	0.29	2.31	0.0039	6.31	0.27	2.14	0.0035	5.69	0.28	2.14	0.0037	5.42
水冬瓜	人工	混交林	0.28	2.22	0.0037	5.94	0.7	4.84	0.011	12.87	0.29	2.31	0.0039	6.31	0.27	2.14	0.0035	5.69	0.28	2.14	0.0037	5.42
思茅松	计	纯林	0.51	4.11	0.0084	9.36	2.44	21.13	0.1198	36.31	0.55	4.57	0.0083	10.64	0.48	3.68	0.0083	8.14	0.43	2.95	0.0093	6.41
思茅松	计	混交林	0.48	3.44	0.01	8.11	3.66	23.69	0.1126	37.67	0.52	3.86	0.0101	9.31	0.45	3.07	0.0097	7.08	0.43	2.78	0.0101	6.14
思茅松	天然	计	0.47	3.36	0.0099	8.03	3.66	23.69	0.1198	37.67	0.49	3.7	0.0102	9.12	0.44	3.09	0.0095	7.17	0.43	2.82	0.0098	6.21
思茅松	天然	纯林	0.47	3.61	0.009	8.58	2.44	21.13	0.1198	36.31	0.5	3.99	0.0092	9.77	0.44	3.3	0.0086	7.59	0.42	2.92	0.009	6.35
思茅松	天然	混交林	0.47	3.27	0.0102	7.82	3.66	23.69	0.1126	37.67	0.49	3.59	0.0105	8.87	0.44	3.01	0.0099	7.02	0.43	2.79	0.0101	6.16
思茅松	计	计	0.66	5.78	0.0061	12.02	2.62	19.8	0.1002	35.6	0.68	6.17	0.0058	12.99	0.61	4.94	0.0065	9.75	0.51	2.91	0.0127	6.19
思茅松	人工	纯林	0.67	6.05	0.0061	12.47	2.18	19.03	0.1002	33.04	0.68	6.28	0.0055	13.17	0.66	5.55	0.0069	10.83	0.7	3.9	0.0218	8.18

续表 2-2

树种名称	林分起源	地类	研究期综合年生长量（率）胸径年平均生长量(cm)	胸径年平均生长率(%)	材积年平均生长量(m³)	材积年平均生长率(%)	研究期最大年生长量（率）最大胸径年平均生长量(cm)	最大胸径年平均生长率(%)	最大材积年平均生长量(m³)	最大材积年平均生长率(%)	5年生长期年生长量（率）5年胸径年平均生长量(cm)	5年胸径年平均生长率(%)	5年材积年平均生长量(m³)	5年材积年平均生长率(%)	10年生长期年生长量（率）10年胸径年平均生长量(cm)	10年胸径年平均生长率(%)	10年材积年平均生长量(m³)	10年材积年平均生长率(%)	15年生长期年生长量（率）15年胸径年平均生长量(cm)	15年胸径年平均生长率(%)	15年材积年平均生长量(m³)	15年材积年平均生长率(%)
思茅松	人工	混交林	0.64	5.47	0.0062	11.5	2.62	19.8	0.0506	35.6	0.69	6.04	0.0061	12.79	0.53	4.06	0.006	8.19	0.43	2.5	0.0089	5.35
思茅松	萌生	计	1.06	6.16	0.0265	14.11	1.82	12.34	0.055	27.3	1.11	6.77	0.0257	16.18	1.03	5.55	0.0281	12.05	0.93	4.95	0.0246	9.98
思茅松	萌生	混交林	1.06	6.16	0.0265	14.11	1.82	12.34	0.055	27.3	1.11	6.77	0.0257	16.18	1.03	5.55	0.0281	12.05	0.93	4.95	0.0246	9.98
四蕊朴	计	混交林	0.49	3.68	0.0132	9.14	1.14	13	0.0542	28.84	0.5	4.19	0.0113	10.58	0.48	3.11	0.0152	7.38	0.45	1.85	0.0206	4.22
四蕊朴	天然	计	0.49	3.68	0.0132	9.14	1.14	13	0.0542	28.84	0.5	4.19	0.0113	10.58	0.48	3.11	0.0152	7.38	0.45	1.85	0.0206	4.22
四蕊朴	天然	混交林	0.49	3.68	0.0132	9.14	1.14	13	0.0542	28.84	0.5	4.19	0.0113	10.58	0.48	3.11	0.0152	7.38	0.45	1.85	0.0206	4.22
铁杉	计	纯林	0.48	5.02	0.0052	10.3	0.6	6.49	0.0068	13.33	0.47	5	0.0051	10.67	0.5	5.14	0.0055	10.37	0.47	4.81	0.0051	9.05
铁杉	计	混交林	0.4	3.14	0.009	6.56	1.54	10.53	0.0451	21.31	0.4	3.25	0.0087	6.97	0.41	3.08	0.0094	6.31	0.4	2.87	0.0095	5.62
铁杉	天然	计	0.39	3.09	0.0088	6.47	1.54	10.53	0.0451	21.31	0.39	3.18	0.0085	6.84	0.39	2.99	0.009	6.18	0.4	2.94	0.0093	5.74
铁杉	天然	纯林	0.48	5.02	0.0052	10.3	0.6	6.49	0.0068	13.33	0.47	5	0.0051	10.67	0.5	5.14	0.0055	10.37	0.47	4.81	0.0051	9.05
铁杉	天然	混交林	0.39	3.02	0.0089	6.34	1.54	10.53	0.0451	21.31	0.39	3.13	0.0086	6.72	0.39	2.92	0.0091	6.04	0.4	2.87	0.0095	5.62
铁杉	萌生	计	1.01	8.4	0.0153	16.54	1.2	9.41	0.0208	18.95	1	9.15	0.0135	18.86	1.02	7.64	0.0172	14.22	0	0		0
铁杉	萌生	混交林	1.01	8.4	0.0153	16.54	1.2	9.41	0.0208	18.95	1	9.15	0.0135	18.86	1.02	7.64	0.0172	14.22	0	0		0
头状四照花	计	混交林	0.42	4.08	0.0048	10.1	1.2	12.25	0.0368	28.15	0.43	4.29	0.0045	10.94	0.42	3.84	0.005	9.06	0.43	3.38	0.0065	7.38
头状四照花	天然	计	0.44	4.13	0.0055	10.16	1.2	12.25	0.0368	28.15	0.45	4.37	0.0051	11.14	0.44	3.89	0.0057	9.13	0.44	3.42	0.0067	7.42
头状四照花	天然	混交林	0.44	4.13	0.0055	10.16	1.2	12.25	0.0368	28.15	0.45	4.37	0.0051	11.14	0.44	3.89	0.0057	9.13	0.44	3.42	0.0067	7.42
头状四照花	人工	计	0.37	3.95	0.0031	9.95	1.1	10.91	0.0098	26.67	0.38	4.09	0.0031	10.49	0.36	3.69	0.0032	8.86	0.27	2.74	0.0025	6.68
头状四照花	人工	混交林	0.37	3.95	0.0031	9.95	1.1	10.91	0.0098	26.67	0.38	4.09	0.0031	10.49	0.36	3.69	0.0032	8.86	0.27	2.74	0.0025	6.68
台湾杉	计	纯林	0.96	6.45	0.0161	14.4	2.44	18.48	0.0504	33.85	0.97	6.91	0.0148	15.85	0.95	5.87	0.0176	12.22	0.89	4.01	0.0226	8.66

续表 2-2

树种名称	林分起源	地类	研究期综合年生长量（率） 胸径年平均生长量(cm)	胸径年平均生长率(%)	材积年平均生长量(m³)	材积年平均生长率(%)	研究期最大年生长量（率） 最大胸径年平均生长量(cm)	最大胸径年平均生长率(%)	最大材积年平均生长量(m³)	最大材积年平均生长率(%)	5年生长期年生长量（率） 5年胸径年平均生长量(cm)	5年胸径年平均生长率(%)	5年材积年平均生长量(m³)	5年材积年平均生长率(%)	10年生长期年生长量（率） 10年胸径年平均生长量(cm)	10年胸径年平均生长率(%)	10年材积年平均生长量(m³)	10年材积年平均生长率(%)	15年生长期年生长量（率） 15年胸径年平均生长量(cm)	15年胸径年平均生长率(%)	15年材积年平均生长量(m³)	15年材积年平均生长率(%)
台湾杉	计	混交林	0.92	8.61	0.01	18.41	2.74	23.05	0.1128	37.18	0.97	9.35	0.0094	20.22	0.76	5.88	0.0121	11.5	0.47	3.52	0.0135	7.35
台湾杉	天然	计	0.93	7.8	0.0097	16.22	2.74	23.05	0.0318	37.18	0.98	8.39	0.01	17.62	0.83	6.5	0.0093	12.92	0.48	4.3	0.0042	9.2
台湾杉	天然	混交林	0.93	7.8	0.0097	16.22	2.74	23.05	0.0318	37.18	0.98	8.39	0.01	17.62	0.83	6.5	0.0093	12.92	0.48	4.3	0.0042	9.2
台湾杉	人工	计	0.95	7.43	0.0139	16.33	2.44	18.48	0.1128	34.2	0.97	8.15	0.0124	18.19	0.89	5.79	0.0167	11.84	0.84	3.67	0.0241	7.96
台湾杉	人工	纯林	0.96	6.45	0.0161	14.4	2.44	18.48	0.0504	33.85	0.97	6.91	0.0148	15.85	0.95	5.87	0.0176	12.22	0.89	4.01	0.0226	8.66
台湾杉	人工	混交林	0.93	9.01	0.0104	19.42	1.78	18.41	0.1128	34.2	0.97	9.72	0.0094	21.13	0.72	5.51	0.0138	10.64	0.53	1.38	0.034	3.34
台湾杉	萌生	计	0.52	5.31	0.004	11.68	0.86	7.36	0.0092	17.7	0.62	5.88	0.0051	13.92	0			0	0.43	4.74	0.0028	9.44
台湾杉	萌生	混交林	0.52	5.31	0.004	11.68	0.86	7.36	0.0092	17.7	0.62	5.88	0.0051	13.92	0			0	0.43	4.74	0.0028	9.44
西南花楸	计	纯林	0.39	2.73	0.0059	6.8	0.86	6.85	0.01	17.54	0.4	2.8	0.0058	7.03	0.4	2.76	0.0061	6.84	0.37	2.31	0.0063	5.5
西南花楸	计	混交林	0.24	1.49	0.0078	3.78	2.5	10.11	0.2723	25.12	0.25	1.7	0.0075	4.37	0.23	1.32	0.0082	3.33	0.21	1.19	0.0076	2.9
西南花楸	天然	计	0.23	1.44	0.0077	3.65	2.5	8.44	0.2723	20.8	0.24	1.56	0.0075	4.01	0.23	1.37	0.0081	3.44	0.22	1.21	0.0076	2.96
西南花楸	天然	纯林	0.39	2.73	0.0059	6.8	0.86	6.85	0.01	17.54	0.4	2.8	0.0058	7.03	0.4	2.76	0.0061	6.84	0.37	2.31	0.0063	5.5
西南花楸	天然	混交林	0.23	1.4	0.0078	3.54	2.5	8.44	0.2723	20.8	0.24	1.51	0.0076	3.9	0.23	1.32	0.0082	3.33	0.21	1.19	0.0076	2.9
西南花楸	人工	计	0.75	7.75	0.0063	19.41	0.86	10.11	0.0072	25.12	0.75	7.75	0.0063	19.41	0	0		0	0	0		0
西南花楸	人工	混交林	0.75	7.75	0.0063	19.41	0.86	10.11	0.0072	25.12	0.75	7.75	0.0063	19.41	0	0		0	0	0		0
西桦	计	纯林	0.79	6.16	0.0127	14.82	2.84	21.19	0.115	37.12	0.76	6.17	0.0113	15.35	0.91	6.23	0.0169	13.53	0.86	5.52	0.0187	10.8
西桦	计	混交林	0.69	5.05	0.0154	12.16	3.64	20.1	0.2084	36.89	0.71	5.62	0.0139	13.93	0.66	4.29	0.0177	9.71	0.59	3.3	0.0195	7.14
西桦	天然	计	0.69	4.77	0.0168	11.47	3.64	20.1	0.2084	36.89	0.7	5.22	0.0156	13.06	0.68	4.36	0.0182	9.84	0.62	3.48	0.0197	7.41
西桦	天然	纯林	0.85	5.89	0.0179	13.98	2.34	14.53	0.115	32	0.87	6.32	0.0172	15.89	0.82	5.33	0.0188	12.19	0.86	5.52	0.0187	10.8

续表 2-2

树种名称	林分起源	地类	研究期综合年生长量（率）胸径年平均生长量(cm)	胸径年平均生长率(%)	材积年平均生长量(m³)	材积年平均生长率(%)	研究期最大年生长量（率）最大胸径年平均生长量(cm)	最大胸径年平均生长率(%)	最大材积年平均生长量(m³)	最大材积年平均生长率(%)	5年生长期年生长量（率）5年胸径年平均生长量(cm)	5年胸径年平均生长率(%)	5年材积年平均生长量(m³)	5年材积年平均生长率(%)	10年生长期年生长量（率）10年胸径年平均生长量(cm)	10年胸径年平均生长率(%)	10年材积年平均生长量(m³)	10年材积年平均生长率(%)	15年生长期年生长量（率）15年胸径年平均生长量(cm)	15年胸径年平均生长率(%)	15年材积年平均生长量(m³)	15年材积年平均生长率(%)
西桦	天然	混交林	0.68	4.7	0.0168	11.31	3.64	20.1	0.2084	36.89	0.69	5.16	0.0155	12.9	0.67	4.3	0.0182	9.69	0.6	3.3	0.0198	7.13
西桦	人工	计	0.75	6.49	0.01	15.7	2.84	21.19	0.1013	37.12	0.75	6.67	0.0093	16.35	0.79	5.67	0.0139	12.49	0.47	3.2	0.0121	7.44
西桦	人工	纯林	0.77	6.23	0.0112	15.07	2.84	21.19	0.0548	37.12	0.73	6.14	0.0102	15.25	0.95	6.7	0.0158	14.24	0		0	0
西桦	人工	混交林	0.73	6.74	0.0089	16.33	1.64	16.95	0.1013	34.75	0.77	7.18	0.0086	17.4	0.51	3.89	0.0105	9.49	0.47	3.2	0.0121	7.44
西桦	萌生	计	0.78	6.58	0.0122	15.42	1.1	9.6	0.0304	24	0.69	6.49	0.0104	16.82	0.87	6.68	0.0141	14.02	0		0	0
西桦	萌生	混交林	0.78	6.58	0.0122	15.42	1.1	9.6	0.0304	24	0.69	6.49	0.0104	16.82	0.87	6.68	0.0141	14.02	0		0	0
喜树	计	纯林	0.6	5.54	0.0111	14.21	1.68	14.61	0.119	31.38	0.57	5.55	0.0089	14.8	0.68	5.73	0.0149	13.04	0.86	2.06	0.0572	4.49
喜树	计	混交林	0.68	5.35	0.0109	12.31	2.44	21.79	0.0684	36.27	0.65	5.42	0.0099	13.05	0.76	5.23	0.0137	10.98	0.71	5.05	0.0111	9.47
喜树	天然	计	0.5	4.83	0.0053	12.04	1.22	11.79	0.021	28.97	0.5	5.08	0.0048	13.07	0.51	4.23	0.0064	9.7	0.54	4.12	0.0073	8.77
喜树	天然	混交林	0.5	4.83	0.0053	12.04	1.22	11.79	0.021	28.97	0.5	5.08	0.0048	13.07	0.51	4.23	0.0064	9.7	0.54	4.12	0.0073	8.77
喜树	人工	计	0.7	5.73	0.0136	13.81	2.44	21.79	0.119	36.27	0.66	5.67	0.0114	14.33	0.8	5.97	0.0175	12.92	0.97	4.98	0.0342	8.31
喜树	人工	纯林	0.6	5.54	0.0111	14.21	1.68	14.61	0.119	31.38	0.57	5.55	0.0089	14.8	0.68	5.73	0.0149	13.04	0.86	2.06	0.0572	4.49
喜树	人工	混交林	0.97	6.21	0.0199	12.77	2.44	21.79	0.0684	36.27	0.92	6.01	0.0187	13	1.09	6.54	0.0234	12.64	1.05	6.92	0.0188	10.86
香面叶	计	纯林	0.36	2.77	0.0066	6.03	2.2	10.29	0.0528	21.29	0.37	2.91	0.0064	6.4	0.36	2.6	0.0068	5.65	0.37	2.66	0.007	5.57
香面叶	计	混交林	0.33	2.77	0.0049	6.2	2.32	16.03	0.0532	31.27	0.35	3.14	0.0048	7.14	0.31	2.46	0.005	5.36	0.27	1.98	0.0048	4.22
香面叶	天然	计	0.33	2.75	0.0049	6.15	2.32	14.23	0.0532	28.12	0.35	3.11	0.0048	7.07	0.31	2.44	0.0051	5.32	0.27	1.99	0.0049	4.25
香面叶	天然	纯林	0.36	2.77	0.0066	6.03	2.2	10.29	0.0528	21.29	0.37	2.91	0.0064	6.4	0.36	2.6	0.0068	5.65	0.37	2.66	0.007	5.57
香面叶	天然	混交林	0.33	2.75	0.0048	6.16	2.32	14.23	0.0532	28.12	0.35	3.12	0.0047	7.11	0.31	2.43	0.005	5.3	0.27	1.94	0.0048	4.16
香面叶	人工	计	0.51	3.99	0.0072	8.51	2.06	16.03	0.0258	31.27	0.49	3.94	0.0067	8.86	0.53	4.08	0.0075	8.31	0.55	3.96	0.0085	7.52

续表 2-2

树种名称	林分起源	地类	研究期综合年生长量（率）胸径年平均生长量(cm)	胸径年均生长率(%)	材积年平均生长量(m³)	材积年均生长率(%)	研究期最大年生长量（率）最大胸径年平均生长量(cm)	最大胸径年均生长率(%)	最大材积年平均生长量(m³)	最大材积年均生长率(%)	5年生长期年生长量 5年胸径年平均生长量(cm)	5年胸径年均生长率(%)	5年材积年平均生长量(m³)	5年材积年均生长率(%)	10年生长期年生长量 10年胸径年平均生长量(cm)	10年胸径年均生长率(%)	10年材积年平均生长量(m³)	10年材积年均生长率(%)	15年生长期年生长量（率）15年胸径年平均生长量(cm)	15年胸径年均生长率(%)	15年材积年平均生长量(m³)	15年材积年均生长率(%)
香面叶	人工	混交林	0.51	3.99	0.0072	8.51	2.06	16.03	0.0258	31.27	0.49	3.94	0.0067	8.86	0.53	4.08	0.0075	8.31	0.55	3.96	0.0085	7.52
小叶青皮槭	计	纯林	0.29	3.76	0.0018	9.99	0.72	8.27	0.0052	20.8	0.29	3.77	0.0018	10.24	0.3	3.81	0.0019	9.69	0.27	3.05	0.0021	7.52
小叶青皮槭	计	混交林	0.22	1.51	0.007	3.78	1.2	9.61	0.2036	22.61	0.23	1.63	0.0073	4.12	0.21	1.42	0.0071	3.52	0.2	1.32	0.0057	3.19
小叶青皮槭	天然	计	0.23	1.88	0.0062	4.8	1.2	9.61	0.2036	22.61	0.24	2.06	0.0062	5.35	0.23	1.79	0.0063	4.49	0.21	1.38	0.0056	3.33
小叶青皮槭	天然	纯林	0.29	3.76	0.0018	9.99	0.72	8.27	0.0052	20.8	0.29	3.77	0.0018	10.24	0.3	3.81	0.0019	9.69	0.27	3.05	0.0021	7.52
小叶青皮槭	天然	混交林	0.22	1.51	0.007	3.78	1.2	9.61	0.2036	22.61	0.23	1.63	0.0073	4.12	0.21	1.42	0.0071	3.52	0.2	1.32	0.0057	3.19
杨树	计	纯林	0.19	2.19	0.0015	5.67	1	12.79	0.0104	28.24	0.23	2.64	0.0017	6.97	0.17	1.93	0.0013	4.8	0.11	1.27	0.0009	3.25
杨树	计	混交林	0.28	2.45	0.0038	6.12	2.6	19.54	0.1238	36.07	0.29	2.69	0.0038	6.94	0.27	2.24	0.0038	5.41	0.25	1.97	0.0039	4.43
杨树	天然	计	0.25	2.3	0.0033	5.8	2.6	19.54	0.1238	36.07	0.27	2.56	0.0033	6.63	0.24	2.09	0.0032	5.11	0.22	1.79	0.0032	4.11
杨树	天然	纯林	0.16	1.9	0.0013	5.03	0.9	10.17	0.0092	24.31	0.19	2.25	0.0014	6.07	0.15	1.69	0.0011	4.35	0.11	1.27	0.0009	3.25
杨树	天然	混交林	0.26	2.33	0.0034	5.86	2.6	19.54	0.1238	36.07	0.28	2.58	0.0034	6.66	0.25	2.12	0.0034	5.17	0.23	1.84	0.0034	4.19
杨树	人工	计	0.73	5.3	0.0127	12.36	2.36	15.58	0.0658	32.22	0.71	5.51	0.0113	13.51	0.77	5.17	0.0145	11.39	0.75	4.7	0.0148	9.53
杨树	人工	纯林	0.65	7.03	0.0051	16.38	1	12.79	0.0104	28.24	0.63	6.93	0.005	16.76	0.68	7.34	0.0054	15.24	0	0		0
杨树	人工	混交林	0.74	5.13	0.0135	11.96	2.36	15.58	0.0658	32.22	0.72	5.32	0.0122	13.08	0.77	5	0.0153	11.09	0.75	4.7	0.0148	9.53
杨树	萌生	计	0.25	3.14	0.0015	8.26	0.38	5.04	0.0026	13.33	0.27	3.4	0.0016	8.97	0.22	2.75	0.0014	7.2	0	0		0
杨树	萌生	混交林	0.25	3.14	0.0015	8.26	0.38	5.04	0.0026	13.33	0.27	3.4	0.0016	8.97	0.22	2.75	0.0014	7.2	0	0		0
银木荷	计	纯林	0.33	2.84	0.0051	7.46	0.74	7.71	0.0225	19.53	0.34	3.08	0.0048	8.27	0.32	2.56	0.0054	6.59	0.32	2.54	0.0051	6.3
银木荷	计	混交林	0.39	3.17	0.0068	7.6	2.64	19.32	0.078	35.22	0.42	3.6	0.0067	8.87	0.37	2.79	0.0069	6.35	0.3	1.99	0.007	4.48
银木荷	天然	计	0.38	3.09	0.0066	7.44	2.64	19.32	0.0702	35.22	0.4	3.52	0.0064	8.69	0.35	2.7	0.0067	6.18	0.3	2.02	0.0069	4.55

续表 2-2

树种名称	林分起源	地类	研究期综合年生长量（率）				研究期最大年生长量（率）				5年生长期年生长量（率）				10年生长期年生长量（率）				15年生长期年生长量（率）			
			胸径年平均生长量(cm)	胸径年平均生长率(%)	材积年平均生长量(m³)	材积年平均生长率(%)	最大胸径年平均生长量(cm)	最大胸径年平均生长率(%)	最大材积年平均生长量(m³)	最大材积年平均生长率(%)	5年胸径年平均生长量(cm)	5年胸径年平均生长率(%)	5年材积年平均生长量(m³)	5年材积年平均生长率(%)	10年胸径年平均生长量(cm)	10年胸径年平均生长率(%)	10年材积年平均生长量(m³)	10年材积年平均生长率(%)	15年胸径年平均生长量(cm)	15年胸径年平均生长率(%)	15年材积年平均生长量(m³)	15年材积年平均生长率(%)
银木荷	天然	纯林	0.33	2.84	0.0051	7.46	0.74	7.71	0.0225	19.53	0.34	3.08	0.0048	8.27	0.32	2.56	0.0054	6.59	0.32	2.54	0.0051	6.3
银木荷	天然	混交林	0.38	3.1	0.0066	7.44	2.64	19.32	0.0702	35.22	0.41	3.53	0.0065	8.71	0.36	2.7	0.0068	6.17	0.3	2	0.007	4.48
银木荷	人工	计	0.69	5.41	0.0123	12.48	1.94	15.95	0.078	32.98	0.7	5.48	0.0128	13.11	0.68	5.47	0.0116	11.61	0.16	1.03	0.003	2.64
银木荷	人工	混交林	0.69	5.41	0.0123	12.48	1.94	15.95	0.078	32.98	0.7	5.48	0.0128	13.11	0.68	5.47	0.0116	11.61	0.16	1.03	0.003	2.64
油麦吊云杉	计	混交林	0.17	0.89	0.0092	2.35	0.92	8.1	0.0664	21.28	0.19	1.06	0.0105	2.83	0.14	0.76	0.0074	2	0.15	0.68	0.0092	1.77
油麦吊云杉	天然	计	0.17	0.89	0.0092	2.35	0.92	8.1	0.0664	21.28	0.19	1.06	0.0105	2.83	0.14	0.76	0.0074	2	0.15	0.68	0.0092	1.77
油麦吊云杉	天然	混交林	0.17	0.89	0.0092	2.35	0.92	8.1	0.0664	21.28	0.19	1.06	0.0105	2.83	0.14	0.76	0.0074	2	0.15	0.68	0.0092	1.77
圆柏	计	纯林	0.33	3.34	0.0028	8.06	1.62	15.96	0.0185	32	0.41	3.99	0.0034	9.72	0.21	2.3	0.0017	5.42	0.2	2.19	0.0016	5.07
圆柏	计	混交林	0.54	5.58	0.0041	13.12	1.38	14.81	0.02	30.77	0.56	5.9	0.0041	14.06	0.47	4.6	0.0039	10.34	0.84	6.08	0.01	11.41
圆柏	计	计	0.3	3.12	0.0024	7.39	1.38	13.33	0.02	29.19	0.3	3.17	0.0023	7.71	0.47	4.6	0.0039	10.34	0.22	2.29	0.0018	5.23
圆柏	天然	纯林	0.18	1.94	0.0015	4.6	1.1	13.33	0.01	29.19	0.17	1.75	0.0014	4.25	0	0		0	0.2	2.19	0.0016	5.07
圆柏	天然	混交林	0.45	4.72	0.0036	11.2	1.38	13.21	0.02	28.57	0.44	4.74	0.0033	11.55	0.47	4.6	0.0039	10.34	0.84	6.08	0.01	11.41
圆柏	人工	计	0.53	5.16	0.0044	12.43	1.62	15.96	0.0185	32	0.52	5.12	0.0043	12.39	1.21	9.23	0.0129	17.27	0	0		0
圆柏	人工	纯林	0.49	4.77	0.0042	11.58	1.62	15.96	0.0185	32	0.49	4.72	0.0041	11.52	1.21	9.23	0.0129	17.27	0	0		0
圆柏	人工	混交林	1.04	10.66	0.0071	24.43	1.34	14.81	0.0128	30.77	1.04	10.66	0.0071	24.43	0	0		0	0	0		0
圆柏	萌生	计	0.19	2.18	0.0015	5.21	0.51	5.71	0.0098	12.82	0	0		0	0.19	2.18	0.0015	5.21	0	0		0
圆柏	萌生	纯林	0.19	2.18	0.0015	5.21	0.51	5.71	0.0098	12.82	0	0		0	0.19	2.18	0.0015	5.21	0	0		0
云南黄杞	计	纯林	0.11	1.16	0.001	3.19	0.4	5.13	0.0026	14.86	0.13	1.36	0.0012	3.75	0.08	0.84	0.0007	2.28				
云南黄杞	计	混交林	0.34	2.9	0.0052	7.02	2.6	15.09	0.0696	31.43	0.35	3.17	0.0051	7.87	0.32	2.6	0.0052	6.1	0.31	2.42	0.0053	5.48

续表 2-2

树种名称	林分起源	地类	研究期综合年生长量（率）胸径年平均生长量(cm)	胸径年平均生长率(%)	材积年平均生长量(m³)	材积年平均生长率(%)	研究期最大年生长量（率）最大胸径年平均生长量(cm)	最大胸径年平均生长率(%)	最大材积年平均生长量(m³)	最大材积年平均生长率(%)	5年生长期年生长量（率）胸径年平均生长量(cm)	胸径年平均生长率(%)	材积年平均生长量(m³)	材积年平均生长率(%)	10年生长期年生长量（率）胸径年平均生长量(cm)	胸径年平均生长率(%)	材积年平均生长量(m³)	材积年平均生长率(%)	15年生长期年生长量（率）胸径年平均生长量(cm)	胸径年平均生长率(%)	材积年平均生长量(m³)	材积年平均生长率(%)
云南黄杞	天然	计	0.33	2.88	0.0051	6.98	2.6	15.09	0.0696	31.43	0.35	3.15	0.0051	7.83	0.32	2.58	0.0051	6.07	0.31	2.42	0.0052	5.47
云南黄杞	天然	纯林	0.11	1.16	0.001	3.19	0.4	5.13	0.0026	14.86	0.13	1.36	0.0012	3.75	0.08	0.84	0.0007	2.28	0	0		0
云南黄杞	天然	混交林	0.34	2.89	0.0052	7.01	2.6	15.09	0.0696	31.43	0.35	3.17	0.0051	7.86	0.32	2.6	0.0052	6.11	0.31	2.42	0.0052	5.47
云南黄杞	人工	计	0.33	2.97	0.0056	7.27	0.8	11.43	0.0167	24.44	0.29	3.51	0.003	8.63	0.37	2.06	0.0087	5.08	0.51	2.57	0.0131	5.99
云南黄杞	人工	混交林	0.33	2.97	0.0056	7.27	0.8	11.43	0.0167	24.44	0.29	3.51	0.003	8.63	0.37	2.06	0.0087	5.08	0.51	2.57	0.0131	5.99
云南黄杞	萌生	计	0.32	3.25	0.0047	7.63	1.62	9.5	0.0328	21.58	0.31	3.31	0.0039	7.91	0.38	3.04	0.0072	6.7	0	0		0
云南黄杞	萌生	混交林	0.32	3.25	0.0047	7.63	1.62	9.5	0.0328	21.58	0.31	3.31	0.0039	7.91	0.38	3.04	0.0072	6.7	0	0		0
云南泡花树	计	计	0.27	2.36	0.0047	5.73	2.06	15.96	0.0754	30.71	0.29	2.66	0.0045	6.57	0.26	2.12	0.0049	5.02	0.22	1.65	0.0048	3.83
云南泡花树	天然	计	0.27	2.36	0.0047	5.73	2.06	15.96	0.0754	30.71	0.29	2.66	0.0045	6.57	0.26	2.12	0.0049	5.02	0.22	1.65	0.0048	3.83
云南泡花树	天然	混交林	0.27	2.36	0.0047	5.73	2.06	15.96	0.0754	30.71	0.29	2.66	0.0045	6.57	0.26	2.12	0.0049	5.02	0.22	1.65	0.0048	3.83
云南松	计	计	0.32	2.91	0.0047	0	2.9	21.59	0.1396	37.09	0.33	3.14	0.0046	4.44	0.31	2.73	0.0047	6.85	0.29	2.45	0.0049	5.86
云南松	计	混交林	0.37	3.19	0.0064	0	2.82	21.7	0.1603	37.85	0.39	3.46	0.0062	4.08	0.36	2.97	0.0064	6.87	0.35	2.67	0.0067	6.19
云南松	天然	计	0.34	3.03	0.0056	0	2.82	21.7	0.1603	37.85	0.36	3.27	0.0055	2.24	0.33	2.83	0.0056	3.72	0.32	2.55	0.0058	6.01
云南松	天然	纯林	0.31	2.89	0.0046	0	2.64	21.57	0.1396	37.09	0.33	3.11	0.0046	4.61	0.3	2.71	0.0046	6.82	0.29	2.44	0.0048	5.84
云南松	天然	混交林	0.37	3.16	0.0064	0	2.82	21.7	0.1603	37.85	0.38	3.42	0.0063	4.34	0.36	2.95	0.0065	7.26	0.35	2.65	0.0068	6.17
云南松	人工	计	0.38	3.61	0.0053	8.64	2.9	21.59	0.0868	37.05	0.41	4.02	0.0053	9.83	0.36	3.22	0.0054	7.48	0.33	2.84	0.0051	6.35
云南松	人工	纯林	0.4	3.63	0.0063	8.54	2.9	21.59	0.0868	37.01	0.44	4	0.0065	9.63	0.38	3.33	0.006	7.59	0.33	2.8	0.0057	6.27
云南松	人工	混交林	0.37	3.6	0.0047	8.7	2.58	21.41	0.0864	37.05	0.39	4.02	0.0046	9.95	0.34	3.15	0.005	7.41	0.32	2.86	0.0047	6.4
云南松	萌生	计	0.66	5.4	0.0125	12.87	2	17.78	0.1282	34.39	0.72	6.07	0.0133	14.97	0.61	4.76	0.0126	10.88	0.51	4.06	0.0077	8.64
云南松	萌生	纯林	0.62	3.95	0.0215	9.68	1.94	15.71	0.1282	32.77	0.68	4.24	0.023	10.98	0.72	3.36	0.0351	7.92	0.41	3.95	0.0048	8.83

续表 2-2

树种名称	林分起源	地类	研究期综合年生长量				研究期最大年生长量				5年生长期年生长量				10年生长期年生长量				15年生长期年生长量			
			胸径年平均生长量(cm)	胸径年平均生长率(%)	材积年平均生长量(m³)	材积年平均生长率(%)	最大胸径年平均生长量(cm)	最大胸径年平均生长率(%)	最大材积年平均生长量(m³)	最大材积年平均生长率(%)	5年胸径年平均生长量(cm)	5年胸径年平均生长率(%)	5年材积年平均生长量(m³)	5年材积年平均生长率(%)	10年胸径年平均生长量(cm)	10年胸径年平均生长率(%)	10年材积年平均生长量(m³)	10年材积年平均生长率(%)	15年胸径年平均生长量(cm)	15年胸径年平均生长率(%)	15年材积年平均生长量(m³)	15年材积年平均生长率(%)
云南松	萌生	混交林	0.67	5.8	0.01	13.74	2	17.78	0.0708	34.39	0.73	6.51	0.011	15.95	0.59	5.03	0.0084	11.43	0.6	4.16	0.0104	8.47
云南油杉	计	纯林	0.35	3.02	0.0041	7.32	1.56	15.61	0.031	30.59	0.36	3.32	0.004	8.18	0.33	2.74	0.0042	6.52	0.32	2.45	0.0043	5.7
云南油杉	计	混交林	0.3	2.8	0.0034	6.81	2.1	18.61	0.061	34.75	0.31	2.97	0.0033	7.37	0.3	2.67	0.0034	6.36	0.29	2.45	0.0036	5.61
云南油杉	天然	计	0.31	2.83	0.0035	6.88	2.1	18.61	0.061	34.75	0.31	3.02	0.0034	7.49	0.3	2.67	0.0035	6.37	0.29	2.45	0.0037	5.61
云南油杉	天然	纯林	0.35	3	0.0041	7.28	1.42	15.61	0.031	30.59	0.36	3.3	0.004	8.14	0.33	2.72	0.0041	6.49	0.32	2.44	0.0043	5.67
云南油杉	天然	混交林	0.3	2.79	0.0033	6.79	2.1	18.61	0.061	34.75	0.3	2.96	0.0032	7.35	0.29	2.66	0.0034	6.35	0.29	2.45	0.0036	5.6
云南油杉	人工	计	0.56	4.8	0.0068	10.79	1.56	15.82	0.0296	31.52	0.55	5.22	0.0056	12.24	0.56	4.14	0.009	8.94	0.56	4.56	0.0065	8.81
云南油杉	人工	纯林	0.72	5.77	0.0093	13.08	1.56	11.69	0.0296	26.98	0.67	5.84	0.0079	13.8	0.82	5.74	0.0119	12.62	0.76	5.51	0.0103	10.76
云南油杉	人工	混交林	0.51	4.5	0.0061	10.08	1.5	15.82	0.026	31.52	0.52	5.02	0.0049	11.73	0.5	3.77	0.0083	8.08	0.47	4.19	0.005	8.03
云南油杉	萌生	计	0.32	3.67	0.0032	9.11	0.61	8	0.0235	20	0.34	4.03	0.0035	10.25	0.28	3.48	0.0013	8.34	0.45	1.97	0.0136	4.9
云南油杉	萌生	混交林	0.32	3.67	0.0032	9.11	0.61	8	0.0235	20	0.34	4.03	0.0035	10.25	0.28	3.48	0.0013	8.34	0.45	1.97	0.0136	4.9
云南樟	计	混交林	0.52	6.89	0.003	17.62	1.04	12.24	0.0106	28.33	0.52	6.89	0.003	17.62	0			0	0	0		0
云南樟	天然	计	0.43	3.24	0.0084	7.43	2.44	19.44	0.0608	35.86	0.45	3.63	0.0081	8.53	0.42	2.88	0.0088	6.36	0.38	2.43	0.0087	5.24
云南樟	天然	纯林	0.43	3.24	0.0084	7.42	2.44	19.44	0.0608	35.86	0.45	3.62	0.008	8.51	0.42	2.88	0.0088	6.38	0.38	2.43	0.0087	5.24
云南樟	天然	混交林	0.43	3.24	0.0084	7.42	2.44	19.44	0.0608	35.86	0.45	3.62	0.008	8.51	0.42	2.88	0.0088	6.38	0.38	2.43	0.0087	5.24
云南樟	人工	计	0.52	6.67	0.0033	16.93	1.7	12.24	0.026	28.33	0.53	6.78	0.0034	17.21	0.13	1.61	0.0008	3.64	0	0		0
云南樟	人工	纯林	0.52	6.89	0.003	17.62	1.04	12.24	0.0106	28.33	0.52	6.89	0.003	17.62	0	0		0	0	0		0
云南樟	人工	混交林	0.52	4.24	0.0071	9.24	1.7	12.1	0.026	26	0.65	5.11	0.0092	11.11	0.13	1.61	0.0008	3.64	0	0		0
云杉	计	纯林	0.56	6.09	0.006	15.54	1.1	11.01	0.0191	27.1	0.57	6.21	0.0058	16.16	0.56	5.6	0.0065	12.98				
云杉	计	混交林	0.54	5.03	0.0099	12.68	1.16	12.34	0.0694	28.72	0.52	5.22	0.0083	13.69	0.59	4.74	0.0125	11.03	0.62	4.28	0.0163	9.04

续表 2-2

树种名称	林分起源	地类	研究期综合年生长量（率）				研究期最大年生长量（率）				5年生长期年生长量（率）				10年生长期年生长量（率）				15年生长期年生长量（率）			
			胸径年平均生长量(cm)	胸径年平均生长率(%)	材积年平均生长量(m³)	材积年平均生长率(%)	最大胸径年平均生长量(cm)	最大胸径年平均生长率(%)	最大材积年平均生长量(m³)	最大材积年平均生长率(%)	5年胸径年平均生长量(cm)	5年胸径年平均生长率(%)	5年材积年平均生长量(m³)	5年材积年平均生长率(%)	10年胸径年平均生长量(cm)	10年胸径年平均生长率(%)	10年材积年平均生长量(m³)	10年材积年平均生长率(%)	15年胸径年平均生长量(cm)	15年胸径年平均生长率(%)	15年材积年平均生长量(m³)	15年材积年平均生长率(%)
云杉	天然	计	0.55	3.99	0.0157	10.07	1.14	11.1	0.0694	27.27	0.52	4.21	0.0137	11.09	0.56	3.73	0.0175	9	0.62	3.54	0.0208	7.85
云杉	天然	混交林	0.55	3.99	0.0157	10.07	1.14	11.1	0.0694	27.27	0.52	4.21	0.0137	11.09	0.56	3.73	0.0175	9	0.62	3.54	0.0208	7.85
云杉	人工	计	0.55	5.88	0.006	14.89	1.16	12.34	0.0198	28.72	0.54	5.95	0.0056	15.54	0.59	5.66	0.0073	12.97	0.62	5.58	0.0084	11.12
云杉	人工	纯林	0.56	6.09	0.006	15.54	1.1	11.01	0.0191	27.1	0.57	6.21	0.0058	16.16	0.56	5.6	0.0065	12.98	0	0		0
云杉	人工	混交林	0.54	5.73	0.0061	14.42	1.16	12.34	0.0198	28.72	0.52	5.75	0.0054	15.05	0.61	5.7	0.0078	12.96	0.62	5.58	0.0084	11.12
长苞冷杉	计	纯林	0.25	1.88	0.0117	4.57	1.26	11.43	0.2226	25.81	0.28	2.3	0.0113	5.71	0.23	1.53	0.0122	3.59	0.2	1.11	0.0121	2.54
长苞冷杉	计	混交林	0.24	1.62	0.0106	4.02	1.98	12.5	0.1828	27.69	0.25	1.75	0.0104	4.42	0.23	1.52	0.0108	3.73	0.23	1.39	0.011	3.3
长苞冷杉	天然	计	0.24	1.62	0.0118	3.98	1.98	11.7	0.2226	25.81	0.26	1.9	0.0115	4.76	0.23	1.4	0.0121	3.37	0.21	1.13	0.012	2.66
长苞冷杉	天然	纯林	0.25	1.88	0.0117	4.57	1.26	11.43	0.2226	25.81	0.28	2.3	0.0113	5.71	0.23	1.53	0.0122	3.59	0.2	1.11	0.0121	2.54
长苞冷杉	天然	混交林	0.23	1.36	0.0119	3.4	1.98	11.7	0.1828	25.78	0.24	1.48	0.0118	3.76	0.23	1.28	0.012	3.17	0.22	1.15	0.0118	2.78
长苞冷杉	人工	计	0.28	3.16	0.0029	7.7	1.2	12.5	0.0152	27.69	0.27	3.15	0.0028	7.89	0.27	3.03	0.0029	7.28	0.34	3.59	0.0035	7.98
长苞冷杉	人工	混交林	0.28	3.16	0.0029	7.7	1.2	12.5	0.0152	27.69	0.27	3.15	0.0028	7.89	0.27	3.03	0.0029	7.28	0.34	3.59	0.0035	7.98
长梗润楠	计	混交林	0.18	1.53	0.004	3.86	1.2	8.89	0.0428	24	0.19	1.64	0.0041	4.21	0.18	1.44	0.004	3.61	0.16	1.36	0.0035	3.29
长梗润楠	天然	计	0.18	1.53	0.004	3.86	1.2	8.89	0.0428	24	0.19	1.64	0.0041	4.21	0.18	1.44	0.004	3.61	0.16	1.36	0.0035	3.29
长梗润楠	天然	混交林	0.18	1.53	0.004	3.86	1.2	8.89	0.0428	24	0.19	1.64	0.0041	4.21	0.18	1.44	0.004	3.61	0.16	1.36	0.0035	3.29
中甸冷杉	计	纯林	0.24	1.24	0.018	3.1	1.54	12.27	0.3402	26.67	0.25	1.39	0.018	3.53	0.23	1.14	0.0178	2.83	0.22	0.92	0.0186	2.26
中甸冷杉	计	混交林	0.31	2.93	0.0073	7.26	1.22	12.13	0.0644	27.03	0.33	3.22	0.0067	8.11	0.3	2.7	0.0075	6.49	0.25	1.42	0.0116	3.46
中甸冷杉	天然	计	0.28	2.08	0.0127	5.19	1.54	12.27	0.3402	27.03	0.29	2.4	0.0118	6.04	0.26	1.89	0.0129	4.6	0.23	1.09	0.0163	2.65
中甸冷杉	天然	纯林	0.24	1.24	0.018	3.1	1.54	12.27	0.3402	26.67	0.25	1.39	0.018	3.53	0.23	1.14	0.0178	2.83	0.22	0.92	0.0186	2.26
中甸冷杉	天然	混交林	0.31	2.93	0.0073	7.26	1.22	12.13	0.0644	27.03	0.33	3.22	0.0067	8.11	0.3	2.7	0.0075	6.49	0.25	1.42	0.0116	3.46

主要参考文献

[1] 孟宪宇 . 测树学 [M]. 第 3 版 . 北京：中国林业出版社，1996.

[2] 林业部中南林业调查规划大队 . 树木生长量汇编 [M]. 湖南，1983.

[3] 中国科学院昆明植物研究所 . 云南植物志 [M]. 北京：科学出版社，2006.

[4] 西南林学院，云南省林业厅 . 云南树木图志 [M]. 昆明：云南科技出版社，1990.